U0170731

通信系统中的变分推理技术
——因子图和消息传递方法

王忠勇　张传宗　著

科学出版社

北京

内 容 简 介

本书系统地讲述了消息传递算法的相关知识，阐述了因子图以及因子图上的常用的各种消息更新规则及适用场景，讲述了消息传递算法的最小自由能理论依据以及消息传递算法在通信系统中的应用。本书联系当前实际通信技术，使读者研读本书后概念清楚，可有目标地将概念应用于实际的通信系统中。

本书可作为信息、通信类相关专业研究生或高年级本科生的参考书目使用，也可供相关领域科研技术人员阅读参考。

图书在版编目（CIP）数据

通信系统中的变分推理技术：因子图和消息传递方法 / 王忠勇，张传宗著. —北京：科学出版社，2022.10

ISBN 978-7-03-073237-8

Ⅰ. ①通… Ⅱ. ①王… ②张… Ⅲ. ①通信系统—研究 Ⅳ. ①TN914

中国版本图书馆 CIP 数据核字（2022）第 176921 号

责任编辑：任 静 / 责任校对：张小霞

责任印制：吴兆东 / 封面设计：蓝正设计

科学出版社出版

北京东黄城根北街 16 号

邮政编码：100717

http://www.sciencep.com

北京九州迅驰传媒文化有限公司 印刷

科学出版社发行 各地新华书店经销

*

2022 年 10 月第 一 版 开本：720×1000 1/16

2023 年 8 月第二次印刷 印张：18

字数：363 000

定价：158.00 元

（如有印装质量问题，我社负责调换）

前　　言

在大规模概率系统中设计低复杂度、高精度的估计算法是统计信号处理中重要的研究课题，消息传递算法是解决估计问题的重要方法。

本书根据作者长期为研究生开设“变分推理技术：因子图和消息传递方法”课程的教学讲义，并结合作者所在课题组的科研活动，参考国内外相关文献的基础上写作而成，具体内容如下：

本书共 9 章，前两章主要介绍背景及基础知识：第 1 章绪论，为消息传递算法的背景知识；第 2 章是消息传递算法相关的基础知识，包括概率论与数理统计、贝叶斯估计、信息论基础知识等。这些知识是后续章节的基础。

第 3～6 章详细描述消息传递算法基本理论：第 3 章为因子图建模，包括因子图的基本概念、边缘函数计算方法和因子图变换；第 4 章是从自由能的角度阐述消息传递算法的理论依据，首先介绍变分推理与变分自由能，然后通过拉格朗日乘子法分别给出 BP、MF、EP 规则以及联合规则的证明过程；第 5 章是各种消息传递算法的消息更新规则，并以简单的通信模型为例，分别应用多种消息更新规则进行处理，总结各种规则的应用场景及优缺点；第 6 章介绍了消息传递框架下的经典算法，使用消息传递算法解释前向后向算法、EM 算法以及卡尔曼滤波等。

第 7～9 章是作者所在课题组近年来在消息传递算法领域的研究成果：第 7 章描述消息传递算法在 ISI 信道中的应用；第 8 章描述消息传递算法在 MIMO-OFDM 系统中应用；第 9 章为消息传递算法在无线传感器网络定位技术中的应用。

本书总体结构和内容策划由王忠勇和张传宗负责，第 1 章由王忠勇编写，第 2 章由路新华编写，第 3 章葛伟力编写，第 4 章由张传宗编写，第 5 章由王玮编写，第 6 章由张园园编写，第 7 章由孙鹏编写，第 8 章由袁正道编写，第 9 章由崔建华编写，刘飞、莫林林和宋燚对书稿做了大量的整理工作，在此表示感谢。

由于作者水平有限，书中难免存在不当之处，恳请广大读者批评指正。

目　　录

第1章　绪　　论

在现代工程应用中，往往要对复杂系统中的某些参量进行估计。例如在无线通信系统中，源数据经编码、调制后由发射天线发出，经过信道传输后到达接收机。接收机的功能是从接收信号中最佳地估计出源数据。信号在传播过程中会受到信道和各类干扰的影响。如图 1.1 所示，由于接收者所处地理环境的复杂性，接收到的信号不仅可能有直射波，还可能有从不同物体(建筑物、道路、树木等)反射、绕射及散射过来的多条不同路径的电磁波。这些沿不同路径到达接收端的电磁波的信号强度、到达时间、到达角及载波相位等均不相同，接收端所接收到的信号是上述各路径信号的矢量和。这些不同路径信号之间有些相互增强，有些相互抵消，形成小尺度衰落(或多径效应)[1]。在大量随机噪声和干扰的环境下，接收机的目的是从接收到的复杂信号中恢复原始发送数据，这需要对干扰、噪声和信道等对象进行概率建模，然后利用统计的方法对信号进行处理。

统计信号处理为解决在随机信号下的估计问题提供了理论依据，它一般使用信号的统计特征完成信号处理任务。统计信号处理主要包括估计理论和检测理论，其中估计理论主要解决的是从包含随机噪声的接收信号里提取感兴趣参数的问题。统计信号处理具有广泛的应用领域，如无线通信中的基带信号处理、雷达监测、声呐定位、语音信号处理以及图像处理等。图 1.1 所示问题就可以采用统计信号处理的方法解决。贝叶斯理论认为一个系统中所有未知的参数都是随机的信

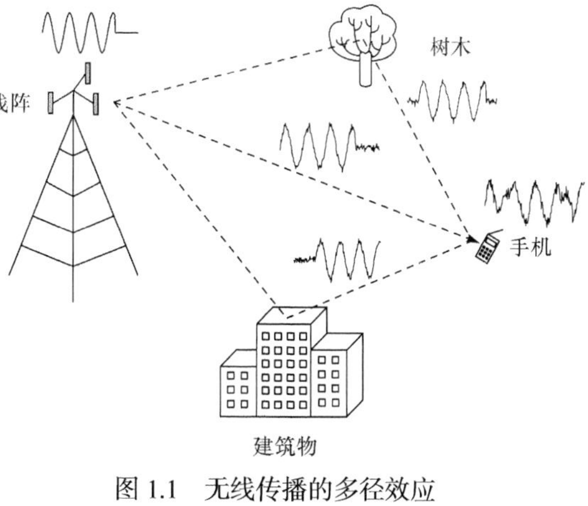

图 1.1　无线传播的多径效应

号，它们可以是随机变量，也可以是未知的确定性参数，在这种理念下发展起来的估计方法，称为贝叶斯估计[2]。本书主要讨论贝叶斯估计理论及其应用。

1.1 贝叶斯估计

在一个复杂系统中，考虑两类随机变量：感兴趣的参数 $\boldsymbol{X}=\left[X_1,\cdots,X_N\right]$ 和观测 $\boldsymbol{Y}=\left[Y_1,\cdots,Y_M\right]$，它们的某次实现分别是 $\boldsymbol{x}=\left[x_1,\cdots,x_N\right]$ 和 $\boldsymbol{y}=\left[y_1,\cdots,y_M\right]$。贝叶斯估计通过选择合适的损失函数，采用贝叶斯推理得到感兴趣参数 $\boldsymbol{x}$ 的估计值 $\hat{\boldsymbol{x}}$。贝叶斯推理(Bayesian Inference)是在给定先验概率 $p_{\boldsymbol{X}}(\boldsymbol{x})$ 和似然函数 $p_{\boldsymbol{Y}|\boldsymbol{X}}(\boldsymbol{y}\mid\boldsymbol{x})$ 的条件下，利用贝叶斯公式求解后验概率 $p_{\boldsymbol{X}|\boldsymbol{Y}}(\boldsymbol{x}\mid\boldsymbol{y})$ 的技术。贝叶斯公式为实现贝叶斯推理与贝叶斯估计提供了理论依据：

$$p_{\boldsymbol{X}|\boldsymbol{Y}}(\boldsymbol{x}\mid\boldsymbol{y})=\frac{p_{\boldsymbol{Y}|\boldsymbol{X}}(\boldsymbol{y}\mid\boldsymbol{x})\cdot p_{\boldsymbol{X}}(\boldsymbol{x})}{\int_{-\infty}^{\infty}p_{\boldsymbol{Y}|\boldsymbol{X}}(\boldsymbol{y}\mid\boldsymbol{x})\cdot p_{\boldsymbol{X}}(\boldsymbol{x})\mathrm{d}\boldsymbol{x}} \tag{1-1}$$

在贝叶斯估计中，根据损失函数的不同，可以得到两类主要的最优估计准则：使得二次型风险函数最小的称为**最小均方误差**(Minimum Mean Square Error, MMSE)估计，使得均匀风险函数最小的称为**最大后验**(Maximum A-Posteriori, MAP)估计，两者分别定义为[3, 4]：

$$\hat{x}_i(\boldsymbol{y})_{\mathrm{MMSE}}=\arg\min_{\hat{x}_i}\mathbb{E}\left[\|X_i-\hat{x}_i\|^2\mid\boldsymbol{y}\right]=\int_{-\infty}^{\infty}x_i\cdot p_{X_i|\boldsymbol{Y}}(x_i\mid\boldsymbol{y})\mathrm{d}x_i \tag{1-2}$$

$$\hat{x}_i(\boldsymbol{y})_{\mathrm{MAP}}=\arg\max_{\hat{x}_i}\Pr\left(X_i=\hat{x}_i\mid\boldsymbol{y}\right)=\arg\max_{x_i}p_{X_i|\boldsymbol{Y}}(x_i\mid\boldsymbol{y}) \tag{1-3}$$

由式(1-1)～式(1-3)可以看出，这两种准则的求解需要利用 $\boldsymbol{X}$ 的先验信息 $p_{\boldsymbol{X}}(\boldsymbol{x})$ 和似然函数 $p_{\boldsymbol{Y}|\boldsymbol{X}}(\boldsymbol{y}\mid\boldsymbol{x})$，且均需要求解边缘后验概率密度函数(Probability Density Function，PDF) $p_{X_i|\boldsymbol{Y}}(x_i\mid\boldsymbol{y})$。原理上，边缘后验 PDF 可以通过边缘化联合后验 PDF 得到：

$$p_{X_i|\boldsymbol{Y}}(x_i\mid\boldsymbol{y})=\int_{-\infty}^{\infty}p_{\boldsymbol{X}|\boldsymbol{Y}}(\boldsymbol{x}\mid\boldsymbol{y})\mathrm{d}\boldsymbol{x}_{\bar{i}} \tag{1-4}$$

其中，$p_{\boldsymbol{X}|\boldsymbol{Y}}(\boldsymbol{x}\mid\boldsymbol{y})$ 表示 N 维随机变量 $\boldsymbol{X}$ 的联合后验 PDF，$\boldsymbol{x}_{\bar{i}}$ 表示除 x_i 以外 $\boldsymbol{x}$ 的剩余元素(若随机变量 $\boldsymbol{X}$ 的元素为离散型，上式积分号需改为求和号。本书第 2 章证明了可以把离散型随机变量的概率质量函数用等价的 PDF 表示，那么式(1-4)可适用于连续和离散型随机变量)。通常把按照式(1-4)求解边缘后验 PDF 的方法称为精确推理[3, 5, 6]。如果可以得到真实的边缘后验 PDF $p_{X_i|\boldsymbol{Y}}(x_i\mid\boldsymbol{y})$，则式(1-2)和式(1-3)

可以得到精确解。但是当 $\boldsymbol{x}$ 的维度比较大时，由于式(1-4)存在多重积分，求解感兴趣参数边缘后验 PDF 的计算复杂度很高，甚至是不可实现的。例如在现代通信系统中通常有成千上万个变量，包括信息比特、编码比特、调制符号和信道参数等，若 $N=1000$，$X_i \in \{0,1\}$，则 $\boldsymbol{X}$ 的取值共有 2^{1000} 种可能。相应的联合后验 PDF $p_{\boldsymbol{X}|\boldsymbol{Y}}(\boldsymbol{x}|\boldsymbol{y})$ 共有 2^{1000} 项，其中计算 $\Pr(X_i=0|\boldsymbol{y})$ 或 $\Pr(X_i=1|\boldsymbol{y})$ 均需 $2^{999}-1$ 次求和。由此可以看出计算边缘后验 PDF 的复杂度与变量的维度呈指数增长[7]。当变量维度较高时，按照式(1-4)的方法计算边缘后验 PDF 是当前计算条件下难以实现的。此外按照式(1-4)积分，有时联合后验 PDF 积分可能无法得到闭式解。在这些情况下，工程人员通常采用一些近似推理的方法获得感兴趣参数的边缘后验 PDF。

目前，求解边缘后验 PDF 的近似推理方法主要有两类：**马尔可夫链蒙特卡洛**(Marko Chain Monte Carlo，MCMC)方法[8-10]和**变分推理**(Variational Inference)方法[11]。MCMC 方法用大量采样代替联合后验 PDF，式(1-4)不再对联合后验 PDF 进行积分，只对采样计算积分。大量采样可保证能够高精度逼近各种类型的复杂函数，但是也造成过高的计算复杂度，难以工程实现[4]。变分推理是一种高性能低成本的近似技术，其基本思想是利用一个易于分解、形式简单的“实验”函数 $b(\boldsymbol{x})$(称为置信，Belief)逼近真实的联合后验 PDF[12]。MCMC 方法是一种无偏估计，在采样足够多的情况下可以得到更为精确的估计值，但是计算复杂度高，难以应用于大系统中的估计问题，并且在算法执行过程中需要监控马尔可夫链的收敛；而变分推理是有偏估计，但它效率很高，且是一个确定性方法，通过少量迭代即可达到收敛，计算复杂度低，适合大系统中的估计问题[13]。

变分推理的关键问题是找到一个可分解的最优 $b^*(\boldsymbol{x})$，使其与 $p_{\boldsymbol{X}|\boldsymbol{Y}}(\boldsymbol{x}|\boldsymbol{y})$ 距离最近。通常度量 $b(\boldsymbol{x})$ 与 $p_{\boldsymbol{X}|\boldsymbol{Y}}(\boldsymbol{x}|\boldsymbol{y})$ 之间近似程度的指标是 KL 散度 $\mathrm{KLD}\big(b(\boldsymbol{x})\|p(\boldsymbol{x}|\boldsymbol{y})\big)$[12]，最优的置信可以通过最小化 KL 散度求解，即

$$b^*(\boldsymbol{x})=\arg\min_{b(\boldsymbol{x})}\mathrm{KLD}\big(b(\boldsymbol{x})\|p_{\boldsymbol{X}|\boldsymbol{Y}}(\boldsymbol{x}|\boldsymbol{y})\big) \tag{1-5}$$

在变分推理过程中，需要应用某些规则，通过最小化 KL(Kullback-Leibler)散度(可以证明等价于最小化系统变分自由能)的方法得到迭代算法，当迭代收敛到固定点时，算法可输出一个最优置信。常用的规则包括置信传播[14]、平均场[15]和期望传播[16]等。为了更好地应用这些规则，我们往往需要借助于图的方法，把系统中全部变量以及变量之间的关系构成概率图模型。

图是一种可以用于描述问题的可视化语言，工程师们经常用图形来辅助表述问题，比如电路图、信号流向图、网格图以及各种各样的框图[17]。概率图模型是

一种表达变量之间概率关系的图形，一般包括**贝叶斯网**(Bayesian Network)[18]、**马尔可夫随机场**(Markov Random Field，MRF)[5]和**因子图**(Factor Graph，FG)[19]三种类型。贝叶斯网是一种表达变量间因果关系的有向无环图(Directed Acyclic Graph，DAG)。其形式简单，但是图上仅体现变量之间的连接，无法体现连接关系的细节[17]。马尔可夫随机场是一组具有马尔可夫性质①的随机变量组成的无向图。其相比于贝叶斯网能够表示除因果关系外更多的变量间关系，但是应用马尔可夫随机场计算复杂度较高，常采用近似方法代替。因子图是一种表达系统变量联合 PDF 因子分解的二分图(或称二部图)，图上包含变量和因子两类节点。与贝叶斯网、马尔可夫随机场相比，因子图中包含了表示变量间函数关系的因子节点。因子节点的存在使因子图能够表达更详细的变量间关系。此外，因子图还可以进行拉伸、聚合变换，其应用更加灵活[14, 20]。

在这三种概率图模型上都可以分别应用不同的规则得到不同的迭代算法，这些算法称为消息传递算法。为了获得最优的置信通常需要依据系统中变量的分布形式，选择不同的规则。在同一张图上，因子图可以联合应用多种不同的规则，从而得到精度更高的置信。因此，因子图和消息传递算法的结合是贝叶斯估计中更好的选择。

1.2 因子图研究现状

由于因子图更加灵活多变，更适合设计使 KL 散度更小的迭代估计算法。近年来，因子图广泛应用于统计物理、通信、机器学习和信号处理等多个领域[21]，国内外学者对其开展了深入的讨论和研究。

最早在图上解决通信中的工程应用问题起源于 1963 年，Gallager[22]在博士论文中首次应用图形方式描述了低密度奇偶校验码(Low Density Parity Code，LDPC)，引入了在图形上表达编码算法的思路。当时计算机处理能力有限且相关理论不够完善，LDPC 编码渐渐被人们遗忘，但是在图上表达工程问题的思想引起人们的关注。受其启发 1973 年 Forney[23]提出“网格图”，将其作为一种描述有限状态机中状态转移概率关系的方法。随后，1981 年 Tanner[24, 25]提出了“Tanner 图”，图中包含“数字”和“子编码”两类节点，分别表示编码比特及编码比特间的约束关系。1996 年 Wiberg 等人[26]通过引入状态变量将 Tanner 图与网格图建立联系，提出了一种图上的计算方法，并把和积算法(Sum Product Algorithm，SPA)描述为一种在图上操作的“消息传递算法”，这种算法可以用于 Viterbi 算法、LDPC

① 马尔可夫性质包括：局部马尔可夫性、成对马尔可夫性、全局马尔可夫性。具体定义可参照本书第 3 章。

解码算法和 Turbo 解码算法。Wiberg 提出的图模型包含因子和变量两种节点，以及节点之间的无向连接线，当前主流的因子图均采用这种表达方法。1998 年 Frey[27]首次提出“因子图”的概念，它或许可以看作是在 Wiberg 的思想上进一步细化的结果。Frey 证明了在同一个系统中，因子图可以替代贝叶斯网和马尔可夫随机场更好地描述系统模型。2000 年 Aji[28]提出一种基于“连接树”的图模型实现函数边缘化的一般框架，这个框架具有里程碑的意义。2001 年 Forney[19]提出了 Forney 形式的因子图(Forney-Style Factor Graph，FFG)，该图由因子节点和边组成，变量表示在边上。FFG 形式简单，易于理解，但是对于复杂系统其图变换不够灵活，计算复杂度高。2001 年，Kschischang 等人[14]使用与 Wiberg 类似的图模型，与 Forney 形式的因子图不同，这种图模型增加了变量节点，使得图变换更为灵活，在复杂系统中能利用图变换有效降低计算复杂度。接着 Kschischang 详细介绍了这种因子图中的“环”及其对计算性能的影响，同时提出了通过“拉伸”和“聚合”解决该类问题的方法，这标志着因子图模型已经发展成熟。2004 年，Loeliger[17]总结了在 Forney 形式因子图上进行信号处理的一般方法，从而使得因子图以及消息传递算法成为重要的形式化设计工具。随后，因子图及消息传递算法在多个领域取得了一系列成果[29-32]。2017 年袁正道等人[20]提出一种增加辅助变量的因子图拉伸方法，其与 Kschischang 所提图变换的目的不同：前者将原本表示复杂函数关系的一个节点变换为几个节点，每个节点选择更合适的消息更新规则，最终实现在降低复杂度的同时提高算法性能。后者目的在于消除因子图中存在的环，保证了算法的收敛，但是增加了算法的复杂度。

一方面，因子图似乎已经发展到成熟阶段，但是作为一种图模型，因子图本身是否能够继续发展将依赖于图论的支撑。另一方面，因子图是设计消息传递算法的有力工具，想要发挥其功能，还需在因子图上根据系统的特点应用不同的规则，设计高性能的消息传递算法，最终得到精度更高的置信。本书将重点研究消息传递算法在因子图上的应用。

1.3　消息传递算法研究现状

消息传递算法是一种可以通过迭代方式实现变分推理的有效工具。该类算法根据系统物理特征将系统变量的联合后验 PDF 进行因子分解并构建因子图模型，然后在因子图上采用合适的消息更新规则，得到合理的消息传递算法，从而以迭代的方式逐步近似求解各变量的边缘后验 PDF。

常用的消息更新规则包括：平均场(Mean Field，MF)也称为变分消息传递(Variational Message Passing，VMP)[15]、置信传播(Belief Propagation，BP)也称为

和积算法[18]和期望传播(Expectation Propagation，EP)[16]。除了上述独立的消息更新规则，许多国内外团队也开展了联合消息更新规则的研究，提出了联合 BP-MF、联合 BP-EP 和联合 BP-EP-MF 等规则，这些规则分别适合不同的应用场景。另外，针对一些特殊应用场景，对应用 BP 规则得到的部分消息进行近似产生了近似消息传递(Approximate Message Passing，AMP)类算法[33-37]，在保证足够精度的同时进一步有效降低了计算复杂度。

BP 消息更新规则：1988 年，Pearl[18]在贝叶斯网上提出了计算边缘函数的 BP 规则。随后，2001 年，Kschischang 等人[14]在因子图上重新推导了计算边缘函数的和积算法，并证明了在因子图上的和积算法等价于 Pearl 提出贝叶斯网上的 BP 规则。同时 Kschischang 指出利用 BP 规则，在无环因子图上可以准确地计算边缘函数，在有环因子图上可以近似地计算边缘函数。2005 年，Yedidia[12]证明了在一定约束条件下最小化 Bethe 自由能①得到的驻点等价于 BP 规则的固定点，并建立起了统计物理学中自由能和消息更新规则的联系。BP 规则应用在很多领域中并取得一系列成果，它的一个典型应用是 Turbo 码和 LDPC 码的迭代译码算法[14]。2018 年，Meyer 等人[38]针对多目标跟踪问题，提出基于 BP 的多目标跟踪算法，模拟仿真和实际测量结果表明该方法具有较高的估计精度和较低的复杂度。2018 年，Chen 等人[39]针对大规模 MIMO-OFDM 信道估计问题，在结构化 Turbo 压缩感知方法中应用 BP 规则设计结构化估计器，相比于传统方法，该算法得到理想增益的同时更适合应用在大规模 MIMO-OFDM。BP 规则可应用于确定性关系(也称为硬约束)，通常可得到更为精确的近似。BP 规则不适用于离散型与连续型变量共存或非线性的系统中，有时计算复杂度过高，在有环图中应用 BP 规则不能保证收敛。

MF 消息更新规则：1988 年，Parisi[40]提出变分推理②方法，也称为平均场近似。其思想最初应用于量子和统计物理领域，后来逐渐应用于机器学习和统计推断领域。在此基础上，2005 年，Winn[15]在贝叶斯网上通过最小化 KL 散度得到 MF 规则。随后，2007 年，Dauwels[30]在因子图上推导得到了 MF 规则。随后 MF 规则得到了更加广泛的应用，2010 年，Kirkelund 等人[41]在时变和频率选择性信道下，针对 MIMO-OFDM 多用户系统使用 MF 规则分别实现信道估计、噪声方差估计和串行干扰消除，该方法相比于同等复杂度的迭代接收机误码率更低。2011 年，Pedersen 等人[42]针对无线网络中的定位问题提出了一种基于 MF 规则的分布式协作算法，在复杂度较低的同时，获得较好的定位精度。MF 规则适用于指数型分布问题[43-45]，并且总是可以保证收敛。但是 MF 近似忽略了变量置信之间的相关

---

① Bethe 自由能是一种区域化自由能，本书第 4 章进行详细讨论。

② 这里的变分推理仅代表平均场近似方法，与上文的变分推理技术含义不同。

性，会导致一定的性能损失[20]，一般近似精度不如BP。另外MF规则不适合于编码和调制等硬约束的场景[45]。

EP消息更新规则：2001年，Minka[16,46]在贝叶斯网上推导出EP规则，同时证明在自由能框架中EP是BP规则在期望约束条件下的近似。2007年，Qi等人[47]针对平坦衰落信道的符号检测问题提出一种基于EP规则的窗口平滑算法，可实现低复杂度高精度检测。2014年Céspedes等人[48]在高阶QAM调制的MIMO系统中，针对符号检测复杂度过高的问题，提出一种基于EP规则的低复杂度高精度MIMO符号检测算法。EP规则通常用于概率分布复杂的节点，计算时将形式复杂的原始消息近似为易于计算的消息(通常选择高斯形式)，在不过于损失精度的情况下降低了计算复杂度[49,50]。与BP类似，EP规则不适用于非线性系统。

单一消息更新规则有各自的优缺点及特定应用场景，而在实际的大系统中往往同时存在如硬约束、指数型、离散和连续等多种形式的概率分布，此时应用单一规则往往难以取得令人满意的效果。为了进一步提高估计精度，可将一个大系统分解成多个不同子区域的联合，在每个子区域内分别应用某种规则实现区域最优，通过传递和迭代最终达到全局最优。在同一个因子图上通过区域化，分别应用不同的规则构成联合消息传递规则。

联合消息传递规则：2013年，Riegler[51]提出了一种统一的消息传递框架，在同一个因子图上融合了BP和MF两种规则，并在设计OFDM接收机中验证了有效性[52,53]。2014年，吴胜等人[54]在OFDM的信道估计中，为解决单一BP规则复杂度过高的问题，使用BP-EP规则设计联合信道估计和解码算法，有效降低了复杂度。2015年，孙鹏等人[50]针对符号间干扰(Inter-symbol Interference，ISI)信道提出一种联合BP-EP的消息传递框架，相比于高斯近似算法误码率更低。2016年，张传宗等人[55]在联合BP-EP框架中结合部分高斯近似(Partial Gaussian Approximation，PGA)，设计了一种联合BP-EP-PGA接收机，使系统的误码率和收敛速度等指标显著优化，实现复杂度和性能的较好折中。2016年，Jakubisin等人[45]针对MIMO-OFDM系统设计一种联合BP-EP-MF算法用于信道估计与符号检测。2017年，Cakmak等人[56]针对动态网络中的无线定位问题，提出一种基于BP-MF的分布式协作算法，降低了算法复杂度，减少了网络开销。这些联合消息传递规则的应用均展示出优于单一规则的性能，表明联合消息传递是解决实际复杂问题的优先选择。

有时单一消息更新规则以及联合消息更新规则的计算复杂度仍然很高。针对一些特殊场景，可以对应用消息更新规则过程中传递的复杂消息再次近似，得到简单形式的消息降低计算复杂度。本书将这类近似得到的算法统称为AMP类算法。

AMP类算法：2010年，Donoho等人[33,34]提出近似消息传递(Approximate Message Passing，AMP)算法，并应用到压缩感知(Compressed Sensing，CS)领域。

该算法针对模型 $\boldsymbol{z}=\boldsymbol{H}\boldsymbol{x}$，其中矩阵 $\boldsymbol{H}$ 已知。AMP 算法通过中心极限定理和泰勒级数展开，对由 BP 规则得到的部分消息进行近似从而降低计算复杂度，但该算法仅适用于噪声为高斯白噪声的情况。2010 年 Rangan[35]将 AMP 算法由高斯 PDF 扩展到任意分布，命名为广义近似消息传递(Generalized AMP，GAMP)算法，并使用状态演化(State Evolution，SE)分析了算法的收敛性。基于最大和(Max-sum)循环 BP 算法并采用 GAMP 近似得到的 MAP 估计称为 MAP GAMP 算法，基于 SPA 循环 BP 算法得到的 MMSE 估计称为 MMSE GAMP 算法。2014 年，Parker 等人[36, 57]将 GAMP 算法由矩阵已知推广到矩阵未知的场景，提出双线性广义近似消息传递(Bilinear GAMP，BiG-AMP)算法。该算法针对模型 $\boldsymbol{Y}=\boldsymbol{H}\cdot\boldsymbol{X}$，其中 $\boldsymbol{H}$ 和 $\boldsymbol{X}$ 均未知，且要求待估计矩阵中的元素独立同分布。在实际系统中，$\boldsymbol{H}$ 和 $\boldsymbol{X}$ 往往可以用 $\boldsymbol{h}$ 和 $\boldsymbol{x}$ 参数化表示为 $\boldsymbol{H}(\boldsymbol{h})$ 和 $\boldsymbol{X}(\boldsymbol{x})$。2016 年，Parker 等人[37]提出了参数化双线性广义近似消息传递(Parametric BiG-AMP，P-BiG-AMP)算法，该算法针对模型 $\boldsymbol{Y}=\boldsymbol{H}(\boldsymbol{h})\cdot\boldsymbol{X}(\boldsymbol{x})$，且要求向量 $\boldsymbol{h}$ 和 $\boldsymbol{x}$ 中的元素独立同分布。

除上述形式化①的近似消息传递算法以外，也有部分研究人员提出启发式的消息近似方法降低了计算复杂度，例如高斯近似[31]、最小化 KL 散度[58]和泰勒级数展开[59]等方法。

为了解决复杂系统中参数估计问题，设计消息传递算法需要结合具体的系统模型，在因子图上选择合适的消息更新规则，才能得到最优的置信。消息传递算法研究工作已经在很多领域中开展，并取得一系列成果。本书重点研究消息传递算法在通信(尤其是无线通信)领域中的应用，其主要解决通信系统中均衡、信道估计、符号检测与译码等问题。

1.4　通信系统接收机及其发展

在通信领域中因子图与消息传递规则的结合已经得到了很多性能优异的算法，可以解决均衡、信道估计、符号检测以及译码等估计问题②，这些功能构成了无线通信系统的接收机。接收机有多种不同的实现技术，基于因子图和消息传递的方法具有一个较大的优势，其可以利用形式化的方式实现联合迭代接收机的设计。

考虑一个无线通信系统，在发射端信源产生一串信息比特 $\boldsymbol{b}$，经过信道编码后生成码字 $\boldsymbol{c}$，并通过正交振幅调制(QAM)得到调制符号 $\boldsymbol{x}_d$，然后与导频序列 $\boldsymbol{x}_p$

① 形式化指的是理论化的方式，可以通过理论推导得到。

② 本书为了使用一种统一的算法，把连续型变量估计问题和离散型变量检测问题通称为估计问题。

混合形成符号 $\boldsymbol{x}$ 经天线发送至无线信道。$\boldsymbol{x}$ 经过无线信道(冲激响应为 $\boldsymbol{h}$)，传输过程中将受到噪声和干扰的影响。在接收端天线接收到的信号记为 $\boldsymbol{y}$ ，接收机的作用是根据观测 $\boldsymbol{y}$ 得到 $\boldsymbol{b}$ 的估计值 $\hat{\boldsymbol{b}}$ 。无线通信系统的一般框图如图 1.2 所示。

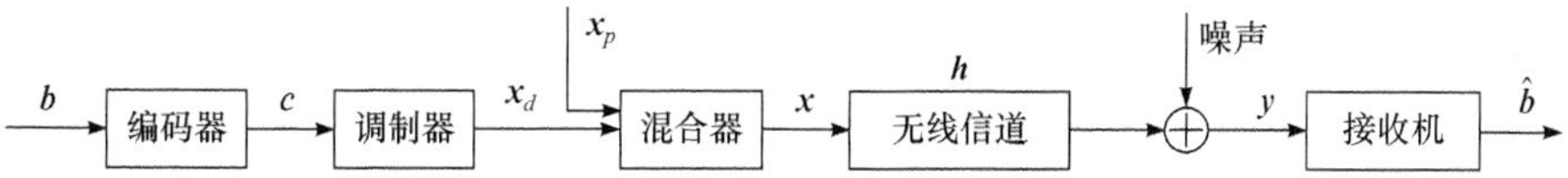

图 1.2 无线通信系统一般框图

需要注意，发送符号 $\boldsymbol{x}$ 送入无线信道后，和信道 $\boldsymbol{h}$ 卷积，再加入噪声得到与 $\boldsymbol{x}$ 有关的观测量 $\boldsymbol{y}$ 。如果无线信道是单径的，接收信号 $\boldsymbol{y}$ 中的 $\boldsymbol{x}$ 不存在相互干扰(符号间干扰，ISI)，此时从 $\boldsymbol{y}$ 中恢复 $\boldsymbol{x}$ 的过程常称为检测。如果无线信道是多径的，当前时刻接收到的 $\boldsymbol{y}$ 中既包括当前时刻的 $\boldsymbol{x}$ ，还包括经过多径时延之后的之前时刻发送的 $\boldsymbol{x}'$ ，产生符号间干扰。此时从 $\boldsymbol{y}$ 中通过去除符号间干扰并恢复 $\boldsymbol{x}$ 的过程称为均衡。

本节对无线通信系统接收机的设计方案进行归纳，将其分为三类：传统接收机、启发式迭代接收机和消息传递迭代接收机，以下分别介绍这三种接收机。

1.4.1 传统接收机

传统接收机采用启发式、模块化和线性连接的设计方案。其设计思路是：与发射机中的信号处理过程相对应，在接收端将全部估计问题依次划分为多个独立子问题。具体来说，一般可以将简单通信系统的全部估计问题分解为信道估计、符号间干扰、解调和译码等子问题。直观上可将传统接收机划分为信道估计、均衡器、解调器和译码器等模块。这种传统接收机的一般框图如图 1.3 所示。

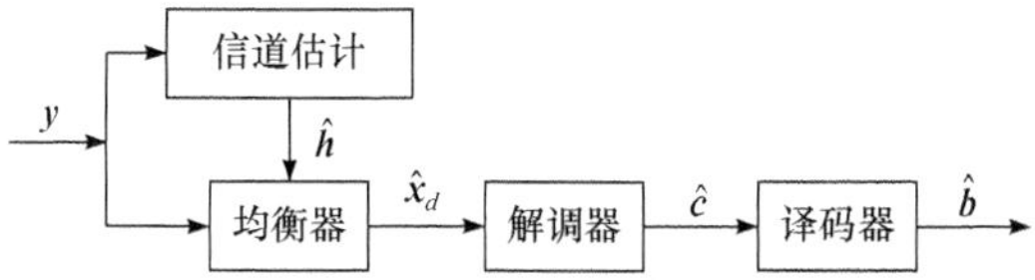

图 1.3 传统接收机

图 1.3 中，观测 $\boldsymbol{y}$ 中包含调制符号 $\boldsymbol{x}_d$ 、导频 $\boldsymbol{x}_p$ 和信道参数 $\boldsymbol{h}$ 等信息。信道估计模块利用观测 $\boldsymbol{y}$ 和导频 $\boldsymbol{x}_p$ 得到信道估计值 $\hat{\boldsymbol{h}}$ ，并将 $\hat{\boldsymbol{h}}$ 送入均衡器。均衡器模块利用观测 $\boldsymbol{y}$ 和 $\hat{\boldsymbol{h}}$ 得到调制符号的估计值 $\hat{\boldsymbol{x}}_d$ 。接着解调器模块通过接收到的 $\hat{\boldsymbol{x}}_d$ 进行解调得到码字的估计值 $\hat{\boldsymbol{c}}$ ，最后将 $\hat{\boldsymbol{c}}$ 送入译码器模块即可得到信息比特的估计值 $\hat{\boldsymbol{b}}$ 。

这些模块以线性方式单向连接，各模块可利用最优准则进行设计达到局部最优。如果某个模块的输入信息准确，则该模块输出信息是最优的。但是实际系统中由于噪声和未知干扰的影响，并不能保证该模块输入信息准确。因此传统接收机一般得不到全局最优解。

1.4.2　启发式迭代接收机

传统接收机并没有利用所有可用的信息。例如信道估计模块仅利用了观测 $\boldsymbol{y}$ 和导频 $\boldsymbol{x}_p$ 的信息，并没有利用调制符号 $\boldsymbol{x}_d$ 的信息。如果信道估计模块能接收到从译码器端传来的关于调制符号 $\boldsymbol{x}_d$ 的信息，则可以提高信道估计的精度。接下来，当获得更精确的信道估计值之后，译码器得到的信息比特估计值也会更加精确。

上述过程体现了迭代信号处理的思想，这一思想最早可以追溯到 1993 年，两个法国研究员 Claude Berrou 和 Alain Glavieux 提出了一种新的编码技术可以接近香农极限[60]。这种新的技术采用两个软输入软输出(Soft Input Soft Output，SISO)译码器相互传递信息进行迭代译码，称为 Turbo 译码[61](如图 1.4 所示)。这种迭代的思想对信号处理技术产生了巨大的影响。

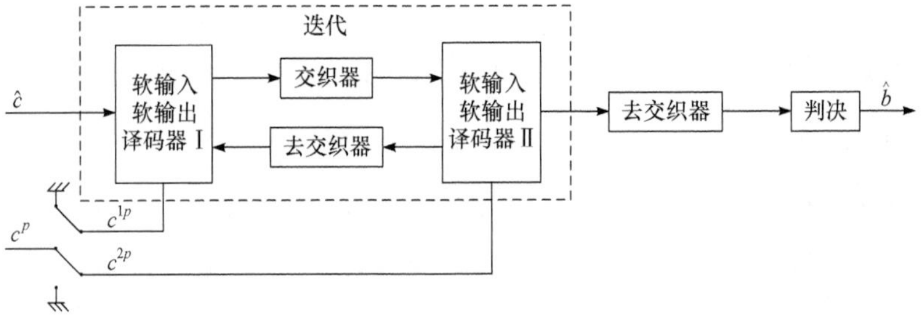

图 1.4　Turbo 译码器

受 Turbo 码译码迭代思想的启发，许多学者在传统模块化设计的基础上，通过不同模块之间迭代传递软信息的方法，设计出一系列无线通信系统的迭代接收机[62-64]，极大地提高了系统性能。这种启发式迭代接收机仍然含有与传统接收机类似的独立模块。不同的是模块之间并非以线性方式只执行一次，而是通过模块间反复交换外信息的方式迭代地执行，每个模块的输出作为其他模块的输入。这种启发式迭代接收机的一般框图如图 1.5 所示。

图中 LAPP (Log-A-Posteriori Probability)表示对数形式后验概率分布函数，LLR (Log-Likelihood Ratio)表示对数似然比，LPrior 是对数形式先验概率分布函数。

启发式迭代接收机相比于传统接收机利用了更多可用信息，在设计的当时，可以获得比传统接收机更好的性能。2008 年，Temiño 等人[65]针对 OFDM 系统提出了一种 Turbo 迭代维纳滤波器(Recursive Wiener Filter，RWF)算法，相比于线性 RWF，该算法有更好的性能。2009 年，Berardinelli 等人[66]针对单用户多输入多输

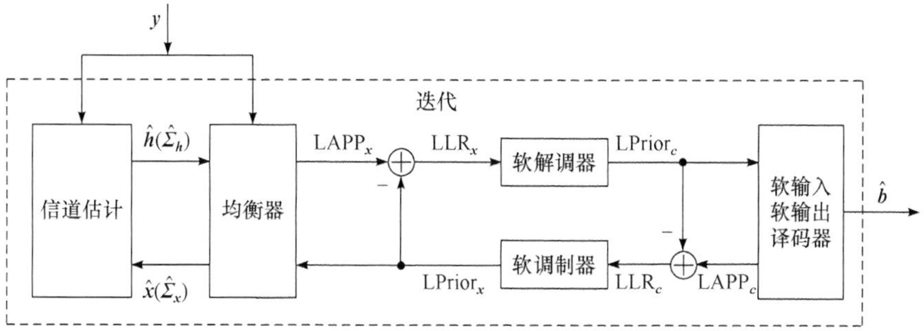

图 1.5 启发式迭代接收机

出(SU-MIMO)的 OFDM 系统的符号检测问题提出了一种基于并行干扰消除(Parallel Interference Cancellation, PIC)和连续干扰消除(Successive Interference Cancellation, SIC)的 Turbo 均衡算法，仿真结果表明该算法相比传统接收机有更低的误码率。然而，由于缺乏一个全局性的设计准则，不同模块所提供的信息如何被接收机其他模块使用的机理尚不清楚。因此启发式迭代接收机通常采用直觉论证或仿真实验的方式，设计模块之间的信息迭代，这种设计方式没有理论依据[67]。此外，启发式迭代接收机不是最优的，因为送入均衡器的 LPrior$_x$ 并不是准确的先验信息，而是估计出来的先验信息。

1.4.3 消息传递迭代接收机

启发式迭代接收机虽然有时可以得到较好的性能，但是却没有理论支撑。基于因子图的消息传递算法是一种理论设计方法，为大规模概率系统中的估计问题提供了新的研究思路。本节基于因子图与消息传递算法，介绍一种新的迭代接收机，其相比于启发式迭代接收机往往能获得更好的性能。

消息传递迭代接收机将整个通信系统视作一个大规模概率系统，将系统中全部变量以及变量间关系在同一个因子图上表示出来，选择合适的消息更新规则设计消息传递算法，通过迭代计算得到编码比特的近似边缘后验概率，这种设计思路如图 1.6 所示。

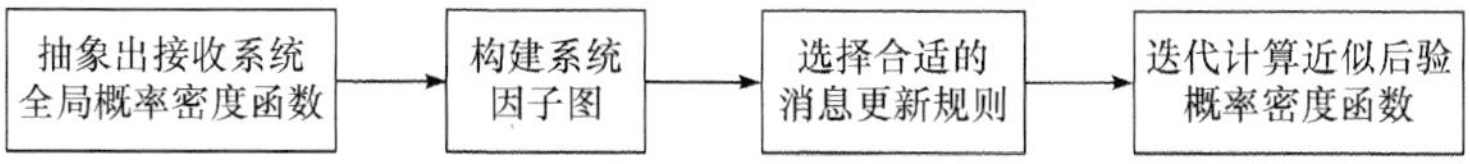

图 1.6 消息传递迭代接收机设计思路

与传统的和启发式的接收机类似，消息传递迭代接收机也包括均衡、信道估计、解调和译码等功能。但是后者打破传统模块化设计思路，把整个接收机看成一个有机的整体，能够极大程度地逼近全局最优。消息传递迭代接收机具有充分的理论依据，往往具有更好的性能。另外消息传递迭代接收机可以看作是启发式迭代接收机的一般推广，且可以针对具体问题设计出形式化的接收机。

1.5 本章小结

本章首先从无线通信系统中的估计问题出发，引入两种贝叶斯最优估计准则，但是这两种准则都需要求解变量的边缘后验 PDF。在大规模概率系统中，通过边缘化联合后验 PDF 准确求解边缘后验 PDF 在当前计算条件下难以实现。本章指出采用变分推理的方法近似求解边缘后验 PDF，在因子图上设计消息传递算法是实现变分推理的一种有效方法。随后本章简要介绍了因子图以及消息传递算法研究现状。同时结合通信领域中的估计问题给出三种无线通信系统接收机的设计思路。早期的传统接收机采用模块化设计，无法实现最优估计；之后的启发式迭代接收机在设计的当时可以获得较好的性能，却没有理论依据；当前的消息传递迭代接收机通过最小化变分自由能，利用消息传递算法在因子图上迭代地传递消息，可以得到逼近真实边缘后验 PDF 的近似，最终得到高精度的估计值。

第 2 章　消息传递算法的基础知识

在通信系统的分析中，统计信号处理是非常重要的数学工具。因为通信系统中的信号与噪声大多具有一定的随机性，这种随机性可以用随机过程和随机变量等描述，更适合采用统计的方法处理。例如发射机发射出一串 0,1 序列，可采用高电平(5V)表示发送符号 1，低电平(0V)表示发送符号 0。发送的序列具有一定的不可预知性(或者说随机性)，否则该序列携带的信息量为零。此外，发送序列在高斯白噪声信道中传输时，不可避免地受到各种干扰和噪声的影响，这些干扰和噪声都具有随机性，使得接收机接收到的序列也具有相应的随机性，如图 2.1 所示。随机信号的某次实现不能事先获知，但它们却服从某种统计规律。因此，通信中的发送序列、噪声、信号传输特性以及接收序列都可以用概率分布特性(简称统计特征)统计地描述[68]。

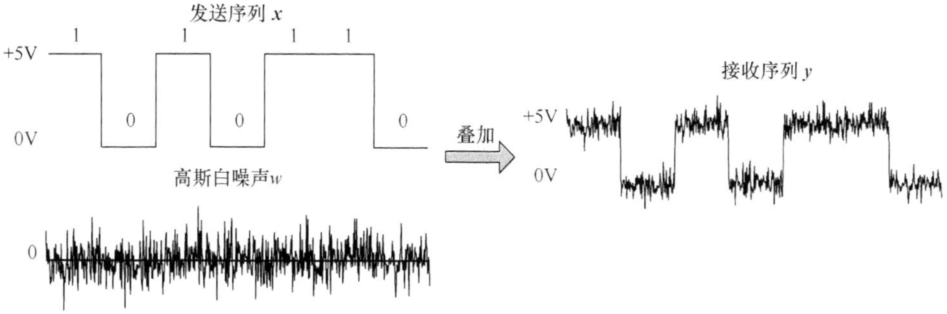

图 2.1　基带传输系统波形示意图

统计信号处理的主要任务是估计，上述基带传输系统的估计任务是在接收机中估计出发射机发送的信息序列。解决这一估计问题的第一步是建立随机信号数学模型。随机信号也称随机过程[69]，随机过程是在时间维度上随机变量的集合，其统计特征可以用概率密度函数(Probability Density Function，PDF)或概率质量函数(Probability Mass Function, PMF)以及分布函数(Cumulative Distribution Function, CDF)表示。随机变量的统计特征还包括期望、方差以及协方差等数字特征。图 2.1 所示的基带传输系统为 $\boldsymbol{y}=\boldsymbol{x}+\boldsymbol{w}$，$\boldsymbol{w}\sim\mathcal{N}(\boldsymbol{0},\sigma_w^2\boldsymbol{I})$。那么接收机接收到的每个符号的后验 PDF 可以用高斯分布进行刻画，其期望为发送符号的幅度，方差为 σ_w^2，如图 2.2(a)所示。基于上述统计特征，接着选取合适的贝叶斯估计准则：最小均方误差估计(Minimum Mean Square Error，MMSE)或最大后验(Maximum A Posteriori，MAP)估计准则。本例采用 MAP 估计准则：

$$\hat{x}_i(\boldsymbol{y})_{\text{MAP}} = \arg\max_{\hat{x}_i} \Pr(X_i = \hat{x}_i \mid \boldsymbol{y}) = \arg\max_{x_i} p_{X_i|\boldsymbol{Y}}(x_i \mid \boldsymbol{y}) \tag{2-1}$$

$$p_{X_i|Y_i}(x_i = 5 \mid y_i) \propto p_{X_i}(x_i = 5)\, p_{Y_i|X_i}(y_i \mid x_i = 5) \tag{2-2}$$

$$p_{X_i|Y_i}(x_i = 0 \mid y_i) \propto p_{X_i}(x_i = 0)\, p_{Y_i|X_i}(y_i \mid x_i = 0) \tag{2-3}$$

式中，$p_{X_i}(x_i)$表示发送符号的先验信息，$p_{Y_i|X_i}(y_i \mid x_i)$表示发送符号的似然函数。判决时需比较发送符号后验概率$p_{X_i|Y_i}(x_i \mid y_i)$的大小，若发送符号先验信息服从等概分布，则后验 PDF 幅度相同，如图 2.2(a)所示。假设接收符号采样值为$y_i = 1.5$，因为$p_{X_i|Y_i}(X_i = 0 \mid Y_i = 1.5) > p_{X_i|Y_i}(X_i = 5 \mid Y_i = 1.5)$，发送符号的估计值为$\hat{x}_i = 0$。若先验信息不是等概分布，则后验 PDF 幅度有所差异，如图 2.2(b)所示，估计方法与先验等概时相同。

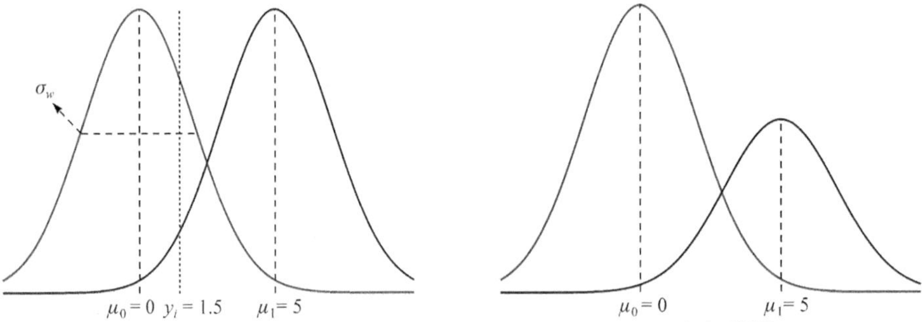

(a) 先验等概　　(b) 先验不等概

图 2.2　发送符号后验 PDF 曲线

消息传递算法在因子图上计算时，常常使用随机变量的统计特征。对于由随机变量及其相互关系构成的一个封闭系统，消息传递算法需要根据系统特性选择合适的消息更新规则，然后通过最小化 KL(Kullback-Leibler)散度的方法得到估计值。KL 散度也称相对熵[5]，而熵是信息论中重要的概念，它表达一个封闭系统全部变量所携带的信息量(或能量)。

本章简要介绍概率论与数理统计以及信息论中和消息传递算法密切相关的一些基本概念。与一般的数学类教材不同，本章更侧重于从通信工程应用的角度对这些概念进行阐述。

2.1　随机变量的分布

假设一个实验所有可能取值(实现)的集合用$\mathcal{S}$表示，某一次实现为$s(s \in \mathcal{S})$。

给定一个函数 $X(s)$，该函数定义域为 $\mathcal{S}$，值域为一系列实数的集合，则函数 $X(s)$ 可表示为一个随机变量[61]。例如，投掷一枚硬币，实验结果可能是正面(H)或者反面(T)朝上，则 $\mathcal{S}=\{\mathrm{H},\mathrm{T}\}$。假设存在一个函数：

$$X(s)=\begin{cases}1, & (s=\mathrm{H})\\ 0, & (s=\mathrm{T})\end{cases} \tag{2-4}$$

该函数把投掷硬币结果的两个实现映射到实数域的子集 $\{1,0\}$，$X(s)$ 为一个随机变量。若随机变量 $X(s)$ 的取值是有限个或可列无限多个，则称 $X(s)$ 为**离散型随机变量**[70]。例如投掷一个骰子，全部实现的集合 $\mathcal{S}=\{1,2,3,4,5,6\}$，假设 $X(s)=s$ 可将 $\mathcal{S}$ 映射为整数 $\{1,2,3,4,5,6\}$ 进行输出，另外也可采用 $X(s)=s^2$ 将 $\mathcal{S}$ 映射为整数 $\{1,4,9,16,25,36\}$ 进行输出，这些 $X(s)$ 都是离散型随机变量，可用 PMF 描述其统计特性。若随机变量 $X(s)$ 的取值是实数域的某段区间或某些区间的集合(具有不可数范围)，则称 $X(s)$ 为**连续型随机变量**[70]。例如通信系统中的噪声幅度，其实现的集合 $\mathcal{S}$ 为连续取值，$X(s)$ 也是连续的，可用 PDF 描述其统计特性。

2.1.1　概率密度函数

假设一维随机变量 X 的 CDF 为 $F_X(x)$，如果存在非负可积的函数 $p_X(x)$，使得对于任意 $x\subseteq\mathbb{R}$ 都有：

$$F_X(x)=\int_{-\infty}^{x}p_X(t)\mathrm{d}t \tag{2-5}$$

则称 X 为**连续型随机变量**(Continuous Random Variable)，函数 $p_X(x)$ 为 X 的 PDF。X 的 PDF 与其 CDF 关系如图 2.3 所示。

图 2.3 中，CDF $F_X(x)$ 的几何意义是 PDF $y=p_X(t)$ 曲线和横轴之间，从 $-\infty$ 到 x 所围成的面积。

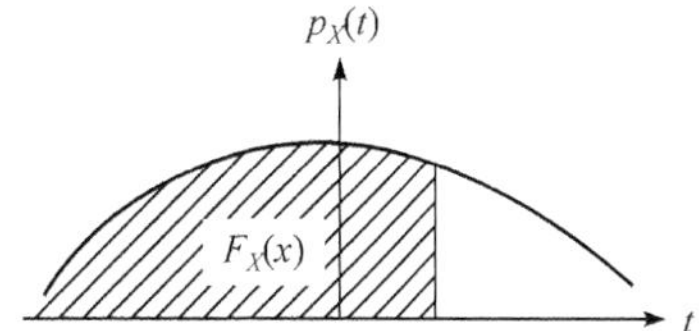

图 2.3　连续型随机变量 CDF 与 PDF 的关系

由定义可知，PDF $p_X(x)$ 具有以下性质：

(1) 非负性：

$$p_X(x)\geqslant 0 \tag{2-6}$$

(2) 规范性：

$$\int_{-\infty}^{\infty}p_X(x)\mathrm{d}x=1 \tag{2-7}$$

2.1.2　概率质量函数

假设 X 是一个定义在可数样本空间 $\mathcal{S}$ 上的离散型随机变量，其 PMF $p_X(x)$ 为：

$$\Pr(X=x)=p_x,\quad x\in\mathcal{S} \tag{2-8}$$

X 的 CDF 可表示为 $F_X(x)=\Pr(X\leqslant x)=\sum_{s\leqslant x}\Pr(X=s)$。

PMF 是离散型随机变量取各实现的概率值，它具有如下性质：

(1) 非负性：

$$0\leqslant p_X(x)\leqslant 1,\quad x\in\mathcal{S} \tag{2-9}$$

(2) 规范性：

$$\sum_{x\in\mathcal{S}}p_X(x)=1 \tag{2-10}$$

2.1.3 离散型随机变量的 PDF

在包含离散和连续型随机变量的复杂系统中，为更好地应用统计信号处理技术，需在离散型随机变量 PMF 的基础上，进一步定义**离散型随机变量的 PDF** 为[71]：

$$p_X(x)\triangleq\sum_{s\in\mathcal{S}}\Pr(X=s)\delta(x-s),\quad x\in\mathbb{R} \tag{2-11}$$

上式可知，离散型随机变量的 PDF 是由 δ 函数构成的序列之和，δ 函数出现在离散型随机变量的实现点，强度为该实现的概率。其中 $\delta(t)$ 是单位冲激信号，定义为：

$$\begin{cases}\int_{-\infty}^{\infty}\delta(t)\mathrm{d}t=1\\ \delta(t)=0,\quad \forall t\neq 0\end{cases} \tag{2-12}$$

这样重新定义的 $p_X(x)$ 具有同连续型随机变量 PDF 相同的性质：

(1) 非负性：

$$p_X(x)\geqslant 0,\quad x\in\mathbb{R} \tag{2-13}$$

由式(2-11)可知，$\Pr(X=s)\geqslant 0$ 且 $\delta(x-s)\geqslant 0$，因此对于任意实数 x，均有 $p_X(x)\geqslant 0$。

(2) 规范性：

$$\int_{-\infty}^{\infty}p_X(x)\mathrm{d}x=1,\quad x\in\mathbb{R} \tag{2-14}$$

证明：由于 $\int_{-\infty}^{\infty}f(t)\delta(t-t_0)\mathrm{d}t=f(t_0)$，

可得 $\int_{-\infty}^{\infty}p_X(x)\mathrm{d}x=\int_{-\infty}^{\infty}\sum_{x\in\mathcal{S}}\Pr(X=s)\delta(x-s)\mathrm{d}x=\sum_{s\in\mathcal{S}}\Pr(X=s)=1$。

通过这种定义，一方面离散型随机变量的 PDF $p_X(x)$ 具有同连续型随机变量 PDF 相同的性质。另一方面通过这种定义，离散型随机变量的 CDF 同连续型随机变量的 CDF 一样，可表示为 $F_X(x)=\int_{-\infty}^{x} p_X(t)\mathrm{d}t$。

证明：$\int_{-\infty}^{x} p_X(t)\mathrm{d}t=\int_{-\infty}^{x}\sum_{x\in\mathcal{S}}\Pr(X=s)\delta(t-s)\mathrm{d}t=\sum_{s\leqslant x}\Pr(X=s)=F_X(x)$

通过引入离散型随机变量的 PDF，能够用相同的方法去描述离散型随机变量和连续型随机变量，使得运算更加方便，该方法在后续章节发挥了重要作用。因此本书以下章节离散型随机变量和连续型随机变量统一使用 PDF①描述其统计特征。

例 2.1　若离散型随机变量 X 有两个取值 1 和−1，且 $\Pr(X=1)=0.75$，$\Pr(X=-1)=0.25$。其 PMF 如图 2.4(a)所示。

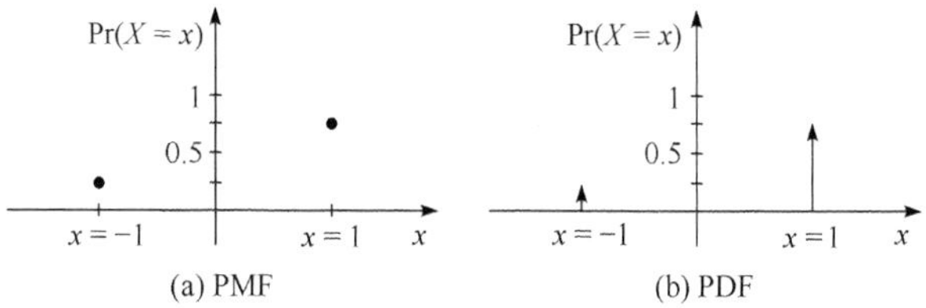

图 2.4　离散型随机变量的 PMF 和 PDF

使用离散型随机变量的 PDF 可以表示为：$p_X(x)=0.25\delta(x+1)+0.75\delta(x-1)$，如图 2.4(b)所示。

2.2　多维随机变量

在实际应用中，一个系统往往需要用两个或两个以上的随机变量来描述。我们不但需要研究每个随机变量的统计规律，还需要研究随机变量之间的相互关系[72]。由于对二维随机变量的讨论不难推广到 $n(n>2)$ 维的情形，因此本节重点讨论二维随机变量。

2.2.1　二维随机变量及其分布

设二维随机变量 (X,Y) 的 CDF 为 $F(x,y)$。如果存在非负函数 $p_{X,Y}(x,y)$，使得对于任意 $x,y\subseteq\mathbb{R}$ 都有：

---

① 随机变量 X 的 PDF $p_X(x)$ 可省略下标 X，记作 $p(x)$。

$$F(x,y)=\int_{-\infty}^{x}\int_{-\infty}^{y}p_{U,V}(u,v)\mathrm{d}u\mathrm{d}v \tag{2-15}$$

则称函数 $p_{X,Y}(x,y)$ 为二维随机变量 (X,Y) 的**联合 PDF**。

2.2.2　二维随机变量的边缘 PDF

若二维随机变量 (X,Y) 的联合 PDF 为 $p_{X,Y}(x,y)$，则随机变量 X 和 Y 的**边缘 PDF** 分别表示为：

$$p_X(x)=\int_{-\infty}^{\infty}p_{X,Y}(x,y)\mathrm{d}y \tag{2-16}$$

$$p_Y(y)=\int_{-\infty}^{\infty}p_{X,Y}(x,y)\mathrm{d}x \tag{2-17}$$

2.2.3　二维随机变量的条件 PDF

设二维随机变量 (X,Y) 的联合 PDF 为 $p_{X,Y}(x,y)$，(X,Y) 关于 Y 的边缘 PDF 为 $p_Y(y)$。若对于某个实现 y，$p_Y(y)>0$，则在 $Y=y$ 条件下 X 的**条件 PDF** 为：

$$p_{X|Y}(x\mid y)=\frac{p_{X,Y}(x,y)}{p_Y(y)} \tag{2-18}$$

由上式得：

$$p_{X,Y}(x,y)=p_{X|Y}(x\mid y)p_Y(y) \tag{2-19}$$

式(2-19)称为概率的**乘法公式**。将其推广到 n 维随机变量，可以得到：

$$p_{X_1,X_2,\cdots,X_n}(x_1,x_2,\cdots,x_n)=p_{X_1}(x_1)p_{X_2|X_1}(x_2\mid x_1)\cdots p_{X_n|X_1,\cdots,X_{n-1}}(x_n\mid x_1,\cdots,x_{n-1}) \tag{2-20}$$

式(2-20)称为概率的**链式法则**(Chain Rule)。

式(2-19)也可写为：

$$p_{X,Y}(x,y)=p_{Y|X}(y\mid x)p_X(x) \tag{2-21}$$

进一步：

$$p_{X|Y}(x\mid y)=\frac{p_{X,Y}(x,y)}{p_Y(y)}=\frac{p_{Y|X}(y\mid x)p_X(x)}{p_Y(y)} \tag{2-22}$$

式(2-22)称为**贝叶斯公式**(Bayesian Formula)。

若将 $p_Y(y)$ 表示为 $\int_{-\infty}^{\infty}p_{Y|X}(y\mid x)p_X(x)\mathrm{d}x$，则：

$$p_{X|Y}(x|y)=\frac{p_{Y|X}(y|x)p_X(x)}{\int_{-\infty}^{\infty}p_{Y|X}(y|x)p_X(x)\mathrm{d}x} \tag{2-23}$$

通常称 $p_X(x)$ 是变量 X 的先验概率，$p_{X|Y}(x|y)$ 是变量 X 的后验概率，$p_{Y|X}(y|x)$ 是变量 X 的似然函数。而 $\int_{-\infty}^{\infty}p_{Y|X}(y|x)p_X(x)\mathrm{d}x$ 称为归一化常数，它保证了式(2-23)左边的函数是一个概率分布，即 $\int_{-\infty}^{\infty}p_{X|Y}(x|y)\mathrm{d}x=1$。

当 y 已知时，$p_Y(y)$ 为常数，式(2-22)可化简为：

$$p_{X|Y}(x|y)=\frac{p_{X,Y}(x,y)}{p_Y(y)}\propto p_{Y|X}(y|x)p_X(x) \tag{2-24}$$

即变量 X 的后验概率正比于其先验概率和似然函数的乘积，在进行 MMSE 或 MAP 估计时，可以利用式(2-24)将后验概率转换为先验概率和似然函数的乘积。

2.2.4　随机变量的独立性

如果两个随机变量 (X,Y) 的联合 PDF 为 $p_{X,Y}(x,y)$，$p_X(x)$ 和 $p_Y(y)$ 分别是关于 X 和 Y 的边缘 PDF。若随机变量 X,Y **相互独立**，则意味着 X (或 Y)发生的概率与 Y (或 X)是否发生没有关系。即：

$$p_{X,Y}(x,y)=p_X(x)p_Y(y) \tag{2-25}$$

若随机变量 X 和 Y 相互独立，且 $p_X(x)>0$，则有：

$$p_{Y|X}(y|x)=\frac{p_{X,Y}(x,y)}{p_X(x)}=\frac{p_X(x)p_Y(y)}{p_X(x)}=p_Y(y) \tag{2-26}$$

同理可得 $p_{X|Y}(x|y)=p_X(x)$。

如果两个随机变量 (X,Y) 在给定随机变量 Z 条件下的联合 PDF 满足条件：

$$\begin{aligned}p_{X,Y|Z}(x,y|z)&=p_{X|Y,Z}(x|y,z)\cdot p_{Y|Z}(y|z)\\&=p_{X|Z}(x|z)\cdot p_{Y|Z}(y|z)\end{aligned} \tag{2-27}$$

则称变量 X,Y 在给定变量 Z 的情况下**条件独立**(Conditional Independence)。

例 2.2　马尔可夫链中，已知 X_n 的状态下，X_{n+1} 的条件概率与 $X_0,X_1,X_2,\cdots,X_{n-1}$ 无关而仅与 X_n 取值有关：

$$p_{X_{n+1}|X_0,X_1,X_2,\cdots,X_n}(x_{n+1}|x_0,x_1,x_2,\cdots,x_n)=p_{X_{n+1}|X_n}(x_{n+1}|x_n) \tag{2-28}$$

即随机变量 X_{n+1} 与 $X_0,X_1,X_2,\cdots,X_{n-1}$ 在给定 X_n 的条件下条件独立。

例 2.3　在通信系统中，假设发送符号为 X，在高斯白噪声信道(信道增益为

H)中传输，高斯白噪声记作W，接收端接收到的信号记为Y。该通信系统中接收信号可表示为$Y = HX + W$，其中H和X的联合后验PDF可表示为：

$$p_{H,X|Y}(h,x|y) = p_{H|Y}(h|y)\,p_{X|H,Y}(x|h,y) \tag{2-29}$$

由于在给定Y的条件下X和H有约束关系$Y = HX + W$，得到：

$$p_{X|H,Y}(x|h,y) \neq p_{X|Y}(x|y) \tag{2-30}$$

由式(2-29)和式(2-30)可看出：

$$p_{H,X|Y}(h,x|y) \neq p_{H|Y}(h|y)\,p_{X|Y}(x|y) \tag{2-31}$$

那么，在给定Y的条件下H和X不独立。

2.3　随机变量的数字特征

上一小节介绍了随机变量的PDF和CDF，其反映了随机变量的取值规律。但是在实际问题中完全确定一个随机变量的分布是非常困难的。退而求其次，获得随机变量的某些数字特征更加容易。一方面，在许多实际问题中，并不需要完全知道PDF，而只需要知道随机变量的某些数字特征就足够[73]。例如，测量接收机输出端的噪声电压，往往用测量的平均数代替其理论值；另一方面，某些随机变量的PDF或者CDF，仅由函数的部分参数(数字特征)确定。例如，高斯随机变量只需期望和方差就可以确定其PDF。

这种由随机变量的分布所确定的，能刻画随机变量某一方面特征的常数统称为数字特征[72]，其在理论和实际应用中都很重要。本节介绍几个重要的数字特征：数学期望、方差、协方差以及相关系数等。

2.3.1　数学期望

1. 随机变量的数学期望

假设随机变量X的PDF为$p_X(x)$，若积分$\int_{-\infty}^{\infty} x \cdot p_X(x)\mathrm{d}x$绝对收敛，则定义随机变量$X$的数学期望为：

$$\mathbb{E}[X] = \int_{-\infty}^{\infty} x \cdot p_X(x)\mathrm{d}x \tag{2-32}$$

数学期望$\mathbb{E}[X]$完全由随机变量X的概率分布确定，若X服从某一分布，也称$\mathbb{E}[X]$是该分布的**数学期望**(Expectation)。

2. 随机变量的条件期望

假设在 $Y=y$ 条件下 X 的条件 PDF 为 $p_{X|Y}(x|Y=y)$，若积分 $\int_{-\infty}^{\infty} x \cdot p_{X|Y}(x|Y=y)\mathrm{d}x$ 绝对收敛，则定义在 $Y=y$ 条件下 X 的**条件期望**为：

$$\mathbb{E}[X|Y=y]=\int_{-\infty}^{\infty} x \cdot p_{X|Y}(x|Y=y)\mathrm{d}x \tag{2-33}$$

3. 随机变量函数的数学期望

假设 Y 是随机变量 X 的函数，$Y=g(X)$（g 是连续函数），若积分 $\int_{-\infty}^{\infty} g(x) p_X(x)\mathrm{d}x$ 绝对收敛，则 Y 的数学期望为：

$$\mathbb{E}[Y]=\mathbb{E}[g(X)]=\int_{-\infty}^{\infty} g(x) p_X(x)\mathrm{d}x \tag{2-34}$$

从上式可知，求解随机变量函数的数学期望并不需要知道随机变量 Y 的 PDF，只需知道原随机变量 X 的 PDF 即可。

4. 二维随机变量函数的数学期望

假设二维随机变量 (X,Y) 的 PDF 为 $p_{X,Y}(x,y)$，$Z=g(X,Y)$ 为 (X,Y) 的函数（g 是连续函数），若积分 $\int_{-\infty}^{\infty}\int_{-\infty}^{\infty} g(x,y) p_{X,Y}(x,y)\mathrm{d}x\mathrm{d}y$ 绝对收敛，则有：

$$\mathbb{E}[Z]=\mathbb{E}[g(X,Y)]=\int_{-\infty}^{\infty}\int_{-\infty}^{\infty} g(x,y) p_{X,Y}(x,y)\mathrm{d}x\mathrm{d}y \tag{2-35}$$

5. 多维随机变量的数学期望

设 $\boldsymbol{X}$ 为 N 维随机变量，即 $\boldsymbol{X}=[X_1,X_2,\cdots,X_N]^{\mathrm{T}}$，其数学期望可表示为 $\mathbb{E}[\boldsymbol{X}]=\int_{-\infty}^{\infty} \boldsymbol{x} \cdot p_X(\boldsymbol{x})\mathrm{d}\boldsymbol{x}=\begin{bmatrix}\mathbb{E}[X_1]\\ \mathbb{E}[X_2]\\ \cdots\\ \mathbb{E}[X_N]\end{bmatrix}$，即 N 维随机变量 $\boldsymbol{X}$ 的数学期望是一个 $N\times 1$ 的向量，它的元素是 $\boldsymbol{X}$ 中各元素的数学期望。

6. 数学期望的性质

下面介绍数学期望的几个重要的性质（假设以下数学期望均存在）：

(1) 设 C 是常数，则有 $\mathbb{E}[C]=C$；

(2) 设 X 是一个随机变量，C 是常数，则有 $\mathbb{E}[C\cdot X]=C\cdot\mathbb{E}[X]$；

(3) 设 X 和 Y 是任意两个随机变量，则有 $\mathbb{E}[X+Y]=\mathbb{E}[X]+\mathbb{E}[Y]$；

(4) 设 X 和 Y 是任意两个相互独立的随机变量，则有 $\mathbb{E}[X\cdot Y]=\mathbb{E}[X]\cdot\mathbb{E}[Y]$。

例 2.3 所给通信系统中，$Y=H\cdot X+W$，发送符号 X 与信道增益 H 相互独立，随机变量 Y 的数学期望为 $\mathbb{E}[Y]=\mathbb{E}[H\cdot X+W]=\mathbb{E}[H]\cdot\mathbb{E}[X]+\mathbb{E}[W]$。

2.3.2 方差

1. 随机变量的方差

假设 X 是一个随机变量，若 $\mathbb{E}\left\{\left[X-\mathbb{E}[X]\right]^2\right\}$ 存在，则称 $\mathbb{E}\left\{\left[X-\mathbb{E}[X]\right]^2\right\}$ 为 X 的**方差**(Variance)，记为 $\mathrm{D}(X)$ 或 $\mathrm{Var}(X)$，即：

$$\mathrm{Var}(X)=\mathrm{D}(X)=\mathbb{E}\left\{\left[X-\mathbb{E}[X]\right]^2\right\} \tag{2-36}$$

方差是一个描述随机变量 X 的取值偏离数学期望 $\mathbb{E}[X]$ 分散程度的指标。将式(2-36)展开可得：

$$\begin{aligned}\mathrm{Var}(X)&=\mathbb{E}\left\{\left[X-\mathbb{E}[X]\right]^2\right\}=\mathbb{E}\left[X^2-2X\cdot\mathbb{E}[X]+\mathbb{E}^2[X]\right]\\&=\mathbb{E}\left[X^2\right]-\mathbb{E}^2[X]\end{aligned} \tag{2-37}$$

计算方差时常用式(2-37)。$\sigma(X)=\sqrt{\mathrm{Var}(X)}$ 称为**标准差**(Standard Deviation)或**均方差**。

2. 方差的性质

下面介绍方差的几个重要的性质(假设以下方差均存在)：

(1) 设 C 是常数，则 $\mathrm{Var}(C)=0$；

(2) 设 X 是随机变量，C 是常数，则有：

$$\mathrm{Var}(CX)=C^2\cdot\mathrm{Var}(X),\quad \mathrm{Var}(X+C)=\mathrm{Var}(X) \tag{2-38}$$

(3) 设 X,Y 是两个随机变量，则有：

$$\mathrm{Var}(X+Y)=\mathrm{Var}(X)+\mathrm{Var}(Y)+2\mathbb{E}\left[\left(X-\mathbb{E}[X]\right)\left(Y-\mathbb{E}[Y]\right)\right] \tag{2-39}$$

(4) 若 X,Y 相互独立，则有：

$$\mathrm{Var}(X+Y)=\mathrm{Var}(X)+\mathrm{Var}(Y) \tag{2-40}$$

(5) $\mathrm{Var}(X)=0$ 的充要条件是 X 以概率 1 取常数 $\mathbb{E}[X]$，即：

$$\Pr\left(X=\mathbb{E}[X]\right)=1 \tag{2-41}$$

例 2.3 所给通信系统中，设噪声 W 服从期望为 0，方差为 σ_w^2 的高斯分布，则接收端信噪比 $\frac{S}{N}$ 可计算为：

$$\frac{S}{N}=\frac{\mathbb{E}\left[(H\cdot X)^2\right]}{\mathbb{E}\left[W^2\right]}=\frac{\mathbb{E}\left[H^2\right]\cdot\mathbb{E}\left[X^2\right]}{\operatorname{Var}(W)+\mathbb{E}^2[W]}=\frac{\mathbb{E}\left[H^2\right]\cdot\mathbb{E}\left[X^2\right]}{\sigma_w^2} \tag{2-42}$$

2.3.3　协方差和相关系数

在很多实际问题中，往往需要了解两个随机变量之间的联系。对此，数学期望、方差都不能解决问题，因此需要引入协方差和相关系数。

1. 协方差的定义

设 (X,Y) 为二维随机变量，若 $\mathbb{E}\left[(X-\mathbb{E}[X])\cdot(Y-\mathbb{E}[Y])\right]$ 存在，则称 $\mathbb{E}\left[(X-\mathbb{E}[X])\cdot(Y-\mathbb{E}[Y])\right]$ 为 X,Y 的**协方差**(Covariance)，记作 $\operatorname{Cov}(X,Y)$：

$$\operatorname{Cov}(X,Y)=\mathbb{E}\left[(X-\mathbb{E}[X])\cdot(Y-\mathbb{E}[Y])\right] \tag{2-43}$$

由定义，协方差实质上是 (X,Y) 的函数 $g(X,Y)=(X-\mathrm{E}[X])\cdot(Y-\mathrm{E}[Y])$ 的数学期望。将式(2-43)展开可得：

$$\begin{aligned}\operatorname{Cov}(X,Y)&=\mathbb{E}\left[X\cdot Y-X\cdot\mathbb{E}[Y]-\mathbb{E}[X]\cdot Y+\mathbb{E}[X]\cdot\mathbb{E}[Y]\right]\\&=\mathbb{E}[X\cdot Y]-\mathbb{E}[X]\cdot\mathbb{E}[Y]\end{aligned} \tag{2-44}$$

计算协方差时常用式(2-44)。由方差的性质(3)可知：

$$\operatorname{Var}(X+Y)=\operatorname{Var}(X)+\operatorname{Var}(Y)+2\operatorname{Cov}(X,Y) \tag{2-45}$$

2. 协方差矩阵

对于二维随机变量 (X,Y)，称 $\boldsymbol{C}=\begin{bmatrix}\operatorname{Var}(X) & \operatorname{Cov}(X,Y)\\ \operatorname{Cov}(Y,X) & \operatorname{Var}(Y)\end{bmatrix}$ 为随机变量 (X,Y) 的**协方差矩阵**(Covariance Matrix)。

对于 N 维随机变量 $\boldsymbol{X}$，即 $\boldsymbol{X}=\left[X_1,X_2,\cdots,X_N\right]^{\top}$，其协方差矩阵定义为：

$$\boldsymbol{C}=\begin{bmatrix}\operatorname{Var}(X_1) & \operatorname{Cov}(X_1,X_2) & \cdots & \operatorname{Cov}(X_1,X_N)\\ \operatorname{Cov}(X_2,X_1) & \operatorname{Var}(X_2) & \cdots & \operatorname{Cov}(X_2,X_N)\\ \cdots & \cdots & \cdots & \cdots\\ \operatorname{Cov}(X_N,X_1) & \operatorname{Cov}(X_N,X_2) & \cdots & \operatorname{Var}(X_N)\end{bmatrix} \tag{2-46}$$

在通信系统中，信道抽头常用$\boldsymbol{H}=\left[H_1,H_2,\cdots,H_L\right]^{\top}$表示。若信道抽头系数不相关，则其协方差矩阵为对角阵$\boldsymbol{C}=\operatorname{diag}\left(\operatorname{Var}\left(H_1\right),\operatorname{Var}\left(H_2\right),\cdots,\operatorname{Var}\left(H_L\right)\right)$；若信道抽头系数相关，则其协方差矩阵如(2-46)所示。

3. 协方差的性质

下面介绍协方差的几个重要的性质(假设以下协方差均存在)：

(1) $\operatorname{Cov}(X,Y)=\operatorname{Cov}(Y,X)$；

(2) $\operatorname{Cov}(a\cdot X,b\cdot Y)=a\cdot b\cdot\operatorname{Cov}(X,Y)$，式中$a,b$为常数；

(3) $\operatorname{Cov}(X_1+X_2,Y)=\operatorname{Cov}(X_1,Y)+\operatorname{Cov}(X_2,Y)$。

4. 相关系数

式(2-43)与式(2-44)反映了两个随机变量概率上相互关联的程度，但是由于其没有进行归一化，因此其值大小对相关性而言不具有可比性[73]。比如若X,Y,P,Q为随机变量，即使有$\operatorname{Cov}(X,Y)>\operatorname{Cov}(P,Q)$，也不能说明$X$与$Y$之间的相关程度就一定比$P$与$Q$之间的相关程度大。因此引入一个无量纲系数，即**相关系数**(Correlation Coefficient)，也称归一化协方差。

随机变量X与Y的相关系数定义为：

$$\rho_{XY}=\frac{\operatorname{Cov}(X,Y)}{\sqrt{\mathrm{D}(X)}\cdot\sqrt{\mathrm{D}(Y)}}\tag{2-47}$$

显然$|\rho_{XY}|\leqslant 1$。若$\rho_{XY}=\pm 1$，表明X和Y强烈相关。若$\rho_{XY}=0$，表明X和Y不存在线性关系，简称不相关。当ρ_{XY}在0和± 1之间取不同值时，反映的是X和Y之间不同的相关程度，如图2.5所示。ρ_{XY}越大，相关性越强；ρ_{XY}越小，相关

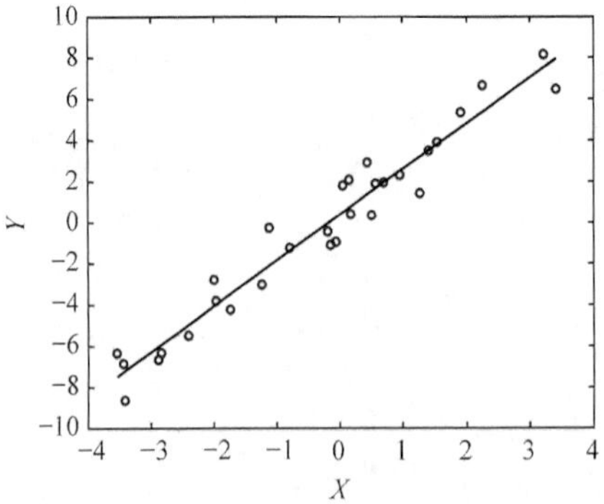

$0<\rho_{XY}<1$

(a)

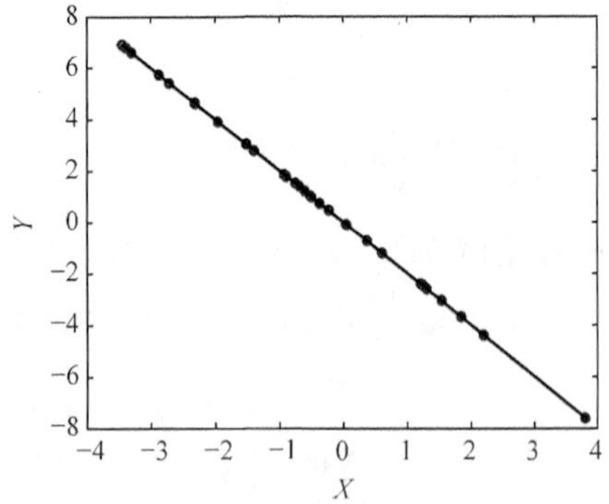

$\rho_{XY}=-1$

(b)

图 2.5　ρ_{XY}大小与X,Y的线性依赖关系

性越弱。就上面的例子而言，若 $\rho_{XY} > \rho_{PQ}$，则表明 X 与 Y 之间的相关程度比 P 与 Q 之间的相关程度大，反之亦然。

2.4　常见的概率分布

本节介绍通信信号统计处理中常用的概率分布，由于高斯随机变量的计算在消息传递算法中应用广泛，本节重点讨论高斯随机变量，包括高斯 PDF 实数与复数的表达式、高斯函数相关计算、高斯随机变量和的分布以及积的分布等。

2.4.1　伯努利分布

随机变量 X 只可能取 0 和 1 两个值，且有：

$$\Pr(X=1)=p,\quad \Pr(X=0)=1-p \tag{2-48}$$

则称 X 服从参数为 p 的**伯努利分布**(Bernoulli Distribution)，伯努利分布又称为(0-1)分布或两点分布，记作 $X \sim B(1,p)$。如雷达信号检测中目标的有无，数字通信中接收到 0 还是接收到 1，掷硬币的结果是正面还是反面等，均服从伯努利分布。

其 PDF 可以表示为：$p_X(x)=(1-p)\cdot\delta(x)+p\cdot\delta(x-1),\quad x\in\mathbb{R}$。伯努利分布的 PMF 和 PDF 可参考例题 2.1。

伯努利分布的期望和方差分别为：

$$\mathbb{E}[X]=p \tag{2-49}$$

$$\mathrm{Var}(X)=p\cdot(1-p) \tag{2-50}$$

2.4.2　二项分布

二项分布(Binomial Distribution)与伯努利试验相联系。若试验 M 只有两个可能结果 A 和 $\overline{\mathrm{A}}$，且 $\Pr(\mathrm{A})=p,\ \Pr(\overline{\mathrm{A}})=1-p$。将 M 重复进行 n 次，则事件 A 发生的次数是一个随机变量 X，该随机变量的可能取值为 $0,1,2,\cdots,n$，若事件发生 k 次，则可以计算得到：

$$\Pr(X=k)=\binom{n}{k}\cdot p^k\cdot(1-p)^{n-k},\quad 0\leqslant k\leqslant n \tag{2-51}$$

习惯上称随机变量 X 服从参数为 n,p 的**二项分布**，记为 $X\sim B(n,p)$。其 PDF 可以表示为：

$$p_X(x)=\sum_{k=0}^{n}\binom{n}{k}\cdot p^k\cdot(1-p)^{n-k}\cdot\delta(x-k),\quad x\in\mathbb{R} \tag{2-52}$$

二项分布的 PMF 与 PDF 如图 2.6 所示。

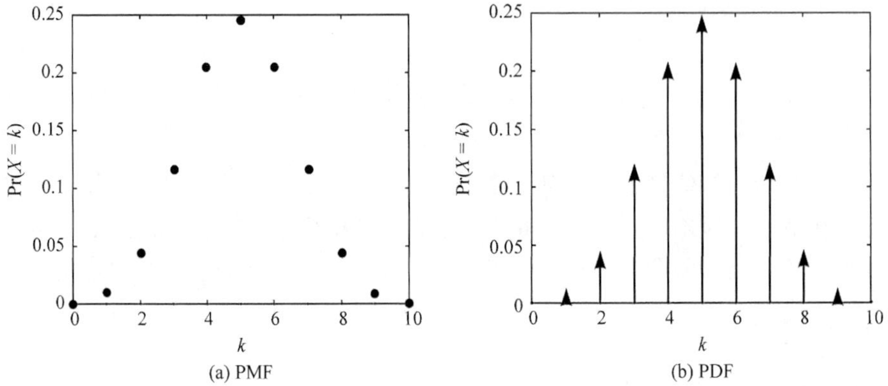

图 2.6 参数为 $n=10, p=0.5$ 的二项分布的 PMF 与 PDF

二项分布的期望和方差分别为：

$$\mathbb{E}[X]=n\cdot p \tag{2-53}$$

$$\mathrm{Var}(X)=n\cdot p\cdot(1-p) \tag{2-54}$$

2.4.3 泊松分布

泊松分布(Poisson Distribution)是一类重要的概率分布，服从泊松分布的随机变量常用于研究在一定时间间隔内随机事件出现的个数的统计任务[73]。如一定时间间隔内通过某十字路口的车辆数、电话交换台每分钟的转接次数等。

若随机变量 X 服从**泊松分布**，则 X 的可能取值为 $0,1,2,\cdots$，而取某个值 k 的概率为：

$$\Pr(X=k)=\frac{\lambda^k\cdot \mathrm{e}^{-\lambda}}{k!}\quad k=0,1,2,\cdots \tag{2-55}$$

其中 $\lambda>0$ 是常数，且有：

$$\sum_{k=0}^{\infty}\Pr(X=k)=\mathrm{e}^{-\lambda}\sum_{k=0}^{\infty}\frac{\lambda^k}{k!}=1 \tag{2-56}$$

式中 $\sum_{k=0}^{\infty}\frac{\lambda^k}{k!}=\mathrm{e}^{\lambda}$，泊松分布记为 $X\sim\pi(\lambda)$。其 PDF 可以表示为：

$$p_X(x)=\sum_{k=0}^{\infty}\frac{\lambda^k\cdot \mathrm{e}^{-\lambda}}{k!}\cdot\delta(x-k),\quad x\in\mathbb{R} \tag{2-57}$$

泊松分布的 PMF 与 PDF 如图 2.7 所示。

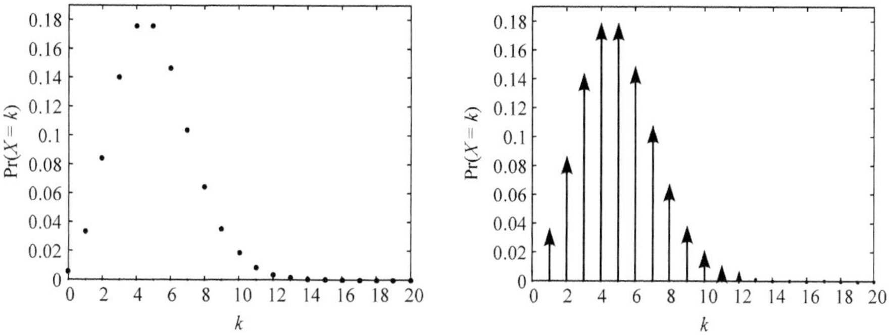

(a) PMF　　(b) PDF

图 2.7　参数为 $n=20,\lambda=5$ 的泊松分布的 PMF 与 PDF

泊松分布的期望和方差分别为：

$$\mathbb{E}\left[X\right]=\lambda \tag{2-58}$$

$$\operatorname{Var}\left(X\right)=\lambda \tag{2-59}$$

2.4.4　均匀分布

均匀分布(Uniform Distribution)是一种等概分布，典型的例子如正弦波振荡器产生振荡的初始相位就是一个在 $0\sim 2\pi$ 区间上服从均匀分布的随机变量。

若随机变量 X 的 PDF 为：

$$p_X\left(x\right)=\begin{cases}\dfrac{1}{b-a}, & a<x<b\\ 0, & \text{else}\end{cases} \tag{2-60}$$

称 X 在区间 $\left(a,b\right)$ 上服从**均匀分布**，记为 $X\sim U\left(a,b\right)$。均匀分布的 PDF 如图 2.8 所示。

均匀分布的期望和方差分别为：

$$\mathbb{E}\left[X\right]=\frac{a+b}{2} \tag{2-61}$$

$$\operatorname{Var}\left(X\right)=\frac{\left(b-a\right)^2}{12} \tag{2-62}$$

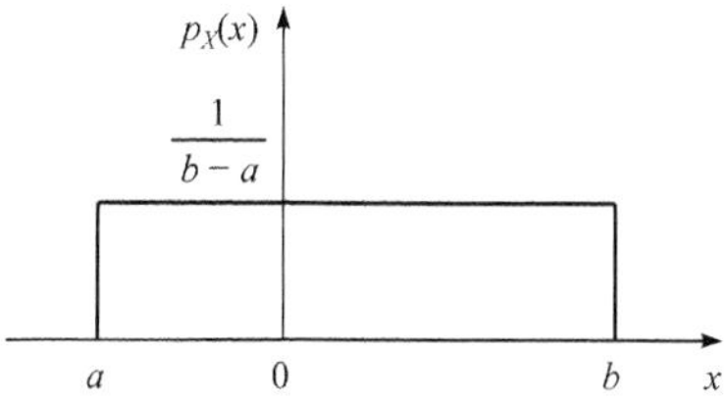

图 2.8　均匀分布随机变量的 PDF 曲线

2.4.5　伽马分布

伽马分布在通信中常用作噪声精度的先验，若随机变量 X 的 PDF 为：

$$p_X\left(x\right)=\begin{cases}\dfrac{b^a}{\Gamma\left(a\right)}\cdot x^{a-1}\cdot \mathrm{e}^{-bx}, & x>0\\ 0, & \text{else}\end{cases} \tag{2-63}$$

式中，$\Gamma(a)=\int_0^{\infty} t^{a-1}\cdot \mathrm{e}^{-t}\mathrm{d}t$ 是伽马函数，a 为形状参数，b 为尺度参数，称 X 服从参数为 (a,b) 的**伽马分布**(Gamma Distribution)，记为 $X\sim \mathrm{Gamma}(a,b)$ 或 $\mathrm{Gamma}(x;a,b)$。伽马分布的 PDF 如图 2.9 所示。

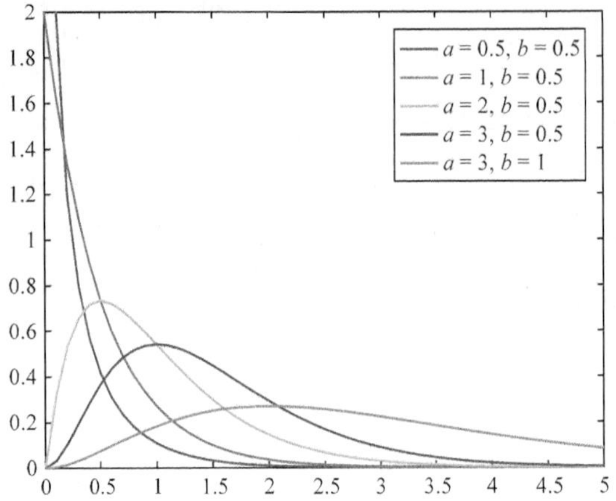

图 2.9　不同 a,b 参数下伽马分布 PDF 曲线

伽马分布的期望和方差分别为：

$$\mathbb{E}[X]=\frac{a}{b} \tag{2-64}$$

$$\mathrm{Var}(X)=\frac{a^2}{b} \tag{2-65}$$

伽马分布有一个重要的性质：两个独立的随机变量 X 和 Y，若有 $X\sim \mathrm{Gamma}(a_1,b)$，$Y\sim \mathrm{Gamma}(a_2,b)$，则 $Z=X+Y\sim \mathrm{Gamma}(a_1+a_2,b)$。

伽马分布可加性证明：

$$\begin{aligned} p_Z(z)&=\int_{-\infty}^{\infty}\int_{-\infty}^{\infty} p_{Z|X,Y}(z\,|\,x,y)\cdot p_X(x)\cdot p_Y(y)\mathrm{d}y\mathrm{d}x \\ &=\int_{-\infty}^{\infty}\int_{-\infty}^{\infty} \delta(z-x-y)\cdot p_X(x)\cdot p_Y(y)\mathrm{d}y\mathrm{d}x \\ &=\int_{-\infty}^{\infty} p_Y(z-x)\cdot p_X(x)\mathrm{d}x \end{aligned} \tag{2-66}$$

仅当 $x>0$ 且 $z-x>0$ 时，上式不为零，即当 $\begin{cases} x>0 \\ x<z \end{cases}$ 时，式(2-66)不为零。

由此可得当 $z<0$ 时，$p_Z(z)=0$；当 $z>0$ 时：

$$
\begin{aligned}
p_Z(z) &= \int_0^z p_Y(z-x)\cdot p_X(x)\mathrm{d}x \\
&= \int_0^z \frac{b^{a_2}}{\Gamma(a_2)}\cdot(z-x)^{a_2-1}\cdot \mathrm{e}^{-b(z-x)}\cdot\frac{b^{a_1}}{\Gamma(a_1)}\cdot x^{a_1-1}\cdot \mathrm{e}^{-bx}\mathrm{d}x \\
&= \frac{b^{a_1+a_2}}{\Gamma(a_1)\cdot\Gamma(a_2)}\int_0^z x^{a_1-1}\cdot \mathrm{e}^{-bz}\cdot(z-x)^{a_2-1}\mathrm{d}x
\end{aligned}
\tag{2-67}
$$

令 $x = zt$ 上式可化简为：

$$
\begin{aligned}
p_Z(z) &= \frac{b^{a_1+a_2}\cdot \mathrm{e}^{-bz}}{\Gamma(a_1)\cdot\Gamma(a_2)} z^{a_1+a_2-1}\int_0^1 (1-t)^{a_2-1}\cdot t^{a_1-1}\mathrm{d}t \\
&= A\cdot z^{a_1+a_2-1}\cdot \mathrm{e}^{-bz}
\end{aligned}
\tag{2-68}
$$

式中，$A \triangleq \dfrac{b^{a_1+a_2}}{\Gamma(a_1)\cdot\Gamma(a_2)}\displaystyle\int_0^1 (1-t)^{a_2-1}\cdot t^{a_1-1}\mathrm{d}t$。

根据 PDF 归一化性质：

$$
\begin{aligned}
1 &= \int_{-\infty}^{\infty} p_Z(z)\mathrm{d}z = \int_0^{\infty} A\cdot z^{a_1+a_2-1}\cdot \mathrm{e}^{-bz}\mathrm{d}z \\
&= A\cdot b^{-(a_1+a_2)}\cdot\int_0^{\infty}(b\cdot z)^{a_1+a_2-1}\cdot \mathrm{e}^{-bz}\mathrm{d}(b\cdot z) \\
&= A\cdot b^{-(a_1+a_2)}\cdot\Gamma(a_1+a_2)
\end{aligned}
\tag{2-69}
$$

可得：

$$
A = \frac{b^{a_1+a_2}}{\Gamma(a_1+a_2)} \tag{2-70}
$$

将式(2-70)代入式(2-68)：

$$
p_Z(z) = \frac{b^{a_1+a_2}}{\Gamma(a_1+a_2)}\cdot z^{a_1+a_2-1}\cdot \mathrm{e}^{-bz} = \mathrm{Gamma}(z; a_1+a_2, b) \tag{2-71}
$$

2.4.6 指数分布

若随机变量 X 的 PDF 为：

$$
p_X(x) = \begin{cases} \dfrac{1}{\theta}\cdot \mathrm{e}^{-\frac{x}{\theta}}, & x>0 \\ 0, & \text{else} \end{cases} \tag{2-72}
$$

其中，$\theta > 0$ 为常数，称 X 服从参数为 θ 的**指数分布**(Exponential Distribution)，记为 $X \sim \exp(\theta)$。指数分布是伽马分布的一种特例。

指数分布的期望和方差分别为：

$$\mathbb{E}[X]=\theta \tag{2-73}$$

$$\mathrm{Var}(X)=\theta^2 \tag{2-74}$$

2.4.7　高斯分布

高斯分布(Gaussian or Normal Distribution)是统计信号处理中最重要的分布之一。一方面，在实际问题中大量的随机变量服从或近似服从高斯分布；另一方面，高斯分布具有良好的性质，高斯分布可以近似其他形式的分布，还可以演变出其他的新分布[74]，如对数正态分布、t 分布、F 分布等。

1. 实高斯分布

若一维随机变量 X 的 PDF 为：

$$p_X(x)=\frac{1}{\sqrt{2\pi}\sigma}\exp\left\{-\frac{(x-\mu)^2}{2\sigma^2}\right\},\quad x\in\mathbb{R} \tag{2-75}$$

其中，μ,σ^2 分别表示随机变量 X 的期望和方差，称 X 服从参数为 μ,σ^2 的**正态分布**或**高斯分布**，记作 $X\sim\mathcal{N}(\mu,\sigma^2)$。高斯 PDF 如图 2.10 所示。

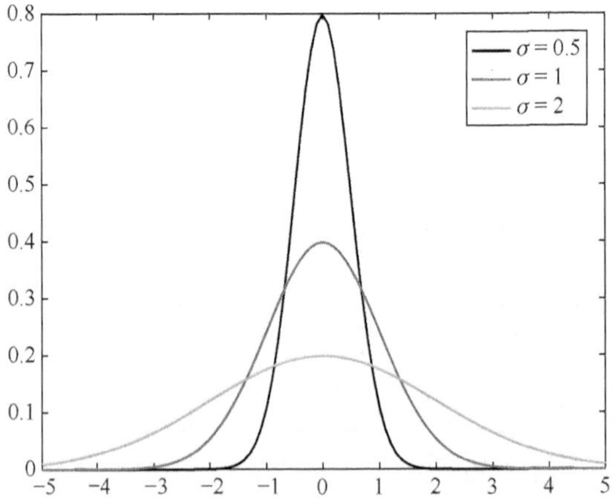

图 2.10　不同 σ 参数下的高斯 PDF 曲线

若 N 维随机变量 $\boldsymbol{X}$ 服从高斯分布，其 PDF 为：

$$\mathcal{N}(\boldsymbol{x};\boldsymbol{\mu},\boldsymbol{\Sigma})=\frac{1}{(2\pi)^{N/2}}\frac{1}{|\boldsymbol{\Sigma}|^{1/2}}\exp\left\{-\frac{1}{2}(\boldsymbol{x}-\boldsymbol{\mu})^\top\boldsymbol{\Sigma}^{-1}(\boldsymbol{x}-\boldsymbol{\mu})\right\} \tag{2-76}$$

其中，$\boldsymbol{\mu}\in\mathbb{R}^N$ 是数学期望，$\boldsymbol{\Sigma}\in\mathbb{R}^{N\times N}$ 是协方差矩阵，$|\boldsymbol{\Sigma}|$ 表示 $\boldsymbol{\Sigma}$ 的行列式。以二

维高斯随机变量为例，其 PDF 如图 2.11 所示。

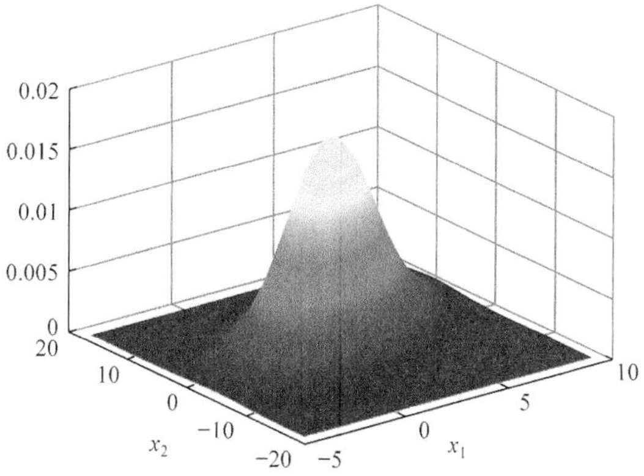

图 2.11　二维高斯随机变量 PDF

2. 复高斯分布

若一维复随机变量 $X=\mathrm{Re}(X)+\mathrm{i}\,\mathrm{Im}(X)$ 的实部 $\mathrm{Re}(X)$ 和虚部 $\mathrm{Im}(X)$ 相互独立，且均服从数学期望为 0，方差为 $\dfrac{1}{2}$ 的实高斯分布，则称 X 服从**标准复高斯分布**[75-77](The Standard Complex Gaussian Distribution)，记作 $X\sim\mathcal{CN}(0,1)$，其 PDF 可表示为：

$$\mathcal{CN}(x;0,1)=\frac{1}{\pi}\exp\left\{-x^{*}x\right\} \tag{2-77}$$

若 $Z\sim\mathcal{CN}(0,1)$，$\mu\in\mathbb{C}$，$\sigma\in\mathbb{R}$ 且 $\sigma>0$，则复随机变量 $X=\mu+\sigma\cdot Z$ 服从**复高斯分布**(The Complex Gaussian Distribution)，记作 $X\sim\mathcal{CN}\left(\mu,\sigma^2\right)$，其 PDF 可表示为：

$$\mathcal{CN}\left(x;\mu,\sigma^2\right)=\frac{1}{\pi\sigma^2}\exp\left\{-(x-\mu)^{*}\left(\sigma^2\right)^{-1}(x-\mu)\right\} \tag{2-78}$$

若 N 维复随机变量 $\boldsymbol{X}=\left[X_1,X_2,\cdots,X_N\right]^{\top}$ 中每一个随机变量均服从复高斯分布，且有 $\boldsymbol{\mu}=\mathbb{E}(\boldsymbol{X})\in\mathbb{C}^N$，$\boldsymbol{\Sigma}=\mathbb{E}\left[\left(\boldsymbol{X}-\mathbb{E}[\boldsymbol{X}]\right)\cdot\left(\boldsymbol{X}-\mathbb{E}[\boldsymbol{X}]\right)^{\mathrm{H}}\right]\in\mathbb{C}^{N\times N}$，则称 $\boldsymbol{X}$ 服从**多维复高斯分布**(The Multivariate Complex Gaussian Distribution)，记作 $\boldsymbol{X}\sim\mathcal{CN}(\boldsymbol{\mu},\boldsymbol{\Sigma})$。其 PDF 表达式为：

$$\mathcal{CN}(\boldsymbol{x};\boldsymbol{\mu},\boldsymbol{\Sigma})=\frac{1}{\pi^N|\boldsymbol{\Sigma}|}\exp\left(-(\boldsymbol{x}-\boldsymbol{\mu})^{\mathrm{H}}\boldsymbol{\Sigma}^{-1}(\boldsymbol{x}-\boldsymbol{\mu})\right),\quad \boldsymbol{x}\in\mathbb{C}^N \tag{2-79}$$

3. 高斯分布相关计算

(1) 高斯 PDF 相乘：

$$\mathcal{N}(x;\mu_1,v_1)\cdot\mathcal{N}(x;\mu_2,v_2)=\mathcal{N}(\mu_1;\mu_2,v_1+v_2)\cdot\mathcal{N}(x;\mu_{12},v_{12})\propto\mathcal{N}(x;\mu_{12},v_{12}) \tag{2-80}$$

式中，$(v_{12})^{-1}=(v_1)^{-1}+(v_2)^{-1}$，$\mu_{12}=v_{12}\left(\dfrac{\mu_1}{v_1}+\dfrac{\mu_2}{v_2}\right)$，上式中的“$\propto$”符号表达的是正比关系，详细的证明过程见附录 A。在式(2-24)中，若随机变量 X 的先验分布与似然函数均服从高斯分布，则常用式(2-80)求解其后验 PDF。

一般地，多个高斯 PDF 相乘有：

$$\prod_{i=1}^{N}\mathcal{N}(x;\mu_i,v_i)\propto\mathcal{N}(x;\mu,v) \tag{2-81}$$

其中，$(v)^{-1}=\sum_{i=1}^{N}(v_i)^{-1}$，$\mu=v\cdot\sum_{i=1}^{N}\dfrac{\mu_i}{v_i}$。

(2) 高斯 PDF 相乘后积分：

$$\int_{-\infty}^{\infty}\mathcal{N}(x;\mu_1,v_1)\cdot\mathcal{N}(y;hx,v_2)\mathrm{d}x=\mathcal{N}\left(y;h\mu_1,v_2+h^2v_1\right) \tag{2-82}$$

本公式在后文证明过程中多次应用，详细证明过程见附录 B。

(3) 高斯随机变量和的 PDF：

假设随机变量 X,Y 相互独立，若 $X\sim\mathcal{N}(\mu_x,v_x)$，$Y\sim\mathcal{N}\left(\mu_y,v_y\right)$，那么 $Z=X+Y$ 的 PDF 为：

$$\begin{aligned}p_Z(z)&=\int_{-\infty}^{\infty}\int_{-\infty}^{\infty}p_{X,Y,Z}(x,y,z)\mathrm{d}x\mathrm{d}y\\&=\int_{-\infty}^{\infty}\int_{-\infty}^{\infty}p_{Z|X,Y}(z\mid x,y)\cdot p_X(x)\cdot p_Y(y)\mathrm{d}x\mathrm{d}y\\&=\int_{-\infty}^{\infty}\int_{-\infty}^{\infty}\delta(z-x-y)\cdot\mathcal{N}(x;\mu_x,v_x)\cdot\mathcal{N}\left(y;\mu_y,v_y\right)\mathrm{d}x\mathrm{d}y\\&=\int_{-\infty}^{\infty}\mathcal{N}(z-y;\mu_x,v_x)\cdot\mathcal{N}\left(y;\mu_y,v_y\right)\mathrm{d}y\\&=\mathcal{N}\left(z;\mu_x+\mu_y,v_x+v_y\right)\end{aligned} \tag{2-83}$$

由上式结果可知，若两个高斯随机变量 X,Y 相互独立，则它们的和仍服从高斯分布。更一般地，高斯随机变量的线性组合仍然是高斯分布：

$$\sum_{i=1}^{N}k_i\cdot X_i\sim\mathcal{N}\left(\sum_{i=1}^{N}k_i\cdot\mu_i,\sum_{i=1}^{N}k_i^2\cdot v_i\right) \tag{2-84}$$

(4) 高斯与离散随机变量和的 PDF：

假设 X 是离散型随机变量，Y 是高斯随机变量，X,Y 相互独立，若 $p(x)=\sum_{s\in\mathcal{S}}\alpha_s\cdot\delta(x-s)$，$Y\sim\mathcal{N}(\mu_y,v_y)$，其中 $\sum_{s\in\mathcal{S}}\alpha_s=1$，那么 $Z=X+Y$ 的 PDF 为：

$$
\begin{aligned}
p_Z(z)&=\int_{-\infty}^{\infty}\int_{-\infty}^{\infty}p_{X,Y,Z}(x,y,z)\mathrm{d}x\mathrm{d}y\\
&=\int_{-\infty}^{\infty}\int_{-\infty}^{\infty}p_{Z|X,Y}(z\,|\,x,y)\cdot p_X(x)\cdot p_Y(y)\mathrm{d}x\mathrm{d}y\\
&=\int_{-\infty}^{\infty}\int_{-\infty}^{\infty}\delta(z-x-y)\cdot\left[\sum_{s\in\mathcal{S}}\alpha_s\cdot\delta(x-s)\right]\cdot\mathcal{N}(y;\mu_y,v_y)\mathrm{d}x\mathrm{d}y\\
&=\int_{-\infty}^{\infty}\left[\sum_{s\in\mathcal{S}}\alpha_s\cdot\delta(x-s)\right]\cdot\mathcal{N}(z-x;\mu_y,v_y)\mathrm{d}x\\
&=\sum_{s\in\mathcal{S}}\alpha_s\cdot\mathcal{N}(z;s+\mu_y,v_y)
\end{aligned}
\tag{2-85}
$$

由上式可知，$p_Z(z)$ 具有混合高斯(Gaussian Mixture)形式[78]，相当于 $|\mathcal{S}|$ 个高斯 PDF 的累加。

(5) 高斯与离散随机变量乘积的 PDF：

假设 X 是离散型随机变量，Y 是高斯随机变量，X,Y 相互独立，若 $p_X(x)=\sum_{s\in\mathcal{S}}\alpha_s\cdot\delta(x-s)$，$Y\sim\mathcal{N}(\mu_y,v_y)$，其中 $\sum_{s\in\mathcal{S}}\alpha_s=1$，那么 $Z=X\cdot Y$ 的 PDF 为：

$$
\begin{aligned}
p_Z(z)&=\int_{-\infty}^{\infty}\int_{-\infty}^{\infty}p_{X,Y,Z}(x,y,z)\mathrm{d}x\mathrm{d}y\\
&=\int_{-\infty}^{\infty}\int_{-\infty}^{\infty}p_{Z|X,Y}(z\,|\,x,y)\cdot p_X(x)\cdot p_Y(y)\mathrm{d}x\mathrm{d}y\\
&=\int_{-\infty}^{\infty}\int_{-\infty}^{\infty}\delta(z-x\cdot y)\cdot\left[\sum_{s\in\mathcal{S}}\alpha_s\cdot\delta(x-s)\right]\cdot\mathcal{N}(y;\mu_y,v_y)\mathrm{d}x\mathrm{d}y\\
&=\int_{-\infty}^{\infty}\left[\sum_{s\in\mathcal{S}}\alpha_s\cdot\delta(x-s)\right]\cdot\mathcal{N}(z;x\cdot\mu_y,x^2v_y)\mathrm{d}x\\
&=\sum_{s\in\mathcal{S}}\alpha_s\cdot\mathcal{N}(z;s\cdot\mu_y,s^2\cdot v_y)
\end{aligned}
\tag{2-86}
$$

由上式计算结果可知，$p_Z(z)$ 也是混合高斯形式，相当于 $|\mathcal{S}|$ 个高斯 PDF 的累加。

2.4.8　瑞利分布

若二维随机变量的两个分量服从独立的、有相同方差的正态分布时，这个二维随机变量的模服从**瑞利分布**(Rayleigh Distribution)。瑞利分布在通信系统中应用广泛，最常见的用于描述平坦衰落信号接收包络或独立多径分量接收包络统计时变特性[79]。又如白噪声通过窄带系统后，其输出包络也服从瑞利分布[68]。瑞利分布的 PDF 如图 2.12 所示。

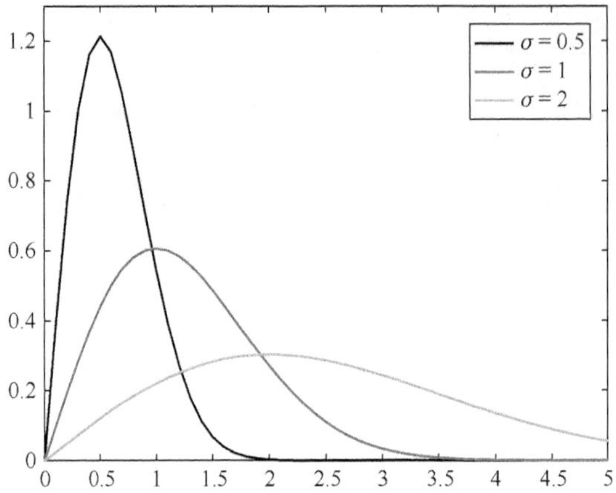

图 2.12　不同σ参数下瑞利分布 PDF

瑞利分布的 PDF 可以表示为：

$$p_X(x)=\frac{x}{\sigma^2}\cdot \mathrm{e}^{-\frac{x^2}{2\sigma^2}},\quad x\geqslant 0 \tag{2-87}$$

其期望和方差分别为：

$$\mathbb{E}[X]=\sqrt{\frac{\pi}{2}}\cdot\sigma \tag{2-88}$$

$$\mathrm{Var}(X)=\frac{4-\pi}{2}\cdot\sigma^2 \tag{2-89}$$

2.5　中心极限定理

在实际中有很多随机变量是由大量相互独立的随机因素综合影响形成的[72]，前章所述的多径效应，如图 2.13 所示。由于反射体都不是光滑的镜面，每一条路径实际上是由多个微路径组成。比如楼房墙面有窗户等不同的阶梯，其尺寸在米级，每个阶梯的反射就构成了一条微路径。而每一条微路径到达接收机的时间差较小，从信道的冲激响应上看是一个展宽的脉冲，如图 2.14 所示。每条微路径的信号频率相同、相位随机，可以认为它们是独立同分布的随机变量，叠加的结果服从(复)高斯分布。除此之外，通信中的很多变量例如噪声、观测等都可以采用高斯分布进行数学建模。本节重点介绍了两个常用的中心极限定理，给出了大量随机变量之和近似服从正态分布的条件，并从理论上证明了高斯分布的广泛存在。

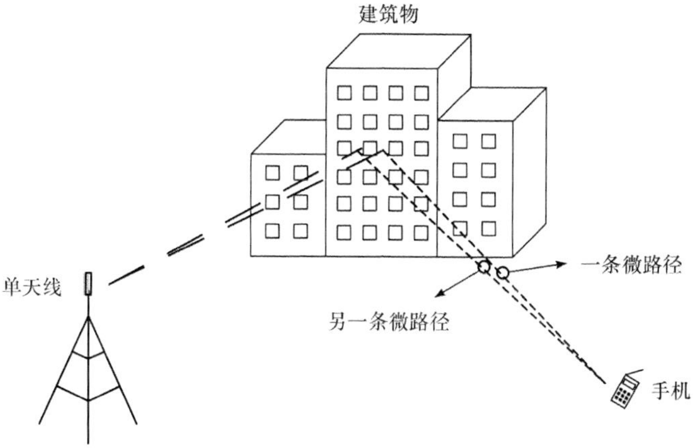

图 2.13　微路径示意图

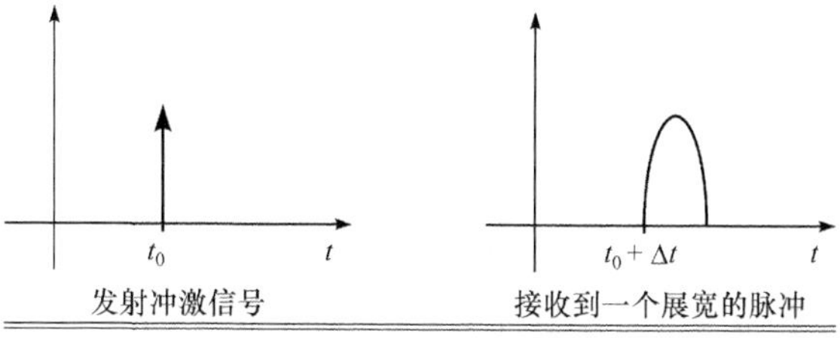

图 2.14　发射与接收信号

定理 2.1　(独立同分布的中心极限定理)设随机变量 $X_1, X_2, \cdots, X_n$ 独立同分布，且它们的数学期望和方差分别为：$\mathrm{E}\left[X_k\right]=\mu$，$\mathrm{Var}\left(X_k\right)=\sigma^2>0$，$(k=1,2,\cdots)$，则随机变量

$$Y_n=\frac{\sum_{k=1}^{n}X_k-\mathbb{E}\left[\sum_{k=1}^{n}X_k\right]}{\sqrt{\mathrm{Var}\left(\sum_{k=1}^{n}X_k\right)}}=\frac{\sum_{k=1}^{n}X_k-n\cdot\mu}{\sqrt{n}\cdot\sigma} \tag{2-90}$$

的 CDF $F_n(x)$ 对于任意 x 满足：

$$\lim_{n\to\infty}F_n(x)=\lim_{n\to\infty}\Pr\left\{\frac{\sum_{k=1}^{n}X_k-n\cdot\mu}{\sqrt{n}\cdot\sigma}\leqslant x\right\}=\int_{-\infty}^{x}\frac{1}{\sqrt{2\pi}}\cdot\mathrm{e}^{-\frac{t^2}{2}}\mathrm{d}t \tag{2-91}$$

也就是说，数学期望为 μ，方差为 σ^2 的独立同分布的 n 个随机变量 $X_1, X_2, \cdots, X_n$ 之和 $\sum_{k=1}^{n} X_k$ 经过标准化后的新变量，当 n 充分大时，服从数学期望为 0，方差为1的高斯分布：

$$\frac{\sum_{k=1}^{n} X_k - n \cdot \mu}{\sqrt{n} \cdot \sigma} \sim \mathcal{N}(0,1) \tag{2-92}$$

图 2.15 是一个均匀分布的例子，假设 $X_1, X_2, \cdots, X_n$ 独立同分布，均服从区间(0,1)上的均匀分布，从图中可以看出，当 n 逐渐增大时，$Z_n = \frac{1}{n} \cdot \sum_{k=1}^{n} X_k$ 近似服从高斯分布。

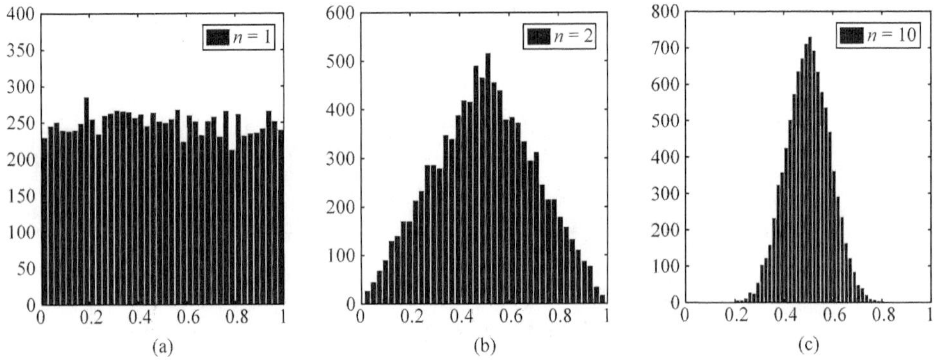

图 2.15　n 个均匀分布随机变量和的分布

定理 2.2　(棣莫弗-拉普拉斯(De Moivre-Laplace)定理)设随机变量 $X_k(k = 1,2,\cdots)$ 服从参数为 $k, p\ (0 < p < 1)$ 的二项分布，则对于任意 x 有：

$$\lim_{k \to \infty} \Pr\left\{ \frac{X_k - k \cdot p}{\sqrt{k \cdot p \cdot (1-p)}} \leqslant x \right\} = \int_{-\infty}^{x} \frac{1}{\sqrt{2\pi}} \cdot \mathrm{e}^{-\frac{t^2}{2}} \mathrm{d}t \tag{2-93}$$

该定理表明，正态分布是二项分布的极限分布，当 k 充分大时，可以用上式计算二项分布的概率。

图 2.16 是一个二项分布的例子，假设 $X_1, X_2, \cdots, X_k$ 独立同分布，均服从伯努利分布，从图中可以看出，当 k 逐渐增大时，$Z_k = \frac{1}{k} \cdot \sum_{i=1}^{k} X_i$ 近似服从高斯分布。

正如本节开始介绍的例子，无线通信的信道是由不计其数的微小路径累积而成，而中心极限定理告诉我们，这种累积量服从高斯分布。

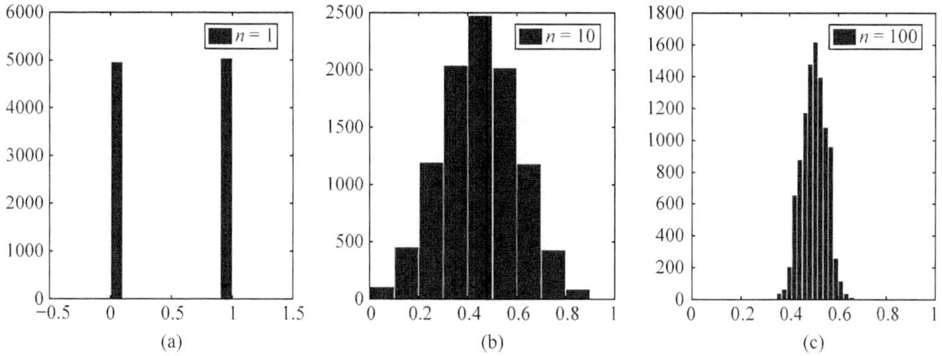

图 2.16　n 个二项分布随机变量和的分布

2.6　贝叶斯估计

本章前几节简要介绍了概率论与数理统计相关基础知识，本节介绍统计信号处理中常用的估计方法——贝叶斯估计。贝叶斯估计建立在贝叶斯定理的基础上，利用随机变量的先验和似然信息，可以提高估计精度。

假设 $\boldsymbol{X}=\left[X_1,\cdots,X_N\right]$ 为感兴趣变量(通常无法直接观测)，$\boldsymbol{Y}=\left[Y_1,\cdots,Y_M\right]$ 为观测变量，它们的某次实现分别是 $\boldsymbol{x}=\left[x_1,\cdots,x_N\right]$ 和 $\boldsymbol{y}=\left[y_1,\cdots,y_M\right]$。使用 $\hat{x}_i$ 作为 x_i 的估计时，估计误差 $x_i-\hat{x}_i$ 通常不为零，贝叶斯估计在变量估计中对于不同的估计误差赋予不同的代价值，然后求解平均代价最小的情况。典型的代价函数(损失函数)有：

(1) 二次型损失函数

$$C\left(x_i,\hat{x}_i\right)=\left(x_i-\hat{x}_i\right)^2 \tag{2-94}$$

(2) 均匀损失函数

$$C\left(x_i,\hat{x}_i\right)=\begin{cases}1, & \left|x_i-\hat{x}_i\right|>\varepsilon\\ 0, & \left|x_i-\hat{x}_i\right|<\varepsilon\end{cases} \tag{2-95}$$

式中，$\varepsilon>0$ 为任意小的实数。

损失函数的期望 $\mathbb{E}\left[C\left(x_i,\hat{x}_i\right)\right]$ 称为风险函数，使上述风险函数最小的估计叫作贝叶斯估计。

2.6.1　最小均方误差估计

使二次型风险函数最小的估计称为 **MMSE 估计**。结合式(2-94)风险函数可写作：

$$\begin{aligned}\mathbb{E}\left[C\left(x_i,\hat{x}_i\right)\right]&=\int_{-\infty}^{\infty}\int_{-\infty}^{\infty}\left(x_i-\hat{x}_i\right)^2\cdot p_{X_i,\boldsymbol{Y}}\left(x_i,\boldsymbol{y}\right)\mathrm{d}\boldsymbol{y}\mathrm{d}x_i\\&=\int_{-\infty}^{\infty}\left[\int_{-\infty}^{\infty}\left(x_i-\hat{x}_i\right)^2\cdot p_{X_i|\boldsymbol{Y}}\left(x_i\mid\boldsymbol{y}\right)\mathrm{d}x_i\right]\cdot p_{\boldsymbol{Y}}\left(\boldsymbol{y}\right)\mathrm{d}\boldsymbol{y}\end{aligned}\tag{2-96}$$

风险函数对 $\hat{x}_i$ 求导并令导数等于零，可得：

$$\begin{aligned}&\frac{\partial\mathbb{E}\left[C\left(x_i,\hat{x}_i\right)\right]}{\partial\hat{x}_i}\\&=-\int_{-\infty}^{\infty}\left[2\int_{-\infty}^{\infty}\left(x_i-\hat{x}_i\right)\cdot p_{X_i|\boldsymbol{Y}}\left(x_i\mid\boldsymbol{y}\right)\mathrm{d}x_i\right]\cdot p_{\boldsymbol{Y}}\left(\boldsymbol{y}\right)\mathrm{d}\boldsymbol{y}\\&=\int_{-\infty}^{\infty}\left[2\int_{-\infty}^{\infty}\hat{x}_i\cdot p_{X_i|\boldsymbol{Y}}\left(x_i\mid\boldsymbol{y}\right)\mathrm{d}x_i\right]\cdot p_{\boldsymbol{Y}}\left(\boldsymbol{y}\right)\mathrm{d}\boldsymbol{y}\\&\quad-\int_{-\infty}^{\infty}\left[2\int_{-\infty}^{\infty}x_i\cdot p_{X_i|\boldsymbol{Y}}\left(x_i\mid\boldsymbol{y}\right)\mathrm{d}x_i\right]\cdot p_{\boldsymbol{Y}}\left(\boldsymbol{y}\right)\mathrm{d}\boldsymbol{y}\\&=0\end{aligned}\tag{2-97}$$

由此可得：

$$\hat{x}_i\int_{-\infty}^{\infty}p_{X_i|\boldsymbol{Y}}\left(x_i\mid\boldsymbol{y}\right)\mathrm{d}x_i=\int_{-\infty}^{\infty}x_i\cdot p_{X_i|\boldsymbol{Y}}\left(x_i\mid\boldsymbol{y}\right)\mathrm{d}x_i\tag{2-98}$$

注意到：

$$\int_{-\infty}^{\infty}p_{X_i|\boldsymbol{Y}}\left(x_i\mid\boldsymbol{y}\right)\mathrm{d}x_i=1\tag{2-99}$$

因此，MMSE 估计可以写作：

$$\hat{x}_i\left(\boldsymbol{y}\right)_{\mathrm{MMSE}}=\int_{-\infty}^{\infty}x_i\cdot p_{X_i|\boldsymbol{Y}}\left(x_i\mid\boldsymbol{y}\right)\mathrm{d}x_i\tag{2-100}$$

从上式可以看出，采用二次型损失函数时，x_i 的 MMSE 估计是给定样本 $\boldsymbol{y}=\left[y_1,\cdots,y_M\right]$时，$X_i$的后验期望。

2.6.2　最大后验估计

使均匀损失函数最小的估计称为 **MAP 估计**。结合式(2-95)风险函数可写作：

$$\begin{aligned}\mathbb{E}\left[C\left(x_i,\hat{x}_i\right)\right]&=\int_{-\infty}^{\infty}\left[\int_{-\infty}^{\hat{x}_i-\varepsilon}p_{X_i,\boldsymbol{Y}}\left(x_i,\boldsymbol{y}\right)\mathrm{d}x_i+\int_{\hat{x}_i+\varepsilon}^{\infty}p_{X_i,\boldsymbol{Y}}\left(x_i,\boldsymbol{y}\right)\mathrm{d}x_i\right]\mathrm{d}\boldsymbol{y}\\&=\int_{-\infty}^{\infty}\left[\int_{-\infty}^{\hat{x}_i-\varepsilon}p_{X_i|\boldsymbol{Y}}\left(x_i\mid\boldsymbol{y}\right)\mathrm{d}x_i+\int_{\hat{x}_i+\varepsilon}^{\infty}p_{X_i|\boldsymbol{Y}}\left(x_i\mid\boldsymbol{y}\right)\mathrm{d}x_i\right]\cdot p_{\boldsymbol{Y}}\left(\boldsymbol{y}\right)\mathrm{d}\boldsymbol{y}\end{aligned}\tag{2-101}$$

定义：

$$g(\hat{x}_i)=\int_{-\infty}^{\hat{x}_i-\varepsilon} p_{X_i|\boldsymbol{Y}}(x_i \mid \boldsymbol{y})\mathrm{d}x_i+\int_{\hat{x}_i+\varepsilon}^{\infty} p_{X_i|\boldsymbol{Y}}(x_i \mid \boldsymbol{y})\mathrm{d}x_i \tag{2-102}$$

由于：

$$\int_{-\infty}^{\infty} p_{X_i|\boldsymbol{Y}}(x_i \mid \boldsymbol{y})\mathrm{d}x_i=1 \tag{2-103}$$

可得：

$$g(\hat{x}_i)=1-\int_{\hat{x}_i-\varepsilon}^{\hat{x}_i+\varepsilon} p_{X_i|\boldsymbol{Y}}(x_i \mid \boldsymbol{y})\mathrm{d}x_i \tag{2-104}$$

由式(2-104)可以看出，使式(2-101)最小等价于$\int_{\hat{x}_i-\varepsilon}^{\hat{x}_i+\varepsilon} p_{X_i|\boldsymbol{Y}}(x_i \mid \boldsymbol{y})\mathrm{d}x_i$最大。对于任意小的$\varepsilon$，选择对应于$p_{X_i|\boldsymbol{Y}}(x_i \mid \boldsymbol{y})$最大值位置的$x_i$，就能使$\int_{\hat{x}_i-\varepsilon}^{\hat{x}_i+\varepsilon} p_{X_i|\boldsymbol{Y}}(x_i \mid \boldsymbol{y})\mathrm{d}x_i$最大。由此可得，采用均匀损失函数时，$x_i$的 MAP 估计是给定样本$\boldsymbol{y}=[y_1,\cdots,y_M]$时，$X_i$后验 PDF 的最大值：

$$\hat{x}_i(\boldsymbol{y})_{\text{MAP}}=\arg\max_{x_i} p_{X_i|\boldsymbol{Y}}(x_i \mid \boldsymbol{y}) \tag{2-105}$$

例 2.4　假设X的维度为 1，系统模型为：

$$Y_i=X+W_i,\quad i=1,2,\cdots,M \tag{2-106}$$

式中，Y_i是观测变量，W_i是独立同分布，服从$\mathcal{N}(0,\sigma_w^2)$的高斯随机变量，$X$的先验满足$p_X(x)=\mathcal{N}(x;\mu_x,\sigma_x^2)$，$X$和$\boldsymbol{Y}$的某次实现分别为$x$和$\boldsymbol{y}=[y_1,\cdots,y_M]$，求$x$的 MMSE 估计和 MAP 估计。

分析：要求解x的 MMSE 估计和 MAP 估计需先求解x的后验 PDF，x的后验 PDF 正比于x的先验 PDF 和似然函数的乘积。故先求x的似然函数，然后求解x的后验 PDF：

$$p_{Y_1,\cdots,Y_M|X}(y_1,\cdots,y_M \mid x)=p_{Y_1|X}(y_1 \mid x)\cdots p_{Y_M|X}(y_M \mid x)=\prod_{i=1}^{M}\mathcal{N}(y_i;x,\sigma_w^2) \tag{2-107}$$

令$\bar{y}=\frac{1}{M}\cdot\sum_{i=1}^{M}y_i$表示$M$个观测样本的均值，在给定$\boldsymbol{Y}$的情况下$X$的后验 PDF 可以表示为：

$$p_{X|Y_1,\cdots,Y_M}(x\mid y_1,\cdots,y_M)=\frac{p_X(x)\cdot p_{Y_1,\cdots,Y_M|X}(y_1,\cdots,y_M\mid x)}{\int_{-\infty}^{\infty}p_X(x)\cdot p_{Y_1,\cdots,Y_M|X}(y_1,\cdots,y_M\mid x)\mathrm{d}x} \\ \propto p_X(x)\cdot p_{Y_1,\cdots,Y_M|X}(y_1,\cdots,y_M\mid x) \tag{2-108}$$

将式(2-107)代入，并结合式(2-81)的结论可得：

$$p_{X|Y_1,\cdots,Y_M}(x\mid y_1,\cdots,y_M)\propto p_X(x)\cdot p_{Y_1,\cdots,Y_M|X}(y_1,\cdots,y_M\mid x) \\ =\mathcal{N}(x;\mu_x,\sigma_x^2)\cdot\prod_{i=1}^{N}\mathcal{N}(x;y_i,\sigma_w^2) \\ \propto\mathcal{N}(x;\mu,\sigma^2) \tag{2-109}$$

式中：

$$\sigma^2=\left[\sum_{i=1}^{M}\left(\sigma_w^2\right)^{-1}+\left(\sigma_x^2\right)^{-1}\right]^{-1}=\frac{\sigma_x^2\cdot\sigma_w^2}{M\cdot\sigma_x^2+\sigma_w^2}, \tag{2-110}$$

$$\mu=\sigma^2\cdot\left(\sum_{i=1}^{M}\frac{y_i}{\sigma_w^2}+\frac{\mu_x}{\sigma_x^2}\right)=\frac{M\cdot\sigma_x^2\cdot\overline{y}+\sigma_w^2\cdot\mu_x}{M\cdot\sigma_x^2+\sigma_w^2} \tag{2-111}$$

式(2-109)两次使用了正比，为简化计算过程，均省略了与 X 无关的常数项，但需要注意的是，最后一步需要保证 X 的后验 PDF 归一化为 1。本例中最终计算结果为高斯 PDF，恰好满足这一条件。

由于 X 的后验 PDF $p_{X|Y_1,\cdots,Y_M}(x\mid y_1,\cdots,y_M)$ 依然服从高斯分布，其 MMSE 估计与 MAP 估计结果相同，为：

$$\hat{x}(\boldsymbol{y})_{\text{MAP}}=\hat{x}(\boldsymbol{y})_{\text{MMSE}}=\mu=\frac{M\cdot\sigma_x^2\cdot\overline{y}+\sigma_w^2\cdot\mu_x}{M\cdot\sigma_x^2+\sigma_w^2} \tag{2-112}$$

通常在通信系统中，X 的维度 N 一般不为 1，无论 MMSE 估计还是 MAP 估计，均要求解随机变量 X_i 的边缘后验 PDF $p_{X_i|\mathbf{Y}}(x_i\mid\boldsymbol{y})$，如前一章所述，边缘后验 PDF 可通过边缘化联合后验 PDF 得到：

$$p_{X_i|\mathbf{Y}}(x_i\mid\boldsymbol{y})=\int_{-\infty}^{\infty}p_{\mathbf{X}|\mathbf{Y}}(\boldsymbol{x}\mid\boldsymbol{y})\mathrm{d}\boldsymbol{x}_{\bar{i}} \tag{2-113}$$

但是当 $\boldsymbol{x}$ 的维度 N 很大时，上式在当前计算条件下难以实现，通常是用最小化 KL 散度 $\mathrm{KLD}\left(b(\boldsymbol{x})\,\|\,p_{\mathbf{X}|\mathbf{Y}}(\boldsymbol{x}\mid\boldsymbol{y})\right)$ 的方法找到一个形式简单易于分解的 $b(\boldsymbol{x})$ 近似求解 $p_{X_i|\mathbf{Y}}(x_i\mid\boldsymbol{y})$。

2.7 信 息 论

信息论是一门运用概率论与数理统计的方法研究信息、信息熵、通信系统等问题的应用数学学科[80]。本节主要介绍了信息论的一些基本概念：自信息量、熵以及相对熵等。其中相对熵又被称为 KL 散度，这是本书推导消息更新规则的重要理论基础。

2.7.1 自信息量

定义具有概率为 $\Pr(x_i)$ 的符号 x_i 的**自信息量**[80]是：

$$I(x_i)=\log\frac{1}{\Pr(x_i)}=-\log\Pr(x_i) \tag{2-114}$$

概率 $\Pr(x_i)$ 越小，表明 x_i 出现次数就越少，x_i 一旦出现，所获得的信息量也就越大。在信息论中常用的对数底数为 2，信息量的单位为比特(bit)。若取自然对数，则信息量的单位为奈特(nat)。若以 10 为对数底数，则信息量的单位为笛特(det)。

自信息量 $I(x_i)$ 具有如下性质：

(1) $I(x_i)$ 是非负的；

(2) 当 $\Pr(x_i)=1$ 时，$I(x_i)=0$；

(3) 当 $\Pr(x_i)=0$ 时，$I(x_i)=\infty$；

(4) $I(x_i)$ 是 $\Pr(x_i)$ 的单调递减函数，即若 $\Pr(x_1)>\Pr(x_2)$，则 $I(x_1)<I(x_2)$；

(5) 若有两个符号 x_i，y_j 同时出现，可以用联合概率 $\Pr(x_i,y_j)$ 表示，这时的自信息量为 $I(x_i,y_j)=-\log\Pr(x_i,y_j)$。当 x_i 和 y_j 相互独立时，有 $\Pr(x_i,y_j)=\Pr(x_i)\cdot\Pr(y_j)$，那么有 $I(x_i,y_j)=I(x_i)+I(y_j)$。

在符号 y_j 出现的条件下，符号 x_i 发生的条件概率为 $\Pr(x_i\mid y_j)$，则它的条件自信息量定义为条件概率对数的负值，即：

$$I(x_i\mid y_j)=-\log\Pr(x_i\mid y_j) \tag{2-115}$$

2.7.2 熵

自信息量 $I(x_i)$ 只是表征封闭系统中各个符号的不确定度，而不能作为系统总体的信息度量。由此引入了平均自信息量的概念，表示系统中平均每个符号所能提供的信息量，它只与系统中各符号出现的概率有关，可以用来表征系统输出信息的总体特征。

类似地，引入随机变量 X 的平均不确定度的概念，随机变量的平均不确定度又称为随机变量的**熵**①(Entropy)[80-82]：

$$H(X) = -\int_{-\infty}^{\infty} p_X(x) \cdot \log p_X(x) \mathrm{d}x \tag{2-116}$$

并且熵的单位与信息量的单位是一致的。当某一符号 x_i 出现的概率 $\Pr(X = x_i)$ 为 0 时，可以计算出当 $x_i \to 0$ 时，$0 \cdot \log 0 \to 0$，通常记做 $0 \cdot \log 0 = 0$。当随机变量 X 中只含有一个符号时，必定有 $\Pr(X = x) = 1$，此时随机变量熵 $H(X)$ 也为零，是确定性变量。

熵具有如下性质：

(1) 非负性

$$H(X) = H(p_1, p_2, \cdots, p_n) \geqslant 0 \tag{2-117}$$

式中的等号只有在 $p_i = 1$ 时成立。因为当 $0 < p_i < 1$ 时，$-\log p_i$ 是一个正数，所以熵是非负的。

(2) 对称性

熵函数所有实现的概率可以互换，而不影响函数值，即：

$$H(p_1, p_2, \cdots, p_n) = H(p_2, p_1, \cdots, p_n) \tag{2-118}$$

(3) 确定性

$$H(X) = H(0, 0, \cdots, 1, \cdots, 0) = 0 \tag{2-119}$$

只要随机变量实现中，有一个实现的出现概率为 1，随机变量的熵就等于 0。

(4) 最大熵定理

离散无记忆系统包含 M 个不同的信息符号，当且仅当各符号出现概率相等时（$p_i = 1/M$），熵最大。

$$H(X) \leqslant H\left(\frac{1}{n}, \frac{1}{n}, \cdots, \frac{1}{n}\right) = \log n \tag{2-120}$$

2.7.3 相对熵

相对熵(Relative Entropy)也称为 **KL 散度**，在信息论中，常用 KL 散度来描述两个 PDF 之间的差异。设 $p_X(\boldsymbol{x})$ 是随机变量 $\boldsymbol{X}$ 的真实分布，$q_X(\boldsymbol{x})$ 是任意分布，

---

① 随机变量熵的定义同时适用于连续型及离散型随机变量。一些文献中，连续型随机变量的熵也称微分熵(Differential Entropy)。

则 $p_X(\boldsymbol{x})$ 与 $q_X(\boldsymbol{x})$ 的相对熵 $\mathrm{KLD}\left(p_X(\boldsymbol{x}) \| q_X(\boldsymbol{x})\right)$ 定义为：

$$\mathrm{KLD}\left(p_X(\boldsymbol{x}) \| q_X(\boldsymbol{x})\right)=\int_{-\infty}^{\infty} p_X(\boldsymbol{x}) \cdot \log \frac{p_X(\boldsymbol{x})}{q_X(\boldsymbol{x})} \mathrm{d} \boldsymbol{x} \tag{2-121}$$

$\mathrm{KLD}\left(p_X(\boldsymbol{x}) \| q_X(\boldsymbol{x})\right)$ 总是非负的，当且仅当 $p_X(\boldsymbol{x})=q_X(\boldsymbol{x})$ 时，$\mathrm{KLD}\left(p_X(\boldsymbol{x}) \| q_X(\boldsymbol{x})\right)=0$。相对熵越大，两个函数差异越大；反之，相对熵越小，两个函数差异越小。

需要注意的是相对熵是不对称的，即：

$$\mathrm{KLD}\left(p_X(\boldsymbol{x}) \| q_X(\boldsymbol{x})\right) \neq \mathrm{KLD}\left(q_X(\boldsymbol{x}) \| p_X(\boldsymbol{x})\right) \tag{2-122}$$

2.8 本 章 小 结

本章简要介绍了随机变量的统计特征，包括随机变量的 CDF、PDF/PMF，以及随机变量的期望、方差和协方差等数字特征。在 PMF 基础上提出离散型随机变量的 PDF 表达式，其可以用连续型随机变量的分析方法处理离散型随机变量。随后本章给出常见的概率分布，重点对高斯型随机变量进行讨论，推导出一系列实用结论，可以用于统计信号处理，特别是变分推理。

在上述统计特征的基础上，本章介绍了常用的 MMSE 及 MAP 估计准则。通常很难计算系统变量的精确边缘 PDF，因此无法获得精确的 MMSE 及 MAP 估计，转而采用变分的方法获得近优估计。本章引入相对熵的概念，即 KL 散度，通过最小化 KL 散度(即最小化变分自由能)的方法可以推导消息更新规则，结合实际系统，即可设计出消息传递算法，实现变分推理。

第 3 章　因子图模型

因子图属于概率图模型(Probabilistic Graphical Model，PGM)常见的一种，后者是一类用图形方式表示概率相关关系的模型。PGM 使用形象直观、灵活简易的图结构来表达随机变量联合 PDF，是图模型理论和概率论相结合的产物[83]。概率图模型将联合 PDF 分解成多个因子的乘积，并以图形方式刻画变量间的独立以及依赖关系。结合概率的相关知识，概率图模型可以利用图结构计算变量的边缘函数或条件概率[83]。概率图模型的应用领域非常广泛，包括数据挖掘、生物信息学、人工智能、机器学习、文本分类、控制理论等。

很多统计模型可以表示为概率图模型，例如进化树、谱系图、隐马尔可夫模型(Hidden Markov Models，HMM)、马尔可夫随机场和卡尔曼滤波(Kalman Filters)等。在基于概率模型的估计问题中，概率图模型通常利用图论的方法描述大规模概率系统中各变量之间的关系，并在这些概率图模型上依据消息更新规则迭代近似边缘函数，设计合理的估计算法。

本章首先介绍三种广泛应用的图模型：贝叶斯网、马尔可夫随机场和因子图。因子图能够更精确地表达概率系统中的细节，且灵活多变，是一种更好的概率系统推理工具。然后本章给出常见通信系统问题的因子图模型，总结得到计算边缘函数的方法。最后详细描述因子图变换方法：节点聚合以及拉伸。利用因子图变换可以去掉因子图中的“环”，使有环图转换为无环图，进而达到准确计算边缘函数的目的。

3.1　概率图模型

本节首先给出因子分解的定义，因子分解是将复杂问题分解为简单问题的关键步骤。针对通信系统来说，我们的目标是近似求解变量的边缘 PDF。通常做法是将系统变量的联合 PDF 通过因子分解为多个局部函数，把局部函数与系统变量间的关系在图上表现出来，然后利用消息更新规则计算出边缘 PDF。本节接着阐述常用三种图模型的概念，结合例题给出三种图模型构造方法，并归纳出三种图模型的特点。

3.1.1　因子分解

因数分解和因式分解都属于因子分解，因数分解可把合数(目标)分解成若干素数(子目标)的乘积；因式分解可把多项式(目标)在一个范围内(如有理数范围内分解，即所有项均为有理数)分解为若干最简整式(子目标)的乘积。

定义 3.1　因子分解可把一个目标分解成若干子目标相乘的形式，其中每个子目标称为一个因子(Factor)。

假设已知随机变量 $X_1,\cdots,X_n$ 联合 PDF $p(x_1,\cdots,x_n)$①可因子分解为若干局部函数的乘积，每个局部函数的参数是系统变量 $\{x_1,\cdots,x_n\}$ 的子集，即：

$$p(x_1,\cdots,x_n)=\frac{1}{Z}\cdot\prod_{a\in\mathcal{A}}f_a(\boldsymbol{x}_a) \tag{3-1}$$

式中，Z 表示归一化常数，$f_a(\cdot)$ 表示局部函数，称为一个因子(函数)。$\boldsymbol{x}_a\subseteq\{x_1,\cdots,x_n\}$ 表示与因子 $f_a(\cdot)$ 有关的变量子集。$\mathcal{A}$ 是因子标号的集合，即系统函数 $p(x_1,\cdots,x_n)$ 被分解成 $|\mathcal{A}|$ 个因子。

需要注意的是：在本书前两章中，通常用大写字母 X 表示随机变量，用小写字母 x 表示随机变量的某次实现。但是在信息工程领域通常不区分随机变量及其实现，统一用小写字母表示，读者可根据语境判断小写字母表示随机变量还是随机变量的某次实现。

3.1.2　常用概率图模型

引入概率图模型之前，首先介绍图论中用到的基本概念。

1. 图论基础

图(Graph)：节点集合 $\mathcal{V}=\{v_1,v_2,\cdots,v_n\}$ 和接连节点的边集合 $\mathcal{E}=\{e_1,e_2,\cdots,e_m\}$ 组成的二元组 $\mathcal{G}=(\mathcal{V},\mathcal{E})$ 称为图[4]。

路径(Path)：节点与边交替连接的节点序列构成一条路径[84]，节点间的连接线都属于边集 $\mathcal{E}$。一条长度为 N 的路径包含 $N+1$ 个节点②，可以记作 $p=v_{k_1},v_{k_2},\cdots,v_{k_{N+1}}$，且 $e_{k_1,k_2}=(v_{k_1},v_{k_2})\in\mathcal{E}$。

无环图(Acyclic Graph)：如果从图上的任意一个节点 v_i 到另一个节点 v_j 只存在一条路径，这类图称为无环图[4]。

① 为方便起见，后文中 $p_X(\boldsymbol{x})$ 均省略下标 x，记为 $p(\boldsymbol{x})$。

② 从定义中可以看出，路径不存在“环”。

有环图(Cyclic Graph)：如果图中至少存在一对节点之间有两条或两条以上的路径，这类图称为有环图[4]。

有向图(Directed Graph)：从节点 v_i 到节点 v_j 的有方向的边，称为**有向边(Directed Edge)**。所有边都是有向边的图称为有向图[83; 84]。

无向图(Undirected Graph)：从节点 v_i 到节点 v_j 的无方向的边，称为**无向边(Undirected Edge)**。所有边都是无向边的图称为无向图[84]。

二部图(Bipartite Graph)：对于无向图 $\mathcal{G}=(\mathcal{V},\mathcal{E})$，其中 $\mathcal{V}=\{v_1,v_2,\cdots,v_n\}$，$\mathcal{E}=\{e_1,e_2,\cdots,e_m\}$，如果能将节点集 $\mathcal{V}$ 划分为两个子集 $\mathcal{V}_X$ 和 $\mathcal{V}_Y$，且满足条件 $\mathcal{V}_X\cup\mathcal{V}_Y=\mathcal{V},\mathcal{V}_X\cap\mathcal{V}_Y=\varnothing$，使得 $\mathcal{G}$ 中的任何一条边的两个端点一个属于 $\mathcal{V}_X$，另一个属于 $\mathcal{V}_Y$，则称 $\mathcal{G}$ 为二部图，或二分图[4]，如图 3.1 所示。

父节点(Parent)与子节点(Child)：在一个有向图中，如果从节点 v_i 到节点 v_j 有一条边，那么称 v_i 为 v_j 的父节点，v_j 为 v_i 的子节点，没有父节点的节点称为**根节点(Roots)**，没有子节点的节点称为**叶子节点(Leaves)**[84]。

邻居(Neighborhood)：在一个图中，通过边 $e\in\mathcal{E}$ 与 v 相连的节点称为 v 的邻居[4]，v 全部邻居的集合记做 $\mathcal{N}(v)$。

度(Degree)：一个节点 v 的度[4]是其邻居的个数 $|\mathcal{N}(v)|$。

树(Tree)：如果在一个图中任意两个节点间都至少存在一条路径，则称这类图为**连通图(Connected Graph)**。一个不存在环的连通图叫作树[4]。

图 3.1 中，$\mathcal{G}=(\mathcal{V},\mathcal{E})$ 包含节点集合 $\mathcal{V}=\{v_1,v_2,\cdots,v_7\}$、边集合 $\mathcal{E}=\{(v_1,v_3),(v_1,v_7),(v_2,v_4),(v_3,v_6),(v_4,v_5),(v_5,v_6)\}$，图中包含两类节点集 $\mathcal{V}_X=\{v_1,v_4,v_6\}$(用圆圈表示)和 $\mathcal{V}_Y=\{v_2,v_3,v_5,v_7\}$(用方框表示)。图 $\mathcal{G}$ 中任意一条边两端连接的都是不同类型的节点，故图 $\mathcal{G}$ 是一个二部图。图中不存在环且边没有方向，图 $\mathcal{G}$ 是无环图也是无向图，不存在父节点的概念。对于节点 v_1 来说，其邻居包括 v_3,v_7，故节点 v_1 度为 2。图 $\mathcal{G}$ 中任意两个节点间都存在一条路径且不存在环，故图 $\mathcal{G}$ 也称为一个树。

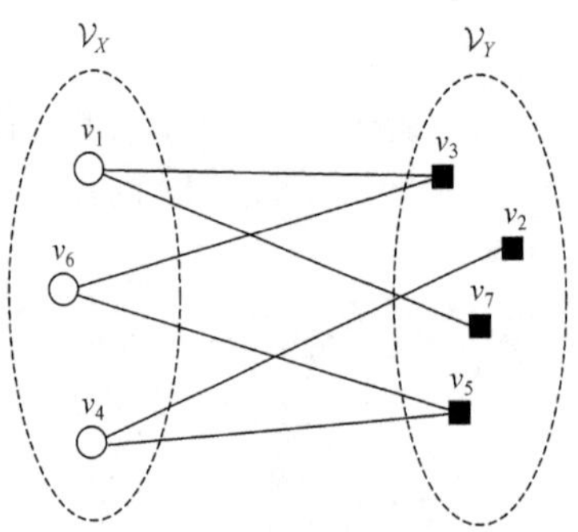

图 3.1　一个二部图
(由 7 个节点 6 条边构成)

2. 贝叶斯网

贝叶斯网是一种常见的概率图模型[7, 18, 85]，它是一种描述系统变量间因果关系的模型，其网络拓扑结构是一个有向无环图(Directed Acyclic Graph，DAG)。贝叶斯网通常用 $\mathcal{G}=(\mathcal{V},\mathcal{E})$ 表示，其中 $\mathcal{V}$ 是图中所有节点的集合，$\mathcal{E}$

是图中所有边的集合。若一个系统全部随机变量 $\boldsymbol{x}$ 的联合 PDF $p(\boldsymbol{x})$ 因子分解可以表示为：

$$p(\boldsymbol{x})=\prod_{v\in\mathcal{V}}p\left(x_v\mid \mathrm{pa}(x_v)\right) \tag{3-2}$$

其中，x_v 是对应节点 v 的随机变量。$\mathrm{pa}(x_v)$ 表示节点 v 的父节点对应的随机变量，如果节点 v 没有父节点，则 $p\left(x_v\mid \mathrm{pa}(x_v)\right)=p(x_v)$，每个父节点通过一条边直接指向其子节点，则称 $\mathcal{G}$ 是关于 $\boldsymbol{x}$ 的贝叶斯网。

例 3.1　若已知 $p(x_1,x_2,x_3,x_4,x_5)$ 的联合 PDF 可因子分解为：

$$p(x_1,x_2,x_3,x_4,x_5)=p(x_1\mid x_3)p(x_2\mid x_3)p(x_3\mid x_4,x_5)p(x_4)p(x_5) \tag{3-3}$$

由式(3-3)可知：节点 3 是节点 1 和 2 的父节点，节点 4，5 是节点 3 的父节点，将每个父节点用带方向的线指向其子节点，就可得到贝叶斯网，如图 3.2 所示。

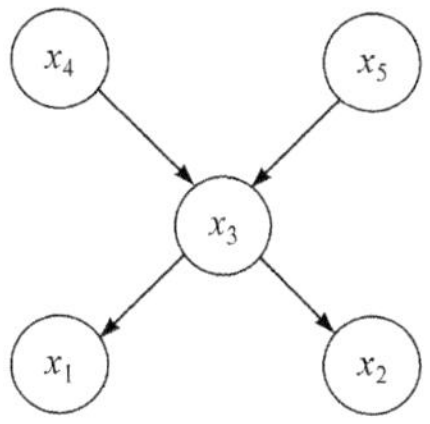

图 3.2　式(3-3)的贝叶斯网表示

例 3.2　对于一个医学诊断专家系统[7]，考虑以下变量：最近到过非洲(A)，肺癌(L)，肺结核(T)，抽烟(S)，支气管炎(B)，X-射线胸透结果(X)，呼吸困难(D)，患肺病(E，此处指肺结核或肺癌)。假设 X-射线胸透结果(X)，呼吸困难(D)为观测变量，这些变量之间的统计依赖关系可以用文字描述为：

(1) 最近到过非洲(A)，增加感染肺结核(T)的概率；

(2) 抽烟(S)可引起肺癌(L)和支气管炎(B)；

(3) X-射线(X)检查能发现感染肺癌(L)和肺结核(T)，但单靠 X-射线区分不了这两种病；

(4) 呼吸困难(D)可能由支气管炎(B)引起，也有可能由肺结核(T)和肺癌(L)同时(E)引起。

把这些变量的联合 PDF $p(x_{\mathrm{A}},x_{\mathrm{S}},x_{\mathrm{T}},x_{\mathrm{L}},x_{\mathrm{B}},x_{\mathrm{E}},x_{\mathrm{X}},x_{\mathrm{D}})$ 简记为 $p(\boldsymbol{x})$，使用链式法则，可以把联合 PDF 分解为：

$$\begin{aligned}p(\boldsymbol{x})=&\,p(x_{\mathrm{A}})p(x_{\mathrm{S}}|x_{\mathrm{A}})p(x_{\mathrm{T}}|x_{\mathrm{A}},x_{\mathrm{S}})p(x_{\mathrm{L}}|x_{\mathrm{S}},x_{\mathrm{T}},x_{\mathrm{A}})p(x_{\mathrm{B}}|x_{\mathrm{L}},x_{\mathrm{S}},x_{\mathrm{T}},x_{\mathrm{A}})\\&p(x_{\mathrm{E}}|x_{\mathrm{B}},x_{\mathrm{L}},x_{\mathrm{S}},x_{\mathrm{T}},x_{\mathrm{A}})p(x_{\mathrm{X}}|x_{\mathrm{E}},x_{\mathrm{B}},x_{\mathrm{L}},x_{\mathrm{S}},x_{\mathrm{T}},x_{\mathrm{A}})p(x_{\mathrm{D}}|x_{\mathrm{X}},x_{\mathrm{E}},x_{\mathrm{B}},x_{\mathrm{L}},x_{\mathrm{S}},x_{\mathrm{T}},x_{\mathrm{A}})\end{aligned} \tag{3-4}$$

进一步考虑各个变量间的条件独立关系，可以将联合 PDF 分解成多个复杂度较低的函数，从而降低模型的复杂度，如 $p(x_{\mathrm{T}}|x_{\mathrm{A}},x_{\mathrm{S}})$ 可以表示为 $p(x_{\mathrm{T}}|x_{\mathrm{A}})$，于是式(3-4)化简为：

$$p(\boldsymbol{x})=p(x_{\mathrm{A}})p(x_{\mathrm{S}})p(x_{\mathrm{T}}|x_{\mathrm{A}})p(x_{\mathrm{L}}|x_{\mathrm{S}})p(x_{\mathrm{B}}|x_{\mathrm{S}})p(x_{\mathrm{E}}|x_{\mathrm{T}},x_{\mathrm{L}})p(x_{\mathrm{X}}|x_{\mathrm{E}})p(x_{\mathrm{D}}|x_{\mathrm{B}},x_{\mathrm{E}}) \tag{3-5}$$

该联合 PDF 对应的贝叶斯网如图 3.3 所示：

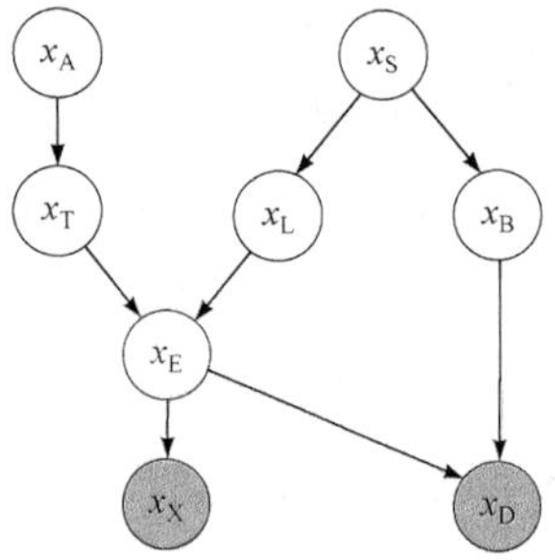

图 3.3　式(3-5)的贝叶斯网表示

图 3.3 中，每个节点对应一个离散变量，除了图中展示出来的变量间因果关系之外，每个箭头都有统计上的数量关系，即每个箭头代表一个条件概率。$p(x_{\mathrm{L}}|x_{\mathrm{S}})$ 表示病人在抽烟和不抽烟时患肺癌的条件概率，引起 $\boldsymbol{x}_{\mathrm{L}}$ 发生的条件依赖于 x_{S}，所以节点 S 是 L 的父节点。有的节点不止一个父节点，如节点 D 有 B 和 E 两个父节点，则用 $p(x_{\mathrm{D}}|x_{\mathrm{B}},x_{\mathrm{E}})$ 表示呼吸困难的条件概率。图中 $\boldsymbol{x}_{\mathrm{D}},\boldsymbol{x}_{\mathrm{X}}$ 是观测变量，用实心圆表示，$x_{\mathrm{A}},x_{\mathrm{S}},x_{\mathrm{T}},x_{\mathrm{L}},x_{\mathrm{B}},x_{\mathrm{E}}$ 是隐含变量(不可观测)，用空心圆表示。

3. 马尔可夫随机场

马尔可夫随机场是一个无向图[86-89]，它也可以用 $\mathcal{G}=(\mathcal{V},\mathcal{E})$ 定义。假设 $\boldsymbol{x}$ 是系统全部随机变量的集合，如果 $\boldsymbol{x}$ 满足下列三个条件之一：

(1) **局部马尔可夫性**：设 $v\in\mathcal{V}$ 是无向图 $\mathcal{G}$ 中任意一个节点，$\mathcal{N}(v)$ 是与 v 有边连接的所有节点集合，$\mathcal{V}\setminus\mathcal{N}[v]$ 是 $\mathcal{V}$ 中除 v 以及 $\mathcal{N}(v)$ 以外其他所有节点的集合，它们对应的随机变量分别是 x_v，$\boldsymbol{x}_{\mathcal{N}(v)}$ 和 $\boldsymbol{x}_{\mathcal{V}\setminus\mathcal{N}[v]}$，在给定 $\boldsymbol{x}_{\mathcal{N}(v)}$ 的条件下 x_v 与 $\boldsymbol{x}_{\mathcal{V}\setminus\mathcal{N}[v]}$ 是独立的，即：

$$p\left(x_v,\boldsymbol{x}_{\mathcal{V}\setminus\mathcal{N}[v]}\mid\boldsymbol{x}_{\mathcal{N}(v)}\right)=p\left(x_v\mid\boldsymbol{x}_{\mathcal{N}(v)}\right)p\left(\boldsymbol{x}_{\mathcal{V}\setminus\mathcal{N}[v]}\mid\boldsymbol{x}_{\mathcal{N}(v)}\right) \tag{3-6}$$

(2) **成对马尔可夫性**：设 v_i,v_j 是无向图 $\mathcal{G}$ 中任意两个没有边直接连接的节点，$\mathcal{V}\setminus\{v_i,v_j\}$ 表示 $\mathcal{V}$ 中除去 v_i,v_j 所有节点的集合，它们对应的随机变量集分别是 x_{v_i}，x_{v_j} 和 $\boldsymbol{x}_{\mathcal{V}\setminus\{v_i,v_j\}}$。在给定随机变量集 $\boldsymbol{x}_{\mathcal{V}\setminus\{v_i,v_j\}}$ 的条件下随机变量 x_{v_i} 和 x_{v_j} 是条件独立的。即：

$$p\left(x_{v_i},x_{v_j}\mid\boldsymbol{x}_{\mathcal{V}\setminus\{v_i,v_j\}}\right)=p\left(x_{v_i}\mid\boldsymbol{x}_{\mathcal{V}\setminus\{v_i,v_j\}}\right)p\left(x_{v_j}\mid\boldsymbol{x}_{\mathcal{V}\setminus\{v_i,v_j\}}\right) \tag{3-7}$$

(3) **全局马尔可夫性**：设节点集 $\mathcal{V}_A$，$\mathcal{V}_B$ 是无向图 $\mathcal{G}$ 中被节点集合 $\mathcal{V}_C$ 分开的任意节点集合，节点集合 $\mathcal{V}_A$，$\mathcal{V}_B$ 和 $\mathcal{V}_C$ 所对应的随机变量集分别是 $\boldsymbol{x}_A,\boldsymbol{x}_B,\boldsymbol{x}_C$，则给定随机变量集 $\boldsymbol{x}_C$ 条件下随机变量集 $\boldsymbol{x}_A,\boldsymbol{x}_B$ 是条件独立的，即：

$$p(\boldsymbol{x}_A, \boldsymbol{x}_B \mid \boldsymbol{x}_C) = p(\boldsymbol{x}_A \mid \boldsymbol{x}_C)\, p(\boldsymbol{x}_B \mid \boldsymbol{x}_C) \tag{3-8}$$

则称由$\mathcal{V}$指标的随机变量的集合$\boldsymbol{x}$形成一个关于$\mathcal{G}$的马尔可夫随机场，如图 3.4 所示。

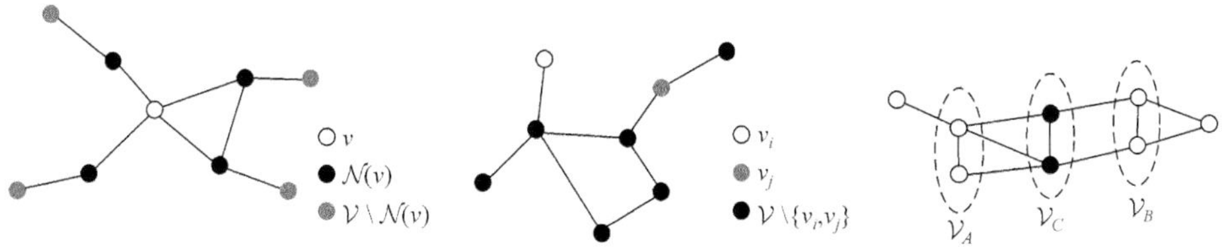

(a) 局部马尔可夫性示意图　(b) 成对马尔可夫性示意图　(c) 全局马尔可夫性示意图

图 3.4　马尔可夫性质示意图

例 3.3　对于例 3.1 中的问题，使用马尔可夫随机场描述：

图 3.5 所示的马尔可夫随机场体现了该联合 PDF 中各变量间的条件独立关系，如x_1与x_2在已知x_3,x_4,x_5的条件下相互独立；x_4与x_1,x_2在已知x_3,x_5的条件下相互独立。需要注意的是马尔可夫随机场表达的是变量间的条件独立关系，由题中的因子分解可知，x_4和x_5本身是相互独立的，但是在给定x_3的条件下，x_4和x_5并不相互独立。注意到贝叶斯网中不存在x_4和x_5之间的边，此处马尔可夫随机场中x_4和x_5之间的边表达了满足马尔可夫性质所必需的边缘独立和条件非独立之间的关系转变。

例 3.4　对于例 3.2 中医学诊断专家系统问题，使用马尔可夫随机场描述：

图 3.6 中$x_{\mathrm{X}},x_{\mathrm{D}}$是观测变量，用实心圆表示，$x_{\mathrm{A}},x_{\mathrm{S}},x_{\mathrm{T}},x_{\mathrm{L}},x_{\mathrm{B}},x_{\mathrm{E}}$是隐含变量，用空心圆表示。

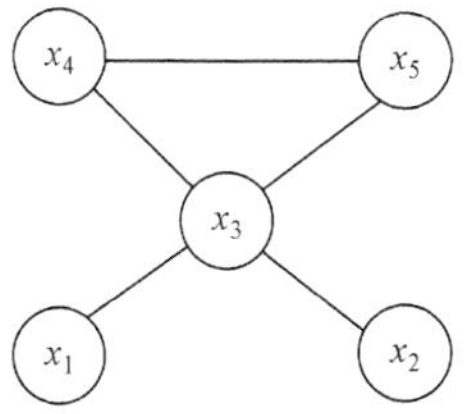

图 3.5　式(3-3)的马尔可夫随机场描述

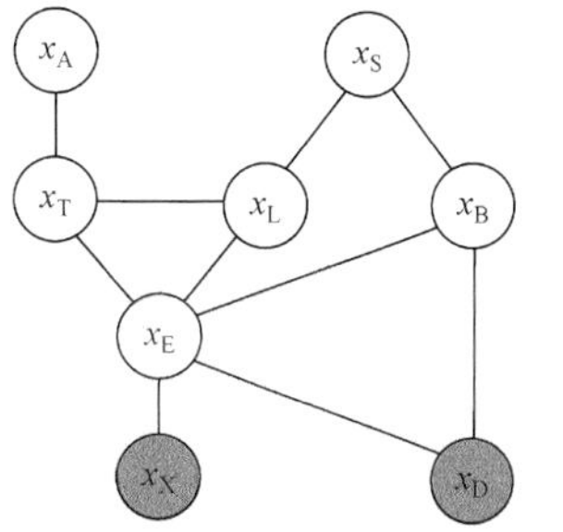

图 3.6　式(3-5)的马尔可夫随机场描述

4. 因子图

因子图是一种表达函数因子分解的二分图[14, 17]，一般用$\mathcal{G}=(\mathcal{X},\mathcal{F},\mathcal{E})$表示，

其节点[①]分为变量节点集合 $\mathcal{X}$ 和因子节点集合 $\mathcal{F}$ 两类。假设一个 PDF 可以因子分解为 $p(x_1,\cdots,x_n)=\frac{1}{Z}\prod_{a\in\mathcal{A}} f_a(\boldsymbol{x}_a)$，$Z$ 表示归一化常数，其中每一个变量用节点 $x_i\ (\forall i\in\mathcal{I})$ 表示，$\mathcal{I}$ 是变量标号的集合；每一个局部函数用节点 $f_a\ (\forall a\in\mathcal{A})$ 表示，$\mathcal{A}$ 是因子(函数)标号的集合；当且仅当 $x_i\in\boldsymbol{x}_a$ 时，将因子节点 f_a 和变量节点 x_i 用一条边 $e(e\in\mathcal{E})$ 连接起来，这样形成的图称为因子图。

在本书中，变量节点用空心圆表示，因子节点用实心方框表示，存在关系的变量和因子就用实线连接起来。

例 3.5　对于例 3.1 中的问题，使用因子图描述：

图 3.7 中包含两类节点，一类是因子节点，如 $p(x_1\mid x_3)$、$p(x_4)$等。另一类是变量节点，如 x_1、x_2 等。将所有存在关系的变量和因子用实线相连，得到的图就是式(3-3)的因子图。

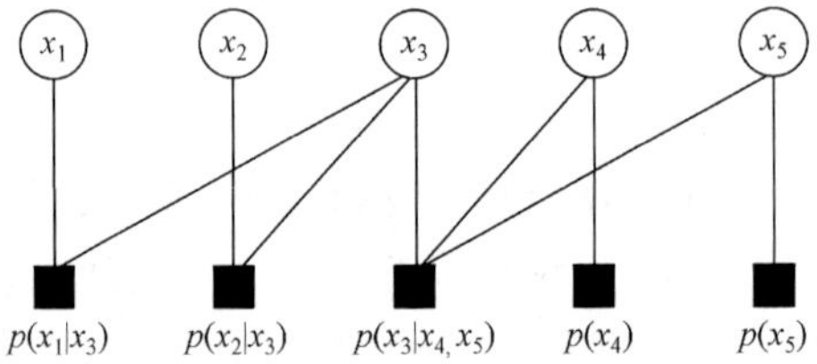

图 3.7　式(3-3)的因子图描述

例 3.6　对于例 3.2 中医学诊断专家系统问题，使用因子图描述：

图 3.8 所示的医学诊断专家系统共有 6 个变量节点，8 个因子节点，将所有存在关系的变量和因子用实线相连，构成上述医学诊断专家系统的因子图。注意：按照因子图的规则，x_{X} 和 x_{D} 是观测变量，在因子图中已知的观测变量无需画出。

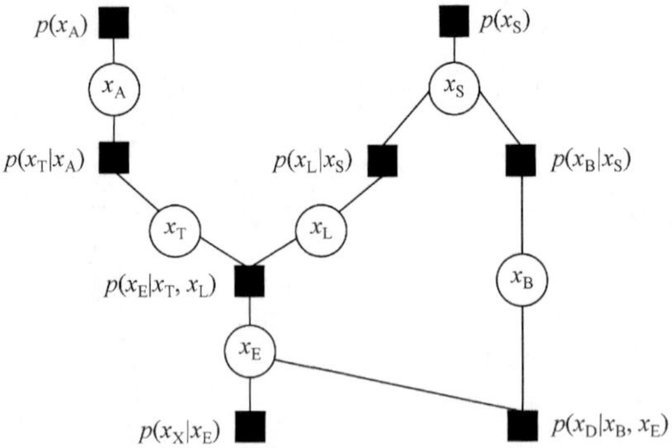

图 3.8　式(3-5)的因子图描述

① 因子图将节点集合 $\mathcal{V}$ 分为不相交的两类：变量节点集合 $\mathcal{X}$ 和因子节点集合 $\mathcal{F}$。

3.1.3 三种概率图模型的特点

贝叶斯网是一种有向图模型，其形式简洁、直观易懂。图上仅体现了变量之间的连接，这种连接通常用来表达变量间因果关系，无法体现关系的细节。贝叶斯网区分变量与观测值，变量节点用空心圆表示，观测值用实心圆表示。

马尔可夫随机场是一种无向图模型，其对于依赖或独立关系的表示类似于贝叶斯网，不同之处在于贝叶斯网是有向无环的，而马尔可夫随机场是无向的，但可能有环。此外其相比于贝叶斯网能够表示除因果关系外更多的变量间关系。马尔可夫随机场也区分变量与观测值，同样用空心圆及实心圆分别表示。

因子图也是一种无向图模型，相较于前两者最大区别是其包含一种可展现变量间相互关系的因子(函数)节点，可携带更多的变量间相互关系的细节。因子图包含两类节点，变量节点用空心圆表示，因子节点用方框表示，观测节点不体现在图上。另外，在处理实际问题时因子图可以灵活地进行图变换，尤其在处理“环”的问题上，通常可以将有环图经过图变换变形为无环图，进而利用和积算法计算出准确的边缘函数。此外，因子图更为重要的优势：其能够结合系统特性，融合不同的消息传递规则，设计出性能优异且复杂度低的消息传递算法。在实际估计问题中，可将贝叶斯网与马尔可夫随机场转换为因子图，通常可得到性能更为优良的估计算法。

3.2 常见通信系统问题的因子图模型

正如上节所述因子图是一种概率图模型，移动通信系统中变量间关系存在概率关系和确定性关系两类，其中确定性关系可以视作概率关系的一种特殊形式。移动通信系统发射机发射的信号受到无线信道衰落和噪声的影响，接收机天线接收到的信号具有一定的随机性。在该过程中信道及噪声对接收信号的影响体现概率关系，发射机中的编码、调制等体现确定性关系，本节随后分别对这两类关系进行因子图建模。

3.2.1 确定性关系模型

通信系统中信号之间可能存在确定性约束关系。例 3.7 给出[6,3]线性分组码确定性关系因子图建模实例；例 3.8 和例 3.9 给出 $(7,5)_8$ 卷积码编码原理、状态转换图、网格图以及因子图建模实例；例 3.10 给出状态空间模型因子图建模实例。

例 3.7 $[n,k]$ 线性分组码是一种常见的信道编码技术，它把信息流切割为每 k 个符号一组，编成由 n 个码元组成的码字。每个码字由 k 个信息位和 $r=n-k$ 个监督位组成，监督矩阵 $\boldsymbol{H}$ 给定了码字中各码元间存在的确定性关系。假设线性分

组码的码字为 $\boldsymbol{x} \triangleq [x_1, x_2, \cdots, x_n]$，则有 $\boldsymbol{H}\boldsymbol{x}^\top = 0$。下面给出[6,3]线性分组码的因子图建模过程。

分析：若[6,3]线性分组码的校验矩阵 $\boldsymbol{H}$ 为：

$$\boldsymbol{H}=\left[\begin{array}{ccc:ccc}1&0&1&1&0&0\\1&1&0&0&1&0\\0&1&1&0&0&1\end{array}\right]=[\boldsymbol{P},\boldsymbol{I}_r] \tag{3-9}$$

式中，矩阵 $\boldsymbol{P} \in \mathbb{R}^{r\times k}$，单位方阵 $\boldsymbol{I}_r \in \mathbb{R}^{r\times r}$。由于 $\boldsymbol{H}\boldsymbol{x}^\top = 0$，所以有：

$$\begin{cases}x_1 \oplus x_3 \oplus x_4 = 0\\ x_1 \oplus x_2 \oplus x_5 = 0\\ x_2 \oplus x_3 \oplus x_6 = 0\end{cases} \tag{3-10}$$

码字 $\boldsymbol{x}$ 中前三个码元是信息位，后三个码元是监督位。例如 $\boldsymbol{H}$ 的第一行 101 100，表示监督位 x_4 由 x_1 和 x_3 模 2 和决定。容易得到：

$$[x_4, x_5, x_6] = [x_1, x_2, x_3] \cdot \boldsymbol{P}^\top \tag{3-11}$$

即在信息位给定后用信息位的行矩阵乘以 $\boldsymbol{P}^\top$ 就可以产生出监督位，若在 $\boldsymbol{P}^\top$ 的左边加上一个 $k\times k$ 的单位方阵，便构成了生成矩阵 $\boldsymbol{G}$：

$$\boldsymbol{G}=[\boldsymbol{I}_k,\boldsymbol{P}^\top]=\left[\begin{array}{ccc:ccc}1&0&0&1&1&0\\0&1&0&0&1&1\\0&0&1&1&0&1\end{array}\right] \tag{3-12}$$

此时 $\boldsymbol{x} = [x_1, x_2, x_3] \cdot \boldsymbol{G}$，可以看出生成矩阵 $\boldsymbol{G}$ 可以产生全部有效码字。用 $\mathcal{C}$ 表示有效码字的集合：

$$\mathcal{C} = \{(000000),(001101),(010011),(011110),(100110),(101011),(110101),(111000)\}$$

若信息位相互独立且 0,1 等概出现，则 $\mathcal{C}$ 中有效码字等概出现，概率为 $1/|\mathcal{C}|$。$\boldsymbol{x}$ 的 PDF 可因子分解为：

$$\begin{aligned}p(\boldsymbol{x}) &= p(x_6 \mid x_5, x_4, x_3, x_2, x_1)\, p(x_5 \mid x_4, x_3, x_2, x_1)\, p(x_4 \mid x_3, x_2, x_1)\, p(x_3)\, p(x_2)\, p(x_1)\\ &= p(x_6 \mid x_3, x_2)\, p(x_5 \mid x_2, x_1)\, p(x_4 \mid x_3, x_1)\, p(x_3)\, p(x_2)\, p(x_1)\\ &= \frac{1}{|\mathcal{C}|} \cdot \delta(x_1 \oplus x_3 \oplus x_4) \cdot \delta(x_1 \oplus x_2 \oplus x_5) \cdot \delta(x_2 \oplus x_3 \oplus x_6)\end{aligned} \tag{3-13}$$

式(3-13)对应的因子图如图 3.9 所示，图中包含 6 个变量节点和 3 个因子节点，与前述因子图不同的是，该图因子节点用带“+”号的方框表示，通常称为 **Tanner 图**[14]。一般地，$[n,k]$线性分组码对应的因子图包含 n 个变量节点和 r 个因子节点。

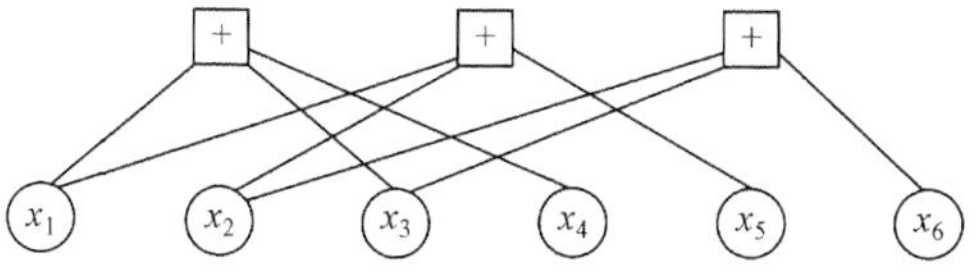

图 3.9　[6,3]线性分组码的 Tanner 图

例 3.8　已知$(7,5)_8$卷积码编码约束关系为：

$$\begin{aligned} c_i^1 &= x_{i-2} \oplus x_{i-1} \oplus x_i \\ c_i^2 &= x_{i-2} \oplus x_i \end{aligned} \tag{3-14}$$

$(7,5)_8$卷积码编码器方框图如图 3.10 所示。根据编码约束关系给出$(7,5)_8$卷积码的因子图建模过程。

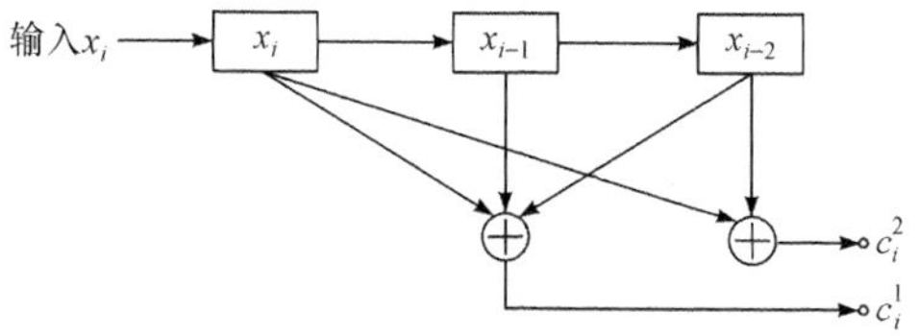

图 3.10　$(7,5)_8$卷积码编码器方框图

分析：若 $\boldsymbol{x}=\left[x_1,x_2,\cdots,x_N\right]$，$\boldsymbol{c}=\left[\boldsymbol{c}^1,\boldsymbol{c}^2\right]=\left[c_1^1,c_2^1,\cdots,c_N^1,c_1^2,c_2^2,\cdots,c_N^2\right]$，假设 x_i 的初始状态：$x_{-1}=0,x_0=0$，则该卷积码的联合 PDF 可以表示成：

$$p(\boldsymbol{x},\boldsymbol{c})=p(\boldsymbol{x})p(\boldsymbol{c}\mid\boldsymbol{x}) \tag{3-15}$$

因为各个发送符号相互独立，所以有：

$$p(\boldsymbol{x})=p(x_1,x_2,\cdots,x_N)=\prod_{i=1}^{N}p(x_i) \tag{3-16}$$

根据变量间的独立关系可以得到：

$$\begin{aligned} p(\boldsymbol{c}\mid\boldsymbol{x}) &= p\left(\boldsymbol{c}^1\mid\boldsymbol{x}\right)p\left(\boldsymbol{c}^2\mid\boldsymbol{x}\right)=\prod_{i=1}^{N}p\left(c_i^1\mid\boldsymbol{x}\right)p\left(c_i^2\mid\boldsymbol{x}\right) \\ &= \prod_{i=1}^{N}p\left(c_i^1\mid x_1,x_2,\cdots,x_N\right)p\left(c_i^2\mid x_1,x_2,\cdots,x_N\right) \\ &= \prod_{i=1}^{N}p\left(c_i^1\mid x_{i-2},x_{i-1},x_i\right)p\left(c_i^2\mid x_{i-2},x_i\right) \end{aligned} \tag{3-17}$$

该卷积码联合 PDF $p(\boldsymbol{x},\boldsymbol{c})$ 的因子分解可表示为：

$$p(\boldsymbol{c},\boldsymbol{x})=p(\boldsymbol{x})p(\boldsymbol{c}\mid\boldsymbol{x})=\prod_{i=1}^{N}p(x_i)p\left(c_i^1\mid x_{i-2},x_{i-1},x_i\right)p\left(c_i^2\mid x_{i-2},x_i\right) \tag{3-18}$$

当 $N=4$ 时，对应的因子图如图 3.11 所示，图中：$f_{i,1} \triangleq p\left(c_i^1 \mid x_i, x_{i-1}, x_{i-2}\right)=\delta\left(c_i^1 \oplus x_{i-2} \oplus x_{i-1} \oplus x_i\right)$，$f_{i,2} \triangleq p\left(c_i^2 \mid x_i, x_{i-2}\right)=\delta\left(c_i^2 \oplus x_{i-2} \oplus x_i\right)$，$i=1,2,3,4$。

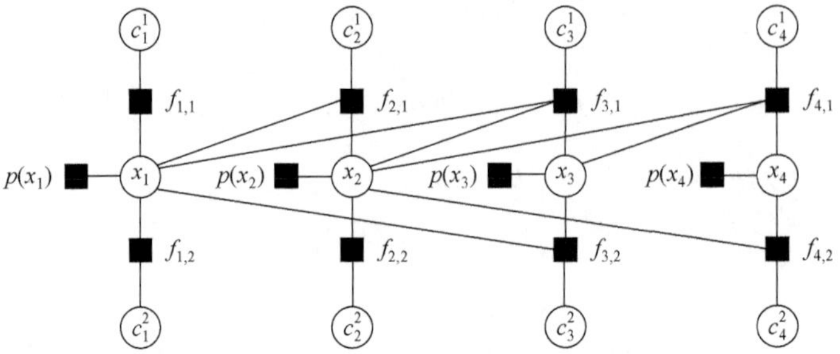

图 3.11　$(7,5)_8$ 卷积码因子分解对应的因子图

例 3.9　网格图(Trellis)描述，根据 $(7,5)_8$ 卷积码的编码约束关系给出其网格图及所对应的因子图。

分析：网格图可由状态图沿时间尺度展开得到，本例先画状态图。定义状态变量：$s_i \triangleq x_i x_{i-1}$，$s_{i-1} \triangleq x_{i-1} x_{i-2}$，编码器输入变量 x_i 有 2 个状态“0”，“1”。状态变量 s_i 有 4 个状态“00”，“01”，“10”“11”，编码器输出 $c_i^1 c_i^2$ 都有 2 个状态“0”，“1”。为方便画出状态图，分别用 a,b,c,d 表示 s_i 的四种状态“00”，“01”，“10”，“11”。输入消息序列如下图 3.12 所示：

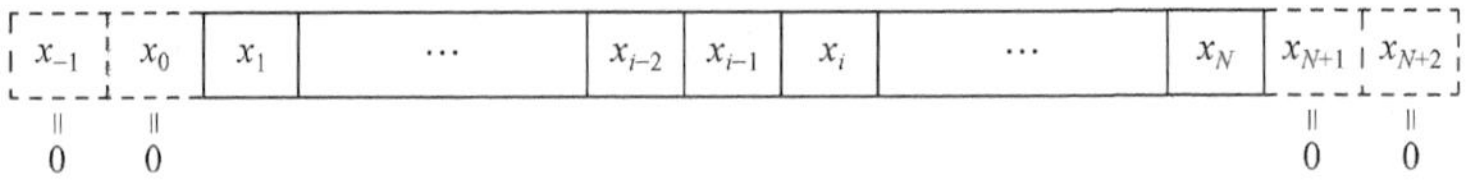

图 3.12　消息序列模型

根据式(3-14)，当前输入信息位、寄存器前一状态、寄存器下一状态和输出码元之间的关系如表 3.1 所示：

表 3.1　寄存器状态和输入输出码元的关系

寄存器前一状态	当前输入信息位	输出码元	寄存器下一状态
s_{i-1}	x_i	$c_i^1 c_i^2$	s_i
00	0	00	00
	1	11	10
01	0	11	00
	1	00	10
10	0	10	01
	1	01	11

续表

寄存器前一状态	当前输入信息位	输出码元	寄存器下一状态
s_{i-1}	x_i	$c_i^1c_i^2$	s_i
11	0	01	01
	1	10	11

根据上表画出状态转换图，如图 3.13 所示。在状态图中，虚线表示输入信息位为 1 时状态转变路线，实线表示输入信息位为 0 时状态转变路线。

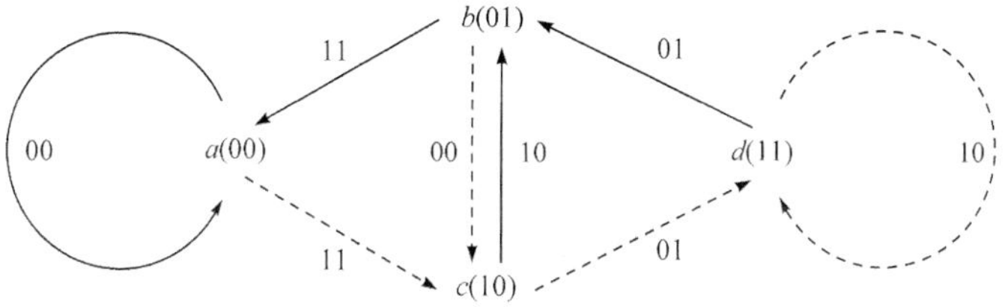

图 3.13　$(7,5)_8$ 卷积码状态转换图

图 3.13 中线旁边的 2 位数字是编码输出比特 $c_i^1c_i^2$。将状态图沿时间尺度展开，可以得到网格图，如图 3.14(a)所示。图中共画出 4 个时隙，虚线表示输入信息位为 1 时状态转变路线。实线表示输入信息位为 0 时状态转变路线。可以看出，第 3 时隙以后的图形完全是重复第 3 时隙的图形。

图 3.14(a)中线旁边的 2 位数字是编码输出比特 $c_i^1c_i^2$。网格图可以清晰地观察到 4 个状态间的转移关系。输入一位信息 x_i，状态 s_{i-1} 转移到状态 s_i，并产生两位输出信息 $c_i^1c_i^2$。

根据链式法则，卷积码联合 PDF $p(\boldsymbol{c},\boldsymbol{x},\boldsymbol{s})$ 可分解为：

$$
\begin{aligned}
&p\left(x_{-1},x_0,s_0,x_1,s_1,c_1^1,c_1^2,\cdots,x_i,s_i,c_i^1,c_i^2,\cdots,x_N,s_N,c_N^1,c_N^2\right)\\
&=p(\boldsymbol{x})p(s_0\mid\boldsymbol{x})p\left(s_1,c_1^1,c_1^2\mid\boldsymbol{x},s_0\right)p\left(s_2,c_2^1,c_2^2\mid\boldsymbol{x},s_0,s_1\right)\cdots\\
&\quad\cdots p\left(s_N,c_N^1,c_N^2\mid\boldsymbol{x},s_0,s_1,c_1^1,c_1^2,\cdots,s_i,c_i^1,c_i^2,\cdots,s_{N-1},c_{N-1}^1,c_{N-1}^2\right)
\end{aligned}
\tag{3-19}
$$

根据变量间的独立关系，式(3-19)化简为：

$$
\begin{aligned}
&p\left(x_{-1},x_0,s_0,x_1,s_1,c_1^1,c_1^2,\cdots,x_i,s_i,c_i^1,c_i^2,\cdots,x_N,s_N,c_N^1,c_N^2\right)\\
&=p(\boldsymbol{x})p(s_0\mid x_{-1},x_0)p\left(s_1,c_1^1,c_1^2\mid x_1,s_0\right)p\left(s_2,c_2^1,c_2^2\mid x_2,s_1\right)\cdots p\left(s_N,c_N^1,c_N^2\mid x_N,s_{N-1}\right)\\
&\propto\prod_{i=1}^{N}p\left(s_i,c_i^1,c_i^2\mid x_i,s_{i-1}\right)p(x_i)
\end{aligned}
\tag{3-20}
$$

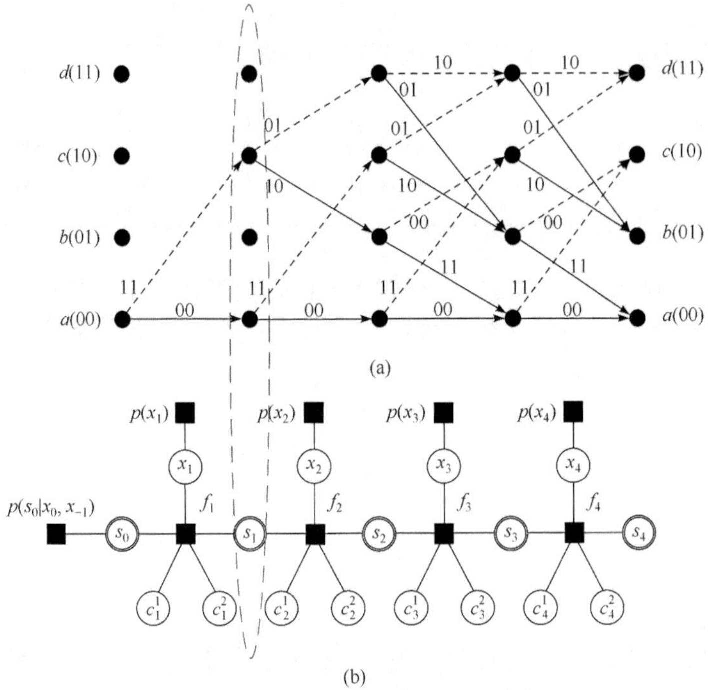

图 3.14 $(7,5)_8$ 卷积码网格图及其对应的因子图

式(3-20)中，x_{-1}, x_0, s_0 为已知初始值。当 $n=4$ 时，因子图如图 3.14(b)所示。图中，$f_i \triangleq p\left(c_i^1, c_i^2, s_i \mid x_i, s_{i-1}\right)$。可以看出图 3.14(a)和(b)一一对应：因子图中状态变量 s_i ①与网格图中 a,b,c,d 四个状态对应，表示 i 时刻寄存器的状态；因子图中 x_i 对应网格图中虚线及实线，表示输入信息比特；因子图中 c_i^1, c_i^2 对应网格图中线旁边的 2 位编码输出信息比特；因子图中函数节点 f_i 表示网格图输入输出以及状态转移之间的关系。从两者表达形式看，因子图比网格图更加简洁直观。

例 3.10 状态空间模型的因子图建模

线性时不变系统的状态空间模型：

$$\begin{aligned} \boldsymbol{x}[i+1] &= \boldsymbol{A}\boldsymbol{x}[i] + \boldsymbol{B}\boldsymbol{u}[i] \\ \boldsymbol{y}[i] &= \boldsymbol{C}\boldsymbol{x}[i] + \boldsymbol{D}\boldsymbol{u}[i] \end{aligned} \tag{3-21}$$

其中，$i \in \mathbb{Z}$ 是离散时间变量，$\boldsymbol{u}[i] = [u_1[i], \cdots, u_K[i]]^\top$ 是 i 时刻的输入变量，$\boldsymbol{y}[i] = [y_1[i], \cdots, y_P[i]]^\top$ 是 i 时刻的输出变量，$\boldsymbol{x}[i] = [x_1[i], \cdots, x_M[i]]^\top$ 是 i 时刻的状态变量。$\boldsymbol{A} \in \mathbb{R}^{M\times M}, \boldsymbol{B} \in \mathbb{R}^{M\times K}, \boldsymbol{C} \in \mathbb{R}^{P\times M}, \boldsymbol{D} \in \mathbb{R}^{P\times K}$ 是已知矩阵。为方便起见，以下简记 $\boldsymbol{u}_i \triangleq$

① 因子图中状态变量用同心圆表示。

$\boldsymbol{u}[i], \boldsymbol{y}_i \triangleq \boldsymbol{y}[i], \boldsymbol{x}_i \triangleq \boldsymbol{x}[i], \boldsymbol{u}=[\boldsymbol{u}_1,\boldsymbol{u}_2,\cdots,\boldsymbol{u}_i,\cdots], \boldsymbol{y}=[\boldsymbol{y}_1,\boldsymbol{y}_2,\cdots,\boldsymbol{y}_i,\cdots], \boldsymbol{x}=[\boldsymbol{x}_1,\boldsymbol{x}_2,\cdots,\boldsymbol{x}_i,\cdots]$
。

分析：根据链式法则，对联合 PDF 进行因子分解：

$$p(\boldsymbol{x},\boldsymbol{u},\boldsymbol{y})=p(\boldsymbol{u})p(\boldsymbol{x}\mid\boldsymbol{u})p(\boldsymbol{y}\mid\boldsymbol{x},\boldsymbol{u}) \tag{3-22}$$

根据链式法则及变量间的独立关系，可得：

$$\begin{aligned} p(\boldsymbol{x}\mid\boldsymbol{u}) &= p(\boldsymbol{x}_1\mid\boldsymbol{x}_0,\boldsymbol{u})p(\boldsymbol{x}_2\mid\boldsymbol{x}_1,\boldsymbol{u})\cdots p(\boldsymbol{x}_N\mid\boldsymbol{x}_1,\cdots,\boldsymbol{x}_{N-1},\boldsymbol{u}) \\ &= p(\boldsymbol{x}_1\mid\boldsymbol{x}_0,\boldsymbol{u}_0)p(\boldsymbol{x}_2\mid\boldsymbol{x}_1,\boldsymbol{u}_1)\cdots p(\boldsymbol{x}_N\mid\boldsymbol{x}_{N-1},\boldsymbol{u}_{N-1}) \\ &= \prod_{i=1}^{N} p(\boldsymbol{x}_i\mid\boldsymbol{x}_{i-1},\boldsymbol{u}_{i-1}) \end{aligned} \tag{3-23}$$

同理：

$$\begin{aligned} p(\boldsymbol{y}\mid\boldsymbol{x},\boldsymbol{u}) &= p(\boldsymbol{y}_1\mid\boldsymbol{x},\boldsymbol{u})p(\boldsymbol{y}_2\mid\boldsymbol{x},\boldsymbol{u},\boldsymbol{y}_1)\cdots p(\boldsymbol{y}_N\mid\boldsymbol{x},\boldsymbol{u},\boldsymbol{y}_1,\cdots,\boldsymbol{y}_{N-1}) \\ &= p(\boldsymbol{y}_1\mid\boldsymbol{x}_1,\boldsymbol{u}_1)p(\boldsymbol{y}_2\mid\boldsymbol{x}_2,\boldsymbol{u}_2)\cdots p(\boldsymbol{y}_N\mid\boldsymbol{x}_N,\boldsymbol{u}_N) \\ &= \prod_{i=1}^{N} p(\boldsymbol{y}_i\mid\boldsymbol{x}_i,\boldsymbol{u}_i) \end{aligned} \tag{3-24}$$

联合 PDF 的因子分解表示为：

$$p(\boldsymbol{x},\boldsymbol{u},\boldsymbol{y})=p(\boldsymbol{u})p(\boldsymbol{x}\mid\boldsymbol{u})p(\boldsymbol{y}\mid\boldsymbol{x},\boldsymbol{u})=\prod_{i=1}^{N} p(\boldsymbol{x}_i\mid\boldsymbol{x}_{i-1},\boldsymbol{u}_{i-1})p(\boldsymbol{y}_i\mid\boldsymbol{x}_i,\boldsymbol{u}_i)p(\boldsymbol{u}_i) \tag{3-25}$$

若初始值 $\boldsymbol{x}_0,\boldsymbol{u}_0$ 已知，因子图如图 3.15 所示。

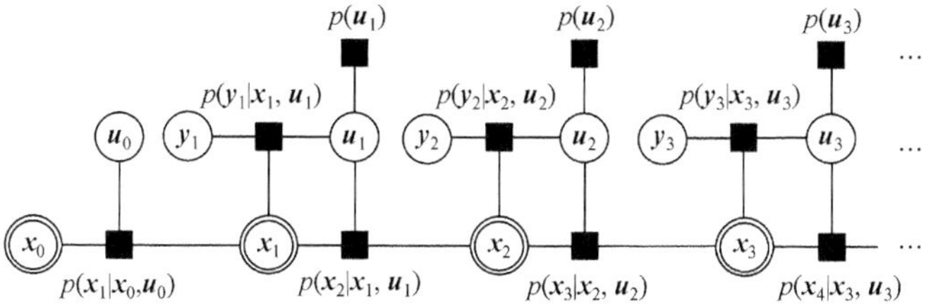

图 3.15　状态空间模型因子分解对应的因子图

3.2.2　概率关系模型

通常情况下随机信号之间的关系以概率的形式给出。例 3.11 给出无记忆信道通信系统模型因子图建模实例；例 3.12 给出马尔可夫链因子图建模实例；例 3.13 给出时变信道通信系统模型因子图建模实例。

例 3.11　若编码长度为 N 的码字 $\boldsymbol{x}=[x_1,\cdots,x_N]$ 经过无记忆信道，对应的输出序列为 $\boldsymbol{y}=[y_1,\cdots,y_N]$，若满足：$\boldsymbol{y}=h\boldsymbol{x}+\boldsymbol{w}$。假设信道增益 h 已知，$\boldsymbol{w}$ 是高斯白噪声，其分布为 $\mathcal{N}(\boldsymbol{0},\sigma_w^2\cdot\boldsymbol{I})$。编码方式采用例 3.7 中[6,3]线性分组码，给出该通

信系统因子图。

分析：根据贝叶斯公式，联合后验 PDF $p(\boldsymbol{x}|\boldsymbol{y})$ 可分解为：

$$p(\boldsymbol{x}|\boldsymbol{y})=\frac{p(\boldsymbol{y}|\boldsymbol{x})p(\boldsymbol{x})}{p(\boldsymbol{y})}\propto p(\boldsymbol{y}|\boldsymbol{x})p(\boldsymbol{x}) \tag{3-26}$$

已知信道是无记忆信道，$p(\boldsymbol{y}|\boldsymbol{x})$ 可以分解为：

$$p(y_1,\cdots,y_N|x_1,\cdots,x_N)=\prod_{i=1}^{N}p(y_i|x_i) \tag{3-27}$$

式中 $p(y_i|x_i)=\mathcal{N}(y_i;hx_i,\sigma_w^2)$。

根据[6,3]线性分组码，当信息位相互独立且 0,1 等概出现时，有：

$$p(\boldsymbol{x})=\frac{1}{|\mathcal{C}|}\cdot\delta(x_1\oplus x_3\oplus x_4)\cdot\delta(x_1\oplus x_2\oplus x_5)\cdot\delta(x_2\oplus x_3\oplus x_6) \tag{3-28}$$

将式(3-27)和式(3-28)代入式(3-26)中，可得 $p(\boldsymbol{x}|\boldsymbol{y})$ 的因子分解形式：

$$p(\boldsymbol{x}|\boldsymbol{y})\propto\frac{1}{|\mathcal{C}|}\cdot\delta(x_1\oplus x_3\oplus x_4)\cdot\delta(x_1\oplus x_2\oplus x_5)\cdot\delta(x_2\oplus x_3\oplus x_6)\cdot\prod_{i=1}^{6}p(y_i|x_i) \tag{3-29}$$

该通信系统对应的因子图如图 3.16 所示。

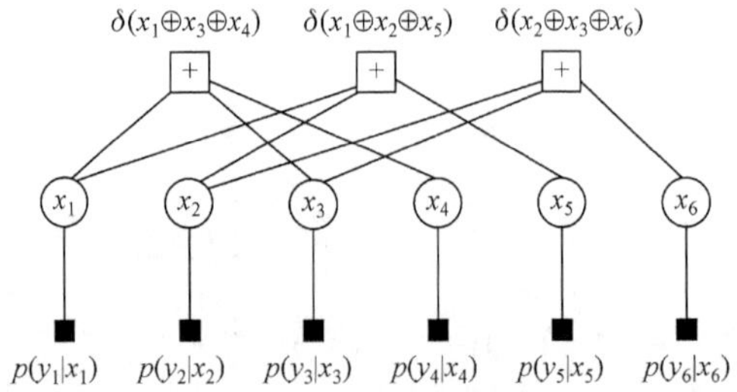

图 3.16　线性编码因子分解对应的因子图

例 3.12　马尔可夫链和隐马尔可夫的因子图建模

若用 $p(x_1,\cdots,x_N)$ 表示随机变量集的联合 PDF，取 $N=4$，其因子图如图 3.17(a)所示。根据链式法则，$p(x_1,\cdots,x_4)$ 可以表示为：

$$p(x_1,\cdots,x_4)=p(x_1)p(x_2|x_1)p(x_3|x_1,x_2)p(x_4|x_1,x_2,x_3) \tag{3-30}$$

因子图如图 3.17(b)所示。假设随机变量 x_1,x_2,x_3,x_4 按顺序形成马尔可夫链，即随机变量 x_n 与 $x_1,x_2,\cdots,x_{n-2}$ 在给定 x_{n-1} 的条件下条件独立，则有如下分解：

$$p(x_1,\cdots,x_4)=p(x_1)p(x_2|x_1)p(x_3|x_2)p(x_4|x_3) \tag{3-31}$$

因子图如图 3.17(c)所示。假设一个通信系统中，在接收端 x_i 不可直接观测，但是可以通过观测无记忆信道的输出 y_i 推理 x_i，这是一种典型的隐马尔可夫模型(具体定义参看 6.1 节)。系统随机变量的联合 PDF 可以分解为：

$$p(x_1,\cdots,x_4,y_1,\cdots,y_4)\propto p(x_1)p(y_1\mid x_1)\prod_{i=2}^{4}p(x_i\mid x_{i-1})p(y_i\mid x_i) \tag{3-32}$$

因子图如图 3.17(d)所示。

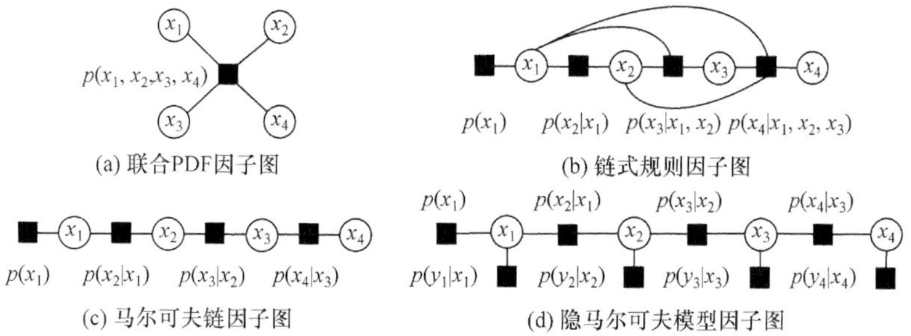

图 3.17　x_1, x_2, x_3, x_4 的四种因子图模型

例 3.13　已知一个时变信道满足：$y_i = h_i\cdot x_i + w_i$，式中 y_i 为第 i 时刻接收机接收符号，x_i 为第 i 时刻发送符号，w_i 是均值为 0，方差为 σ_w^2 的高斯白噪声。h_i 为信道增益，并且满足 $h_i = ah_{i-1}+u_i$，式中 a 为常数，u_i 服从均值为 0，方差为 σ_u^2 的高斯分布。若已知 $h_0 = 0$，编码采用例题 3.7 的[6,3]线性分组码。

分析：$\boldsymbol{x}=[x_1,x_2,\cdots,x_N]$，$\boldsymbol{y}=[y_1,y_2,\cdots,y_N]$，$\boldsymbol{h}=[h_1,h_2,\cdots,h_N]$，联合后验 PDF $p(\boldsymbol{x},\boldsymbol{h}\mid\boldsymbol{y})$ 可分解为：

$$p(\boldsymbol{x},\boldsymbol{h}\mid\boldsymbol{y})=\frac{p(\boldsymbol{y}\mid\boldsymbol{x},\boldsymbol{h})p(\boldsymbol{x},\boldsymbol{h})}{p(\boldsymbol{y})}\propto p(\boldsymbol{y}\mid\boldsymbol{x},\boldsymbol{h})p(\boldsymbol{x})p(\boldsymbol{h}) \tag{3-33}$$

若 $N=6$，在给定 h_{i-1} 的情况下，h_i 与 $h_1,h_2,\cdots,h_{i-2}$ 条件独立，结合链式法则可得：

$$p(\boldsymbol{h})=p(h_1,h_2,h_3,h_4,h_5,h_6)=p(h_1)\prod_{i=2}^{6}p(h_i\mid h_{i-1}) \tag{3-34}$$

式中，$p(h_1)=\mathcal{N}(h_1;0,\sigma_u^2)$，$p(h_i\mid h_{i-1})=\mathcal{N}(h_i;a\cdot h_{i-1},\sigma_u^2)$。

在给定当前时刻输入 x_i 和信道状态 h_i 时，当前时刻的输出 y_i 与其他时刻的输入、信道增益、输出变量条件独立，所以有：

$$p(\boldsymbol{y}\mid\boldsymbol{x},\boldsymbol{h})=\prod_{i=1}^{6}p(y_i\mid x_i,h_i) \tag{3-35}$$

式中，$p(y_i \mid x_i, h_i) = \mathcal{N}\left(y_i; h_i x_i, \sigma_w^2\right)$。

若编码方式采用例题 3.7[6,3]线性分组码，联合后验 PDF $p(\boldsymbol{x}, \boldsymbol{h} \mid \boldsymbol{y})$ 可分解为：

$$
\begin{aligned}
p(\boldsymbol{x}, \boldsymbol{h} \mid \boldsymbol{y}) \propto \frac{1}{|\mathcal{C}|} \cdot \delta(x_1 \oplus x_3 \oplus x_4) \cdot \delta(x_1 \oplus x_2 \oplus x_5) \cdot \delta(x_2 \oplus x_3 \oplus x_6) \\
\cdot p(h_1) \prod_{i=2}^{6} p(h_i \mid h_{i-1}) \prod_{i=1}^{6} p(y_i \mid x_i, h_i)
\end{aligned}
\tag{3-36}
$$

该通信系统的因子图如图 3.18 所示。

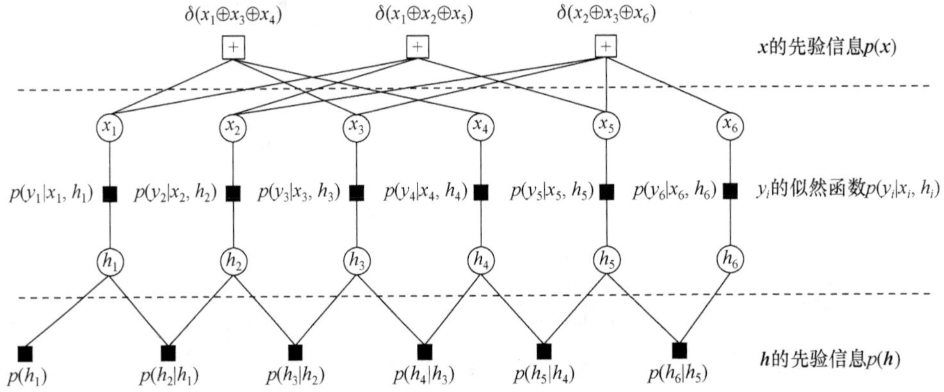

图 3.18　线性编码因子分解对应的因子图

本节针对通信系统的若干个实际问题给出了因子图模型，这些模型可以在图上表达系统概率关系：一方面图形方式相比于公式更加便于阅读与理解，另一方面为后续设计消息传递算法做准备。

3.3　利用因子图计算边缘函数

统计模型中估计问题的关键步骤需要计算边缘函数，常规方法是通过联合 PDF 边缘化求解某个变量的边缘函数，此时需要对除该变量之外的所有其他变量积分。当变量维度很大时，会导致很高的计算复杂度。而利用变量间的独立关系可以简化运算，进一步将这种独立关系表达在因子图上，可得到和积算法。本节给出了基于因子图的边缘函数计算方法以及和积算法规则。

3.3.1　计算单个变量的边缘函数

假设 $p(x_1, x_2, x_3, x_4, x_5)$ 是随机变量 x_1, x_2, x_3, x_4, x_5 的联合 PDF，其因子分解表达式为：

$$
\begin{aligned}
p(x_1,x_2,x_3,x_4,x_5) &= p(x_1 \mid x_3)\,p(x_2 \mid x_3)\,p(x_3 \mid x_4,x_5)\,p(x_4)\,p(x_5) \\
&\triangleq f_a(x_1,x_3)\,f_b(x_2,x_3)\,f_c(x_3,x_4,x_5)\,f_d(x_4)\,f_e(x_5)
\end{aligned} \tag{3-37}
$$

根据该联合 PDF 因子分解以及变量间独立性，可利用边缘化联合 PDF 的方法计算各变量的边缘函数 $p(x_i)$。如 $p(x_1)$①可以表示为：

$$
\begin{aligned}
p(x_1) &= \iiiint p(x_1,x_2,x_3,x_4,x_5)\mathrm{d}x_2\mathrm{d}x_3\mathrm{d}x_4\mathrm{d}x_5 \\
&= \int f_a(x_1,x_3)\left(\int f_b(x_2,x_3)\mathrm{d}x_2\right)\left(\iint f_c(x_3,x_4,x_5)\,f_d(x_4)\,f_e(x_5)\mathrm{d}x_4\mathrm{d}x_5\right)\mathrm{d}x_3
\end{aligned} \tag{3-38}
$$

类似地，$p(x_3)$ 可以表示为：

$$
\begin{aligned}
p(x_3) &= \iiiint p(x_1,x_2,x_3,x_4,x_5)\mathrm{d}x_1\mathrm{d}x_2\mathrm{d}x_4\mathrm{d}x_5 \\
&= \left(\iint f_c(x_3,x_4,x_5)\,f_d(x_4)\,f_e(x_5)\mathrm{d}x_4\mathrm{d}x_5\right)\times\left(\int f_a(x_1,x_3)\mathrm{d}x_1\right)\times\left(\int f_b(x_2,x_3)\mathrm{d}x_2\right)
\end{aligned} \tag{3-39}
$$

当变量间存在独立关系时，利用因子分解可以降低计算边缘函数的复杂度。但是当系统变量维度较大，且变量间的独立关系复杂时，则得到的积分公式不够直观。

3.3.2　利用因子图计算单个变量边缘函数

因子图以图形的方式表达函数因子分解，能够直观地表示上述边缘函数的求解过程。下面以求 x_1 和 x_3 的边缘函数为例，总结出用因子图计算边缘函数的方法，在第 4 章将给出该方法的理论依据。

首先把 $p(x_1,x_2,x_3,x_4,x_5)$ 因子分解所对应的因子图画成“树状”因子图[90]的形式：将因子图中变量 x_1 和 x_3 分别作为根节点，向上“提拉”后便分别得到以 x_1 和 x_3 为根的“树状”因子图。如图 3.19(a)和图 3.19(b)。

接着删去叶子中的变量节点，把“树状”因子图中其余变量节点 x_i 用乘法运算符代替，并把每个因子节点 f 用乘以 f 的乘法运算符代替，在 f 与其父节点之间插入积分符号 $\int d_{\sim\{x_i\}}$ (表示对除 x_i 外的其余全部变量积分)，如图 3.20 所示。

然后从叶子节点开始计算，计算结果传向其邻居节点，直到根节点的值计算出来，即得到边缘函数的值，有：

① 计算 x_1 的边缘函数需要对 x_2,x_3,x_4,x_5 在 $(-\infty,\infty)$ 内积分，为方便表达，本书后续章节积分上下限不再标注。

$$p(x_1)=\int f_a(x_1,x_3)\times\left(\int f_b(x_2,x_3)\mathrm{d}_{\sim\{x_3\}}\right)\left(\int f_c(x_3,x_4,x_5)\left(\int f_d(x_4)\mathrm{d}_{\sim\{x_4\}}\right)\left(\int f_e(x_5)\mathrm{d}_{\sim\{x_5\}}\right)\mathrm{d}_{\sim\{x_3\}}\right)\mathrm{d}_{\sim\{x_1\}} \tag{3-40}$$

$$p(x_3)=\left(\int f_c(x_3,x_4,x_5)\left(\int f_d(x_4)\mathrm{d}_{\sim\{x_4\}}\right)\left(\int f_e(x_5)\mathrm{d}_{\sim\{x_5\}}\right)\mathrm{d}_{\sim\{x_3\}}\right)\left(\int f_a(x_1,x_3)\mathrm{d}_{\sim\{x_3\}}\right)\times\left(\int f_b(x_2,x_3)\mathrm{d}_{\sim\{x_3\}}\right) \tag{3-41}$$

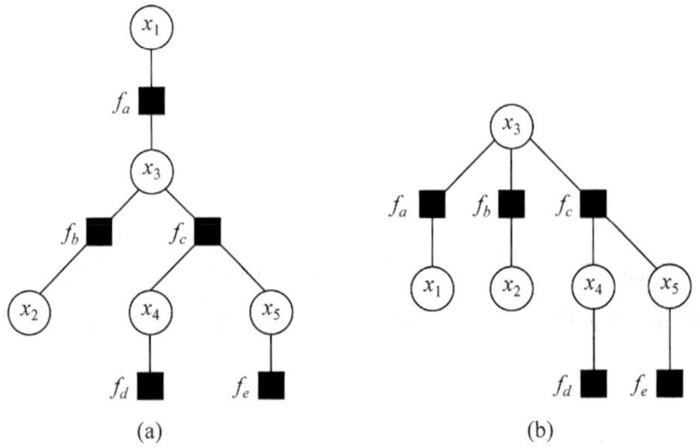

图 3.19　因子图的等价变形

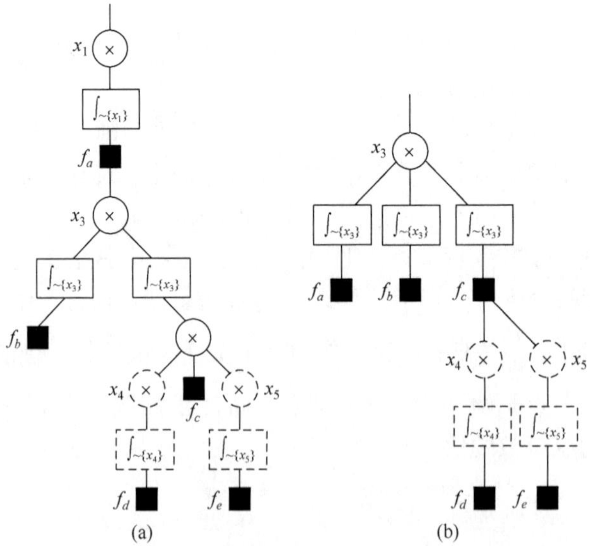

图 3.20　利用“树状”因子图计算边缘函数的过程

需要注意的是，图 3.20(a)和图 3.20(b)中的虚线节点表示可以消去的空操作。如函数 f_d 只有一个参数 x_4，对其进行 $\int_{\sim\{x_4\}}$ 操作实际上是空操作。这样，式(3-40)和式(3-41)可以分别化简为：

$$p(x_1)=\int f_a(x_1,x_3)\left(\int f_b(x_2,x_3)\mathrm{d}x_2\right)\left(\iint f_c(x_3,x_4,x_5)f_d(x_4)f_e(x_5)\mathrm{d}x_4\mathrm{d}x_5\right)\mathrm{d}x_3 \tag{3-42}$$

$$p(x_3)=\left(\iint f_c(x_3,x_4,x_5)f_d(x_4)f_e(x_5)\mathrm{d}x_4\mathrm{d}x_5\right)\left(\int f_a(x_1,x_3)\mathrm{d}x_1\right)\left(\int f_b(x_2,x_3)\mathrm{d}x_2\right) \tag{3-43}$$

上述计算过程是一种边缘化算法，式(3-42)、式(3-43)与式(3-38)、式(3-39)运用变量间相互独立得到的结果相同，但是比较两种方法可以看出上述边缘化算法更加形象直观，省去了烦琐的化简过程。特别是在变量较多且变量间关系较为复杂时，这种优势会更加明显。我们可以这样理解因子图上计算边缘函数的方法：因子图上每个节点都有一个处理器，每条边代表处理器之间的通信链接，计算边缘函数的过程即是利用通信链接在处理器间传递描述边缘函数的信息(消息)的过程[14]。具体的**传递规则**如下：

(1) 从叶子节点开始，一个变量叶子节点传向因子节点的消息为 1，一个因子叶子节点传向变量节点的消息为该函数本身；

(2) 当一个节点的子节点传向该节点的消息全部计算出来后，利用下面两条规则计算该节点传向下一节点的消息：

· 若该节点是因子节点 f，它传向其父节点 x 的消息是将其子节点传向 f 的消息相乘后再乘以该函数本身得到的值对除变量 x 之外的所有其他变量积分；

· 若该节点是变量节点，它传向其父节点的消息是其子节点传向该变量节点的消息的乘积。

(3) 当根节点的值计算出来后，即得到边缘函数的值。

需要注意的是：每条边上传递的消息(无论是从变量节点 x 到因子节点 f，还是从因子节点 f 到变量节点 x)，都是只关于参数 x 的函数。

3.3.3 利用因子图计算全部变量边缘函数

从单个变量边缘函数的计算过程中可以看出，在求解不同变量的边缘函数时会重复计算图中某些消息。实际应用中，求解不同变量 x_i 的边缘函数不用每次都把 x_i 作为根节点，再利用“树状”因子图计算 x_i 的边缘函数；按消息传递方向 v_i

下一个邻居节点 v_j ①可以看作 v_i 的父节点，则从 v_i 到 v_j 的消息可以像计算单个变量边缘函数的规则一样：消息传递从叶子节点的初始化开始，当节点 v_i 只剩下一条边 e(两端分别是节点 v_i 和节点 v_j)没有传递消息时，用计算单个变量边缘函数的方法计算出该消息，然后向 e 另一端 v_j 传送，该算法我们称为**和积算法**(SPA)。

在图 3.21 中，从变量节点 x_i 传递到因子节点 f_a 的**消息** $n_{x_i\to f_a}(x_i)$ **更新规则**为：除 f_a 以外所有与 x_i 相连的因子节点传递到 x_i 的消息的乘积。

$$n_{x_i\to f_a}(x_i)=\prod_{b\in\mathcal{N}(i)\backslash a} m_{f_b\to x_i}(x_i),\quad \forall i\in\mathcal{I},a\in\mathcal{N}(i) \tag{3-44}$$

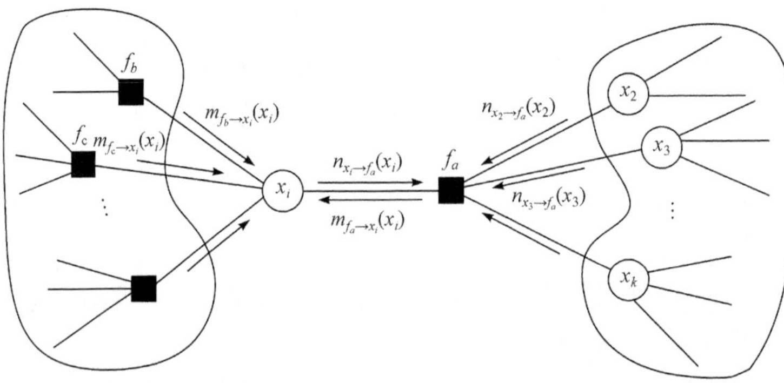

图 3.21　SPA 更新规则示意图

从因子节点 f_a 到变量节点 x_i 的**消息** $m_{f_a\to x_i}(x_i)$ **更新规则**为：除 x_i 以外所有与 f_a 相连的变量节点传递到 f_a 的消息的乘积再乘以该因子 f_a，然后对除 x_i 以外的所有与 f_a 相连的其他变量积分。

$$m_{f_a\to x_i}(x_i)=\int f_a(\boldsymbol{x}_a)\prod_{j\in\mathcal{N}(a)\backslash i} n_{x_j\to f_a}(x_j)\mathrm{d}x_j,\quad \forall a\in\mathcal{A},i\in\mathcal{N}(a) \tag{3-45}$$

式中，$\mathcal{N}(i)$ 表示所有与 x_i 相连的因子节点标号的集合，$\mathcal{N}(a)$ 表示所有与 f_a 相连的变量节点标号的集合，$\boldsymbol{x}_a$ 表示与 f_a 有关的变量子集。例如在本节例题中，$\mathcal{N}(3)=\{a,b,c\}$，$\mathcal{N}(c)=\{3,4,5\}$，$\boldsymbol{x}_c=[x_3,x_4,x_5]$。

边缘函数的计算公式为：

$$\begin{aligned} b(x_i)&\propto\prod_{a\in\mathcal{N}(i)} m_{f_a\to x_i}(x_i),\quad a\in\varepsilon \\ &=m_{f_a\to x_i}(x_i)\cdot n_{x_i\to f_a}(x_i),\quad i\in\varepsilon,a\in\mathcal{N}(i)\end{aligned} \tag{3-46}$$

当因子图是无环图时，可计算出准确的边缘函数[14]，计算公式为：

① v_i 是任意节点(变量节点或因子节点)，因子图中 v_j 与 v_i 是不同类型的节点。

$$
\begin{aligned}
p(x_i) &\propto \prod_{a\in\mathcal{N}(i)} m_{f_a\to x_i}(x_i), \quad a\in\varepsilon \\
&= m_{f_a\to x_i}(x_i)\cdot n_{x_i\to f_a}(x_i), \quad i\in\varepsilon, a\in\mathcal{N}(i)
\end{aligned} \tag{3-47}
$$

式中，ε 为感兴趣变量下标的集合，上式中的“$\propto$”符号表达的是正比关系，需要对求出的边缘函数进行归一化；当因子图存在环时，利用 SPA 不能计算出准确的边缘函数。若一个系统的联合 PDF 可因子分解为：

$$
p(\cdots,x_i,x_j,\cdots)=\cdots f_a(\cdots,x_i,x_j,\cdots)\cdot f_b(\cdots,x_i,x_j,\cdots)\cdots \tag{3-48}
$$

其对应的因子图片段如图 3.22 所示。

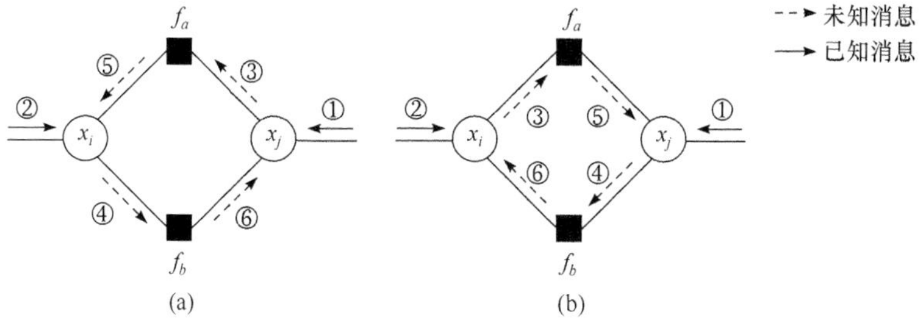

图 3.22　有环因子图实例

以图 3.22(a)为例，因子图中存在环，运行 SPA 时，若已知消息①和消息②，计算消息③，需用到消息⑥，消息⑥的结果与消息⑤有关，消息⑤依赖于消息③。因此消息③无法计算。图 3.22(b)顺时针方向消息计算也是如此。

此时，SPA 通常需要人为引入初始消息，例如在图 3.22(a)中给定消息⑤的初始值，则可计算出消息④，进而可以计算出环中逆时针方向的所有消息；同时在图 3.22(b)中给定消息⑥的初始值，则可计算出环中顺时针方向的所有消息。这样 SPA 可以在有环图上运行,该过程体现了迭代的思想:第一次迭代,引入的图 3.22(a)中消息⑤以及图 3.22(b)中消息⑥，在环内分别循环计算一圈后向环外输出，并计算出因子图中环外的其他消息；第二次迭代，环外更新后的消息①和②向环内输入，则图 3.22(a)中消息⑤以及图 3.22(b)中消息⑥得到更新，并再次分别进行环内循环计算一圈，然后向环外输出，直到环外的其他消息全部更新一遍；如此反复，直至收敛或达到最大迭代次数。

由于初始消息并不是真实的消息，这样计算出的结果不是准确的边缘函数。迭代的思想不仅仅体现在有环因子图消息计算过程,同样也体现在无环因子图上。例如第 5 章 MF 规则的应用中，不论因子图是否含有环，都可以采用迭代的思想求解近似最优边缘函数。

此外，在消息计算时，不只有上述一种消息计算顺序。如图 3.23 所示，首先初始化消息 $m_{f_a\to x_i}(x_i)$ 和 $m_{f_b\to x_i}(x_i)$,按照图 3.23(a)图中所示的标号顺序计算前向消息，然后再按照图 3.23(b)所示的标号顺序计算后向消息，如此反复，直至收敛或达到最大迭代次数。在消息传递算法中，消息计算的先后次序和传递路径的规划称为**消息调度机制**，其对算法的性能有很大影响。虽然消息传递机制没有一个统一的标准，但是有一些基本的原则，迭代时考虑这些原则，通常会得到较好的结果：①初始化的消息尽可能少；②因子图上不相连的部分并行计算，相连的部分串行计算，且尽可能地用到刚刚更新过的消息。

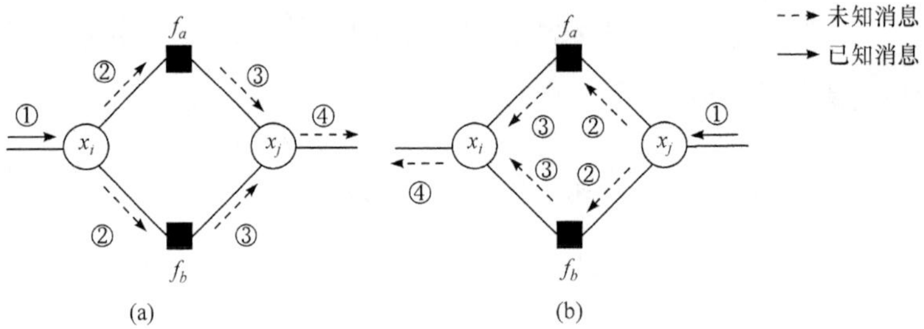

图 3.23　消息调度机制

例 3.14　利用因子图计算全部变量边缘函数实例。

根据 $p(x_1,x_2,x_3,x_4,x_5)=f_a(x_1,x_3)f_b(x_2,x_3)f_c(x_3,x_4,x_5)f_d(x_4)f_e(x_5)$ 所对应的因子图，消息传递及各个变量边缘函数的计算过程如图 3.24 所示。

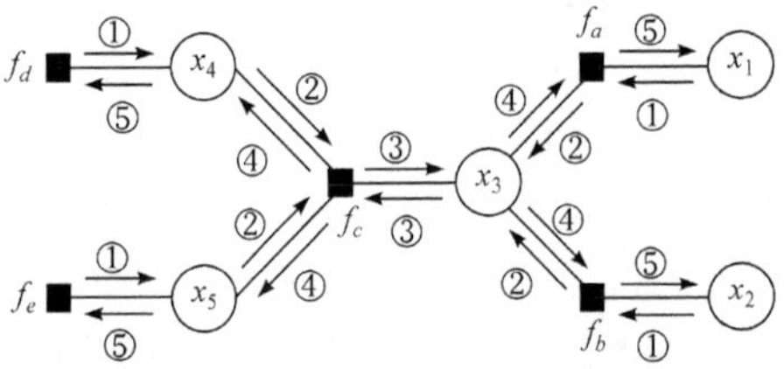

图 3.24　计算 $p(x_1,x_2,x_3,x_4,x_5)$ 边缘函数的消息传递过程

由图 3.24 可知，消息的传递过程可以分为五步：

第①步计算消息：

$$
\begin{aligned}
&n_{x_1\to f_a}(x_1)=1\\
&n_{x_2\to f_b}(x_2)=1\\
&m_{f_d\to x_4}(x_4)=f_d(x_4)\\
&m_{f_e\to x_5}(x_5)=f_e(x_5)
\end{aligned}
\tag{3-49}
$$

第②步计算消息：

$$
\begin{aligned}
&m_{f_a\to x_3}(x_3)=\int f_a(x_1,x_3)\cdot n_{x_1\to f_a}(x_1)\mathrm{d}x_1\\
&m_{f_b\to x_3}(x_3)=\int f_b(x_2,x_3)\cdot n_{x_2\to f_b}(x_2)\mathrm{d}x_2
\end{aligned}
$$

$$n_{x_4\to f_c}(x_4)=m_{f_d\to x_4}(x_4)$$
$$n_{x_5\to f_c}(x_5)=m_{f_e\to x_5}(x_5) \tag{3-50}$$

第③步计算消息：

$$n_{x_3\to f_c}(x_3)=m_{f_a\to x_3}(x_3)\cdot m_{f_b\to x_3}(x_3)$$
$$m_{f_c\to x_3}(x_3)=\iint f_c(x_3,x_4,x_5)\cdot n_{x_5\to f_c}(x_5)\cdot n_{x_4\to f_c}(x_4)\mathrm{d}x_4\mathrm{d}x_5 \tag{3-51}$$

第④步计算消息：

$$m_{f_c\to x_4}(x_4)=\iint f_c(x_3,x_4,x_5)\cdot n_{x_3\to f_c}(x_3)\cdot n_{x_5\to f_c}(x_5)\mathrm{d}x_3\mathrm{d}x_5$$
$$m_{f_c\to x_5}(x_5)=\iint f_c(x_3,x_4,x_5)\cdot n_{x_3\to f_c}(x_3)\cdot n_{x_4\to f_c}(x_4)\mathrm{d}x_3\mathrm{d}x_4$$
$$n_{x_3\to f_a}(x_3)=m_{f_c\to x_3}(x_3)\cdot m_{f_b\to x_3}(x_3)$$
$$n_{x_3\to f_b}(x_3)=m_{f_c\to x_3}(x_3)\cdot m_{f_a\to x_3}(x_3) \tag{3-52}$$

第⑤步计算消息：

$$n_{x_5\to f_e}(x_5)=m_{f_c\to x_5}(x_5)$$
$$n_{x_4\to f_d}(x_4)=m_{f_c\to x_4}(x_4)$$
$$m_{f_b\to x_2}(x_2)=\int f_b(x_2,x_3)\cdot n_{x_3\to f_b}(x_3)\mathrm{d}x_3$$
$$m_{f_a\to x_1}(x_1)=\int f_a(x_1,x_3)\cdot n_{x_3\to f_a}(x_3)\mathrm{d}x_3 \tag{3-53}$$

根据上面计算的消息，变量 x_i 的边缘函数 $p(x_i)$ 是所有传递给 x_i 消息的乘积，即：

$$p(x_1)=m_{f_a\to x_1}(x_1)$$
$$p(x_2)=m_{f_b\to x_2}(x_2)$$
$$p(x_3)=m_{f_c\to x_3}(x_3)\cdot m_{f_b\to x_3}(x_3)\cdot m_{f_a\to x_3}(x_3)$$
$$p(x_4)=m_{f_d\to x_4}(x_4)\cdot m_{f_c\to x_4}(x_4)$$
$$p(x_5)=m_{f_e\to x_5}(x_5)\cdot m_{f_c\to x_5}(x_5) \tag{3-54}$$

此外，由于与 x_i 相连的每条边 e 上从 x_i 传出的消息是除了 e 以外其他边传递给 x_i 消息的乘积，故 $p(x_i)$ 也可用与 x_i 相连的任意一条边上传进/传出的消息乘积计算，如 x_3 的边缘函数 $p(x_3)$ 为：

$$\begin{aligned}p(x_3)&=m_{f_c\to x_3}(x_3)\cdot n_{x_3\to f_c}(x_3)\\&=m_{f_a\to x_3}(x_3)\cdot n_{x_3\to f_a}(x_3)\\&=m_{f_b\to x_3}(x_3)\cdot n_{x_3\to f_b}(x_3)\end{aligned} \tag{3-55}$$

进一步，仍以 x_1 和 x_3 为例，将上面步骤计算得到的消息代入边缘函数表达式中，可以得到：

$$p(x_1)=\int f_a(x_1,x_3)\left(\int f_b(x_2,x_3)\mathrm{d}x_2\right)\left(\iint f_c(x_3,x_4,x_5)f_d(x_4)f_e(x_5)\mathrm{d}x_4\mathrm{d}x_5\right)\mathrm{d}x_3 \tag{3-56}$$

$$p(x_3)=\left(\iint f_c(x_3,x_4,x_5)f_d(x_4)f_e(x_5)\mathrm{d}x_4\mathrm{d}x_5\right)\left(\int f_a(x_1,x_3)\mathrm{d}x_1\right)\left(\int f_b(x_2,x_3)\mathrm{d}x_2\right) \tag{3-57}$$

可以看出在边缘函数计算中，基于 SPA 的方法与利用变量间关系简化的方法结果一致。但是前者具有一定优势：因子图建模方法简单，图形易于理解；在因子图上运行 SPA 是一种直观的、自动化的方法。

例 3.15　简单线性编码系统因子图实例。

例如线性编码中有效码字的集合为 $C=\{(0000),(0111),(1011),(1100)\}$，$\boldsymbol{x}=x_1,x_2,x_3,x_4$，其中 x_1,x_2 为信息比特，x_1,x_2 之间相互独立且服从等概分布，x_3,x_4 为校验比特，且有如下约束关系：$x_1\oplus x_2=x_3=x_4$，传输信道为二进制编码信道，符号转移概率如图 3.25 所示。

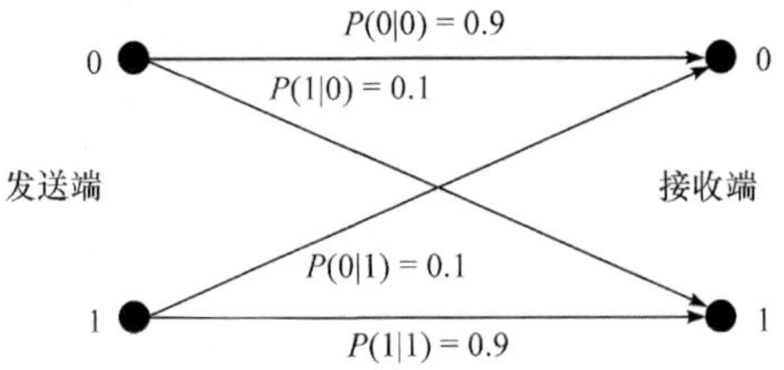

图 3.25　二进制编码信道模型

接收码字为(0010)时，推测发送码字。

分析：首先对联合后验 PDF $p(\boldsymbol{x}\mid\boldsymbol{y})$进行因子分解：

$$\begin{aligned}p(\boldsymbol{x}\mid\boldsymbol{y})&\propto p(\boldsymbol{y}\mid\boldsymbol{x})\cdot p(\boldsymbol{x})\\&=p(y_1\mid x_1)p(y_2\mid x_2)p(y_3\mid x_3)p(y_4\mid x_4)p(x_3,x_4\mid x_1,x_2)p(x_1,x_2)\\&=p(x_1,y_1)p(x_2,y_2)p(y_3\mid x_3)p(y_4\mid x_4)p(x_3\mid x_1,x_2)p(x_4\mid x_3)\\&=f_{p_1}(x_1,y_1)f_{p_2}(x_2,y_2)f_{p_3}(x_3,y_3)f_{p_4}(x_4,y_4)f_{c_1}(x_1,x_2,x_3)f_{c_2}(x_3,x_4)\end{aligned} \tag{3-58}$$

式中，$f_{c_1}(x_1,x_2,x_3)\triangleq p(x_3\mid x_1,x_2)$，$f_{c_2}(x_3,x_4)\triangleq p(x_4\mid x_3)$，$f_{p_1}(x_1,y_1)\triangleq p(x_1,y_1)$，$f_{p_2}(x_2,y_2)\triangleq p(x_2,y_2)$，$f_{p_3}(y_3,x_3)\triangleq p(y_3\mid x_3)$，$f_{p_4}(y_4,x_4)\triangleq p(y_4\mid x_4)$。

根据因子分解，其因子图如图 3.26 所示：

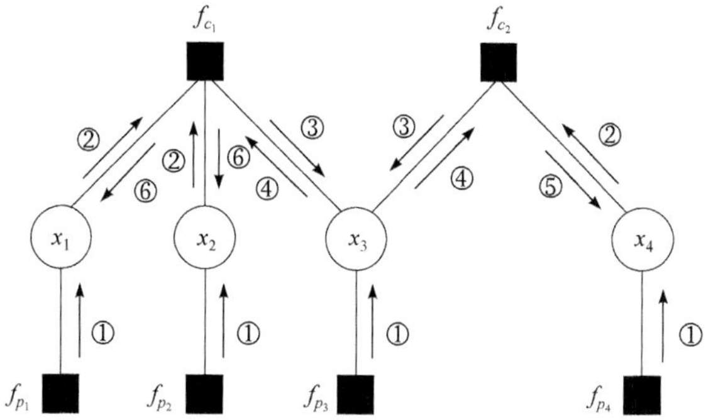

图 3.26　因子分解对应的因子图

使用 SPA 计算消息并解码的过程如下：

计算消息①：

$$m_{f_{p_1}\to x_1}(x_1)=p(x_1,y_1=0)=p(y_1=0\,|\,x_1)\cdot p(x_1)=\begin{cases}0.45, & x_1=0,y_1=0\\0.05, & x_1=1,y_1=0\end{cases}\tag{3-59}$$

$$m_{f_{p_2}\to x_2}(x_2)=p(x_2,y_2=0)=p(y_2=0\,|\,x_2)\cdot p(x_2)=\begin{cases}0.45, & x_2=0,y_2=0\\0.05, & x_2=1,y_2=0\end{cases}\tag{3-60}$$

$$m_{f_{p_3}\to x_3}(x_3)=p(y_3=1\,|\,x_3)=\begin{cases}0.1, & x_3=0,y_3=1\\0.9, & x_3=1,y_3=1\end{cases}\tag{3-61}$$

$$m_{f_{p_4}\to x_4}(x_4)=p(y_4=0\,|\,x_4)=\begin{cases}0.9, & x_4=0,y_4=0\\0.1, & x_4=1,y_4=0\end{cases}\tag{3-62}$$

计算消息②：

$$n_{x_1\to f_{c_1}}(x_1)=m_{f_{p_1}\to x_1}(x_1)=\begin{cases}0.45, & x_1=0\\0.05, & x_1=1\end{cases}\tag{3-63}$$

$$n_{x_2\to f_{c_1}}(x_2)=m_{f_{p_2}\to x_2}(x_2)=\begin{cases}0.45, & x_2=0\\0.05, & x_2=1\end{cases}\tag{3-64}$$

$$n_{x_4\to f_{c_2}}(x_4)=m_{f_{p_4}\to x_4}(x_4)=\begin{cases}0.9, & x_4=0\\0.1, & x_4=1\end{cases}\tag{3-65}$$

计算消息③：

$$m_{f_{c_1}\to x_3}(x_3)=\sum_{x_1,x_2}\left[f_{c_1}(x_1,x_2,x_3)\cdot n_{x_1\to f_{c_1}}(x_1)\cdot n_{x_2\to f_{c_1}}(x_2)\right]\propto\begin{cases}0.82, & x_3=0\\0.18, & x_3=1\end{cases}\tag{3-66}$$

$$m_{f_{c_2}\to x_3}(x_3)=\sum_{x_4}\left[f_{c_2}(x_3,x_4)\cdot n_{x_4\to f_{c_2}}(x_4)\right]=\begin{cases}0.9, & x_3=0\\ 0.1, & x_3=1\end{cases} \tag{3-67}$$

计算变量 x_3 的置信，并将其结果进行归一化得：

$$b(x_3)=m_{f_{c_1}\to x_3}(x_3)\cdot m_{f_{c_2}\to x_3}(x_3)\cdot m_{f_{p_3}\to x_3}(x_3)\propto\begin{cases}0.82, & x_3=0\\ 0.18, & x_3=1\end{cases} \tag{3-68}$$

计算消息④：

$$n_{x_3\to f_{c_1}}(x_3)=m_{f_{c_2}\to x_3}(x_3)\cdot m_{f_{p_3}\to x_3}(x_3)=\begin{cases}0.09, & x_3=0\\ 0.09, & x_3=1\end{cases} \tag{3-69}$$

$$n_{x_3\to f_{c_2}}(x_3)=m_{f_{c_1}\to x_3}(x_3)\cdot m_{f_{p_3}\to x_3}(x_3)=\begin{cases}0.82\times 0.1=0.082, & x_3=0\\ 0.18\times 0.9=0.162, & x_3=1\end{cases} \tag{3-70}$$

计算消息⑤：

$$m_{f_{c_2}\to x_4}(x_4)=\sum_{x_3}\left[f_{c_2}(x_3,x_4)\cdot n_{x_3\to f_{c_2}}(x_3)\right]\propto\begin{cases}0.336, & x_4=0\\ 0.664, & x_4=1\end{cases} \tag{3-71}$$

计算变量 x_4 的置信，并将其结果进行归一化得：

$$b(x_4)=m_{f_{c_2}\to x_4}(x_4)\cdot m_{f_{p_4}\to x_4}(x_4)\propto\begin{cases}0.82, & x_4=0\\ 0.18, & x_4=1\end{cases} \tag{3-72}$$

计算消息⑥：

$$m_{f_{c_1}\to x_1}(x_1)=\sum_{x_2,x_3}\left[f_{c_1}(x_1,x_2,x_3)\cdot n_{x_2\to f_{c_1}}(x_2)\cdot n_{x_3\to f_{c_1}}(x_3)\right]\propto\begin{cases}0.5, & x_1=0\\ 0.5, & x_1=1\end{cases} \tag{3-73}$$

计算变量 x_1 的置信，并将其结果进行归一化得：

$$b(x_1)=m_{f_{c_1}\to x_1}(x_1)\cdot m_{f_{p_1}\to x_1}(x_1)\propto\begin{cases}0.9, & x_1=0\\ 0.1, & x_1=1\end{cases} \tag{3-74}$$

$$m_{f_{c_1}\to x_2}(x_2)=\sum_{x_1,x_3}\left[f_{c_1}(x_1,x_2,x_3)\cdot n_{x_1\to f_{c_1}}(x_1)\cdot n_{x_3\to f_{c_1}}(x_3)\right]=\begin{cases}0.5, & x_2=0\\ 0.5, & x_2=1\end{cases} \tag{3-75}$$

计算变量 x_2 的置信，并将其结果进行归一化得：

$$b(x_2)=m_{f_{c_1}\to x_2}(x_2)\cdot m_{f_{p_2}\to x_2}(x_2)\propto\begin{cases}0.9, & x_2=0\\ 0.1, & x_2=1\end{cases} \tag{3-76}$$

上述计算过程计算发送比特 x_1,x_2,x_3,x_4 的置信，由最大似然估计准则 $x_i=\arg\max b(x_i)$ 可以估计出发送码字为 (0000)。这样得到的结果使得每个发送比特在接收端解码的错误概率最小。

接下来给出另外一种算法：最大积算法(Max-product Algorithm)。该算法可以求得使联合后验 PDF $p(\boldsymbol{x}\mid\boldsymbol{y})$ 概率最大的发送比特，此时得到的结果使得 x_1,x_2,x_3,x_4 联合译码的错误概率最小。(最大积算法可以看作是软判决的维特比算法，将在本书第 6 章进一步讨论)最大积算法的更新规则为：

· 从变量节点 x_i 传递到因子节点 f_a 的消息 $n_{x_i\to f_a}(x_i)$ 更新规则为：除因子节点 f_a 以外所有与变量节点 x_i 相连的因子节点传递到该变量节点 x_i 的消息的乘积；

· 从因子节点 f_a 到变量节点 x_i 的消息 $m_{f_a\to x_i}(x_i)$ 更新规则为：除变量节点 x_i 以外所有与因子节点 f_a 相连的变量节点传递到该因子节点 f_a 的消息的乘积再乘以该因子 f_a，然后针对该函数所涉及除 x_i 以外的所有变量取最大值。

上述过程的最大积消息更新规则可以用下面的公式表示：

$$n_{x_i\to f_a}(x_i)=\prod_{b\in\mathcal{N}(a)\backslash i} m_{f_b\to x_i}(x_i),\quad \forall i\in\mathcal{I},a\in\mathcal{N}(i) \tag{3-77}$$

$$m_{f_a\to x_i}(x_i)=\max_{\mathcal{N}(a)\backslash i}\left[f_a(\boldsymbol{x}_a)\prod_{j\in\mathcal{N}(a)\backslash i} n_{x_j\to f_a}(x_j)\right],\quad \forall a\in\mathcal{A},i\in\mathcal{N}(a) \tag{3-78}$$

例 3.16　对于例 3.15 的问题，重新使用最大积算法求解：

计算消息①：

$$m_{f_{p1}\to x_1}(x_1)=p(x_1,y_1=0)=p(y_1=0\mid x_1)\cdot p(x_1)=\begin{cases}0.45, & x_1=0,y_1=0\\ 0.05, & x_1=1,y_1=0\end{cases} \tag{3-79}$$

$$m_{f_{p2}\to x_2}(x_2)=p(x_2,y_2=0)=p(y_2=0\mid x_2)\cdot p(x_2)=\begin{cases}0.45, & x_2=0,y_2=0\\ 0.05, & x_2=1,y_2=0\end{cases} \tag{3-80}$$

$$m_{f_{p3}\to x_3}(x_3)=p(y_3=1\mid x_3)=\begin{cases}0.1, & x_3=0,y_3=1\\ 0.9, & x_3=1,y_3=1\end{cases} \tag{3-81}$$

$$m_{f_{p4}\to x_4}(x_4)=p(y_4=0\mid x_4)=\begin{cases}0.9, & x_4=0,y_4=0\\ 0.1, & x_4=1,y_4=0\end{cases} \tag{3-82}$$

计算消息②：

$$n_{x_1\to f_{c1}}(x_1)=m_{f_{p1}\to x_1}(x_1)=\begin{cases}0.45, & x_1=0\\ 0.05, & x_1=1\end{cases} \tag{3-83}$$

$$n_{x_2\to f_{c1}}(x_2)=m_{f_{p2}\to x_2}(x_2)=\begin{cases}0.45, & x_2=0\\ 0.05, & x_2=1\end{cases} \tag{3-84}$$

$$n_{x_4\to f_{c2}}(x_4)=m_{f_{p4}\to x_4}(x_4)=\begin{cases}0.9, & x_4=0\\ 0.1, & x_4=1\end{cases} \tag{3-85}$$

计算消息③：

$$m_{f_{c_1}\to x_3}(x_3)=\max_{x_1,x_2}\left[f_{c_1}(x_1,x_2,x_3)\cdot n_{x_1\to f_{c_1}}(x_1)\cdot n_{x_2\to f_{c_1}}(x_2)\right]=\begin{cases}0.2025, & x_3=0\\0.0225, & x_3=1\end{cases} \tag{3-86}$$

$$m_{f_{c_2}\to x_3}(x_3)=\max_{x_4}\left[f_{c_2}(x_3,x_4)\cdot n_{x_4\to f_{c_2}}(x_4)\right]=\begin{cases}0.9, & x_3=0\\0.1, & x_3=1\end{cases} \tag{3-87}$$

计算变量 x_3 的置信，并将其结果进行归一化得：

$$b(x_3)=m_{f_{c_1}\to x_3}(x_3)\cdot m_{f_{c_2}\to x_3}(x_3)\cdot m_{f_{p_3}\to x_3}(x_3)=\begin{cases}0.9, & x_3=0\\0.1, & x_3=1\end{cases} \tag{3-88}$$

计算消息④：

$$n_{x_3\to f_{c_1}}(x_3)=m_{f_{c_2}\to x_3}(x_3)\cdot m_{f_{p_3}\to x_3}(x_3)=\begin{cases}0.09, & x_3=0\\0.09, & x_3=1\end{cases} \tag{3-89}$$

$$n_{x_3\to f_{c_2}}(x_3)=m_{f_{c_1}\to x_3}(x_3)\cdot m_{f_{p_3}\to x_3}(x_3)=\begin{cases}0.02025, & x_3=0\\0.02025, & x_3=1\end{cases} \tag{3-90}$$

计算消息⑤：

$$m_{f_{c_2}\to x_4}(x_4)=\max_{x_3}\left[f_{c_2}(x_3,x_4)\cdot n_{x_3\to f_{c_2}}(x_3)\right]=\begin{cases}0.02025, & x_4=0\\0.02025, & x_4=1\end{cases} \tag{3-91}$$

计算变量 x_4 的置信，并将其结果进行归一化得：

$$b(x_4)=m_{f_{c_2}\to x_4}(x_4)\cdot m_{f_{p_4}\to x_4}(x_4)=\begin{cases}0.9, & x_4=0\\0.1, & x_4=1\end{cases} \tag{3-92}$$

计算消息⑥：

$$m_{f_{c_1}\to x_1}(x_1)=\max_{x_2,x_3}\left[f_{c_1}(x_1,x_2,x_3)\cdot n_{x_2\to f_{c_1}}(x_2)\cdot n_{x_3\to f_{c_1}}(x_3)\right]=\begin{cases}0.0405, & x_1=0\\0.0405, & x_1=1\end{cases} \tag{3-93}$$

计算变量 x_1 的置信，并将其结果进行归一化得：

$$b(x_1)=m_{f_{c_1}\to x_1}(x_1)\cdot m_{f_{p_1}\to x_1}(x_1)=\begin{cases}0.9, & x_1=0\\0.1, & x_1=1\end{cases} \tag{3-94}$$

$$m_{f_{c_1}\to x_2}(x_2)=\max_{x_1,x_3}\left[f_{c_1}(x_1,x_2,x_3)\cdot n_{x_1\to f_{c_1}}(x_1)\cdot n_{x_3\to f_{c_1}}(x_3)\right]=\begin{cases}0.0405, & x_2=0\\0.0405, & x_2=1\end{cases} \tag{3-95}$$

计算变量 x_2 的置信，并将其结果进行归一化得：

$$b(x_2)=m_{f_{c_1}\to x_2}(x_2)\cdot m_{f_{p_2}\to x_2}(x_2)=\begin{cases}0.9, & x_2=0\\ 0.1, & x_2=1\end{cases} \tag{3-96}$$

最终根据 x_1, x_2, x_3, x_4 的置信，可以估计出发送码字为 (0000)。需要注意的是，上面两个例题中使用 SPA 和最大积估计得到的发送码字均为 (0000)，但并不说明两者是等价的，SPA 按照边缘后验 PDF 最大的准则计算得到发送符号的置信，而最大积按照联合后验 PDF 最大的准则计算得到发送符号的置信。

3.4　因子图变换

上节给出了一种通过因子图计算边缘函数的方法：SPA。在无环因子图中，SPA 可计算出准确的边缘函数，但是当因子图有环时，SPA 并不能得到准确解[4, 14]。本节将讨论聚合和拉伸两种因子图变换方法，将有环因子图变换为无环因子图。此外，将因子图变换与消息传递规则相结合，可以设计低复杂度、高精度的算法，此方面的内容将在第 5 章进行详细讨论。

3.4.1　节点聚合

通常可以将相同类型的节点(全是变量节点或全是因子节点)进行聚合而不改变因子图所表示的全局函数，比如节点 v 和 w 聚合时，直接将 v 和 w 及与它们相关的边从因子图上删除，引入一个节点对 (v,w) 作为新节点，并将其与原来 v 和 w 的邻居节点连接起来。三个或更多节点聚合时也是如此。

1. 变量节点聚合

若 x_i 和 x_j 是变量节点，其取值的集合(也称变量的域)分别为 $\mathbb{X}_i$ 和 $\mathbb{X}_j$，则聚合后新变量节点 (x_i, x_j) 的域为 $\mathbb{X}_i\times\mathbb{X}_j$，这种变换会增加 SPA 的计算复杂度。例如，$\mathbb{X}_i=\{0,1\}$，$\mathbb{X}_j=\{0,1\}$，则有 $\mathbb{X}_{(i,j)}=\{00,01,10,11\}$。同时因子图上任意包含 x_i 和 x_j 的因子节点 $f(\cdots x_i\cdots)$ 和 $f(\cdots x_j\cdots)$ 需转换为一个包含 (x_i,x_j) 的等价因子节点 $f'(\cdots x_i, x_j\cdots)$，这种变量节点聚合变换并不会增加局部函数的复杂度，因为等价函数相当于增加一项系数为 0 的变量。例如 $f(x_i)=x_i^2$ 等价于 $f(x_i,x_j)=x_i^2+0\times x_j$。

例 3.17　若已知一个系统的联合 PDF 可因子分解为：

$$p(\cdots,x_i,x_j,\cdots)=\cdots f_a(\cdots,x_i,x_j,\cdots)\cdot f_b(\cdots,x_i,x_j,\cdots)\cdot f_c(\cdots,x_j,\cdots)\cdots \tag{3-97}$$

对应的因子图片段如图 3.27(a)所示，图中存在一个环。此时将节点 x_i, x_j 聚合，同时 $f_c(\cdots, x_j, \cdots)$ 转换成其等价形式 $f'_c(\cdots, x_i, x_j, \cdots)$，则有：

$$p(\cdots, x_i, x_j, \cdots) = \cdots f_a(\cdots, x_i, x_j, \cdots) \cdot f_b(\cdots, x_i, x_j, \cdots) \cdot f'_c(\cdots, x_i, x_j, \cdots) \cdots \tag{3-98}$$

因子图变换为图 3.27(b)的形式，此时因子图转换为无环图。

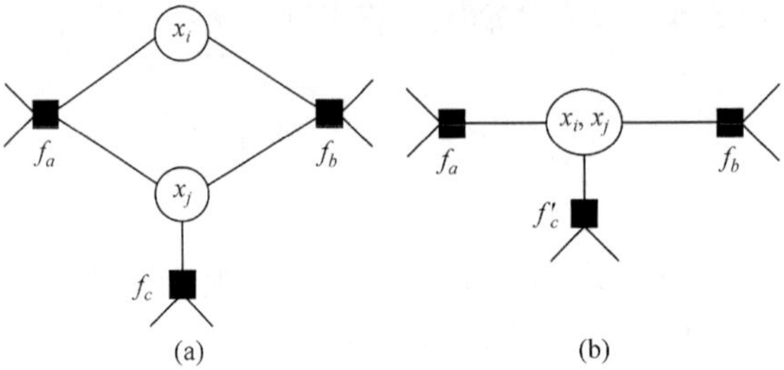

图 3.27　变量节点聚合示意图

2. 因子节点聚合

若 f_a 和 f_b 是因子节点，$f_{a,b}$ 代表因子节点的乘积。用 $\boldsymbol{x}_a$、$\boldsymbol{x}_b$ 分别表示与 f_a、f_b 有关变量节点的集合，则与 $f_{a,b}$ 有关的变量集为 $\boldsymbol{x}_a \cup \boldsymbol{x}_b$。聚合后的因子节点会增加 SPA 计算复杂度，不会增加变量的复杂度。

例 3.18　若一个系统的联合 PDF 可因子分解为：

$$p(\cdots, x_1, x_2, x_3, \cdots) = \cdots f_a(x_1, x_2) \cdot f_b(x_1, x_3) \cdots \tag{3-99}$$

对应的因子图片段如图 3.28(a)所示，将因子节点 f_a, f_b 聚合，令

$$f_{a,b}(x_1, x_2, x_3) = f_a(x_1, x_2) \cdot f_b(x_1, x_3) \tag{3-100}$$

则有：

$$p(\cdots, x_1, x_2, x_3, \cdots) = \cdots f_{a,b}(\cdots, x_1, x_2, x_3, \cdots) \cdots \tag{3-101}$$

此时，因子图转化为图 3.28(b)的形式。

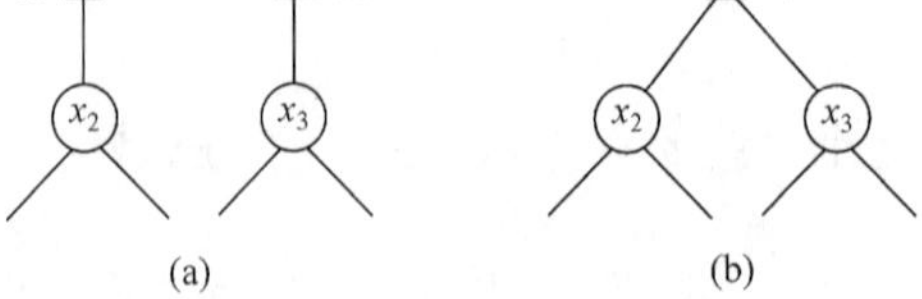

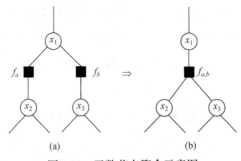

图 3.28　函数节点聚合示意图

3.4.2 利用节点聚合去环

通过适当的节点聚合可以消除因子图上的环，在无环的新图上，利用 SPA 能够计算出准确的边缘函数。

例 3.19 若一个系统的联合 PDF 可因子分解为：

$$p(\cdots,x,y,z,\cdots)=\cdots f_a(\cdots,x)f_b(x,y)f_c(x,z)f_d(\cdots,y)f_e(y,z)f_f(z,\cdots)\cdots \tag{3-102}$$

对应的因子图片段如图 3.29(a)所示，通过变量节点聚合和因子节点聚合去除该图中环的过程如下：

步骤一：变量节点聚合。

将图 3.29(a)中变量节点 y 和 z 聚合，并将这两个节点的邻居节点与新的聚合节点相连，可以得到图 3.29(b)所示的因子图片段。注意：图 3.29(a)中与 y 和 z 相连的因子节点 f_e 在图 3.29(b)上只有一条边；此外，f_b',f_c' 两个局部函数同时连接了 x 与节点对 (y,z)，经过聚合变换后保持它们在原因子图上的独立性(虽然 f_b 除了与变量 x 相连外，也和变量对 (y,z) 相连，但实际上它与变量 z 无关)。经过变量节点聚合后联合 PDF 因子分解表达式为：

$$\begin{aligned}&p(\cdots,x,y,z,\cdots)\\&=\cdots f_a(\cdots,x)f_b'(x,y,z)f_c'(x,y,z)f_d'(\cdots,y,z)f_e(y,z)f_f'(y,z,\cdots)\cdots\\&=\cdots f_a(\cdots,x)f_b(x,y)f_c(x,z)f_d(\cdots,y)f_e(y,z)f_f(z,\cdots)\cdots\end{aligned} \tag{3-103}$$

可以看出式(3-103)与原因子图描述的全局函数一致。

步骤二：因子节点聚合。

通过变量节点聚合后的图 3.29(b)仍存在一个环，进一步可以通过因子节点聚合去除该环。将局部函数 f_b' 、f_c' 和 f_e 聚合，如图 3.29(c)所示，聚合后新的因子节点可表示为：

$$f_{bce}(x,y,z)=f_b'(x,y,z)f_c'(x,y,z)f_e(y,z) \tag{3-104}$$

经过因子节点聚合后联合 PDF 因子分解表达式为：

$$\begin{aligned}&p(\cdots,x,y,z,\cdots)\\&=\cdots f_a(\cdots,x)f_{bce}(x,y,z)f_d'(\cdots,y,z)f_f'(y,z,\cdots)\cdots\\&=\cdots f_a(\cdots,x)f_b'(x,y,z)f_c'(x,y,z)f_d'(\cdots,y,z)f_e(y,z)f_f'(y,z,\cdots)\cdots\\&=\cdots f_a(\cdots,x)f_b(x,y)f_c(x,z)f_d(\cdots,y)f_e(y,z)f_f(z,\cdots)\cdots\end{aligned} \tag{3-105}$$

同样的，式(3-105)与原因子图描述的全局函数一致。

本例展示了通过变量及因子节点的聚合变换去除环的过程，如果因子图其余部分不存在环，则利用 SPA 可以计算出准确的边缘函数。需要注意的是，节点聚合变换会增加因子图计算的消息量。

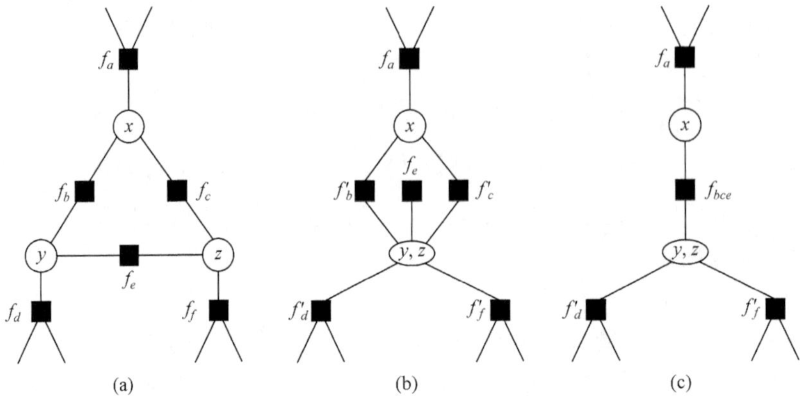

图 3.29　因子图节点聚合去环示意图

3.4.3　变量节点拉伸

变量节点拉伸可以将一个复杂因子节点拆分简单形式的因子节点，通过添加等价约束函数，可以实现变量节点拉伸。

例 3.20　若一个系统的联合 PDF 可因子分解为：

$$p(\cdots,x,y,\cdots)=\cdots f_a(x,y)\cdot f_b(x,\cdots)\cdots \tag{3-106}$$

该系统因子图片段如图 3.30(a)所示。通过添加等价约束函数 $\delta(x-x')$，可以得到等价联合 PDF 因子分解表达式：

$$p(\cdots,x,y,x',\cdots)=\cdots f_a(x,y)\cdot f_b'(x',\cdots)\cdot\delta(x-x')\cdots \tag{3-107}$$

且有：

$$p(\cdots,x,y,\cdots)=\int p(\cdots,x,y,x',\cdots)\mathrm{d}x' \tag{3-108}$$

对应的因子图如图 3.30(b)所示。我们称 $p(\cdots,x,y,\cdots)$ 与 $p(\cdots,x,y,x',\cdots)$ 为等价函数，相应的因子图为等价因子图，因此 $\delta(x-x')$ 是等价约束函数，其含义是 $x=x'$。

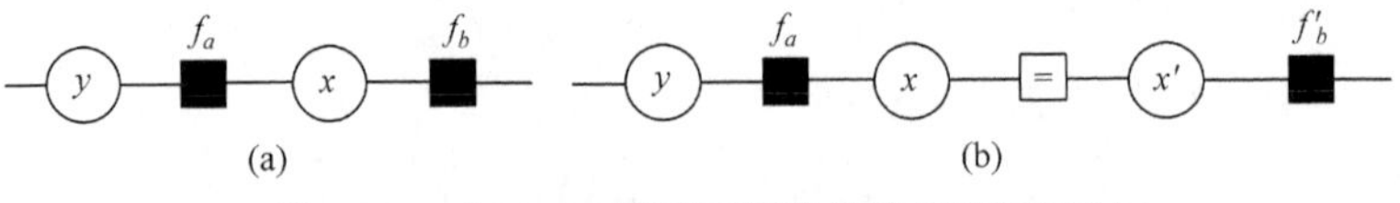

图 3.30　式(3-106)的因子图及拉伸后的因子图

例 3.21　若一个系统的联合 PDF 可因子分解为：

$$p(\cdots,x,y,z,\cdots)=\cdots f(x,y,z)\cdots \tag{3-109}$$

假设：

$$f(x,y,z)=y\cdot(x+z) \tag{3-110}$$

该系统因子图片段如图 3.31(a)所示。通过添加等价约束函数$\delta(h-x-z)$，可以得到等价联合 PDF 为：

$$p(\cdots,x,y,z,h,\cdots)=f(y,h)\cdot\delta(h-x-z) \tag{3-111}$$

对应的因子图如图 3.31(b)所示，且有：

$$p(\cdots,x,y,z,\cdots)=\int p(\cdots,x,y,z,h,\cdots)\mathrm{d}h \tag{3-112}$$

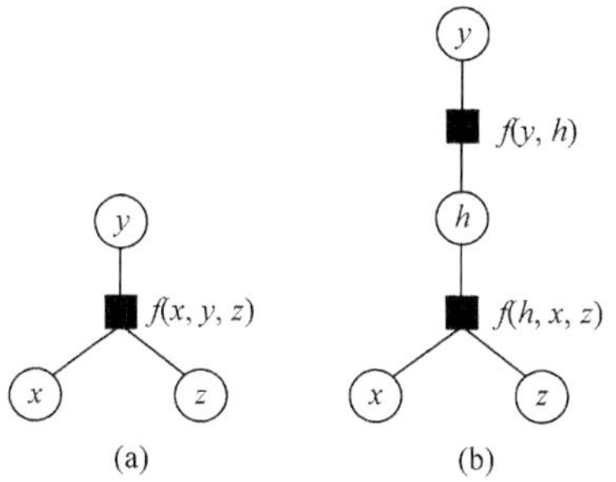

图 3.31　式(3-109)的因子图及拉伸后的因子图

通过增加辅助变量h，可以将原本进行先求和再乘积操作的因子节点$f(x,y,z)$，拆分为分别进行求和操作$f(h,x,z)$以及乘积操作$f(y,h)$的两个因子节点，这种变换方法可以在一张因子图上融合多种不同类型的消息更新规则，有效降低复杂度。

例 3.22　若一个系统模型为：$y=h_1\cdot x_1+h_2\cdot x_2+w$，其中$w$为加性高斯白噪声，方差为$\lambda^{-1}$。变量$x_1,x_2,h_1,h_2,\lambda$的联合后验 PDF 可因子分解为：

$$p(x_1,x_2,h_1,h_2,\lambda\,|\,y)\propto p(x_1)p(x_2)p(h_1)p(h_2)p(\lambda)p(y\,|\,x_1,x_2,h_1,h_2,\lambda) \tag{3-113}$$

该系统因子图如图 3.32(a)所示。式(3-113)中因子节点$p(y\,|\,x_1,x_2,h_1,h_2,\lambda)$包含了三个功能：乘积运算$h_ix_i,i=1,2$、累加运算$h_1\cdot x_1+h_2\cdot x_2$和似然函数。通过添加等价约束函数$\delta(z_1-h_1\cdot x_1)$、$\delta(z_2-h_2\cdot x_2)$、$\delta(\tau-z_1-z_2)$，可以将该复杂因子节点分解为简单功能的因子节点，其等价联合 PDF 因子分解表达式为：

$$\begin{aligned}&p(x_1,x_2,h_1,h_2,\lambda,\tau,z_1,z_2\,|\,y)\\&\propto p(x_1)p(x_2)p(h_1)p(h_2)p(\lambda)p(y\,|\,\tau,\lambda)\delta(z_1-h_1\cdot x_1)\delta(z_2-h_2\cdot x_2)\delta(\tau-z_1-z_2)\end{aligned} \tag{3-114}$$

且有：

$$p(x_1,x_2,h_1,h_2,\lambda\,|\,y)=\iiint p(x_1,x_2,h_1,h_2,\lambda,\tau,z_1,z_2\,|\,y)\mathrm{d}z_1\mathrm{d}z_2\mathrm{d}\tau \tag{3-115}$$

对应的因子图如图 3.32(b)所示。拉伸后的因子图中，$\delta(z_1-h_1\cdot x_1)$和$\delta(z_2-h_2\cdot x_2)$实现乘积运算；$\delta(\tau-z_1-z_2)$实现求和运算；$p(y\,|\,\tau,\lambda)$是由观测向隐含变量传递信息的似然函数。这样引入辅助变量的好处同例题 3.21，可以在同一张因子图上融合使用不同消息更新规则，降低算法复杂度同时获得较好的性能。具体内容将在第 5 章讨论。

例 3.20 和例 3.21、例 3.22 是两种常用的变量节点拉伸技巧。两种因子图拉伸技巧**目的有所不同**：例 3.20 通过增加等价约束函数的拉伸方法，可实现消除因子图中环的目的。例 3.21、例 3.22 则是通过增加辅助变量的拉伸方法，将原本表示复杂函数关系的一个节点变换为几个节点，每个节点选择更合适的消息更新规则，最终实现在降低复杂度的同时提高算法性能。

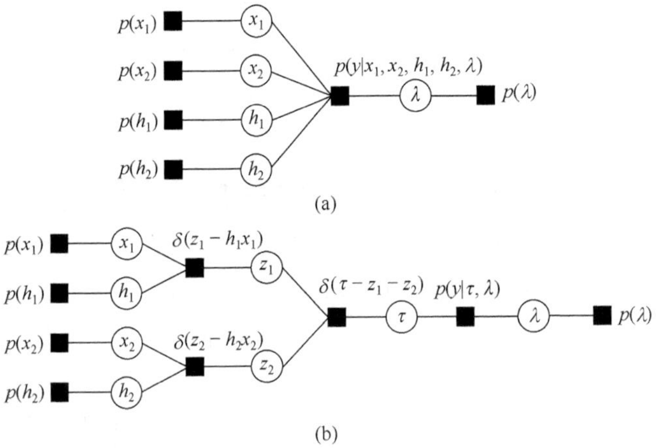

图 3.32　式(3-113)的因子图及拉伸后的因子图

3.4.4 利用联合拉伸聚合去环

通过因子图变量节点拉伸，同时结合节点聚合可以达到去环的目的。

例 3.23 若一个系统的联合 PDF 可因子分解为：

$$p(x_1,x_2,x_3)=f_a(x_1,x_2)\cdot f_b(x_2,x_3)\cdot f_c(x_1,x_3) \tag{3-116}$$

因子图如图 3.33(a)所示，引入节点$\delta(x_1-x_1')$，得到：

$$p(x_1,x_2,x_3,x_1')=f_a(x_1,x_2)\cdot f_b(x_2,x_3)\cdot f_c'(x_1',x_3)\cdot\delta(x_1-x_1') \tag{3-117}$$

拉伸后的因子图如图 3.33(b)所示。

$p(x_1,x_2,x_3)$与$p(x_1,x_2,x_3,x_1')$满足关系：

$$p(x_1,x_2,x_3)=\int p(x_1,x_2,x_3,x_1')\mathrm{d}x_1' \tag{3-118}$$

两者为等价联合 PDF，同时因子图为等价因子图。

将变量节点 x_1,x_2 、x_1',x_3 聚合，因子节点 $f_b(x_2,x_3),\delta(x_1-x_1')$ 聚合，得到新的因子图如图 3.33(c)所示。此时有环因子图转化为无环因子图，且与原因子图等价。

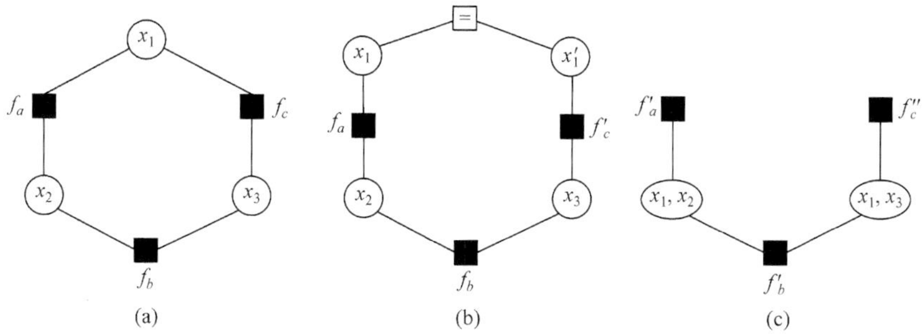

图 3.33　因子图拉伸去环

例 3.24　例 3.8 中$(7,5)_8$卷积码的因子图为有环图，本例通过联合拉伸和聚合的方法去环，步骤如下：

(1) 将函数节点 $f_{i,1}$ 和 $f_{i,2}$ 进行聚合，得到图 3.34 所示的因子图，其中：

$$\begin{aligned} f_{i,1}\cdot f_{i,2} &= \delta\left(c_i^1-(x_{i-2}\oplus x_{i-1}\oplus x_i)\right)\cdot\delta\left(c_i^2-(x_{i-2}\oplus x_i)\right) \\ &= p\left(c_i^1,c_i^2 \mid x_i,x_{i-1},x_{i-2}\right)=f_i \end{aligned} \tag{3-119}$$

(2) 对图 3.34 所示的因子图添加等价约束函数 $\delta(x_1-x_1')$ 、$\delta(x_2-x_2')$ ，可以得到图 3.35 所示的因子图，其对应的联合 PDF 因子分解表达式为：

$$\begin{aligned} & p(x_1,x_1',x_2,x_2',x_3,x_4,\boldsymbol{c}_1,\boldsymbol{c}_2,\boldsymbol{c}_3,\boldsymbol{c}_4) \\ &= f_1\cdot f_2\cdot p\left(c_3^1,c_3^2 \mid x_3,x_2,x_1'\right)\cdot\delta(x_1-x_1')\cdot p\left(c_4^1,c_4^2 \mid x_4,x_3,x_2'\right)\cdot\delta(x_2-x_2')\cdot\prod_{n=1}^{4}p(x_n) \\ &= f_1\cdot f_2\cdot f_3'\cdot\delta(x_1-x_1')\cdot f_4'\cdot\delta(x_2-x_2')\cdot\prod_{n=1}^{4}p(x_n) \end{aligned} \tag{3-120}$$

式中，$f_i' \triangleq p\left(c_i^1,c_i^2 \mid x_i,x_{i-1},x_{i-2}'\right)$ 。

(3) 将 f_2 与 $\delta(x_1-x_1')$ 聚合，f_3' 与 $\delta(x_2-x_2')$ 聚合，可以得到图 3.36 所示因子图，此时对应的联合 PDF 因子分解表达式为：

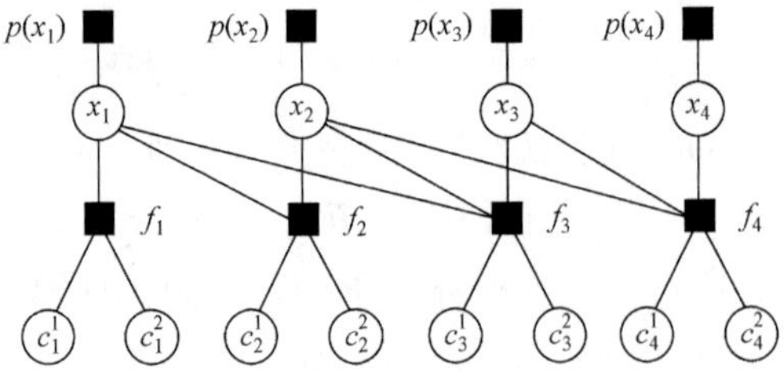

图 3.34　(7,5)8 卷积码因子图去环步骤 1

$$
\begin{aligned}
&p\left(x_1,x_1',x_2,x_2',x_3,x_4,\boldsymbol{c}_1,\boldsymbol{c}_2,\boldsymbol{c}_3,\boldsymbol{c}_4\right)\\
&=f_1\cdot\left[f_2\cdot\delta\left(x_1-x_1'\right)\right]\cdot\left[p\left(c_3^1,c_3^2\mid x_3,x_2,x_1'\right)\cdot\delta\left(x_2-x_2'\right)\right]\\
&\quad\cdot p\left(c_4^1,c_4^2\mid x_4,x_3,x_2'\right)\cdot\prod_{n=1}^{4}p\left(x_n\right)\\
&=f_1\cdot f_2'\cdot f_3''\cdot f_4'\cdot\prod_{n=1}^{4}p\left(x_n\right)
\end{aligned}
\tag{3-121}
$$

式中，$f_2'\triangleq f_2\cdot\delta\left(x_1-x_1'\right)$，$f_3''\triangleq f_3'\cdot\delta\left(x_2-x_2'\right)$。

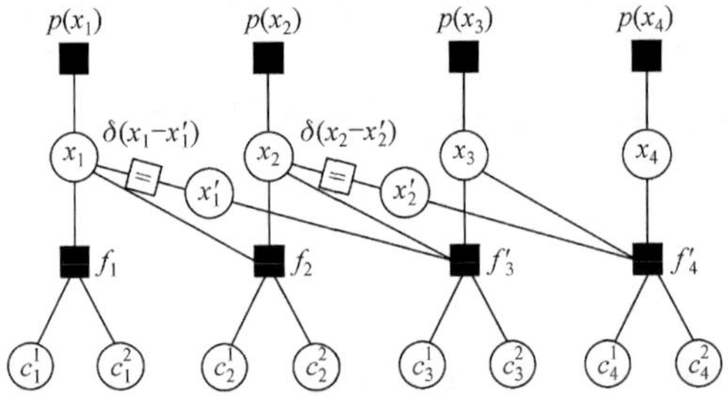

图 3.35　(7,5)8 卷积码因子图去环步骤 2

(4) 对图 3.36 所示的因子图添加等价约束函数 $\delta\left(x_1-x_1''\right)$、$\delta\left(x_2-x_2''\right)$、$\delta\left(x_3-x_3'\right)$，可以得到如图 3.37 所示的因子图，对应的联合 PDF 的因子分解为：

$$
\begin{aligned}
&p\left(x_1,x_1',x_1'',x_2,x_2',x_2'',x_3,x_3',x_4,\boldsymbol{c}_1,\boldsymbol{c}_2,\boldsymbol{c}_3,\boldsymbol{c}_4\right)\\
&=f_1\cdot\left[p\left(c_2^1,c_2^2\mid x_2,x_1''\right)\cdot\delta\left(x_1-x_1'\right)\right]\cdot\delta\left(x_1-x_1''\right)\cdot\left[p\left(c_3^1,c_3^2\mid x_3,x_2'',x_1'\right)\cdot\delta\left(x_2-x_2'\right)\right]\\
&\quad\cdot\delta\left(x_2-x_2''\right)\cdot p\left(c_4^1,c_4^2\mid x_4,x_3',x_2'\right)\cdot\delta\left(x_3-x_3'\right)\cdot\prod_{n=1}^{4}p\left(x_n\right)\\
&=g_1\cdot g_2\cdot\delta\left(x_1-x_1''\right)\cdot g_3\cdot\delta\left(x_2-x_2''\right)\cdot g_4\cdot\delta\left(x_3-x_3'\right)\cdot\prod_{n=1}^{4}p\left(x_n\right)
\end{aligned}
\tag{3-122}
$$

式中，$g_1 \triangleq f_1$，$g_2 \triangleq p\left(c_2^1,c_2^2 \mid x_2,x_1''\right)\cdot\delta\left(x_1-x_1'\right)$，$g_3 \triangleq p\left(c_3^1,c_3^2 \mid x_3,x_2'',x_1'\right)\cdot\delta\left(x_2-x_2'\right)$，$g_4 \triangleq p\left(c_4^1,c_4^2 \mid x_4,x_3',x_2'\right)$。

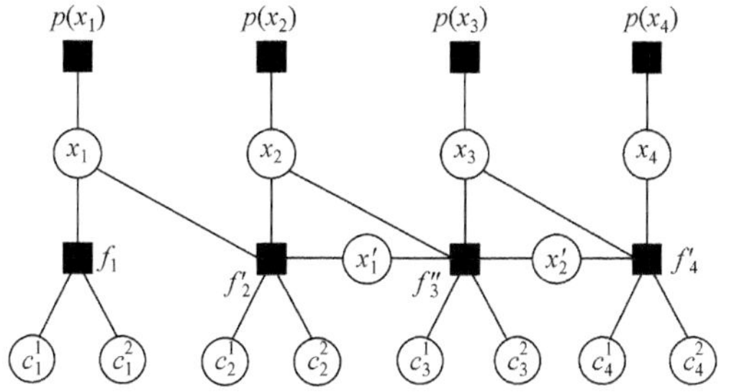

图 3.36　$(7,5)_8$ 卷积码因子图去环步骤 3

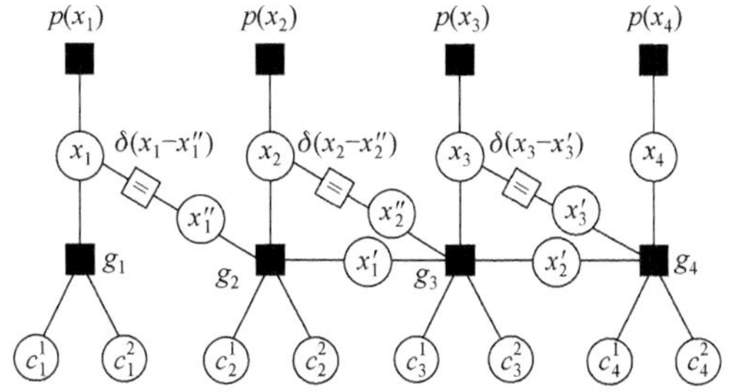

图 3.37　$(7,5)_8$ 卷积码因子图去环步骤 4

(5) 将因子节点 g_1 与 $\delta\left(x_1-x_1''\right)$ 聚合，g_2 与 $\delta\left(x_2-x_2''\right)$ 聚合，g_3 与 $\delta\left(x_3-x_3'\right)$，变量节点 x_1' 和 x_2''，x_2' 和 x_3' 聚合。可以得到如图 3.37 所示的因子图，对应的联合 PDF 为：

$$
\begin{aligned}
&p\left(x_1,x_1',x_1'',x_2,x_2',x_2'',x_3,x_3',x_4,\boldsymbol{c}_1,\boldsymbol{c}_2,\boldsymbol{c}_3,\boldsymbol{c}_4\right)\\
&=g_1\cdot g_2\cdot\delta\left(x_1-x_1''\right)\cdot g_3\cdot\delta\left(x_2-x_2''\right)\cdot g_4\cdot\delta\left(x_3-x_3'\right)\cdot\prod_{n=1}^{4}p\left(x_n\right)\\
&=g_1'\cdot g_2'\cdot g_3'\cdot g_4'\cdot\prod_{n=1}^{4}p\left(x_n\right)
\end{aligned}
\tag{3-123}
$$

式中，$g_1' \triangleq g_1\cdot\delta\left(x_1-x_1''\right)$，$g_2' \triangleq g_2\cdot\delta\left(x_2-x_2''\right)$，$g_3' \triangleq g_3\cdot\delta\left(x_3-x_3'\right)$，$g_4' = g_4$。

经过上述 5 个步骤，将 $(7,5)_8$ 卷积码有环因子图转换为无环因子图，如图 3.38 所示。转换后的无环因子图与图 3.14(b)相同。利用联合聚合及拉伸变换的方法通常可将一个有环因子图转化为无环因子图[14]，进而根据 SPA 计算出准确的边缘函数。

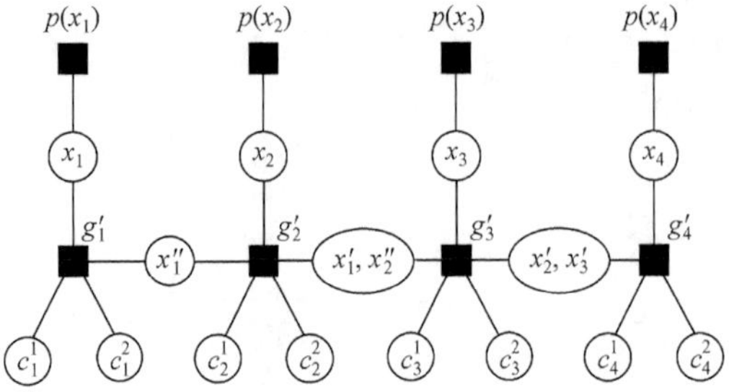

图 3.38 $(7,5)_8$ 卷积码因子图去环步骤 5

3.5 本章小结

本章首先介绍了三种常见的概率图模型：贝叶斯网、马尔可夫随机场和因子图，并从表达变量间关系、画图方式以及图变换等角度归纳出三种图模型特点。通过对比分析，因子图画图方式简单、能够详细表达变量间关系以及能够进行灵活的图变换，是一种更高效的统计信号处理工具。接着本章结合通信系统中的实例，将系统概率关系表达在因子图上，使得系统变量之间的概率关系更加清晰。然后围绕求解边缘函数这一关键问题，给出 SPA 计算规则。在无环因子图上可以计算出准确的边缘函数，但在有环因子图上得不到准确解。为解决这一问题，本章最后给出节点聚合和节点拉伸两种将有环图变换为无环图的方法，进而可以解决准确计算边缘函数的问题。

因子图上的消息传递规则不仅有 SPA，还包含 MF、EP 和联合规则等，这些不同的消息传递规则分别适用于不同的概率系统，它们的理论依据将在第 4 章做详细的研究。

第 4 章　消息传递算法理论

上一章给出了因子图的定义以及 SPA 在因子图上的应用，SPA 等价于 BP 规则，而在因子图上计算边缘函数还可以使用的规则有 MF、EP 以及联合规则等。统计信号处理中估计问题的关键步骤是计算感兴趣变量的后验 PDF(边缘函数)。由第 3 章可知，在复杂的多变量系统中计算单个变量后验 PDF 比较理想的方法是通过迭代地更新消息逼近真实的后验 PDF，这就是变分推理的主要思想。

在变分推理中应用的消息计算规则可以在自由能理论中得到解释。统计物理中的自由能理论认为，能量是对系统中各元素运动能力的测量。例如无线通信系统中，在编码、调制、传输、估计和检测等处理过程中全部信号之间的概率关系，可用系统能量的形式来表达，即自由能。自由能理论需要执行指数级求和运算，在大系统中计算复杂度过高，现有的方法难以直接使用，转而求助于利用变分近似的方法得到高精度的变分自由能。在变分推理中，把系统的联合 PDF $p(\boldsymbol{x})$ 近似为简单形式的置信 $b(\boldsymbol{x})$，同时系统自由能 F_H 定义为变分自由能 $F(b)$ 与 KL 散度 $\mathrm{KLD}\big(b(\boldsymbol{x})\|p(\boldsymbol{x})\big)$ 的差，通过迭代使得 $b(\boldsymbol{x})$ 不断接近 $p(\boldsymbol{x})$，当 KL 散度为零时，置信 $b(\boldsymbol{x})$ 等于真实联合 PDF $p(\boldsymbol{x})$。

本章首先给出自由能和变分自由能的概念，接着依据平均场和区域化的思想，得到平均场和区域化自由能近似，然后利用拉格朗日乘数法求解最小化变分自由能分别得到 MF、BP、EP 和联合 BP-MF、联合 BP-EP、联合 BP-EP-MF 等消息更新规则。

4.1　变分自由能与变分推理

4.1.1　自由能

考虑一个包含 $|\mathcal{I}|$ 个粒子(Particle)的概率系统，每个粒子有多种状态，第 i 个粒子的状态记为 x_i，整个系统的状态用向量 $\boldsymbol{x}=\left[x_1,x_2,\cdots,x_{|\mathcal{I}|}\right]$ 表示，所有系统状态的集合记为 $\mathcal{S}$。根据统计力学热平衡理论，系统状态的联合 PDF 遵守斯特藩-波尔兹曼定律[12](Stefan-Boltzmann Law)：

$$p(\boldsymbol{x})=\frac{1}{Z(T)}\mathrm{e}^{-E(\boldsymbol{x})/T} \tag{4-1}$$

式中，T 是温度，$E(\boldsymbol{x})$是系统能量，$Z(T)\triangleq\sum_{\boldsymbol{x}}\mathrm{e}^{-E(\boldsymbol{x})/T}$。

对于一个非物理系统，温度可以是任意的(仅是一个比例常数)，在信息领域通常假设$T=1$。则有：

$$Z=\sum_{\boldsymbol{x}}\mathrm{e}^{-E(\boldsymbol{x})} \tag{4-2}$$

定义 4.1 一个系统的**赫姆霍兹(Helmholtz)自由能** F_H 定义为：

$$F_H=-\ln Z \tag{4-3}$$

若该系统联合 PDF $p(\boldsymbol{x})$可以分解为$p(\boldsymbol{x})=\frac{1}{Z}\prod_{a\in\mathcal{A}}f_a(\boldsymbol{x}_a)$，利用玻尔兹曼定律可以定义该系统状态 $\boldsymbol{x}$ 的能量：

$$E(\boldsymbol{x})=-\sum_{a\in\mathcal{A}}\ln f_a(\boldsymbol{x}_a) \tag{4-4}$$

理论上如果$p(\boldsymbol{x})$已知，可根据上述定义求出系统的能量，进而计算系统的赫姆霍兹自由能。但是，当系统变量 $\boldsymbol{x}$ 的维度$|\mathcal{I}|$很大时，即使知道准确的$p(\boldsymbol{x})$，指数级的求和运算，使得计算赫姆霍兹自由能在现有计算条件下难以实现。

4.1.2 变分自由能

针对上述问题，统计物理学中通常使用变分的方法近似求解自由能。变分方法通过引入一个试验的、简单形式的函数$b(\boldsymbol{x})$替代$p(\boldsymbol{x})$。$b(\boldsymbol{x})$通常称为变量 $\boldsymbol{x}$ 的置信。$b(\boldsymbol{x})$是一个 PDF，因此需要进行归一化。近似后的自由能称为变分自由能，变分自由能是热力学中另一个重要参数。

定义 4.2 一个系统的变分自由能也称为**吉布斯(Gibbs)自由能**[12]，关于置信$b(\boldsymbol{x})$的变分自由能定义为：

$$F(b)\triangleq U(b)-H(b) \tag{4-5}$$

其中，$U(b)$和$H(b)$分别是**变分平均自由能**和**变分熵**，其定义式分别为：

$$U(b)\triangleq\sum_{\boldsymbol{x}}b(\boldsymbol{x})E(\boldsymbol{x}) \tag{4-6}$$

$$H(b)\triangleq-\sum_{\boldsymbol{x}}b(\boldsymbol{x})\ln b(\boldsymbol{x}) \tag{4-7}$$

4.1.3　变分推理

变分推理是一种近似推理方法，该方法通过寻找一个形式简单的函数去代替形式复杂、难以处理的真实函数，并用 KL 散度(相对熵)来度量两个函数之间的差异。

定理 4.1　最小化变分自由能 $F(b)$ 与赫姆霍兹自由能 F_H 的距离，等价于最小化 $b(\boldsymbol{x})$ 和 $p(\boldsymbol{x})$ 之间的 KL 散度 $\mathrm{KLD}\big(b(\boldsymbol{x})\|p(\boldsymbol{x})\big)$。

分析：由式(4-3)和式(4-4)可得：

$$\begin{aligned}F_H+\mathrm{KLD}\big(b(\boldsymbol{x})\|p(\boldsymbol{x})\big)&=-\ln Z+\sum_{\boldsymbol{x}}b(\boldsymbol{x})\ln\frac{b(\boldsymbol{x})}{p(\boldsymbol{x})}\\&=-\ln Z+\sum_{\boldsymbol{x}}b(\boldsymbol{x})\ln b(\boldsymbol{x})-\sum_{\boldsymbol{x}}b(\boldsymbol{x})\ln p(\boldsymbol{x})\\&=-\ln Z+\sum_{\boldsymbol{x}}b(\boldsymbol{x})\ln b(\boldsymbol{x})-\sum_{\boldsymbol{x}}b(\boldsymbol{x})\ln\frac{1}{Z}\mathrm{e}^{-E(\boldsymbol{x})}\\&=-\ln Z+\sum_{\boldsymbol{x}}b(\boldsymbol{x})\ln b(\boldsymbol{x})+\sum_{\boldsymbol{x}}b(\boldsymbol{x})\ln Z+\sum_{\boldsymbol{x}}b(\boldsymbol{x})E(\boldsymbol{x})\\&=\sum_{\boldsymbol{x}}b(\boldsymbol{x})\ln b(\boldsymbol{x})+\sum_{\boldsymbol{x}}b(\boldsymbol{x})E(\boldsymbol{x})\end{aligned}\tag{4-8}$$

结合式(4-5)和式(4-8)可得：

$$F(b)=F_H+\mathrm{KLD}\big(b(\boldsymbol{x})\|p(\boldsymbol{x})\big)\tag{4-9}$$

式中，$\mathrm{KLD}\big(b(\boldsymbol{x})\|p(\boldsymbol{x})\big)$ 是非负项，故 $F(b)\geqslant F_H$。当且仅当 $b(\boldsymbol{x})=p(\boldsymbol{x})$ 时，$F(b)=F_H$。

通过上述定理可知，变分自由能通常是一个非常好的目标函数，最小化关于置信 $b(\boldsymbol{x})$ 的函数 $F(b)$，可以精确计算赫姆霍兹自由能 F_H 并推理 $p(\boldsymbol{x})$，如图 4.1 所示。但随着系统变量 $\boldsymbol{x}$ 维度的增大，$b(\boldsymbol{x})$ 的可能取值会呈指数增长，通过这种方式恢复 $p(\boldsymbol{x})$ 是不可行的。此时，需要寻找更易处理的目标函数来近似变分自由

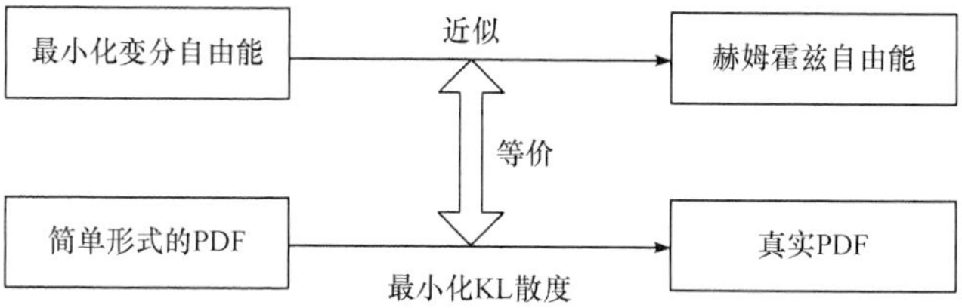

图 4.1　变分推理方法

能，常用的方法有平均场(Mean Filed，MF)自由能和区域化变分自由能，在此基础上可通过拉格朗日乘子法推导出 MF 规则、BP 规则等常用的消息更新规则。

4.2 平均场规则

4.2.1 平均场自由能

根据平均场思想，假设 $b(\boldsymbol{x})$ 可以分解为：

$$b_{\mathrm{MF}}(\boldsymbol{x})=\prod_{i\in\mathcal{I}}b_i(x_i) \tag{4-10}$$

其中，$b_i(x_i)$ 是单个变量 x_i 归一化的置信。

定义 4.3 基于 $b_{\mathrm{MF}}(\boldsymbol{x})$ 的 **MF 自由能**定义为：

$$F_{\mathrm{MF}}(b)\triangleq U_{\mathrm{MF}}(b)-H_{\mathrm{MF}}(b) \tag{4-11}$$

其中，$U_{\mathrm{MF}}(b)$ 和 $H_{\mathrm{MF}}(b)$ 分别是 **MF 变分平均能**和 **MF 变分熵**，其定义式分别为：

$$U_{\mathrm{MF}}(b)\triangleq\sum_{\boldsymbol{x}}b_{\mathrm{MF}}(\boldsymbol{x})\cdot E(\boldsymbol{x}) \tag{4-12}$$

$$H_{\mathrm{MF}}(b)\triangleq-\sum_{\boldsymbol{x}}b_{\mathrm{MF}}(\boldsymbol{x})\cdot\ln b_{\mathrm{MF}}(\boldsymbol{x}) \tag{4-13}$$

4.2.2 平均场规则

根据定理 4.1，赫姆霍兹自由能通过 MF 近似可得到 MF 自由能，加上边界约束条件可得到拉格朗日函数，最小化该拉格朗日函数可推导出 MF 规则，该过程称为平均场方法[12]。利用该 MF 规则迭代地更新消息至收敛，最后得到边缘置信，其原理如图 4.2 所示。

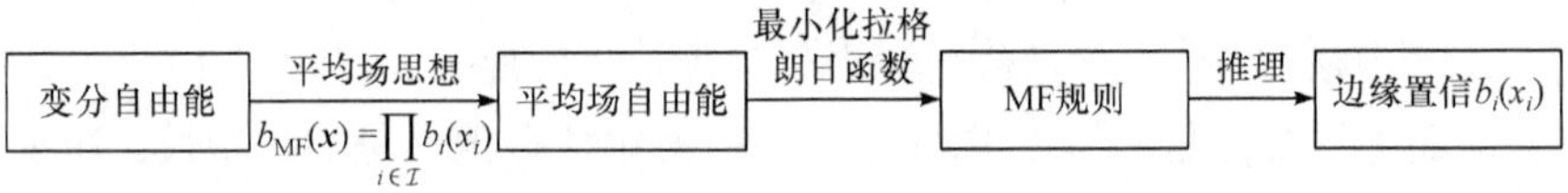

图 4.2 平均场方法原理

分析：根据 $E(\boldsymbol{x})=-\sum_{\boldsymbol{x}}b_{\mathrm{MF}}(\boldsymbol{x})$ 和式(4-10)，将式(4-12)的 MF 变分平均能改写为：

$$\begin{aligned}U_{\mathrm{MF}}(b)&=-\sum_{\boldsymbol{x}}b_{\mathrm{MF}}(\boldsymbol{x})\sum_{a\in\mathcal{A}}\ln f_a(\boldsymbol{x}_a)\\&=-\sum_{a\in\mathcal{A}}\sum_{\boldsymbol{x}}\ln f_a(\boldsymbol{x}_a)\prod_{i\in\mathcal{I}}b_i(x_i)\end{aligned} \tag{4-14}$$

为便于计算，将 $\boldsymbol{x}$ 拆分为 $\boldsymbol{x}_a$ 和 $\boldsymbol{x}\setminus\boldsymbol{x}_a$(表示除 $\boldsymbol{x}_a$ 以外的其他变量)两部分，从而将 $\prod_{i\in\mathcal{I}}b_i(x_i)$ 拆分为 $\prod_{i\in\mathcal{N}(a)}b_i(x_i)$ 和 $\prod_{j\in\mathcal{I}\setminus\mathcal{N}(a)}b_j(x_j)$，其中 $\mathcal{N}(a)$ 表示与 f_a 有关变量标号的集合。由此进一步推导得到：

$$\begin{aligned}U_{\mathrm{MF}}(b)&=-\sum_{a\in\mathcal{A}}\sum_{\boldsymbol{x}_a}\sum_{\boldsymbol{x}\setminus\boldsymbol{x}_a}\ln f_a(\boldsymbol{x}_a)\prod_{i\in\mathcal{N}(a)}b_i(x_i)\prod_{j\in\mathcal{I}\setminus\mathcal{N}(a)}b_j(x_j)\\&=-\sum_{a\in\mathcal{A}}\sum_{\boldsymbol{x}_a}\ln f_a(\boldsymbol{x}_a)\prod_{i\in\mathcal{N}(a)}b_i(x_i)\sum_{\boldsymbol{x}\setminus\boldsymbol{x}_a}\prod_{j\in\mathcal{I}\setminus\mathcal{N}(a)}b_j(x_j)\end{aligned}\tag{4-15}$$

式中，$\sum_{\boldsymbol{x}\setminus\boldsymbol{x}_a}\prod_{j\in\mathcal{I}\setminus\mathcal{N}(a)}b_j(x_j)=1$，式(4-15)可化简为：

$$U_{\mathrm{MF}}(b)=-\sum_{a\in\mathcal{A}}\sum_{\boldsymbol{x}_a}\ln f_a(\boldsymbol{x}_a)\prod_{i\in\mathcal{N}(a)}b_i(x_i)\tag{4-16}$$

接着，根据式(4-10)和式(4-13)进一步计算 MF 变分熵，得：

$$\begin{aligned}H_{\mathrm{MF}}(b)&=-\sum_{\boldsymbol{x}}b_{\mathrm{MF}}(\boldsymbol{x})\ln b_{\mathrm{MF}}(\boldsymbol{x})\\&=-\sum_{\boldsymbol{x}}\prod_{j\in\mathcal{I}}b_j(x_j)\ln\prod_{i\in\mathcal{I}}b_i(x_i)\\&=-\sum_{\boldsymbol{x}}\prod_{j\in\mathcal{I}}b_j(x_j)\sum_{i\in\mathcal{I}}\ln b_i(x_i)\\&=-\sum_{\boldsymbol{x}}\sum_{i\in\mathcal{I}}\prod_{j\in\mathcal{I}}b_j(x_j)\ln b_i(x_i)\\&=-\sum_{i\in\mathcal{I}}\sum_{\boldsymbol{x}}\prod_{j\in\mathcal{I}}b_j(x_j)\ln b_i(x_i)\\&=-\sum_{i\in\mathcal{I}}\sum_{x_i}\sum_{\boldsymbol{x}\setminus x_i}\prod_{j\in\mathcal{I}\setminus i}b_j(x_j)\cdot b_i(x_i)\cdot\ln b_i(x_i)\end{aligned}\tag{4-17}$$

式中，$\sum_{\boldsymbol{x}\setminus x_i}\prod_{j\in\mathcal{I}\setminus i}b_j(x_j)=1$，式(4-17)可化简为：

$$H_{\mathrm{MF}}(b)=-\sum_{i\in\mathcal{I}}\sum_{x_i}b_i(x_i)\ln b_i(x_i)\tag{4-18}$$

然后，将式(4-16)和式(4-18)代入式(4-11)，计算 MF 变分自由能得：

$$\begin{aligned}F_{\mathrm{MF}}(b)&=U_{\mathrm{MF}}(b)-H_{\mathrm{MF}}(b)\\&=\sum_{i\in\mathcal{I}}\sum_{x_i}b_i(x_i)\ln b_i(x_i)-\sum_{a\in\mathcal{A}}\sum_{\boldsymbol{x}_a}\ln f_a(\boldsymbol{x}_a)\prod_{i\in\mathcal{N}(a)}b_i(x_i)\end{aligned}\tag{4-19}$$

根据式(4-19)给出的 MF 自由能和归一化约束条件 $\sum_{x_i}b_i(x_i),\ \forall i\in\mathcal{I}$，得到拉

格朗日函数：

$$
\begin{aligned}
L_{\mathrm{MF}}(b) &= F_{\mathrm{MF}}(b) + \sum_{i\in\mathcal{I}} \gamma_i \left[\sum_{x_i} b_i(x_i) - 1 \right] \\
&= \sum_{i\in\mathcal{I}} \sum_{x_i} b_i(x_i) \ln b_i(x_i) - \sum_{a\in\mathcal{A}} \sum_{\boldsymbol{x}_a} \ln f_a(\boldsymbol{x}_a) \prod_{i\in\mathcal{N}(a)} b_i(x_i) + \sum_{i\in\mathcal{I}} \gamma_i \left[\sum_{x_i} b_i(x_i) - 1 \right]
\end{aligned} \tag{4-20}
$$

其中，参数集合$\{\gamma_i \mid i\in\mathcal{I}\}$为等式约束条件下的拉格朗日乘子。

将拉格朗日函数对$b_i(x_i)$求偏导并令其等于 0，可得到 MF 的驻点方程。MF 变分平均能$U_{\mathrm{MF}}(b)$和 MF 变分熵$H_{\mathrm{MF}}(b)$关于$b_i(x_i)$的偏导数分别为：

$$
\begin{aligned}
\frac{\partial U_{\mathrm{MF}}(b)}{\partial b_i(x_i)} &= -\frac{\partial}{\partial b_i(x_i)} \sum_{a\in\mathcal{A}} \sum_{\boldsymbol{x}_a} \ln f_a(\boldsymbol{x}_a) \prod_{i\in\mathcal{N}(a)} b_i(x_i) \\
&= -\sum_{a\in\mathcal{N}(i)} \frac{\partial}{\partial b_i(x_i)} \sum_{\boldsymbol{x}_a} \ln f_a(\boldsymbol{x}_a) \prod_{j\in\mathcal{N}(a)} b_j(x_j) \\
&\quad - \sum_{a\notin\mathcal{N}(i)} \frac{\partial}{\partial b_i(x_i)} \sum_{\boldsymbol{x}_a} \ln f_a(\boldsymbol{x}_a) \prod_{j\in\mathcal{N}(a)} b_j(x_j) \\
&= -\sum_{a\in\mathcal{N}(i)} \sum_{\boldsymbol{x}_a\setminus x_i} \ln f_a(\boldsymbol{x}_a) \prod_{j\in\mathcal{N}(a)\setminus i} b_j(x_j)
\end{aligned} \tag{4-21}
$$

$$
\begin{aligned}
\frac{\partial H_{\mathrm{MF}}(b)}{\partial b_i(x_i)} &= -\frac{\partial}{\partial b_i(x_i)} \sum_{i\in\mathcal{I}} \sum_{x_i} b_i(x_i) \ln b_i(x_i) \\
&= -\frac{\partial}{\partial b_i(x_i)} \sum_{x_i} b_i(x_i) \ln b_i(x_i) \\
&= -\ln b_i(x_i) - 1
\end{aligned} \tag{4-22}
$$

进而得到拉格朗日函数$L_{\mathrm{MF}}(b)$关于$b_i(x_i)$的偏导数，令其等于 0，得：

$$
\begin{aligned}
\frac{\partial L_{\mathrm{MF}}(b)}{\partial b_i(x_i)} &= \frac{\partial U_{\mathrm{MF}}(b)}{\partial b_i(x_i)} - \frac{\partial H_{\mathrm{MF}}(b)}{\partial b_i(x_i)} + \gamma_i \\
&= -\sum_{a\in\mathcal{N}(i)} \sum_{\boldsymbol{x}_a\setminus x_i} \ln f_a(\boldsymbol{x}_a) \prod_{j\in\mathcal{N}(a)\setminus i} b_j(x_j) + \ln b_i(x_i) + 1 + \gamma_i \\
&= 0
\end{aligned} \tag{4-23}
$$

由此得到$b_i(x_i)$的驻点方程为：

$$\begin{aligned}b_i(x_i)&=\exp\left\{\sum_{a\in\mathcal{N}(i)}\sum_{\boldsymbol{x}_a\backslash x_i}\ln f_a(\boldsymbol{x}_a)\prod_{j\in\mathcal{N}(a)\backslash i}b_j(x_j)-1-\gamma_i\right\}\\&\propto\prod_{a\in\mathcal{N}(i)}\exp\left\{\sum_{\boldsymbol{x}_a\backslash x_i}\ln f_a(\boldsymbol{x}_a)\prod_{j\in\mathcal{N}(a)\backslash i}b_j(x_j)\right\}\end{aligned}\tag{4-24}$$

在式(4-24)中，由于$b_j(x_j)$也是未知的，且求解方法与$b_i(x_i)$相同。因此，同时求解$b_i(x_i)$和$b_j(x_j)$显然是不可行的，这意味着式(4-24)的驻点方程没有闭合解。通过在因子图上定义固定点方程，能够以迭代的方式逐次逼近驻点，这些固定点方程称为**消息(Message)**。

如图 4.3 所示，定义因子图中每条边上的两类消息为：

(1) n-类型消息：由一个变量节点x_i到与其相邻的任意一个因子节点f_a的消息定义为：

$$n_{x_i\to f_a}(x_i)\triangleq\prod_{a\in\mathcal{N}(i)}m_{f_a\to x_i}(x_i)\propto b_i(x_i),\quad i\in\mathcal{I}\tag{4-25}$$

式中的“$\propto$”符号表达的是正比关系，说明对$n_{x_i\to f_a}(x_i)$进行归一化可得到置信$b_i(x_i)$。后续内容中使用的“$\propto$”符号均表达该含义。

(2) m-类型消息：由一个因子节点f_a到与其相邻的任意一个变量节点x_i的消息定义为：

$$m_{f_a\to x_i}(x_i)\triangleq\exp\left\{\sum_{\boldsymbol{x}_a\backslash x_i}\ln f_a(\boldsymbol{x}_a)\prod_{j\in\mathcal{N}(a)\backslash i}n_{x_j\to f_a}(x_j)\right\},\quad a\in\mathcal{A},i\in\mathcal{N}(a)\tag{4-26}$$

对于连续型变量，式(4-26)可以改写为：

$$m_{f_a\to x_i}(x_i)\triangleq\exp\left\{\int\ln f_a(\boldsymbol{x}_a)\prod_{j\in\mathcal{N}(a)\backslash i}n_{x_j\to f_a}(x_j)\mathrm{d}x_j\right\},\quad a\in\mathcal{A},i\in\mathcal{N}(a)\tag{4-27}$$

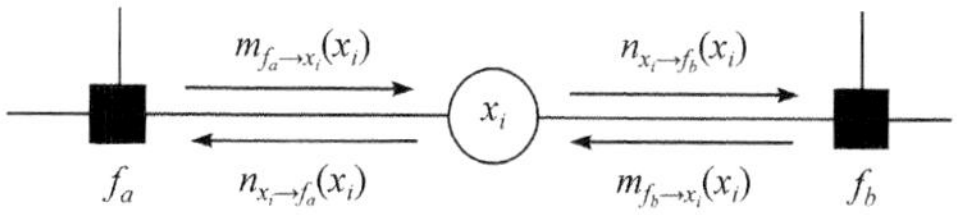

图 4.3　两类消息示意图

在因子图上，按照一定的消息调度机制，根据式(4-25)和式(4-26)的消息更新规则，迭代地计算并更新消息至收敛，就可以得到变量的置信。

MF 消息更新规则比较简单，特别适用于指数类型概率关系。但是，MF 规则基于平均场自由能理论，其假设变量置信之间相互独立。而在实际问题中，变量之间往往具有一定相关性，因此 MF 规则通常难以达到高精度近似。此外，MF 规则不适用于确定性约束关系。

4.3 置信传播规则

不同于平均场自由能，区域化变分自由能考虑变量之间的相关性，通过对因子图进行区域划分，用每个区域变分自由能的加权和来近似系统的变分自由能。区域划分的方式有很多种，其中基于 Bethe 分区计算得到的变分自由能称为 Bethe 自由能[12]。

由定理 4.1 可知，通过最小化 Bethe 自由能可以推理感兴趣变量的边缘后验 PDF，并可由此推导出 BP 规则，其原理如图 4.4 所示。

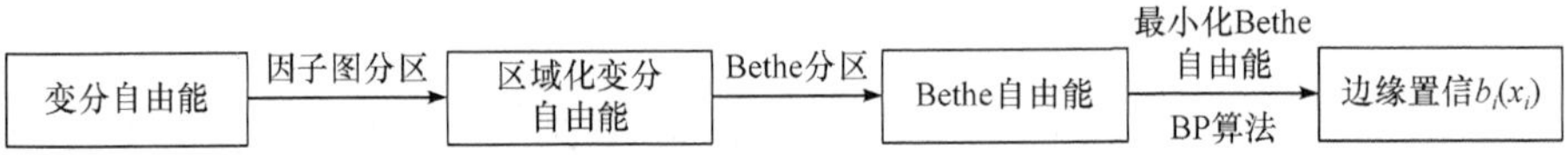

图 4.4 置信传播方法原理

4.3.1 因子图分区及区域化变分自由能

1. 区域及自由能

定义 4.4 因子图的一个**区域** R 定义为 $R \triangleq (\mathcal{I}_R, \mathcal{A}_R)$，其中 $\mathcal{I}_R$ 和 $\mathcal{A}_R$ 分别是该区域 R 内变量和因子节点标号的集合，并且任意一个因子节点标号 $a \in \mathcal{A}_R$，与其相关的所有变量节点标号均在 $\mathcal{I}_R$ 中①。

从上述定义可以看出：

(1) 一个区域中如果包含某个因子节点，则与该因子节点相连的所有变量节点都要包含在该区域中；

(2) 因子节点的集合可以是空集，即一个区域中可以只有变量节点，没有因子节点。

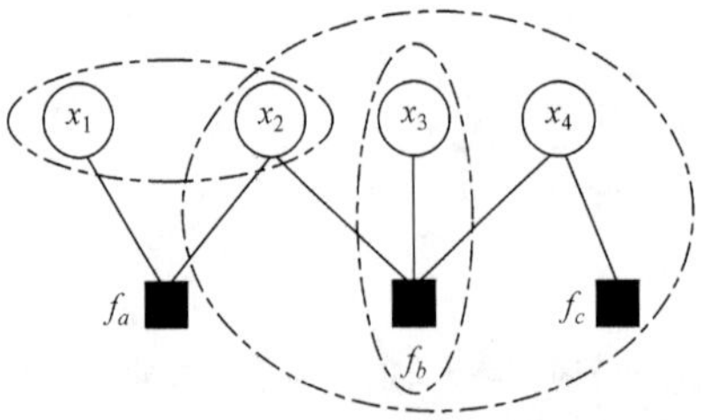

图 4.5 因子图分区示意图

例 4.1 如图 4.5 所示的因子图，$\{f_b, f_c, x_2, x_3, x_4\}$ 是一个区域，其中因子节点的集合 $\mathcal{A}_R = \{f_b, f_c\}$，变量节点的集合 $\mathcal{I}_R = \{x_2, x_3, x_4\}$。$\{x_1, x_2\}$ 是一个只含变量节点不含因子节点的区域。需要注意的是，

① 通常区域中节点的标号等价于该节点。

$\{f_b,x_3\}$不是一个区域，因为与因子节点 f_b 相关的变量节点 x_2 和 x_4 没有包含在该区域内。

定义 4.5　**区域 R 的状态 $\boldsymbol{x}_R$** 是该区域内所有变量节点状态的集合，即 $\boldsymbol{x}_R \triangleq \{x_i \mid i \in \mathcal{I}_R\}$。

类似地，区域状态 $\boldsymbol{x}_R$ 的局部联合 PDF $p_R(\boldsymbol{x}_R)$ 可通过边缘化系统联合 PDF 得到，$p_R(\boldsymbol{x}_R)=\sum_{\boldsymbol{x}\backslash\boldsymbol{x}_R} p(\boldsymbol{x})$，而局部联合置信 $b_R(\boldsymbol{x}_R)$ 是 $p_R(\boldsymbol{x}_R)$ 的近似。需要满足下列三个约束条件：

(1) 归一化约束：

$$\sum_{\boldsymbol{x}_R} b_R(\boldsymbol{x}_R)=1 \tag{4-28}$$

(2) 边缘化约束。如果区域 S 中的所有变量同时在区域 A 和区域 B 中，那么 S 中变量的边缘置信满足：

$$b_S(\boldsymbol{x}_S)=\sum_{\boldsymbol{x}_A\backslash\boldsymbol{x}_S} b_A(\boldsymbol{x}_A)=\sum_{\boldsymbol{x}_B\backslash\boldsymbol{x}_S} b_B(\boldsymbol{x}_B) \tag{4-29}$$

(3) 不等式约束：

$$0 \leqslant b_R(\boldsymbol{x}_R) \leqslant 1 \tag{4-30}$$

定义 4.6　区域 R 的**区域能量**定义为：

$$E_R(\boldsymbol{x}_R) \triangleq -\sum_{a\in\mathcal{A}_R} \ln f_a(\boldsymbol{x}_a) \tag{4-31}$$

定义 4.7　因子图一个区域 R 的**变分自由能**定义为：

$$F_R(b_R) \triangleq U_R(b_R)-H_R(b_R) \tag{4-32}$$

其中，$U_R(b_R)$ 和 $H_R(b_R)$ 分别是该区域 R 的**变分平均能**和**变分熵**，其定义式分别为：

$$U_R(b_R) \triangleq \sum_{\boldsymbol{x}_R} b_R(\boldsymbol{x}_R) E_R(\boldsymbol{x}_R) \tag{4-33}$$

$$H_R(b_R) \triangleq -\sum_{\boldsymbol{x}_R} b_R(\boldsymbol{x}_R) \ln b_R(\boldsymbol{x}_R) \tag{4-34}$$

2. 因子图有效区域划分和区域化变分自由能

区域化变分自由能近似方法：把因子图划分为多个区域的联合，各区域变分自由能的加权和近似系统变分自由能，加权系数为每个区域的计数系数 c_R。需要注意的是，因子图的区域划分方式并非是任意的。

定义 4.8　一个因子图的所有区域及其对应的计算系数c_R的集合$\mathcal{R} \triangleq \{(R, c_R)\}$满足下列条件时：

$$\sum_{(R,c_R)\in\mathcal{R}} c_R \mathrm{I}_{\mathcal{A}_R}(a) = \sum_{(R,c_R)\in\mathcal{R}} c_R \mathrm{I}_{\mathcal{I}_R}(i) = 1, \quad \forall a \in \mathcal{A}, i \in \mathcal{I} \tag{4-35}$$

称$\mathcal{R}$是因子图的一个**有效区域划分**(Valid Region-based Approximation)，其中$\mathrm{I}_{\mathcal{S}}(x) \triangleq \begin{cases} 1, & x \in \mathcal{S} \\ 0, & x \notin \mathcal{S} \end{cases}$。

有效区域划分保证了每个因子节点和变量节点均只被计算一次，如果一个因子节点或变量节点在多个区域中被计算，则需要调整计算系数，确保该因子节点或变量节点计算系数和为 1。

例 4.2　图 4.6(a)所示的因子图被划分成 3 个区域：$R_1 = \{f_a, x_1, x_2\}$，$R_2 = \{f_b, x_2, x_3, x_4\}$，$R_3 = \{f_c, x_4\}$。根据式(4-35)，可列出如下等式：

$$c_{R_1} = 1; c_{R_2} = 1; c_{R_3} = 1$$

$$c_{R_1} + c_{R_2} = 1; c_{R_2} + c_{R_3} = 1$$

显然，上述联立方程组是无解的，因此这种区域划分方式不是有效区域划分。

在图 4.6(a)的基础上增加两个新区域：$R_4 = \{x_2\}$，$R_5 = \{x_4\}$，如图 4.6(b)所示。根据式(4-35)，可列出如下等式：

$$c_{R_1} = 1; c_{R_2} = 1; c_{R_3} = 1$$

$$c_{R_1} + c_{R_2} + c_{R_4} = 1; c_{R_2} + c_{R_3} + c_{R_5} = 1$$

上述联立方程组可解得：$c_{R_1} = c_{R_2} = c_{R_3} = 1$，$c_{R_4} = c_{R_5} = -1$，因此这种区域划分是有效的。

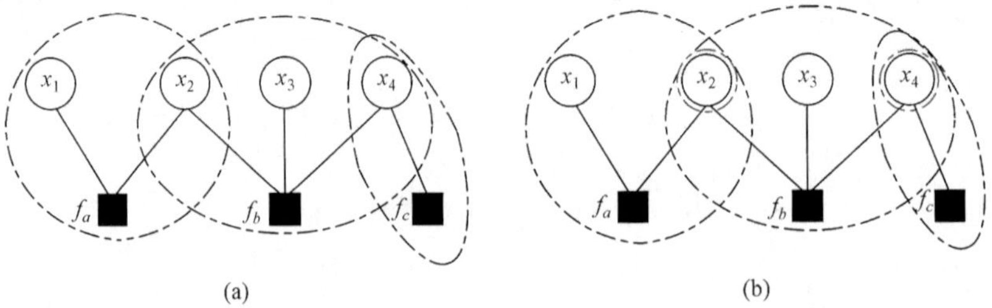

图 4.6　因子图区域划分有效性示例

定义 4.9　基于一个有效区域划分$\mathcal{R} \triangleq \{(R, c_R)\}$的**区域化变分自由能**定义为：

$$F_{\mathcal{R}}(\{b_R\}) \triangleq U_{\mathcal{R}}(\{b_R\}) - H_{\mathcal{R}}(\{b_R\}) \tag{4-36}$$

其中，$U_{\mathcal{R}}(\{b_R\})$ 和 $H_{\mathcal{R}}(\{b_R\})$ 分别是**区域化变分平均能和区域化近似熵**，其定义式分别为：

$$U_{\mathcal{R}}(\{b_R\}) \triangleq \sum_{R\in\mathcal{R}} c_R U_R(b_R) \tag{4-37}$$

$$H_{\mathcal{R}}(\{b_R\}) \triangleq \sum_{R\in\mathcal{R}} c_R H_R(b_R) \tag{4-38}$$

命题 4.1 一个区域 R 的局部联合置信 $b_R(\boldsymbol{x}_R)$ 与所有变量的联合置信 $b(\boldsymbol{x})$ 如果满足边缘化条件：$b_R(\boldsymbol{x}_R)=\sum_{\boldsymbol{x}\setminus\boldsymbol{x}_R} b(\boldsymbol{x})$，则**区域化变分平均能** $U_R(\{b_R\})$ **等于系统变分平均能** $U(b)$。

分析：将式(4-33)和式(4-31)依次代入式(4-37)，得到：

$$\begin{aligned} U_R(\{b_R\}) &= \sum_{R\in\mathcal{R}} c_R \sum_{\boldsymbol{x}_R} b_R(\boldsymbol{x}_R) E_R(\boldsymbol{x}_R) \\ &= -\sum_{R\in\mathcal{R}} c_R \sum_{\boldsymbol{x}_R} b_R(\boldsymbol{x}_R) \sum_{a\in\mathcal{A}_R} \ln f_a(\boldsymbol{x}_a) \\ &= -\sum_{R\in\mathcal{R}} c_R \sum_{a\in\mathcal{A}_R} \sum_{\boldsymbol{x}_a} \sum_{\boldsymbol{x}_R\setminus\boldsymbol{x}_a} b_R(\boldsymbol{x}_R) \ln f_a(\boldsymbol{x}_a) \end{aligned} \tag{4-39}$$

定义 $\widetilde{b_a}(\boldsymbol{x}_a) \triangleq \sum_{\boldsymbol{x}_R\setminus\boldsymbol{x}_a} b_R(\boldsymbol{x}_R)$，所以有：

$$\begin{aligned} U_R(\{b_R\}) &= -\sum_{R\in\mathcal{R}} c_R \sum_{a\in\mathcal{A}_R} \sum_{\boldsymbol{x}_a} \widetilde{b_a}(\boldsymbol{x}_a) \ln f_a(\boldsymbol{x}_a) \\ &= -\sum_{R\in\mathcal{R}} c_R \sum_{a\in\mathcal{A}} \mathrm{I}_{\mathcal{A}_R}(a) \sum_{\boldsymbol{x}_a} \widetilde{b_a}(\boldsymbol{x}_a) \ln f_a(\boldsymbol{x}_a) \\ &\quad -\sum_{R\in\mathcal{R}} \sum_{a\in\mathcal{A}} c_R \mathrm{I}_{\mathcal{A}_R}(a) \sum_{\boldsymbol{x}_a} \widetilde{b_a}(\boldsymbol{x}_a) \ln f_a(\boldsymbol{x}_a) \\ &= -\sum_{a\in\mathcal{A}} \sum_{R\in\mathcal{R}} c_R \mathrm{I}_{\mathcal{A}_R}(a) \sum_{\boldsymbol{x}_a} \widetilde{b_a}(\boldsymbol{x}_a) \ln f_a(\boldsymbol{x}_a) \\ &= -\sum_{a\in\mathcal{A}} \sum_{\boldsymbol{x}_a} \widetilde{b_a}(\boldsymbol{x}_a) \ln f_a(\boldsymbol{x}_a) \end{aligned} \tag{4-40}$$

另一方面，一个系统的变分平均自由能 $U(b)$ 可以化简为：

$$\begin{aligned} U(b) &= \sum_{\boldsymbol{x}} b(\boldsymbol{x}) E(\boldsymbol{x}) \\ &= -\sum_{\boldsymbol{x}} b(\boldsymbol{x}) \sum_{a\in\mathcal{A}} \ln f_a(\boldsymbol{x}_a) \\ &= -\sum_{a\in\mathcal{A}} \sum_{\boldsymbol{x}} b(\boldsymbol{x}) \ln f_a(\boldsymbol{x}_a) \end{aligned}$$

$$
\begin{aligned}
&= -\sum_{a\in\mathcal{A}}\sum_{\boldsymbol{x}_a}\sum_{\boldsymbol{x}_R\backslash\boldsymbol{x}_a}\sum_{\boldsymbol{x}\backslash\boldsymbol{x}_R} b(\boldsymbol{x})\ln f_a(\boldsymbol{x}_a) \\
&= -\sum_{a\in\mathcal{A}}\sum_{\boldsymbol{x}_a}\sum_{\boldsymbol{x}_R\backslash\boldsymbol{x}_a} b_R(\boldsymbol{x}_R)\ln f_a(\boldsymbol{x}_a) \\
&= -\sum_{a\in\mathcal{A}}\sum_{\boldsymbol{x}_a} \widetilde{b_a}(\boldsymbol{x}_a)\ln f_a(\boldsymbol{x}_a)
\end{aligned} \tag{4-41}
$$

因此当$b_R(\boldsymbol{x}_R)=\sum_{\boldsymbol{x}\backslash\boldsymbol{x}_R} b(\boldsymbol{x})$时，$U_R(\{b_R\})=U(b)$。

命题 4.1 推论：对于命题 4.1，如果每个区域R的置信$b_R(\boldsymbol{x}_R)$都与其边缘 PDF $p_R(\boldsymbol{x}_R)$相等，则区域化平均自由能$U_R(\{b_R\})$等于系统平均自由能U。

分析：系统平均自由能U可以化简为：

$$
U=\sum_{\boldsymbol{x}} p(\boldsymbol{x})E(\boldsymbol{x})=-\sum_{a\in\mathcal{A}}\sum_{\boldsymbol{x}_a} p_a(\boldsymbol{x}_a)\ln f_a(\boldsymbol{x}_a) \tag{4-42}
$$

当$b_R(\boldsymbol{x}_R)=p_R(\boldsymbol{x}_R)$时，$U(b)=-\sum_{a\in\mathcal{A}}\sum_{\boldsymbol{x}_a}\sum_{\boldsymbol{x}_R\backslash\boldsymbol{x}_a} b_R(\boldsymbol{x}_R)\ln f_a(\boldsymbol{x}_a)=-\sum_{a\in\mathcal{A}}\sum_{\boldsymbol{x}_a} p_a(\boldsymbol{x}_a)\ln f_a(\boldsymbol{x}_a)$，此时区域化平均自由能$U_R(\{b_R\})$等于系统平均自由能$U$。

但是，即使一个系统的因子图上每个区域R的置信$b_R(\boldsymbol{x}_R)$都与其边缘 PDF $p_R(\boldsymbol{x}_R)$相等，区域化近似熵一般情况下也不等于系统熵。

命题 4.2　若一个系统中**各变量相互独立**，且因子图中每个区域R的置信$b_R(\boldsymbol{x}_R)$都与其边缘 PDF $p_R(\boldsymbol{x}_R)$相等，则基于有效区域划分的**近似熵等于系统熵**。

分析：若一个系统中各变量相互独立，则该系统熵为：

$$
\begin{aligned}
H &= -\sum_{\boldsymbol{x}} p(\boldsymbol{x})\ln p(\boldsymbol{x}) \\
&= -\sum_{\boldsymbol{x}} p(\boldsymbol{x})\ln\left(\prod_{i\in\mathcal{I}} p_i(x_i)\right) = -\sum_{\boldsymbol{x}} p(\boldsymbol{x})\left(\sum_{i\in\mathcal{I}}\ln p_i(x_i)\right) \\
&= -\sum_{i\in\mathcal{I}}\sum_{\boldsymbol{x}} p(\boldsymbol{x})\ln p_i(x_i) = -\sum_{i\in\mathcal{I}}\sum_{\boldsymbol{x}}\prod_{j\in\mathcal{I}\backslash i} p_j(x_j)\cdot p_i(x_i)\ln p_i(x_i) \\
&= -\sum_{i\in\mathcal{I}}\sum_{x_i} p_i(x_i)\ln p_i(x_i) = \sum_{i\in\mathcal{I}} H(x_i)
\end{aligned} \tag{4-43}
$$

另一方面，当$b_R(\boldsymbol{x}_R)=p_R(\boldsymbol{x}_R)$时，区域化近似熵$H_R(\{b_R\})$可以化简为：

$$
\begin{aligned}
H_R(\{b_R\}) &= -\sum_{R\in\mathcal{R}} c_R\sum_{i\in\mathcal{I}_R}\sum_{\boldsymbol{x}_R} b_R(\boldsymbol{x}_R)\ln b_R(\boldsymbol{x}_R) = -\sum_{R\in\mathcal{R}} c_R\sum_{i\in\mathcal{I}_R}\sum_{x_i}\sum_{\boldsymbol{x}_R\backslash x_i} p_R(\boldsymbol{x}_R)\ln p_i(x_i) \\
&= -\sum_{R\in\mathcal{R}} c_R\sum_{i\in\mathcal{I}_R}\sum_{x_i} p_i(x_i)\ln p_i(x_i) = -\sum_{R\in\mathcal{R}} c_R\sum_{i\in\mathcal{I}} \mathrm{I}_{\mathcal{I}_R}(i)\sum_{x_i} p_i(x_i)\ln p_i(x_i) \\
&= -\sum_{i\in\mathcal{I}}\sum_{R\in\mathcal{R}} c_R \mathrm{I}_{\mathcal{I}_R}(i)\sum_{x_i} p_i(x_i)\ln p_i(x_i) = -\sum_{i\in\mathcal{I}}\sum_{x_i} p_i(x_i)\ln p_i(x_i) = \sum_{i\in\mathcal{I}} H(x_i)
\end{aligned} \tag{4-44}
$$

可以得到$H_R(\{b_R\}) = H$。

4.3.2 Bethe 分区与 Bethe 自由能

1. Bethe 分区

因子图有效区域划分方式往往不止一种。对于一个含有$|\mathcal{A}|$个因子节点和$|\mathcal{I}|$个变量节点的因子图，一种有效的区域划分方式是：将因子图划分为$|\mathcal{A}|$个大区域和$|\mathcal{I}|$个小区域，每个因子节点及其所有相关的变量节点构成一个大区域，每个变量节点构成一个小区域。这种区域划分方法称为 **Bethe 分区**。在图 4.6(b)上增加两个只包含变量x_1和x_3的小区域，即可得到如图 4.7 所示的 Bethe 分区。

在这种区域划分方式中，区域R的计算系数c_R为：

$$c_R = 1 - \sum_{S \in \mathcal{S}(R) \backslash R} c_S \tag{4-45}$$

式中，$\mathcal{S}(R)$表示包含R的所有区域集合，$\mathcal{S}(R) \backslash R$表示$\mathcal{S}(R)$中除去区域$R$外的所有区域集合。对于每个大区域，$\mathcal{S}(R) \backslash R$元素的个数为零，因为包含$R$的所有区域集合$\mathcal{S}(R)$只有$R$本身，此时$c_R = 1$；对于每个小区域(变量节点)，$\mathcal{S}(R) \backslash R$的元素个数等于与该小区域(变量节点)相连的因子节点个数。例如图 4.7 中x_2是一个小区域，与变量x_2相连的因子节点共有两个。除去小区域x_2本身，包含小区域x_2的大区域个数为 2，分别为$R_1 = \{f_a, x_1, x_2\}$，$R_2 = \{f_b, x_2, x_3, x_4\}$，故$c_{x_2} = 1 - 2 = -1$。

通过上述分析可知，Bethe 分区中大区域计算系数$c_R = 1$，小区域计算系数$c_R = 1 - |N(i)|$，其中$|N(i)|$为小区域中变量节点的度。

例 4.3　图 4.8 所示的因子图中，若按照 Bethe 区域划分方法，则大区域集合$\mathcal{R}_L$包含 6 个区域：$\{f_a, x_1, x_2, x_4, x_5\}$，$\{f_b, x_2, x_3, x_5, x_6\}$，$\{f_c, x_4, x_5, x_7, x_8\}$，$\{f_d, x_5,$

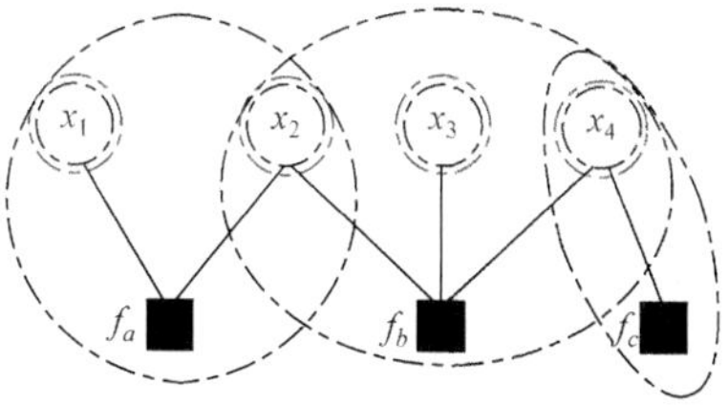

图 4.7　Bethe 分区示例

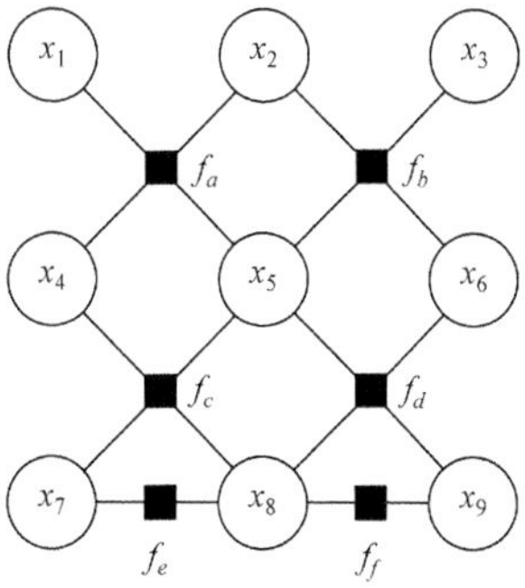

图 4.8　例 4.3 的因子图

$x_6,x_8,x_9\}$，$\{f_e,x_7,x_8\}$和$\{f_f,x_8,x_9\}$；小区域集合$\mathcal{R}_S$包含 9 个区域：$\{x_1\}$，$\{x_2\}$，$\{x_3\}$，$\{x_4\}$，$\{x_5\}$，$\{x_6\}$，$\{x_7\}$，$\{x_8\}$和$\{x_9\}$。所有区域$\mathcal{R}_{\text{Bethe}}=\mathcal{R}_L\cup\mathcal{R}_S$。各区域的计算系数为：

$$c_R=\begin{cases}1, & R\in\mathcal{R}_L\\ 1-|\mathcal{N}(i)|, & R\in\mathcal{R}_s\end{cases} \tag{4-46}$$

2. Bethe 自由能

定义 4.10　基于 Bethe 分区的 Bethe 自由能定义为：

$$F_{\text{Bethe}}(\{b_R\})\triangleq U_{\text{Bethe}}(\{b_R\})-H_{\text{Bethe}}(\{b_R\}) \tag{4-47}$$

其中，$U_{\text{Bethe}}(\{b_R\})$和$H_{\text{Bethe}}(\{b_R\})$分别是 **Bethe 平均能**和 **Bethe 熵**，其定义式分别为：

$$U_{\text{Bethe}}(\{b_R\})\triangleq-\sum_{a\in\mathcal{A}}\sum_{\boldsymbol{x}_a}b_a(\boldsymbol{x}_a)\ln f_a(\boldsymbol{x}_a) \tag{4-48}$$

$$H_{\text{Bethe}}(\{b_R\})\triangleq-\sum_{a\in\mathcal{A}}\sum_{\boldsymbol{x}_a}b_a(\boldsymbol{x}_a)\ln b_a(\boldsymbol{x}_a)+\sum_{i\in\mathcal{I}}(|\mathcal{N}(i)|-1)\sum_{x_i}b_i(x_i)\ln b_i(x_i) \tag{4-49}$$

Bethe 自由能、Bethe 平均能、Bethe 熵都是置信$b_i(x_i)$或$b_a(\boldsymbol{x}_a)$的函数，置信满足以下三个约束条件：

(1) 归一化约束：

$$\sum_{x_i}b_i(x_i)=\sum_{\boldsymbol{x}_a}b_a(\boldsymbol{x}_a)=1 \tag{4-50}$$

(2) 边缘化约束：

$$b_i(x_i)=\sum_{\boldsymbol{x}_a\backslash x_i}b_a(\boldsymbol{x}_a),\quad \forall a\in N(i) \tag{4-51}$$

(3) 不等式约束：

$$0\leqslant b_i(x_i)\leqslant 1,\quad 0\leqslant b_a(\boldsymbol{x}_a)\leqslant 1 \tag{4-52}$$

无环因子图中，一定条件下区域化 Bethe 自由能$F_{\text{Bethe}}(\{b_R\})$等于系统变分自由能$F(b)$，命题 4.3 给出了无环因子图中$F_{\text{Bethe}}(\{b_R\})$与$F(b)$相等的条件。

命题 4.3　若置信满足以下两个约束条件[91]，则**区域化 Bethe 自由能与系统变分自由能相等**。

条件 1：$b(\boldsymbol{x})=\dfrac{\prod_{a\in\mathcal{A}}b_a(\boldsymbol{x}_a)}{\prod_{i\in\mathcal{I}}[b_i(x_i)]^{|\mathcal{N}(i)|-1}}$；

条件 2：$b_R(\boldsymbol{x}_R)=\sum_{\boldsymbol{x}\setminus\boldsymbol{x}_R}b(\boldsymbol{x})$(在 Bethe 分区中等价于 $b_i(x_i)=\sum_{\boldsymbol{x}\setminus x_i}b(\boldsymbol{x})$，$b_a(\boldsymbol{x}_a)=\sum_{\boldsymbol{x}\setminus\boldsymbol{x}_a}b(\boldsymbol{x})$)。

分析：当 Bethe 平均能与变分平均能相等且 Bethe 熵与变分熵相等同时满足时，变分自由能与 Bethe 自由能相等。由命题 4.1 可知，如果 $b_R(\boldsymbol{x}_R)=\sum_{\boldsymbol{x}\setminus\boldsymbol{x}_R}b(\boldsymbol{x})$，则区域化变分平均自由能 $U_R(\{b_R\})$ 等于系统变分平均自由能 $U(b)$。Bethe 分区是有效区域划分的一种方法，所以 $U_{\text{Bethe}}(\{b_R\})=U_R(\{b_R\})$，因此在 $b_R(\boldsymbol{x}_R)=\sum_{\boldsymbol{x}\setminus\boldsymbol{x}_R}b(\boldsymbol{x})$ 的条件下 $U_{\text{Bethe}}(\{b_R\})=U_R(\{b_R\})=U(b)$。

接着证明 Bethe 熵等于变分熵，把条件 1 代入变分熵的计算公式可得：

$$\begin{aligned}
H(b)&\triangleq-\sum_{\boldsymbol{x}}b(\boldsymbol{x})\ln b(\boldsymbol{x})=-\sum_{\boldsymbol{x}}b(\boldsymbol{x})\ln\frac{\prod_{a\in\mathcal{A}}b_a(\boldsymbol{x}_a)}{\prod_{i\in\mathcal{I}}\left[b_i(x_i)\right]^{|\mathcal{N}(i)|-1}}\\
&=-\sum_{\boldsymbol{x}}b(\boldsymbol{x})\sum_{a\in\mathcal{A}}\ln b_a(\boldsymbol{x}_a)+\sum_{\boldsymbol{x}}b(\boldsymbol{x})\left(|\mathcal{N}(i)|-1\right)\sum_{i\in\mathcal{I}}\ln b_i(x_i)\\
&=-\sum_{\boldsymbol{x}}\sum_{a\in\mathcal{A}}b(\boldsymbol{x})\ln b_a(\boldsymbol{x}_a)+\sum_{\boldsymbol{x}}\sum_{i\in\mathcal{I}}b(\boldsymbol{x})\left(|\mathcal{N}(i)|-1\right)\ln b_i(x_i)\\
&=-\sum_{a\in\mathcal{A}}\sum_{\boldsymbol{x}}b(\boldsymbol{x})\ln b_a(\boldsymbol{x}_a)+\sum_{i\in\mathcal{I}}\sum_{\boldsymbol{x}}b(\boldsymbol{x})\left(|\mathcal{N}(i)|-1\right)\ln b_i(x_i)\\
&=-\sum_{a\in\mathcal{A}}\sum_{\boldsymbol{x}_a}\sum_{\boldsymbol{x}\setminus\boldsymbol{x}_a}b(\boldsymbol{x})\ln b_a(\boldsymbol{x}_a)+\sum_{i\in\mathcal{I}}\sum_{x_i}\sum_{\boldsymbol{x}\setminus x_i}b(\boldsymbol{x})\left(|\mathcal{N}(i)|-1\right)\ln b_i(x_i)
\end{aligned}\tag{4-53}$$

将条件 2：$b_i(x_i)=\sum_{\boldsymbol{x}\setminus x_i}b(\boldsymbol{x})$，$b_a(\boldsymbol{x}_a)=\sum_{\boldsymbol{x}\setminus\boldsymbol{x}_a}b(\boldsymbol{x})$ 代入式(4-53)得：

$$\begin{aligned}
H(b)&=-\sum_{a\in\mathcal{A}}\sum_{\boldsymbol{x}_a}b_a(\boldsymbol{x}_a)\ln b_a(\boldsymbol{x}_a)+\sum_{i\in\mathcal{I}}\sum_{x_i}b_i(x_i)\left(|\mathcal{N}(i)|-1\right)\ln b_i(x_i)\\
&=-\sum_{a\in\mathcal{A}}\sum_{\boldsymbol{x}_a}b_a(\boldsymbol{x}_a)\ln b_a(\boldsymbol{x}_a)+\sum_{i\in\mathcal{I}}\left(|\mathcal{N}(i)|-1\right)\sum_{x_i}b_i(x_i)\ln b_i(x_i)\\
&=H_{\text{Bethe}}(\{b_R\})
\end{aligned}\tag{4-54}$$

在满足上述两个条件时，区域化 Bethe 自由能与系统变分自由能相等。需要注意的是，满足上述命题的两个条件对应的因子图一定是无环因子图。

命题 4.4　在命题 4.3 的基础上，因子图每个区域 R 的置信都与其边缘 PDF 相等，命题 4.3 的结论可推广为 **Bethe 自由能等于赫姆霍兹自由能**。

分析：要证明 Bethe 自由能与赫姆霍兹自由能相等，只需证明 Bethe 平均能与系统的平均自由能U相等，Bethe 熵与系统熵相等即可。

依据命题 4.1 推论，若$b_R(\boldsymbol{x}_R)=\sum_{\boldsymbol{x}\backslash\boldsymbol{x}_R}b(\boldsymbol{x})$且每个区域$R$的置信$b_R(\boldsymbol{x}_R)$都与其边缘 PDF $p_R(\boldsymbol{x}_R)$相等，区域平均自由能$U_R(\{b_R\})$等于系统平均自由能U。而 Bethe 分区是有效区域划分的一种，所以$U_{\text{Bethe}}(\{b_R\})=U_R(\{b_R\})=U$。

接着证明 Bethe 熵等于系统熵。对于无环因子图，联合 PDF 可以分解为[91]：

$$p(\boldsymbol{x})=\frac{\prod_{a\in\mathcal{A}}p_a(\boldsymbol{x}_a)}{\prod_{i\in\mathcal{I}}\left[p_i(x_i)\right]^{|\mathcal{N}(i)|-1}} \tag{4-55}$$

同命题 4.3 变分熵的计算过程，系统熵可化简为：

$$\begin{aligned}H&=-\sum_{\boldsymbol{x}}p(\boldsymbol{x})\ln p(\boldsymbol{x})=-\sum_{\boldsymbol{x}}p(\boldsymbol{x})\ln\frac{\prod_{a\in\mathcal{A}}p_a(\boldsymbol{x}_a)}{\prod_{i\in\mathcal{I}}\left[p_i(x_i)\right]^{|\mathcal{N}(i)|-1}}\\&=-\sum_{a\in\mathcal{A}}\sum_{\boldsymbol{x}_a}p_a(\boldsymbol{x}_a)\ln p_a(\boldsymbol{x}_a)+\sum_{i\in\mathcal{I}}\left(|\mathcal{N}(i)|-1\right)\sum_{x_i}p_i(x_i)\ln p_i(x_i)\end{aligned} \tag{4-56}$$

若每个区域R的置信$b_R(\boldsymbol{x}_R)$都与其边缘 PDF $p_R(\boldsymbol{x}_R)$相等，可得：

$$\begin{aligned}H_{\text{Bethe}}(\{b_R\})&=-\sum_{a\in\mathcal{A}}\sum_{\boldsymbol{x}_a}b_a(\boldsymbol{x}_a)\ln b_a(\boldsymbol{x}_a)+\sum_{i\in\mathcal{I}}\left(|\mathcal{N}(i)|-1\right)\sum_{x_i}b_i(x_i)\ln b_i(x_i)\\&=-\sum_{a\in\mathcal{A}}\sum_{\boldsymbol{x}_a}p_a(\boldsymbol{x}_a)\ln p_a(\boldsymbol{x}_a)+\sum_{i\in\mathcal{I}}\left(|\mathcal{N}(i)|-1\right)\sum_{x_i}p_i(x_i)\ln p_i(x_i)\\&=H\end{aligned} \tag{4-57}$$

4.3.3 BP 消息更新规则

在 Bethe 分区中，一些小区域的变量节点只连接一个因子节点，这些变量节点的度为 1，则式(4-49)区域化近似熵第二项为零，因此拉格朗日方程中不包括度为 1 的变量所对应的置信。对于每个因子节点，有归一化约束：$\sum_{\boldsymbol{x}_a}b_a(\boldsymbol{x}_a)=1$；对于度数大于 1 的变量节点，有归一化约束：$\sum_{x_i}b_i(x_i)=1$。同时，每个因子节点与其相关的变量节点(度大于 1)满足边缘化约束：$b_i(x_i)=\sum_{\boldsymbol{x}_a\backslash x_i}b_a(\boldsymbol{x}_a)$以及不等式约束：$b_a(\boldsymbol{x}_a)\geqslant 0$。上述约束条件是完备的约束，其他约束条件(如$0\leqslant b_i(x_i)\leqslant 1$)都可从上述约束条件中推导得到。

定理 4.2　带约束的 Bethe 自由能的内部驻点[①]一定是带有正置信约束的 BP 的固定点(BP 消息更新规则)，反之亦然[②]。

分析：构建拉格朗日方程：

$$
\begin{aligned}
L_{\text{Bethe}}\left(\{b_R\}\right) &= F_{\text{Bethe}}\left(\{b_R\}\right) + \sum_{a\in\mathcal{A}}\gamma_a\left[\sum_{\boldsymbol{x}_a} b_a\left(\boldsymbol{x}_a\right)-1\right] + \sum_{i\in\mathcal{I}}\gamma_i\left[\sum_{x_i} b_i\left(x_i\right)-1\right] \\
&\quad + \sum_{i\in\mathcal{I}}\sum_{a\in\mathcal{N}(i)}\sum_{x_i}\lambda_{a,i}\left(x_i\right)\left[b_i\left(x_i\right)-\sum_{\boldsymbol{x}_a\backslash x_i} b_a\left(\boldsymbol{x}_a\right)\right] \\
&= \sum_{a\in\mathcal{A}}\sum_{\boldsymbol{x}_a} b_a\left(\boldsymbol{x}_a\right)\ln b_a\left(\boldsymbol{x}_a\right) - \sum_{a\in\mathcal{A}}\sum_{\boldsymbol{x}_a} b_a\left(\boldsymbol{x}_a\right)\ln f_a\left(\boldsymbol{x}_a\right) \\
&\quad - \sum_{i\in\mathcal{I}}\left(\left|\mathcal{N}(i)\right|-1\right)\sum_{x_i} b_i\left(x_i\right)\ln b_i\left(x_i\right) + \sum_{a\in\mathcal{A}}\gamma_a\left[\sum_{\boldsymbol{x}_a} b_a\left(\boldsymbol{x}_a\right)-1\right] \\
&\quad + \sum_{i\in\mathcal{I}}\gamma_i\left[\sum_{x_i} b_i\left(x_i\right)-1\right] + \sum_{i\in\mathcal{I}}\sum_{a\in\mathcal{N}(i)}\sum_{x_i}\lambda_{a,i}\left(x_i\right)\left[b_i\left(x_i\right)-\sum_{\boldsymbol{x}_a\backslash x_i} b_a\left(\boldsymbol{x}_a\right)\right]
\end{aligned}
\tag{4-58}
$$

其中，参数集合 $\left\{\gamma_i \mid i\in\mathcal{I}\right\}$ 和 $\left\{\gamma_a \mid a\in\mathcal{A}\right\}$ 表示归一化约束的拉格朗日乘子，$\left\{\lambda_{a,i}\left(x_i\right) \mid i\in\mathcal{I}, a\in\mathcal{N}(i)\right\}$ 表示边缘化约束的拉格朗日乘子，$\left\{\pi_a\left(\boldsymbol{x}_a\right) \mid a\in\mathcal{A}\right\}$ 表示不等式约束的拉格朗日乘子。假设所求点是拉格朗日方程的内点，所以不等式约束不起作用，故所有的 $\pi_a\left(\boldsymbol{x}_a\right)=0$。需要注意的是，$\sum_{x_i} b_i\left(x_i\right)=1$ 约束条件只对所有度 $\left|\mathcal{N}(i)\right|\geqslant 2$ 的变量节点操作。

接着对置信 $b_i\left(x_i\right)$ 和 $b_a\left(\boldsymbol{x}_a\right)$ 分别求偏导，并分别等于零，得到：

$$
\frac{\partial L_{\text{Bethe}}\left(\{b_R\}\right)}{\partial b_i\left(x_i\right)} = -\left(\left|\mathcal{N}(i)\right|-1\right)\left(1+\ln b_i\left(x_i\right)\right)+\gamma_i+\sum_{a\in\mathcal{N}(i)}\lambda_{a,i}\left(x_i\right)=0 \tag{4-59}
$$

$$
\frac{\partial L_{\text{Bethe}}\left(\{b_R\}\right)}{\partial b_a\left(\boldsymbol{x}_a\right)} = \ln b_a\left(\boldsymbol{x}_a\right)-\ln f_a\left(\boldsymbol{x}_a\right)+1+\gamma_a+\sum_{i\in\mathcal{N}(a)}\lambda_{a,i}\left(x_i\right)=0 \tag{4-60}
$$

由式(4-59)和式(4-60)可以得到置信 $b_i\left(x_i\right)$ 和 $b_a\left(\boldsymbol{x}_a\right)$ 的表达式为：

---

① 内部驻点的定义详见附录 C。

② BP 消息更新规则还有另外一种证明方法，详见附录 D。

$$b_i\left(x_i\right)=\exp\left\{\frac{1}{\left|\mathcal{N}(i)\right|-1}\left(\gamma_i+\sum_{a\in\mathcal{N}(i)}\lambda_{a,i}\left(x_i\right)+1-\left|\mathcal{N}(i)\right|\right)\right\} \tag{4-61}$$

$$b_a\left(\boldsymbol{x}_a\right)=f_a\left(\boldsymbol{x}_a\right)\cdot\exp\left\{-\gamma_a-1+\sum_{i\in\mathcal{N}(a)}\lambda_{a,i}\left(x_i\right)\right\} \tag{4-62}$$

定义变量节点到因子节点的消息为：

$$n_{x_i\to f_a}\left(x_i\right)\triangleq\exp\left\{\lambda_{a,i}\left(x_i\right)\right\} \tag{4-63}$$

将式(4-63)代入式(4-62)得：

$$b_a\left(\boldsymbol{x}_a\right)=f_a\left(\boldsymbol{x}_a\right)z_a\prod_{i\in\mathcal{N}(a)}n_{x_i\to f_a}\left(x_i\right) \tag{4-64}$$

式中，$z_a=\exp\{-\gamma_a-1\}$，$\forall a\in\mathcal{A}$是归一化常数。

由式(4-51)的边缘化约束条件和式(4-64)可得：

$$\begin{aligned}b_i\left(x_i\right)&=\sum_{\boldsymbol{x}_a\backslash x_i}f_a\left(\boldsymbol{x}_a\right)z_a\prod_{j\in\mathcal{N}(a)}n_{x_j\to f_a}\left(x_j\right)\\&=z_a n_{x_i\to f_a}\left(x_i\right)\sum_{\boldsymbol{x}_a\backslash x_i}f_a\left(\boldsymbol{x}_a\right)\prod_{j\in\mathcal{N}(a)\backslash i}n_{x_j\to f_a}\left(x_j\right)\end{aligned} \tag{4-65}$$

进一步，定义因子节点到变量节点的消息为：

$$m_{f_a\to x_i}\left(x_i\right)\triangleq z_a\sum_{\boldsymbol{x}_a\backslash x_i}f_a\left(\boldsymbol{x}_a\right)\prod_{j\in\mathcal{N}(a)\backslash i}n_{x_j\to f_a}\left(x_j\right) \tag{4-66}$$

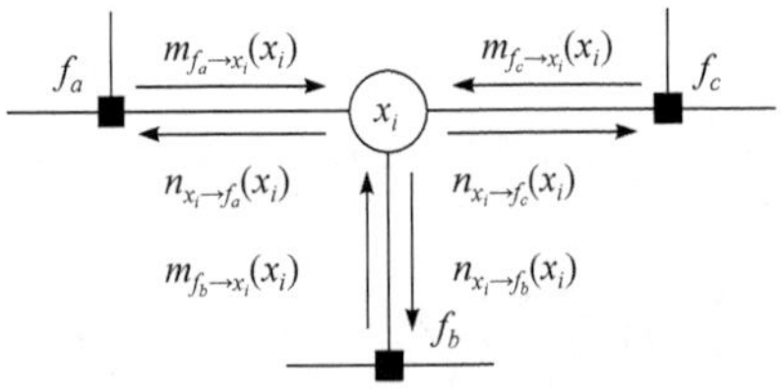

图 4.9　BP 算法消息更新则推导因子图

式(4-65)可以改写为：

$$b_i\left(x_i\right)=n_{x_i\to f_a}\left(x_i\right)\cdot m_{f_a\to x_i}\left(x_i\right) \tag{4-67}$$

假设与变量节点x_i有关的因子节点有f_a、f_b和f_c，如图 4.9 所示。

由式(4-51)的边缘化条件和式(4-67)可得：

$$\begin{cases}b_i\left(x_i\right)=\sum\limits_{\boldsymbol{x}_a\backslash x_i}b_a\left(\boldsymbol{x}_a\right)=n_{x_i\to f_a}\left(x_i\right)\cdot m_{f_a\to x_i}\left(x_i\right)\\b_i\left(x_i\right)=\sum\limits_{\boldsymbol{x}_b\backslash x_i}b_b\left(\boldsymbol{x}_b\right)=n_{x_i\to f_b}\left(x_i\right)\cdot m_{f_b\to x_i}\left(x_i\right)\\b_i\left(x_i\right)=\sum\limits_{\boldsymbol{x}_c\backslash x_i}b_c\left(\boldsymbol{x}_c\right)=n_{x_i\to f_c}\left(x_i\right)\cdot m_{f_c\to x_i}\left(x_i\right)\end{cases} \tag{4-68}$$

由此推广得到：

$$b_i(x_i)^{|\mathcal{N}(i)|} = \prod_{a\in\mathcal{N}(i)} n_{x_i\to f_a}(x_i)\cdot m_{f_a\to x_i}(x_i) \tag{4-69}$$

结合式(4-59)和式(4-63)可进一步计算可得：

$$b_i(x_i)^{(|\mathcal{N}(i)|-1)} = z_i \prod_{a\in\mathcal{N}(i)} n_{x_i\to f_a}(x_i),\quad \forall i\in\mathcal{I}, a\in\mathcal{N}(i) \tag{4-70}$$

式中，$z_i = \exp\{\gamma_i + 1 - |\mathcal{N}(i)|\}$，$\forall i\in\mathcal{I}$。

结合式(4-69)和式(4-70)可得：

$$b_i(x_i) = \frac{1}{z_i}\prod_{a\in\mathcal{N}(i)} m_{f_a\to x_i}(x_i),\quad \forall i\in\mathcal{I}, a\in\mathcal{N}(i) \tag{4-71}$$

对比式(4-67)和式(4-71)可得：

$$n_{x_i\to f_a}(x_i)\cdot m_{f_a\to x_i}(x_i) = \frac{1}{z_i}\prod_{a\in\mathcal{N}(i)} m_{f_a\to x_i}(x_i),\quad \forall i\in\mathcal{I}, a\in\mathcal{N}(i) \tag{4-72}$$

式(4-72)化简可得：

$$n_{x_i\to f_a}(x_i) = \frac{1}{z_i}\prod_{b\in\mathcal{N}(i)\backslash a} m_{f_b\to x_i}(x_i),\quad \forall i\in\mathcal{I}, a\in\mathcal{N}(i) \tag{4-73}$$

去掉式(4-66)和式(4-73)的归一化常数，可得 BP 消息更新规则为：

$$n_{x_i\to f_a}(x_i) \propto \prod_{b\in\mathcal{N}(i)\backslash a} m_{f_b\to x_i}(x_i),\quad \forall i\in\mathcal{I}, a\in\mathcal{N}(i) \tag{4-74}$$

$$m_{f_a\to x_i}(x_i) \propto \sum_{\boldsymbol{x}_a\backslash x_i} f_a(\boldsymbol{x}_a) \prod_{j\in\mathcal{N}(a)\backslash i} n_{x_j\to f_a}(x_j),\quad \forall a\in\mathcal{A}, i\in\mathcal{N}(a) \tag{4-75}$$

计算出所有与变量节点 x_i 相连的因子节点传递到 x_i 消息的乘积，并归一化便可得到变量 x_i 的置信：

$$b_i(x_i) \propto \prod_{a\in\mathcal{N}(i)} m_{f_a\to x_i}(x_i),\quad \forall i\in\mathcal{I} \tag{4-76}$$

对于连续型变量，式(4-75)可以改写为：

$$m_{f_a\to x_i}(x_i) \propto \int f_a(\boldsymbol{x}_a) \prod_{j\in\mathcal{N}(a)\backslash i} n_{x_j\to f_a}(x_j)\,\mathrm{d}x_j,\quad \forall a\in\mathcal{A}, i\in\mathcal{N}(a) \tag{4-77}$$

根据 BP 消息更新规则，其适用于线性高斯模型或存在确定性关系的离散场景，具体应用将在第 5 章讨论。

4.4 期望传播规则

通常认为 EP 规则是 BP 规则的一种近似[12, 16, 46, 92]，它将变量节点的置信近似成特定的指数类分布(通常是高斯分布)。如上节所述，在归一化和边缘化约束条件下，为最小化相应的 Bethe 自由能所构建拉格朗日方程的驻点对应于 BP 更新规则(固定点方程)。EP 推导过程和 BP 类似，严格来说，EP 可被当作 BP 的一种“松弛”版本：将 BP 的边缘化约束替换为更加“宽松”的期望约束。不同的期望约束函数会推导出不同的算法，例如定义变量的一阶和二阶统计量 $\Phi_i(x_i)=\left[x_i,x_i^2\right]^\top$，期望约束为①：

$$\int \Phi_i(x_i)b_i(x_i)\mathrm{d}x_i=\int \Phi_i(x_i)b_a(\boldsymbol{x}_a)\mathrm{d}\boldsymbol{x}_a,\quad \forall a\in\mathcal{A},i\in\mathcal{N}(a) \tag{4-78}$$

期望约束条件比边缘化约束条件宽松，因此也叫弱约束条件。同 BP 规则，按照 Bethe 分区方法构建的区域化 Bethe 自由能为：

$$F_{\text{Bethe}}(\{b_R\})=\sum_{a\in\mathcal{A}}\int b_a(\boldsymbol{x}_a)\ln\frac{b_a(\boldsymbol{x}_a)}{f_a(\boldsymbol{x}_a)}\mathrm{d}\boldsymbol{x}_a-\sum_{i\in\mathcal{I}}\left(\left|\mathcal{N}(i)\right|-1\right)\int b_i(x_i)\ln b_i(x_i)\mathrm{d}x_i \tag{4-79}$$

各个分区的置信需要满足归一化约束：

$$\int b_a(\boldsymbol{x}_a)\mathrm{d}\boldsymbol{x}_a=1,\quad \forall a\in\mathcal{A} \tag{4-80}$$

$$\int b_i(x_i)\mathrm{d}x_i=1,\quad \forall i\in\mathcal{I} \tag{4-81}$$

同时还要满足期望约束，即所有小区中变量节点置信 $b_i(x_i)$ 和与其相连的所有大区中所有变量节点的联合置信 $b_a(\boldsymbol{x}_a)$ 的数学统计量要匹配，即：

$$\int \Phi_i(x_i)b_i(x_i)\mathrm{d}x_i=\int \Phi_i(x_i)b_a(\boldsymbol{x}_a)\mathrm{d}\boldsymbol{x}_a,\quad \forall i\in\mathcal{I},a\in\mathcal{N}(i) \tag{4-82}$$

约束优化问题的拉格朗日方程为：

$$\begin{aligned}L_{\text{Bethe}}(\{b_R\})=&F_{\text{Bethe}}(\{b_R\})+\sum_{a\in\mathcal{A}}\gamma_a\left(\int b_a(\boldsymbol{x}_a)\mathrm{d}\boldsymbol{x}_a-1\right)+\sum_{i\in\mathcal{I}}\gamma_i\left(\int b_i(x_i)\mathrm{d}x_i-1\right)\\&+\sum_{i\in\mathcal{I}}\sum_{a\in\mathcal{N}(i)}\boldsymbol{\mu}_{a,i}^{\mathrm{T}}\left(\int \Phi_i(x_i)b_i(x_i)\mathrm{d}x_i-\int \Phi_i(x_i)b_a(\boldsymbol{x}_a)\mathrm{d}\boldsymbol{x}_a\right)\end{aligned}$$

① 为与经典文献保持一致，在本章的推导中与 EP 规则相关的规则使用连续型随机变量，其他规则均使用离散型随机变量，两种表达形式可以相互转化，并无本质区别，在以后的章节中规则的书写均使用连续型随机变量。

$$
\begin{aligned}
&=\sum_{a\in\mathcal{A}}\int b_a(\boldsymbol{x}_a)\ln\frac{b_a(\boldsymbol{x}_a)}{f_a(\boldsymbol{x}_a)}\mathrm{d}\boldsymbol{x}_a-\sum_{i\in\mathcal{I}}\left(\left|\mathcal{N}(i)\right|-1\right)\int b_i(x_i)\ln b_i(x_i)\mathrm{d}x_i\\
&+\sum_{i\in\mathcal{I}}\gamma_i\left(\int b_i(x_i)\mathrm{d}x_i-1\right)+\sum_{a\in\mathcal{A}}\gamma_a\left(\int b_a(\boldsymbol{x}_a)\mathrm{d}\boldsymbol{x}_a-1\right)\\
&+\sum_{i\in\mathcal{I}}\sum_{a\in\mathcal{N}(i)}\boldsymbol{\mu}_{a,i}^{\top}\left(\int\boldsymbol{\Phi}_i(x_i)b_i(x_i)\mathrm{d}x_i-\int\boldsymbol{\Phi}_i(x_i)b_a(\boldsymbol{x}_a)\mathrm{d}\boldsymbol{x}_a\right)
\end{aligned}
\tag{4-83}
$$

其中，参数集合$\{\gamma_i\mid i\in\mathcal{I}\}$、$\{\gamma_a\mid a\in\mathcal{A}\}$和$\left\{\boldsymbol{\mu}_{a,i}\mid i\in\mathcal{I},a\in\mathcal{N}(i)\right\}$为等式约束条件下的拉格朗日乘子。

上式分别对置信$b_i(x_i)$和$b_a(\boldsymbol{x}_a)$分别求偏导，并令偏导等于0，得到：

$$
\frac{\partial L_{\text{Bethe}}(\{b_R\})}{\partial b_i(x_i)}=-\left(\left|\mathcal{N}(i)\right|-1\right)\left(1+\ln b_i(x_i)\right)+\gamma_i+\sum_{a\in\mathcal{N}(i)}\boldsymbol{\mu}_{a,i}^{\top}\cdot\boldsymbol{\Phi}_i(x_i)=0,\quad\forall i\in\mathcal{I},a\in\mathcal{N}(i)
\tag{4-84}
$$

$$
\frac{\partial L_{\text{Bethe}}(\{b_R\})}{\partial b_a(\boldsymbol{x}_a)}=\ln b_a(\boldsymbol{x}_a)-\ln f_a(\boldsymbol{x}_a)+1+\gamma_a-\sum_{i\in\mathcal{N}(a)}\boldsymbol{\mu}_{a,i}^{\top}\cdot\boldsymbol{\Phi}_i(x_i)=0,\quad\forall a\in\mathcal{A},i\in\mathcal{N}(a)
\tag{4-85}
$$

由式(4-84)和式(4-85)可得：

$$
\left(\left|\mathcal{N}(i)\right|-1\right)\ln b_i(x_i)=\gamma_i+\sum_{a\in\mathcal{N}(i)}\boldsymbol{\mu}_{a,i}^{\top}\cdot\boldsymbol{\Phi}_i(x_i)+1-\left|\mathcal{N}(i)\right|,\quad\forall i\in\mathcal{I},a\in\mathcal{N}(i)
\tag{4-86}
$$

$$
\ln b_a(\boldsymbol{x}_a)=\ln f_a(\boldsymbol{x}_a)-1-\gamma_a+\sum_{i\in\mathcal{N}(a)}\boldsymbol{\mu}_{a,i}^{\top}\cdot\boldsymbol{\Phi}_i(x_i),\quad\forall a\in\mathcal{A},i\in\mathcal{N}(a)
\tag{4-87}
$$

为清晰表达上两式，定义从变量节点x_i到因子节点f_a的消息：

$$
n_{x_i\to f_a}(x_i)\triangleq\exp\left\{\boldsymbol{\mu}_{a,i}^{\top}\boldsymbol{\Phi}_i(x_i)\right\},\quad\forall i\in\mathcal{I},a\in\mathcal{N}(i)
\tag{4-88}
$$

由式(4-88)的消息定义，式(4-87)可以进一步写为：

$$
b_a(\boldsymbol{x}_a)=z_a\cdot f_a(\boldsymbol{x}_a)\cdot\prod_{i\in\mathcal{N}(a)}n_{x_i\to f_a}(x_i),\quad\forall a\in\mathcal{A},i\in\mathcal{N}(a)
\tag{4-89}
$$

式中，$z_a=\exp\{-\gamma_a-1\}$，$\forall a\in\mathcal{A}$是归一化常数。

由EP区域的期望约束条件$\int\boldsymbol{\Phi}_i(x_i)b_i(x_i)\mathrm{d}x_i=\int\boldsymbol{\Phi}_i(x_i)b_a(\boldsymbol{x}_a)\mathrm{d}\boldsymbol{x}_a$，结合式(4-89)可得：

$$
\begin{aligned}
\int \Phi_i(x_i) b_i(x_i) \mathrm{d}x_i &= \int \Phi_i(x_i) \cdot z_a \cdot f_a(\boldsymbol{x}_a) \cdot \prod_{i \in \mathcal{N}(a)} n_{x_i \to f_a}(x_i) \mathrm{d}\boldsymbol{x}_a \\
&= \int \Phi_i(x_i) \cdot n_{x_i \to f_a}(x_i) \int z_a \cdot f_a(\boldsymbol{x}_a) \prod_{j \in \mathcal{N}(a) \backslash i} n_{x_j \to f_a}(x_j) \mathrm{d}x_j \mathrm{d}x_i \\
&= \int \Phi_i(x_i) \cdot n_{x_i \to f_a}(x_i) \cdot m_{f_a \to x_i}^{\mathrm{BP}}(x_i) \mathrm{d}x_i, \quad \forall i \in \mathcal{I}, a \in \mathcal{N}(i)
\end{aligned} \tag{4-90}
$$

式中，$m_{f_a \to x_i}^{\mathrm{BP}}(x_i) = z_a \cdot \int f_a(\boldsymbol{x}_a) \cdot \prod_{j \in \mathcal{N}(a) \backslash i} n_{x_j \to f_a}(x_j) \mathrm{d}x_j$。

由式(4-90)可得：

$$
b_i(x_i) = \mathrm{Proj}_{\mathcal{E}}\left\{ n_{x_i \to f_a}(x_i) m_{f_a \to x_i}^{\mathrm{BP}}(x_i) \right\}, \quad \forall i \in \mathcal{I}, a \in \mathcal{N}(i) \tag{4-91}
$$

其中，$\mathrm{Proj}_{\mathcal{E}}\{f\}$ 表示将函数 f 投影到特定的指数类 PDF，若将函数投影到高斯 PDF，一般记作 $\mathrm{Proj}_G\{f\}$，此时式(4-91)可以记作：

$$
b_i(x_i) = \mathrm{Proj}_G\left\{ n_{x_i \to f_a}(x_i) m_{f_a \to x_i}^{\mathrm{BP}}(x_i) \right\}, \quad \forall i \in \mathcal{I}, a \in \mathcal{N}(i) \tag{4-92}
$$

如无特别说明，本书以下章节均按投影到高斯 PDF 处理。

进一步，定义从因子节点 f_a 到变量节点 x_i 的消息：

$$
m_{f_a \to x_i}^{\mathrm{EP}}(x_i) \triangleq \frac{\mathrm{Proj}_G\left\{ n_{x_i \to f_a}(x_i) m_{f_a \to x_i}^{\mathrm{BP}}(x_i) \right\}}{n_{x_i \to f_a}(x_i)}, \quad \forall a \in \mathcal{A}, i \in \mathcal{N}(a) \tag{4-93}
$$

结合式(4-91)和式(4-93)可得：

$$
b_i(x_i) = m_{f_a \to x_i}^{\mathrm{EP}}(x_i) n_{x_i \to f_a}(x_i), \quad \forall i \in \mathcal{I}, a \in \mathcal{N}(i) \tag{4-94}
$$

假设与变量节点 x_i 有关的因子节点有 f_a、f_b 和 f_c，如图 4.10 所示。

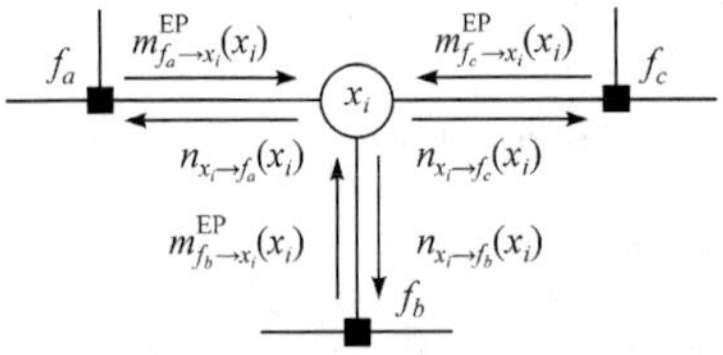

图 4.10　EP 算法消息更新则推导因子图

由式(4-94)可得：

$$
\begin{cases}
b_i(x_i) = n_{x_i \to f_a}(x_i) \cdot m_{f_a \to x_i}^{\mathrm{EP}}(x_i) \\
b_i(x_i) = n_{x_i \to f_b}(x_i) \cdot m_{f_b \to x_i}^{\mathrm{EP}}(x_i) \\
b_i(x_i) = n_{x_i \to f_c}(x_i) \cdot m_{f_c \to x_i}^{\mathrm{EP}}(x_i)
\end{cases} \tag{4-95}
$$

由此可以得到：

$$
b_i(x_i)^{|\mathcal{N}(i)|} = \prod_{a \in \mathcal{N}(i)} n_{x_i \to f_a}(x_i) \cdot m_{f_a \to x_i}^{\mathrm{EP}}(x_i), \quad \forall i \in \mathcal{I}, a \in \mathcal{N}(i) \tag{4-96}
$$

由式(4-86)和式(4-88)可得：

$$
b_i(x_i)^{(|\mathcal{N}(i)|-1)} = z_i \prod_{a \in \mathcal{N}(i)} n_{x_i \to f_a}(x_i), \quad \forall i \in \mathcal{I}, a \in \mathcal{N}(i) \tag{4-97}
$$

式中，$z_i=\exp\left\{\gamma_i+1-\left|\mathcal{N}(i)\right|\right\}$，$\forall i\in\mathcal{I}$ 为归一化常数。

结合式(4-96)和式(4-97)可得：

$$b_i(x_i)=\frac{1}{z_i}\prod_{a\in\mathcal{N}(i)}m_{f_a\to x_i}^{\mathrm{EP}}(x_i),\quad \forall i\in\mathcal{I},a\in\mathcal{N}(i) \tag{4-98}$$

由式(4-98)和式(4-94)可得：

$$m_{f_a\to x_i}^{\mathrm{EP}}(x_i)n_{x_i\to f_a}(x_i)=\frac{1}{z_i}m_{f_a\to x_i}^{\mathrm{EP}}(x_i)\prod_{b\in\mathcal{N}(i)\backslash a}m_{f_b\to x_i}^{\mathrm{EP}}(x_i),\quad \forall a\in\mathcal{A},i\in\mathcal{N}(a) \tag{4-99}$$

对比式(4-99)两边可得：

$$n_{x_i\to f_a}(x_i)=\frac{1}{z_i}\prod_{b\in\mathcal{N}(i)\backslash a}m_{f_b\to x_i}^{\mathrm{EP}}(x_i),\quad \forall a\in\mathcal{A},i\in\mathcal{N}(a) \tag{4-100}$$

去掉式(4-100)的归一化参数可以得到 EP 消息更新规则：

$$m_{f_a\to x_i}^{\mathrm{EP}}(x_i)=\frac{\mathrm{Proj}_G\left\{n_{x_i\to f_a}(x_i)m_{f_a\to x_i}^{\mathrm{BP}}(x_i)\right\}}{n_{x_i\to f_a}(x_i)},\quad \forall a\in\mathcal{A},i\in\mathcal{N}(a) \tag{4-101}$$

$$n_{x_i\to f_a}(x_i)\propto\prod_{b\in\mathcal{N}(i)\backslash a}m_{f_b\to x_i}^{\mathrm{EP}}(x_i),\quad \forall i\in\mathcal{I},a\in\mathcal{N}(i) \tag{4-102}$$

$$m_{f_a\to x_i}^{\mathrm{BP}}(x_i)\propto\int f_a(\boldsymbol{x}_a)\prod_{j\in\mathcal{N}(a)\backslash i}n_{x_j\to f_a}(x_j)\mathrm{d}x_j,\quad \forall a\in\mathcal{A},i\in\mathcal{N}(a) \tag{4-103}$$

计算出所有与感兴趣的变量节点相连的因子节点传递到该节点的消息的乘积，并归一化得到变量 x_i 的置信：

$$b_i(x_i)\propto\prod_{a\in\mathcal{N}(i)}m_{f_a\to x_i}^{\mathrm{EP}}(x_i) \tag{4-104}$$

通常 EP 规则适用于离散和连续共存的场景，由于 EP 规则将非高斯形式消息映射为高斯形式消息，若其他消息也为高斯形式，则能够保证后续消息均为高斯形式，高斯形式的消息有良好的性质，可以降低后续计算复杂度。

4.5　联合 BP-MF 规则

以上三节分别讨论了 MF、BP 和 EP 规则，它们具有各自的优缺点，分别适合不同的场景，在复杂系统中往往需要联合使用多种规则。以下三节分别给出了在同一张因子图上基于自由能的融合不同规则的推导过程，本节首先讨论联合 BP-MF 规则[51]。与单独规则的推导过程类似，联合规则同样采用最小化带约束的区域自由能，得到拉格朗日驻点方程并推导出联合规则的固定点方程，即联合 BP-MF 规则。

4.5.1 区域化变分自由能及置信约束条件

假定因子图包含因子节点$\{f_a \mid a\in\mathcal{A}\}$以及变量节点$\{x_i \mid i\in\mathcal{I}\}$，首先将系统因子图中的因子节点划分为两个不相交的部分：BP 部分$\{f_a \mid a\in\mathcal{A}_{\mathrm{BP}}\}$和 MF 部分$\{f_a \mid a\in\mathcal{A}_{\mathrm{MF}}\}$，其中$\mathcal{A}_{\mathrm{BP}}$和$\mathcal{A}_{\mathrm{MF}}$分别为 BP 部分和 MF 部分因子节点标号的集合，并且满足$\mathcal{A}_{\mathrm{BP}}\cap\mathcal{A}_{\mathrm{MF}}=\varnothing$，$\mathcal{A}_{\mathrm{BP}}\cup\mathcal{A}_{\mathrm{MF}}=\mathcal{A}$。定义：

$$\mathcal{I}_{\mathrm{MF}}\triangleq\bigcup_{a\in\mathcal{A}_{\mathrm{MF}}}\mathcal{N}(a),\quad \mathcal{I}_{\mathrm{BP}}\triangleq\bigcup_{a\in\mathcal{A}_{\mathrm{BP}}}\mathcal{N}(a)$$

$$\mathcal{N}_{\mathrm{MF}}(i)\triangleq\mathcal{A}_{\mathrm{MF}}\cap\mathcal{N}(i),\quad \mathcal{N}_{\mathrm{BP}}(i)\triangleq\mathcal{A}_{\mathrm{BP}}\cap\mathcal{N}(i)$$

$$\mathrm{I}_{\mathcal{I}_{\mathrm{MF}}}(i)=\begin{cases}1, & i\in\mathcal{I}_{\mathrm{MF}}\\ 0, & i\notin\mathcal{I}_{\mathrm{MF}}\end{cases},\quad \mathrm{I}_{\mathcal{I}\backslash\mathcal{I}_{\mathrm{BP}}}(i)=\begin{cases}1, & i\in\mathcal{I}\backslash\mathcal{I}_{\mathrm{BP}}\\ 0, & i\notin\mathcal{I}\backslash\mathcal{I}_{\mathrm{BP}}\end{cases}$$

下面将因子图划分为三种区域：一个 MF 区域(记为R_{MF})、若干个大区域(记为R_a)、若干个小区域(记为R_i)，这三种区域以及它们的计算系数(分别记为$c_{R_{\mathrm{MF}}}$，c_{R_a}和c_{R_i})定义如下：

一个 MF 区域$R_{\mathrm{MF}}\triangleq(\mathcal{I}_{\mathrm{MF}},\mathcal{A}_{\mathrm{MF}})$，其计算系数为$c_{R_{\mathrm{MF}}}=1$；

若干个大区域$R_a\triangleq(\mathcal{N}(a),\{a\}),\forall a\in\mathcal{A}_{\mathrm{BP}}$(每个大区域包含 BP 部分的一个因子节点以及与该因子节点相连的全部变量节点)，其计算系数为$c_{R_a}=1,\forall a\in\mathcal{A}_{\mathrm{BP}}$；

若干个小区域$R_i\triangleq(\{i\},\varnothing),\forall i\in\mathcal{I}_{\mathrm{BP}}$(BP 部分的每一个变量节点即为一个小区域)，其计算系数为$c_{R_i}=1-\left|\mathcal{N}_{\mathrm{BP}}(i)\right|-\mathrm{I}_{\mathcal{I}_{\mathrm{MF}}}(i),\forall i\in\mathcal{I}_{\mathrm{BP}}$。

设因子图上所有上述定义的三种区域和它们的计算系数的集合为$\mathcal{R}_{\mathrm{BP,MF}}$，即：

$$\mathcal{R}_{\mathrm{BP,MF}}\triangleq\left\{\left(R_i,c_{R_i}\right)\mid i\in\mathcal{I}_{\mathrm{BP}}\right\}\cup\left\{R_a,c_{R_a}\mid a\in\mathcal{A}_{\mathrm{BP}}\right\}\cup\left\{R_{\mathrm{MF}},c_{R_{\mathrm{MF}}}\right\} \tag{4-105}$$

容易得到$\mathcal{R}_{\mathrm{BP,MF}}$是一个有效的区域划分。

根据定义可得区域化变分自由能$F_{\mathrm{BP,MF}}$为：

$$\begin{aligned}F_{\mathcal{R}_{\mathrm{BP,MF}}}\left(\left\{b_{\mathcal{R}_{\mathrm{BP,MF}}}\right\}\right)&=U_{\mathcal{R}_{\mathrm{BP,MF}}}\left(\left\{b_{\mathcal{R}_{\mathrm{BP,MF}}}\right\}\right)-H_{\mathcal{R}_{\mathrm{BP,MF}}}\left(\left\{b_{\mathcal{R}_{\mathrm{BP,MF}}}\right\}\right)\\&=-\sum_{a\in\mathcal{A}_{\mathrm{MF}}}\sum_{\boldsymbol{x}_{\mathrm{MF}}}b_{\mathrm{MF}}(\boldsymbol{x}_{\mathrm{MF}})\ln f_a(\boldsymbol{x}_a)-\sum_{a\in\mathcal{A}_{\mathrm{BP}}}\sum_{\boldsymbol{x}_a}b_a(\boldsymbol{x}_a)\ln f_a(\boldsymbol{x}_a)\\&\quad+\sum_{\boldsymbol{x}_{\mathrm{MF}}}b_{\mathrm{MF}}(\boldsymbol{x}_{\mathrm{MF}})\ln b_{\mathrm{MF}}(\boldsymbol{x}_{\mathrm{MF}})+\sum_{a\in\mathcal{A}_{\mathrm{BP}}}\sum_{\boldsymbol{x}_a}b_a(\boldsymbol{x}_a)\ln b_a(\boldsymbol{x}_a)\\&\quad+\sum_{i\in\mathcal{I}_{\mathrm{BP}}}\left(1-\left|\mathcal{N}_{\mathrm{BP}}(i)\right|-\mathrm{I}_{\mathcal{I}_{\mathrm{MF}}}(i)\right)\sum_{x_i}b_i(x_i)\ln b_i(x_i)\end{aligned} \tag{4-106}$$

进一步化简得到：

$$
\begin{aligned}
F_{\mathcal{R}_{\mathrm{BP,MF}}}\left(\left\{b_{\mathcal{R}_{\mathrm{BP,MF}}}\right\}\right)= & -\sum_{a\in\mathcal{A}_{\mathrm{MF}}}\sum_{\boldsymbol{x}_a}\prod_{i\in\mathcal{N}(a)} b_i(x_i)\ln f_a(\boldsymbol{x}_a)-\sum_{a\in\mathcal{A}_{\mathrm{BP}}}\sum_{\boldsymbol{x}_a} b_a(\boldsymbol{x}_a)\ln f_a(\boldsymbol{x}_a) \\
& +\sum_{a\in\mathcal{A}_{\mathrm{BP}}}\sum_{\boldsymbol{x}_a} b_a(\boldsymbol{x}_a)\ln b_a(\boldsymbol{x}_a)+\sum_{i\in\mathcal{I}_{\mathrm{MF}}}\sum_{x_i} b_i(x_i)\ln b_i(x_i) \\
& +\sum_{i\in\mathcal{I}_{\mathrm{BP}}}\left(1-\left|\mathcal{N}_{\mathrm{BP}}(i)\right|-\mathrm{I}_{\mathcal{I}_{\mathrm{MF}}}(i)\right)\sum_{x_i} b_i(x_i)\ln b_i(x_i)
\end{aligned} \tag{4-107}
$$

将上式的最后两项整理合并(详细过程见附录 E)，最终可以得到：

$$
\begin{aligned}
F_{\mathcal{R}_{\mathrm{BP,MF}}}\left(\left\{b_{\mathcal{R}_{\mathrm{BP,MF}}}\right\}\right)= & -\sum_{a\in\mathcal{A}_{\mathrm{MF}}}\sum_{\boldsymbol{x}_a}\prod_{i\in\mathcal{N}(a)} b_i(x_i)\ln f_a(\boldsymbol{x}_a)-\sum_{a\in\mathcal{A}_{\mathrm{BP}}}\sum_{\boldsymbol{x}_a} b_a(\boldsymbol{x}_a)\ln f_a(\boldsymbol{x}_a) \\
& +\sum_{a\in\mathcal{A}_{\mathrm{BP}}}\sum_{\boldsymbol{x}_a} b_a(\boldsymbol{x}_a)\ln b_a(\boldsymbol{x}_a)-\sum_{i\in\mathcal{I}}\left(\left|\mathcal{N}_{\mathrm{BP}}(i)\right|-1\right)\sum_{x_i} b_i(x_i)\ln b_i(x_i)
\end{aligned} \tag{4-108}
$$

式中包含的所有变量为：$b_a(\boldsymbol{x}_a),\forall a\in\mathcal{A}_{\mathrm{BP}}$ 以及 $b_i(x_i),\forall i\in\mathcal{I}$ ，$b_a(\boldsymbol{x}_a)$ 表示与因子节点 f_a 相连的所有变量节点的联合置信，$b_i(x_i)$ 表示变量 x_i 的置信，并且 $b_i(x_i)$ 中变量节点的标号可以分为两类：$i\in\mathcal{I}_{\mathrm{BP}}$ 和 $i\in\mathcal{I}\setminus\mathcal{I}_{\mathrm{BP}}$ ，各个分区的置信需要满足如下条件：

(1) $b_a(\boldsymbol{x}_a)$ 需要满足边缘化约束和归一化约束：

$$
b_i(x_i)=\sum_{\boldsymbol{x}_a\setminus x_i} b_a(\boldsymbol{x}_a),\quad \forall a\in\mathcal{A}_{\mathrm{BP}},i\in\mathcal{N}(a) \tag{4-109}
$$

$$
\sum_{\boldsymbol{x}_a} b_a(\boldsymbol{x}_a)=1,\quad \forall a\in\mathcal{A}_{\mathrm{BP}} \tag{4-110}
$$

式(4-109)也可以记为：

$$
b_i(x_i)=\sum_{\boldsymbol{x}_a\setminus x_i} b_a(\boldsymbol{x}_a),\quad \forall i\in\mathcal{I}_{\mathrm{BP}},a\in\mathcal{N}_{\mathrm{BP}}(i) \tag{4-111}
$$

(2) $b_i(x_i)$ 需要满足归一化约束条件：

$$
\sum_{x_i} b_i(x_i)=1,\quad \forall i\in\mathcal{I}\setminus\mathcal{I}_{\mathrm{BP}} \tag{4-112}
$$

注意，由式(4-109)和式(4-110)可推导出 $\left\{b_i(x_i)\,|\,i\in\mathcal{I}_{\mathrm{BP}}\right\}$ 的归一化约束条件。因此，在式(4-112)中不再给出这些变量节点置信的归一化约束条件。

4.5.2　拉格朗日法求解约束优化问题

由式(4-109)的边缘化约束条件，可知：

$$\begin{aligned}&\sum_{a\in\mathcal{A}_{\mathrm{BP}}}\sum_{\boldsymbol{x}_a}b_a(\boldsymbol{x}_a)\ln\prod_{i\in\mathcal{N}(a)}b_i(x_i)\\&=\sum_{a\in\mathcal{A}_{\mathrm{BP}}}\sum_{\boldsymbol{x}_a}\sum_{i\in\mathcal{N}(a)}b_a(\boldsymbol{x}_a)\ln b_i(x_i)=\sum_{a\in\mathcal{A}_{\mathrm{BP}}}\sum_{i\in\mathcal{N}(a)}\sum_{x_i}b_i(x_i)\ln b_i(x_i)\\&=\sum_{i\in\mathcal{I}_{\mathrm{BP}}}\sum_{a\in\mathcal{N}_{\mathrm{BP}}(i)}\sum_{x_i}b_i(x_i)\ln b_i(x_i)=\sum_{i\in\mathcal{I}_{\mathrm{BP}}}\left|\mathcal{N}_{\mathrm{BP}}(i)\right|\sum_{x_i}b_i(x_i)\ln b_i(x_i)\end{aligned}\tag{4-113}$$

将上式代入式(4-108)，区域化变分自由能可以改写为：

$$\begin{aligned}F_{\mathcal{R}_{\mathrm{BP,MF}}}\left(\left\{b_{\mathcal{R}_{\mathrm{BP,MF}}}\right\}\right)=&-\sum_{a\in\mathcal{A}_{\mathrm{BP}}}\sum_{\boldsymbol{x}_a}b_a(\boldsymbol{x}_a)\ln f_a(\boldsymbol{x}_a)-\sum_{a\in\mathcal{A}_{\mathrm{MF}}}\sum_{\boldsymbol{x}_a}\prod_{i\in\mathcal{N}(a)}b_i(x_i)\ln f_a(\boldsymbol{x}_a)\\&+\sum_{i\in\mathcal{I}}\sum_{x_i}b_i(x_i)\ln b_i(x_i)+\sum_{a\in\mathcal{A}_{\mathrm{BP}}}\sum_{\boldsymbol{x}_a}b_a(\boldsymbol{x}_a)\ln\frac{b_a(\boldsymbol{x}_a)}{\prod_{i\in\mathcal{N}(a)}b_i(x_i)}\end{aligned}\tag{4-114}$$

约束优化问题的拉格朗日方程为：

$$\begin{aligned}L_{\mathcal{R}_{\mathrm{BP,MF}}}\left(\left\{b_{\mathcal{R}_{\mathrm{BP,MF}}}\right\}\right)=&F_{\mathcal{R}_{\mathrm{BP,MF}}}\left(\left\{b_{\mathcal{R}_{\mathrm{BP,MF}}}\right\}\right)-\sum_{a\in\mathcal{A}_{\mathrm{BP}}}\sum_{i\in\mathcal{N}(a)}\sum_{x_i}\lambda_{a,i}(x_i)\left(b_i(x_i)-\sum_{\boldsymbol{x}_a\setminus x_i}b_a(\boldsymbol{x}_a)\right)\\&-\sum_{i\in\mathcal{I}\setminus\mathcal{I}_{\mathrm{BP}}}\gamma_i\sum_{x_i}\left(b_i(x_i)-1\right)-\sum_{a\in\mathcal{A}_{\mathrm{BP}}}\gamma_a\left(\sum_{\boldsymbol{x}_a}b_a(\boldsymbol{x}_a)-1\right)\end{aligned}\tag{4-115}$$

其中，参数集合$\left\{\lambda_{a,i}(x_i)\mid a\in\mathcal{A}_{\mathrm{BP}},i\in\mathcal{N}(a)\right\}$、$\left\{\gamma_i\mid i\in\mathcal{I}\setminus\mathcal{I}_{\mathrm{BP}}\right\}$和$\left\{\gamma_a\mid a\in\mathcal{A}_{\mathrm{BP}}\right\}$为等式约束条件下的拉格朗日乘子。

上式分别对$b_i(x_i)$和$b_a(\boldsymbol{x}_a)$求偏导(具体过程见附录 F)：

$$\begin{aligned}\frac{\partial L_{\mathcal{R}_{\mathrm{BP,MF}}}\left(\left\{b_{\mathcal{R}_{\mathrm{BP,MF}}}\right\}\right)}{\partial b_i(x_i)}=&-\sum_{a\in\mathcal{N}_{\mathrm{MF}}(i)}\sum_{\boldsymbol{x}_a\setminus x_i}\prod_{j\in\mathcal{N}(a)\setminus i}b_j(x_j)\ln f_a(\boldsymbol{x}_a)-\left|\mathcal{N}_{\mathrm{BP}}(i)\right|+\left(1+\ln b_i(x_i)\right)\\&-\mathrm{I}_{\mathcal{I}\setminus\mathcal{I}_{\mathrm{BP}}}(i)\cdot\gamma_i-\sum_{a\in\mathcal{N}_{\mathrm{BP}}(i)}\lambda_{a,i}(x_i),\quad\forall i\in\mathcal{I}\end{aligned}\tag{4-116}$$

$$\begin{aligned}\frac{\partial L_{\mathcal{R}_{\mathrm{BP,MF}}}\left(\left\{b_{\mathcal{R}_{\mathrm{BP,MF}}}\right\}\right)}{\partial b_a(\boldsymbol{x}_a)}=&-\ln f_a(\boldsymbol{x}_a)+1+\ln b_a(\boldsymbol{x}_a)-\ln\left(\prod_{i\in\mathcal{N}(a)}b_i(x_i)\right)\\&+\sum_{i\in\mathcal{N}(a)}\lambda_{a,i}(x_i)-\gamma_a,\quad\forall a\in\mathcal{A}_{\mathrm{BP}}\end{aligned}\tag{4-117}$$

得到驻点方程为：

$$\begin{aligned}\ln b_i(x_i) = & \sum_{a\in\mathcal{N}_{\mathrm{BP}}(i)} \lambda_{a,i}(x_i) + \sum_{a\in\mathcal{N}_{\mathrm{MF}}(i)} \sum_{\boldsymbol{x}_a\backslash x_i} \prod_{j\in\mathcal{N}(a)\backslash i} b_j(x_j) \ln f_a(\boldsymbol{x}_a) \\ & + \left|\mathcal{N}_{\mathrm{BP}}(i)\right| + \mathrm{I}_{\mathcal{I}\backslash\mathcal{I}_{\mathrm{BP}}}(i)\cdot\gamma_i - 1, \quad \forall i\in\mathcal{I}\end{aligned} \tag{4-118}$$

$$\ln b_a(\boldsymbol{x}_a) = \ln f_a(\boldsymbol{x}_a) - \sum_{i\in\mathcal{N}(a)} \lambda_{a,i}(x_i) + \ln\left(\prod_{i\in\mathcal{N}(a)} b_i(x_i)\right) + \gamma_a - 1, \quad \forall a\in\mathcal{A}_{\mathrm{BP}} \tag{4-119}$$

经整理得：

$$\begin{aligned}b_i(x_i) = & \prod_{a\in\mathcal{N}_{\mathrm{MF}}(i)} \exp\left\{\sum_{\boldsymbol{x}_a\backslash x_i} \prod_{j\in\mathcal{N}(a)\backslash i} b_j(x_j) \ln f_a(\boldsymbol{x}_a)\right\} \sum_{a\in\mathcal{N}_{\mathrm{BP}}(i)} \exp\left\{\lambda_{a,i}(x_i) + 1 - \frac{1}{\left|\mathcal{N}_{\mathrm{BP}}(i)\right|}\right\} \\ & \times \exp\left\{\mathrm{I}_{\mathcal{I}\backslash\mathcal{I}_{\mathrm{BP}}}(i)\cdot\gamma_i\right\}, \quad \forall i\in\mathcal{I}\end{aligned} \tag{4-120}$$

$$\begin{aligned}b_a(\boldsymbol{x}_a) = & f_a(\boldsymbol{x}_a) \exp\left\{\sum_{i\in\mathcal{N}(a)} \ln b_i(x_i) - \sum_{i\in\mathcal{N}(a)} \lambda_{a,i}(x_i) - \left|\mathcal{N}_{\mathrm{BP}}(i)\right| + 1\right\} \\ & \exp\left\{\left|\mathcal{N}_{\mathrm{BP}}(i)\right| - 1 + \gamma_a - 1\right\} \\ = & f_a(\boldsymbol{x}_a) \prod_{i\in\mathcal{N}(a)} \frac{\ln b_i(x_i)}{\lambda_{a,i}(x_i) + 1 - \dfrac{1}{\left|\mathcal{N}_{\mathrm{BP}}(i)\right|}} \exp\left\{\left|\mathcal{N}_{\mathrm{BP}}(i)\right| - 1 + \gamma_a - 1\right\}, \quad \forall a\in\mathcal{A}_{\mathrm{BP}}\end{aligned} \tag{4-121}$$

为了清晰表达上式，定义下面两类消息：

$$m_{f_a\to x_i}^{\mathrm{BP}}(x_i) \triangleq \exp\left\{\lambda_{a,i}(x_i) + 1 - \frac{1}{\left|\mathcal{N}_{\mathrm{BP}}(i)\right|}\right\}, \quad \forall a\in\mathcal{A}_{\mathrm{BP}}, i\in\mathcal{N}(a) \tag{4-122}$$

$$m_{f_a\to x_i}^{\mathrm{MF}}(x_i) \triangleq \exp\left\{\sum_{\boldsymbol{x}_a\backslash x_i} \ln f_a(\boldsymbol{x}_a) \prod_{j\in\mathcal{N}(a)\backslash i} b_j(x_j)\right\}, \quad \forall a\in\mathcal{A}_{\mathrm{MF}}, i\in\mathcal{N}(a) \tag{4-123}$$

那么，式(4-120)和式(4-121)可以改写为：

$$b_i(x_i) = z_i \prod_{a\in\mathcal{N}_{\mathrm{BP}}(i)} m_{f_a\to x_i}^{\mathrm{BP}}(x_i) \prod_{b\in\mathcal{N}_{\mathrm{MF}}(i)} m_{f_b\to x_i}^{\mathrm{MF}}(x_i), \quad \forall i\in\mathcal{I} \tag{4-124}$$

$$b_a(\boldsymbol{x}_a) = z_a \cdot f_a(\boldsymbol{x}_a) \prod_{i\in\mathcal{N}(a)} \frac{b_i(x_i)}{m_{f_a\to x_i}^{\mathrm{BP}}(x_i)}, \quad \forall a\in\mathcal{A}_{\mathrm{BP}} \tag{4-125}$$

其中：

$$z_i \triangleq \exp\left\{\mathrm{I}_{\mathcal{I}\backslash\mathcal{I}_{\mathrm{BP}}}(i)\cdot\gamma_i\right\}, \quad \forall i\in\mathcal{I} \tag{4-126}$$

$$z_a \triangleq \exp\left\{\gamma_a - 1 + \sum_{i\in\mathcal{N}(a)}\left(1-\frac{1}{\left|\mathcal{N}_{\mathrm{BP}}(i)\right|}\right)\right\},\quad \forall a\in\mathcal{A}_{\mathrm{BP}} \tag{4-127}$$

这些归一化参数使得式(4-124)和式(4-125)满足变量置信的归一化约束条件。接着，对于所有的因子节点 $a\in\mathcal{A}$ 定义从变量节点到因子节点的消息：

$$n_{x_i\to f_a}(x_i) = z_i \prod_{b\in\mathcal{N}_{\mathrm{BP}}(i)\backslash a} m_{f_b\to x_i}^{\mathrm{BP}}(x_i) \prod_{c\in\mathcal{N}_{\mathrm{MF}}(i)} m_{f_c\to x_i}^{\mathrm{MF}}(x_i),\quad \forall a\in\mathcal{A}, i\in\mathcal{N}(a) \tag{4-128}$$

当 $\forall a\in\mathcal{A}_{\mathrm{BP}}$ 时，式(4-124)和式(4-125)可以进一步改写为：

$$b_i(x_i) = n_{x_i\to f_a}(x_i) m_{f_a\to x_i}^{\mathrm{BP}}(x_i),\quad \forall a\in\mathcal{A}_{\mathrm{BP}}, i\in\mathcal{N}(a) \tag{4-129}$$

$$b_a(\boldsymbol{x}_a) = z_a f_a(\boldsymbol{x}_a) \prod_{i\in\mathcal{N}(a)} n_{x_i\to f_a}(x_i) \tag{4-130}$$

由边缘化条件 $b_i(x_i) = \sum_{\boldsymbol{x}_a\backslash x_i} b_a(\boldsymbol{x}_a),\ \forall a\in\mathcal{A}_{\mathrm{BP}}, i\in\mathcal{N}(a)$ 并结合式(4-129)可得：

$$n_{x_i\to f_a}(x_i) m_{f_a\to x_i}^{\mathrm{BP}}(x_i) = z_a \sum_{\boldsymbol{x}_a\backslash x_i} f_a(\boldsymbol{x}_a) \prod_{i\in\mathcal{N}(a)} n_{x_i\to f_a}(x_i),\quad \forall a\in\mathcal{A}_{\mathrm{BP}}, i\in\mathcal{N}(a) \tag{4-131}$$

上式等号两边同除以 $n_{x_i\to f_a}(x_i)$，可以得到：

$$m_{f_a\to x_i}^{\mathrm{BP}}(x_i) = z_a \sum_{\boldsymbol{x}_a\backslash x_i} f_a(\boldsymbol{x}_a) \prod_{j\in\mathcal{N}(a)\backslash i} n_{x_j\to f_a}(x_j),\quad \forall a\in\mathcal{A}_{\mathrm{BP}}, i\in\mathcal{N}(a) \tag{4-132}$$

当 $\forall a\in\mathcal{A}_{\mathrm{MF}}$ 时，对比式(4-124)和式(4-128)则有 $n_{x_i\to f_a}(x_i) = b_i(x_i)$，因此式(4-123)中函数 $m_{f_a\to x_i}^{\mathrm{MF}}(x_i)$ 可以改写为：

$$m_{f_a\to x_i}^{\mathrm{MF}}(x_i) = \exp\left\{\sum_{\boldsymbol{x}_a\backslash x_i} \ln f_a(\boldsymbol{x}_a) \prod_{j\in\mathcal{N}(a)\backslash i} n_{x_j\to f_a}(x_j)\right\},\quad \forall a\in\mathcal{A}_{\mathrm{MF}}, i\in\mathcal{N}(a) \tag{4-133}$$

除去式(4-132)、式(4-133)和式(4-128)的归一化常数，可得联合 BP-MF 消息更新规则为：

$$m_{f_a\to x_i}^{\mathrm{BP}}(x_i) \propto \sum_{\boldsymbol{x}_a\backslash x_i} f_a(\boldsymbol{x}_a) \prod_{j\in\mathcal{N}(a)\backslash i} n_{x_j\to f_a}(x_j),\quad \forall a\in\mathcal{A}_{\mathrm{BP}}, i\in\mathcal{N}(a) \tag{4-134}$$

$$m_{f_a\to x_i}^{\mathrm{MF}}(x_i) = \exp\left\{\sum_{\boldsymbol{x}_a\backslash x_i} \ln f_a(\boldsymbol{x}_a) \prod_{j\in\mathcal{N}(a)\backslash i} n_{x_j\to f_a}(x_j)\right\},\quad \forall a\in\mathcal{A}_{\mathrm{MF}}, i\in\mathcal{N}(a) \tag{4-135}$$

$$n_{x_i\to f_a}(x_i) \propto \prod_{b\in(\mathcal{A}_{\mathrm{BP}}\cap\mathcal{N}(i))\backslash a} m_{f_b\to x_i}^{\mathrm{BP}}(x_i) \prod_{c\in(\mathcal{A}_{\mathrm{MF}}\cap\mathcal{N}(i))} m_{f_c\to x_i}^{\mathrm{MF}}(x_i),\quad \forall i\in\mathcal{I} \tag{4-136}$$

从上面公式可以看出，对于因子节点 $f_a, \forall a\in\mathcal{A}_{\mathrm{BP}}$ 传递到其相邻的变量节点

$x_i,\forall i\in\mathcal{N}(a)$ 的 m-类型消息利用 BP 消息更新规则；因子节点 $f_a,\forall a\in\mathcal{A}_{\text{MF}}$ 传递到其相邻的变量节点 $x_i,\forall i\in\mathcal{N}(a)$ 的 m-类型消息利用 MF 消息更新规则。对于变量节点 $x_i,\forall i\in\mathcal{I}$ 传递到与其相邻的 BP 部分的因子节点 $f_a,a\in\mathcal{N}(i)\cap\mathcal{A}_{\text{BP}}$ 的 n-类型消息，由其因子节点 f_a 以外的所有与其相连的因子节点 $f_b,\forall b\in\mathcal{N}(i)\setminus a$ 到该变量节点 x_i 的 m-类型消息乘积求得；传递到与其相邻的 MF 部分的因子节点 $f_a,a\in\mathcal{N}(i)\cap\mathcal{A}_{\text{MF}}$ 的 n-类型消息，由所有与其相连的因子节点 $f_b,\forall b\in\mathcal{N}(i)$ 到该变量节点的消息乘积求得。

对于连续型随机变量，上述式(4-134)和式(4-135)可改写为：

$$m_{f_a\to x_i}^{\text{BP}}(x_i)\propto\int f_a(\boldsymbol{x}_a)\prod_{j\in\mathcal{N}(a)\setminus i}n_{x_j\to f_a}(x_j)\mathrm{d}x_j,\quad\forall a\in\mathcal{A}_{\text{BP}},i\in\mathcal{N}(a)\tag{4-137}$$

$$m_{f_a\to x_i}^{\text{MF}}(x_i)\propto\exp\left\{\int\ln f_a(\boldsymbol{x}_a)\prod_{j\in\mathcal{N}(a)\setminus i}n_{x_j\to f_a}(x_j)\mathrm{d}x_j\right\},\quad\forall a\in\mathcal{A}_{\text{MF}},i\in\mathcal{N}(a)\tag{4-138}$$

计算出所有与变量节点 x_i 相连的因子节点传递到 x_i 消息的乘积，并归一化便可得到变量 x_i 的置信：

$$b_i(x_i)\propto\prod_{b\in(\mathcal{A}_{\text{BP}}\cap\mathcal{N}(i))}m_{f_b\to x_i}^{\text{BP}}(x_i)\prod_{c\in(\mathcal{A}_{\text{MF}}\cap\mathcal{N}(i))}m_{f_c\to x_i}^{\text{MF}}(x_i),\quad\forall i\in\mathcal{I}\tag{4-139}$$

4.6　联合 BP-EP 规则

与前一节类似，BP 与 EP 规则也可以在同一张因子图上联合使用。本节给出联合 BP-EP 规则的推导过程[93]。

4.6.1　Bethe 自由能及置信约束条件

假定因子图包含因子节点 $\{f_a\mid a\in\mathcal{A}\}$ 以及变量节点 $\{x_i\mid i\in\mathcal{I}\}$，首先将系统因子图中的变量节点划分为两个不相交的部分：BP 部分 $\{x_i\mid i\in\mathcal{I}_{\text{BP}}\}$ 和 EP 部分 $\{x_i\mid i\in\mathcal{I}_{\text{EP}}\}$，其中 $\mathcal{I}_{\text{BP}}$ 和 $\mathcal{I}_{\text{EP}}$ 分别为 BP 部分和 EP 部分变量节点标号的集合，并且满足 $\mathcal{I}_{\text{BP}}\cap\mathcal{I}_{\text{EP}}=\varnothing$，$\mathcal{I}_{\text{BP}}\cup\mathcal{I}_{\text{EP}}=\mathcal{I}$。定义：

$$\mathcal{N}_{\text{BP}}(a)\triangleq\mathcal{N}(a)\cap\mathcal{I}_{\text{BP}},\quad\mathcal{N}_{\text{EP}}(a)\triangleq\mathcal{N}(a)\cap\mathcal{I}_{\text{EP}}$$

由于使用 Bethe 分区，系统的 Bethe 自由能可以表示为：

$$F_{\text{Bethe}}(\{b_R\})=\sum_{a\in\mathcal{A}}\int b_a(\boldsymbol{x}_a)\ln\frac{b_a(\boldsymbol{x}_a)}{f_a(\boldsymbol{x}_a)}\mathrm{d}\boldsymbol{x}_a-\sum_{i\in\mathcal{I}}(|\mathcal{N}(i)|-1)\int b_i(x_i)\ln b_i(x_i)\mathrm{d}x_i\tag{4-140}$$

所有的置信都有如下的归一化约束条件：

$$\int b_a(\boldsymbol{x}_a)\mathrm{d}\boldsymbol{x}_a = 1, \quad \forall a \in \mathcal{A} \tag{4-141}$$

$$\int b_i(x_i)\mathrm{d}x_i = 1, \quad \forall i \in \mathcal{I} \tag{4-142}$$

在 BP 部分的变量节点有如下边缘化约束条件：

$$b_i(x_i) = \int b_a(\boldsymbol{x}_a)\mathrm{d}\boldsymbol{x}_a \setminus x_i, \quad \forall i \in \mathcal{I}_{\mathrm{BP}}, a \in \mathcal{N}(i) \tag{4-143}$$

在 EP 部分的变量节点有如下期望约束条件：

$$\int \Phi_i(x_i) b_i(x_i)\mathrm{d}x_i = \int \Phi_i(x_i) b_a(\boldsymbol{x}_a)\mathrm{d}\boldsymbol{x}_a, \quad \forall i \in \mathcal{I}_{\mathrm{EP}}, a \in \mathcal{N}(i) \tag{4-144}$$

4.6.2 拉格朗日法求解约束优化问题

约束优化问题的拉格朗日方程为：

$$\begin{aligned}L_{\mathrm{Bethe}}(\{b_R\}) = F_{\mathrm{Bethe}}(\{b_R\}) &+ \sum_{a\in\mathcal{A}}\sum_{i\in\mathcal{N}_{\mathrm{BP}}(a)} \int \lambda_{a,i}(x_i)\left(b_i(x_i) - \int b_a(\boldsymbol{x}_a)\mathrm{d}\boldsymbol{x}_a \setminus x_i\right)\mathrm{d}x_i \\ &+ \sum_{a\in\mathcal{A}}\sum_{i\in\mathcal{N}_{\mathrm{EP}}(a)} \boldsymbol{\mu}_{a,i}^{\top}\left(\int \Phi_i(x_i) b_i(x_i)\mathrm{d}x_i - \int \Phi_i(x_i) b_a(\boldsymbol{x}_a)\mathrm{d}\boldsymbol{x}_a\right) \\ &+ \sum_{i\in\mathcal{I}}\gamma_i\left(\int b_i(x_i)\mathrm{d}x_i - 1\right) + \sum_{a\in\mathcal{A}}\gamma_a\left(\int b_a(\boldsymbol{x}_a)\mathrm{d}\boldsymbol{x}_a - 1\right)\end{aligned} \tag{4-145}$$

其中，参数集合$\{\lambda_{a,i}(x_i) \mid a \in \mathcal{A}, i \in \mathcal{N}_{\mathrm{BP}}(a)\}$、$\{\boldsymbol{\mu}_{a,i} \mid a \in \mathcal{A}, i \in \mathcal{N}_{\mathrm{EP}}(a)\}$、$\{\gamma_i \mid i \in \mathcal{I}\}$和$\{\gamma_a \mid a \in \mathcal{A}\}$为等式约束条件下的拉格朗日乘子。

通过对置信$b_i(x_i)$，$b_a(x_a)$求偏导可得：

$$\frac{\partial L_{\mathrm{Bethe}}(\{b_R\})}{\partial b_i(x_i)} = -\left(|\mathcal{N}(i)| - 1\right)\left(\ln b_i(x_i) + 1\right) + \sum_{a\in\mathcal{N}(i)} \lambda_{a,i}(x_i) + \gamma_i, \quad \forall i \in \mathcal{I}_{\mathrm{BP}} \tag{4-146}$$

$$\frac{\partial L_{\mathrm{Bethe}}(\{b_R\})}{\partial b_i(x_i)} = -\left(|\mathcal{N}(i)| - 1\right)\left(\ln b_i(x_i) + 1\right) + \sum_{a\in\mathcal{N}(i)} \boldsymbol{\mu}_{a,i}^{\top}\Phi_i(x_i) + \gamma_i, \quad \forall i \in \mathcal{I}_{\mathrm{EP}} \tag{4-147}$$

$$\frac{\partial L_{\mathrm{Bethe}}(\{b_R\})}{\partial b_a(\boldsymbol{x}_a)} = \ln b_a(\boldsymbol{x}_a) - \ln f_a(\boldsymbol{x}_a) - \sum_{i\in\mathcal{N}_{\mathrm{BP}}(a)} \lambda_{a,i}(x_i) - \sum_{i\in\mathcal{N}_{\mathrm{EP}}(a)} \boldsymbol{\mu}_{a,i}^{\top}\Phi_i(x_i) + \gamma_a + 1, \quad a \in \mathcal{A} \tag{4-148}$$

令上式的偏导等于零，并整理可得驻点方程：

$$\left(\left|\mathcal{N}(i)\right|-1\right)\ln b_i\left(x_i\right)=\sum_{a\in\mathcal{N}(i)}\lambda_{a,i}\left(x_i\right)+\gamma_i+1-\left|\mathcal{N}(i)\right|,\quad \forall i\in\mathcal{I}_{\mathrm{BP}} \tag{4-149}$$

$$\left(\left|\mathcal{N}(i)\right|-1\right)\ln b_i\left(x_i\right)=\sum_{a\in\mathcal{N}(i)}\boldsymbol{\mu}_{a,i}^{\top}\boldsymbol{\Phi}_i\left(x_i\right)+\gamma_i+1-\left|\mathcal{N}(i)\right|,\quad \forall i\in\mathcal{I}_{\mathrm{EP}} \tag{4-150}$$

$$\ln b_a\left(\boldsymbol{x}_a\right)=\ln f_a\left(\boldsymbol{x}_a\right)+\sum_{i\in\mathcal{N}_{\mathrm{BP}}(a)}\lambda_{a,i}\left(x_i\right)+\sum_{i\in\mathcal{N}_{\mathrm{EP}}(a)}\boldsymbol{\mu}_{a,i}^{\top}\boldsymbol{\Phi}_i\left(x_i\right)-\gamma_a-1,\quad \forall a\in\mathcal{A} \tag{4-151}$$

为清晰表达上式，定义从变量节点到因子节点的消息：

$$n_{x_i\to f_a}^{\mathrm{BP}}\left(x_i\right)\triangleq\exp\left\{\lambda_{a,i}\left(x_i\right)\right\},\quad \forall i\in\mathcal{I}_{\mathrm{BP}},a\in\mathcal{N}(i) \tag{4-152}$$

$$n_{x_i\to f_a}^{\mathrm{EP}}\left(x_i\right)\triangleq\exp\left\{\boldsymbol{\mu}_{a,i}^{\mathrm{T}}\boldsymbol{\Phi}_i\left(x_i\right)\right\},\quad \forall i\in\mathcal{I}_{\mathrm{EP}},a\in\mathcal{N}(i) \tag{4-153}$$

根据式(4-152)及式(4-153)的定义，式(4-151)可以重写为：

$$b_a\left(\boldsymbol{x}_a\right)=z_a\cdot f_a\left(\boldsymbol{x}_a\right)\prod_{i\in\mathcal{N}_{\mathrm{BP}}(a)}n_{x_i\to f_a}^{\mathrm{BP}}\left(x_i\right)\prod_{i\in\mathcal{N}_{\mathrm{EP}}(a)}n_{x_i\to f_a}^{\mathrm{EP}}\left(x_i\right),\quad \forall a\in\mathcal{A},i\in\mathcal{I} \tag{4-154}$$

式中，$z_a=\exp\left\{-\gamma_a-1\right\}$，$\forall a\in\mathcal{A}$ 为归一化常数。

由 BP 区域的边缘化约束条件 $b_i\left(x_i\right)=\int b_a\left(\boldsymbol{x}_a\right)\mathrm{d}\boldsymbol{x}_a\setminus x_i$，结合式(4-154)可得：

$$\begin{aligned}b_i\left(x_i\right)&=\int z_a\cdot f_a\left(\boldsymbol{x}_a\right)\prod_{j\in\mathcal{N}_{\mathrm{BP}}(a)}n_{x_i\to f_a}^{\mathrm{BP}}\left(x_i\right)\prod_{j'\in\mathcal{N}_{\mathrm{EP}}(a)}n_{x_i\to f_a}^{\mathrm{EP}}\left(x_i\right)\mathrm{d}\boldsymbol{x}_a\setminus x_i\\&=n_{x_i\to f_a}^{\mathrm{BP}}\left(x_i\right)z_a\int f_a\left(\boldsymbol{x}_a\right)\prod_{j\in\mathcal{N}_{\mathrm{BP}}(a)\setminus i}n_{x_j\to f_a}^{\mathrm{BP}}\left(x_j\right)\prod_{j'\in\mathcal{N}_{\mathrm{EP}}(a)}n_{x_j\to f_a}^{\mathrm{EP}}\left(x_j\right)\mathrm{d}\boldsymbol{x}_a\setminus x_i,\\&\quad i\in\mathcal{I}_{\mathrm{BP}},a\in\mathcal{N}(i)\end{aligned} \tag{4-155}$$

进一步，定义因子节点到变量节点的消息：

$$\begin{aligned}m_{f_a\to x_i}^{\mathrm{BP}}\left(x_i\right)&\triangleq z_a\int f_a\left(\boldsymbol{x}_a\right)\prod_{j\in\mathcal{N}_{\mathrm{BP}}(a)\setminus i}n_{x_j\to f_a}^{\mathrm{BP}}\left(x_j\right)\prod_{j'\in\mathcal{N}_{\mathrm{EP}}(a)}n_{x_j\to f_a}^{\mathrm{EP}}\left(x_j\right)\mathrm{d}\boldsymbol{x}_a\setminus x_i,\\&\forall i\in\mathcal{I}_{\mathrm{BP}},a\in\mathcal{N}(i)\end{aligned} \tag{4-156}$$

则式(4-155)可以改写为：

$$b_i\left(x_i\right)=n_{x_i\to f_a}^{\mathrm{BP}}\left(x_i\right)\cdot m_{f_a\to x_i}^{\mathrm{BP}}\left(x_i\right),\quad \forall i\in\mathcal{I}_{\mathrm{BP}},a\in\mathcal{N}(i) \tag{4-157}$$

假设与变量节点 x_i 有关的因子节点有 f_a、f_b 和 f_c，如图 4.11 所示。由式(4-143)的边缘化条件和式(4-67)可得：

$$\begin{cases} b_i(x_i)=\int b_a(\boldsymbol{x}_a)d\boldsymbol{x}_a \setminus x_i = n^{\mathrm{BP}}_{x_i\to f_a}(x_i)\cdot m^{\mathrm{BP}}_{f_a\to x_i}(x_i) \\ b_i(x_i)=\int b_b(\boldsymbol{x}_b)d\boldsymbol{x}_b \setminus x_i = n^{\mathrm{BP}}_{x_i\to f_b}(x_i)\cdot m^{\mathrm{BP}}_{f_b\to x_i}(x_i) \\ b_i(x_i)=\int b_c(\boldsymbol{x}_c)d\boldsymbol{x}_c \setminus x_i = n^{\mathrm{BP}}_{x_i\to f_c}(x_i)\cdot m^{\mathrm{BP}}_{f_c\to x_i}(x_i) \end{cases} \tag{4-158}$$

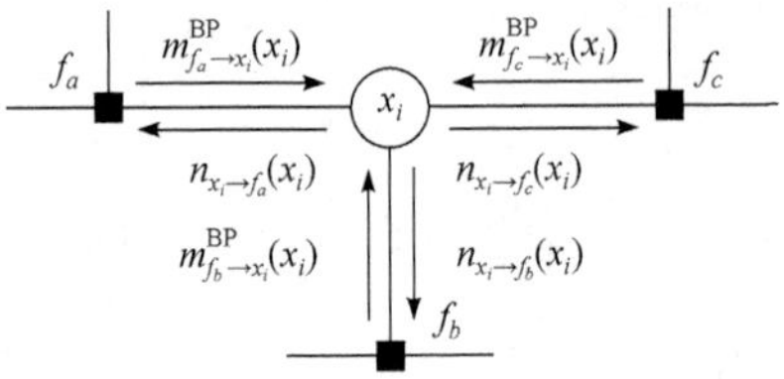

图 4.11　BP 部分的消息更新规则推导示意图

由此推广得到：

$$b_i(x_i)^{|\mathcal{N}(i)|}=\prod_{a\in\mathcal{N}(i)} n^{\mathrm{BP}}_{x_i\to f_a}(x_i)\cdot \prod_{a\in\mathcal{N}(i)} m^{\mathrm{BP}}_{f_a\to x_i}(x_i),\quad \forall i\in\mathcal{I}_{\mathrm{BP}}, a\in\mathcal{N}(i) \tag{4-159}$$

由式(4-149)和式(4-152)可得：

$$b_i(x_i)^{(|\mathcal{N}(i)|-1)}=z_i\prod_{a\in\mathcal{N}(i)} n^{\mathrm{BP}}_{x_i\to f_a}(x_i),\quad \forall i\in\mathcal{I}_{\mathrm{BP}}, a\in\mathcal{N}(i) \tag{4-160}$$

式中，$z_i=\exp\{\gamma_i+1-|\mathcal{N}(i)|\}$，$\forall i\in\mathcal{I}_{\mathrm{BP}}$ 为归一化常数。

结合式(4-159)和式(4-160)可得：

$$b_i(x_i)=\frac{1}{z_i}\prod_{a\in\mathcal{N}(i)} m^{\mathrm{BP}}_{f_a\to x_i}(x_i),\quad \forall i\in\mathcal{I}_{\mathrm{BP}}, a\in\mathcal{N}(i) \tag{4-161}$$

由式(4-157)和式(4-161)可得：

$$n^{\mathrm{BP}}_{x_i\to f_a}(x_i)\cdot m^{\mathrm{BP}}_{f_a\to x_i}(x_i)=\frac{1}{z_i}m^{\mathrm{BP}}_{f_a\to x_i}(x_i)\prod_{b\in\mathcal{N}(i)\setminus a} m^{\mathrm{BP}}_{f_b\to x_i}(x_i),\quad \forall i\in\mathcal{I}_{\mathrm{BP}}, a\in\mathcal{N}(i) \tag{4-162}$$

对比式(4-162)两边可得：

$$n^{\mathrm{BP}}_{x_i\to f_a}(x_i)=\frac{1}{z_i}\prod_{b\in\mathcal{N}(i)\setminus a} m^{\mathrm{BP}}_{f_b\to x_i}(x_i),\quad \forall i\in\mathcal{I}_{\mathrm{BP}}, a\in\mathcal{N}(i) \tag{4-163}$$

由 EP 区域的期望约束条件 $\int \Phi_i(x_i)b_i(x_i)\mathrm{d}x_i=\int \Phi_i(x_i)b_a(\boldsymbol{x}_a)\mathrm{d}\boldsymbol{x}_a$，结合式(4-154)可得：

$$
\begin{aligned}
\int \Phi_i(x_i) b_i(x_i)\mathrm{d}x_i &= \int \Phi_i(x_i) f_a(\boldsymbol{x}_a) \prod_{j\in\mathcal{N}_{\mathrm{BP}}(a)} n_{x_j\to f_a}^{\mathrm{BP}}(x_j) \prod_{j\in\mathcal{N}_{\mathrm{EP}}(a)} n_{x_j\to f_a}^{\mathrm{EP}}(x_j)\mathrm{d}\boldsymbol{x}_a \\
&= \int \Phi_i(x_i) n_{x_i\to f_a}^{\mathrm{EP}}(x_i) \\
&\quad \int z_a \cdot f_a(\boldsymbol{x}_a) \prod_{j\in\mathcal{N}_{\mathrm{BP}}(a)} n_{x_j\to f_a}^{\mathrm{BP}}(x_j) \prod_{j\in\mathcal{N}_{\mathrm{EP}}(a)\backslash i} n_{x_j\to f_a}^{\mathrm{EP}}(x_j)\mathrm{d}x_j\mathrm{d}x_i \\
&= \int \Phi_i(x_i) n_{x_i\to f_a}^{\mathrm{EP}}(x_i) m_{f_a\to x_i}^{\mathrm{BP}}(x_i)\mathrm{d}x_i, \quad \forall i\in\mathcal{I}_{\mathrm{EP}}, \quad a\in\mathcal{N}(i)
\end{aligned} \tag{4-164}
$$

式中：

$$
m_{f_a\to x_i}^{\mathrm{BP}}(x_i) \triangleq z_a \int f_a(\boldsymbol{x}_a) \prod_{j\in\mathcal{N}_{\mathrm{BP}}(a)} n_{x_j\to f_a}^{\mathrm{BP}}(x_j) \prod_{j\in\mathcal{N}_{\mathrm{EP}}(a)\backslash i} n_{x_j\to f_a}^{\mathrm{EP}}(x_j)\mathrm{d}x_j, \forall i\in\mathcal{I}_{\mathrm{EP}}, a\in\mathcal{N}(i) \tag{4-165}
$$

由式(4-164)可得：

$$
b_i(x_i) = \mathrm{Proj}_G\left\{ n_{x_i\to f_a}^{\mathrm{EP}}(x_i) m_{f_a\to x_i}^{\mathrm{BP}}(x_i) \right\}, \quad \forall i\in\mathcal{I}_{\mathrm{EP}}, a\in\mathcal{N}(i) \tag{4-166}
$$

进一步定义从因子节点到变量节点的消息：

$$
m_{f_a\to x_i}^{\mathrm{EP}}(x_i) \triangleq \frac{\mathrm{Proj}_G\left\{ n_{x_i\to f_a}^{\mathrm{EP}}(x_i) m_{f_a\to x_i}^{\mathrm{BP}}(x_i) \right\}}{n_{x_i\to f_a}^{\mathrm{EP}}(x_i)}, \quad \forall a\in\mathcal{A}, i\in\mathcal{N}(a) \tag{4-167}
$$

结合式(4-166)和式(4-167)可得：

$$
b_i(x_i) = m_{f_a\to x_i}^{\mathrm{EP}}(x_i) n_{x_i\to f_a}^{\mathrm{EP}}(x_i), \quad \forall i\in\mathcal{I}_{\mathrm{EP}}, a\in\mathcal{N}(i) \tag{4-168}
$$

假设与变量节点 x_i 有关的因子节点有 f_a、f_b 和 f_c，如图 4.12 所示。

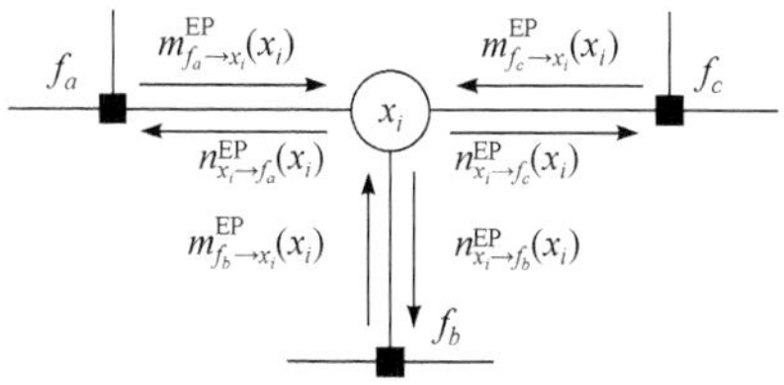

图 4.12　EP 部分的消息更新规则推导示意图

由式(4-168)可得：

$$
\begin{cases}
b_i(x_i) = n_{x_i\to f_a}^{\mathrm{EP}}(x_i)\cdot m_{f_a\to x_i}^{\mathrm{EP}}(x_i) \\
b_i(x_i) = n_{x_i\to f_b}^{\mathrm{EP}}(x_i)\cdot m_{f_b\to x_i}^{\mathrm{EP}}(x_i) \\
b_i(x_i) = n_{x_i\to f_c}^{\mathrm{EP}}(x_i)\cdot m_{f_c\to x_i}^{\mathrm{EP}}(x_i)
\end{cases} \tag{4-169}
$$

由此推广得到：

$$b_i(x_i)^{|\mathcal{N}(i)|} = \prod_{a\in\mathcal{N}(i)} n_{x_i\to f_a}^{\mathrm{EP}}(x_i)\cdot m_{f_a\to x_i}^{\mathrm{EP}}(x_i), \quad \forall i\in\mathcal{I}_{\mathrm{EP}}, a\in\mathcal{N}(i) \tag{4-170}$$

由式(4-150)和式(4-153)可得：

$$b_i(x_i)^{(|\mathcal{N}(i)|-1)} = z_i \prod_{a\in\mathcal{N}(i)} n_{x_i\to f_a}^{\mathrm{EP}}(x_i), \quad \forall i\in\mathcal{I}_{\mathrm{EP}}, a\in\mathcal{N}(i) \tag{4-171}$$

式中，$z_i = \exp\{\gamma_i + 1 - |\mathcal{N}(i)|\}$，$\forall i\in\mathcal{I}_{\mathrm{EP}}$ 为归一化常数。

结合式(4-170)和式(4-171)可得：

$$b_i(x_i) = \frac{1}{z_i}\prod_{a\in\mathcal{N}(i)} m_{f_a\to x_i}^{\mathrm{EP}}(x_i), \quad \forall i\in\mathcal{I}_{\mathrm{EP}}, a\in\mathcal{N}(i) \tag{4-172}$$

由式(4-168)和式(4-172)：

$$m_{f_a\to x_i}^{\mathrm{EP}}(x_i)\, n_{x_i\to f_a}^{\mathrm{EP}}(x_i) = \frac{1}{z_i} m_{f_a\to x_i}^{\mathrm{EP}}(x_i) \prod_{b\in\mathcal{N}(i)\backslash a} m_{f_b\to x_i}^{\mathrm{EP}}(x_i), \quad \forall i\in\mathcal{I}_{\mathrm{EP}}, a\in\mathcal{N}(i) \tag{4-173}$$

对比(4-173)两边：

$$n_{x_i\to f_a}^{\mathrm{EP}}(x_i) = \frac{1}{z_i}\prod_{b\in\mathcal{N}(i)\backslash a} m_{f_b\to x_i}^{\mathrm{EP}}(x_i), \quad \forall i\in\mathcal{I}_{\mathrm{EP}}, a\in\mathcal{N}(i) \tag{4-174}$$

结合式(4-163)和式(4-174)，去掉公式中的归一化参数，从变量节点 x_i 到因子节点 f_a 的消息可统一写为：

$$n_{x_i\to f_a}(x_i) \propto \prod_{b\in\mathcal{N}(i\in\mathcal{I}_{\mathrm{BP}})\backslash a} m_{f_b\to x_i}^{\mathrm{BP}}(x_i) \prod_{c\in\mathcal{N}(i\in\mathcal{I}_{\mathrm{EP}})\backslash a} m_{f_c\to x_i}^{\mathrm{EP}}(x_i), \quad \forall i\in\mathcal{I}, a\in\mathcal{N}(i) \tag{4-175}$$

去掉式(4-156)和式(4-167)的归一化常数，此时可重新写作：

$$m_{f_a\to x_i}^{\mathrm{BP}}(x_i) \propto \int f_a(\boldsymbol{x}_a) \prod_{j\in\mathcal{N}(a)\backslash i} n_{x_j\to f_a}(x_j)\,\mathrm{d}x_j, \quad \forall i\in\mathcal{I}_{\mathrm{BP}}, a\in\mathcal{N}(i) \tag{4-176}$$

$$m_{f_a\to x_i}^{\mathrm{EP}}(x_i) = \frac{\mathrm{Proj}_G\left\{n_{x_i\to f_a}^{\mathrm{EP}}(x_i)\, m_{f_a\to x_i}^{\mathrm{BP}}(x_i)\right\}}{n_{x_i\to f_a}^{\mathrm{EP}}(x_i)}, \quad \forall i\in\mathcal{I}_{\mathrm{EP}}, a\in\mathcal{N}(i) \tag{4-177}$$

从上面公式可以看出，针对因子节点 $f_a, \forall a\in\mathcal{A}$ 传递到其相邻的 BP 部分的变量节点 $x_i, \forall i\in\mathcal{I}_{\mathrm{BP}}$ 的 m- 类型消息利用 BP 消息更新规则求得；针对因子节点 $f_a, \forall a\in\mathcal{A}$ 传递到其相邻的 EP 部分的变量节点 $x_i, \forall i\in\mathcal{I}_{\mathrm{EP}}$ 的 m- 类型消息利用 EP 消息更新规则求得；任意一个变量节点 $x_i, \forall i\in\mathcal{I}$ 传递到与其相邻的因子节点 $f_a, a\in\mathcal{N}(i)$ 的 n- 类型消息由其因子节点 f_a 以外所有与其相连的因子节点 $f_b, \forall b\in\mathcal{N}(i)\backslash a$ 到该变量节点 x_i 的 m- 类型消息乘积求得。

计算出所有与变量节点 x_i 相连的因子节点传递到 x_i 消息的乘积，并归一化便可得到变量 x_i 的置信：

$$b_i(x_i) \propto \prod_{a\in\mathcal{N}(i\in\mathcal{I}_{\mathrm{BP}})} m_{f_a\to x_i}^{\mathrm{BP}}(x_i) \prod_{b\in\mathcal{N}(i\in\mathcal{I}_{\mathrm{EP}})} m_{f_b\to x_i}^{\mathrm{EP}}(x_i), \quad \forall i\in\mathcal{I} \tag{4-178}$$

4.7　联合 BP-EP-MF 规则

以上两节分别给出了联合 BP-MF 和联合 BP-EP 规则，它们可以分别在同一张因子图上联合使用。实际上，BP、EP 和 MF 这三种规则也可以在同一张因子图上联合使用。本节给出联合 BP-EP-MF 规则。同前面的几节，该联合规则也可以通过最小化带约束的区域自由能，得到拉格朗日驻点方程并推导出联合规则的固定点方程，具体推导过程不再赘述。

假定因子图包含因子节点 $\{f_a\,|\,a\in\mathcal{A}\}$ 和变量节点 $\{x_i\,|\,i\in\mathcal{I}\}$，首先将系统因子图中的因子节点划分为两个不相交的部分：Bethe 部分 $\{f_a\,|\,a\in\mathcal{A}_{\mathrm{Bethe}}\}$ 和 MF 部分 $\{f_a\,|\,a\in\mathcal{A}_{\mathrm{MF}}\}$，其中 $\mathcal{A}_{\mathrm{Bethe}}$ 和 $\mathcal{A}_{\mathrm{MF}}$ 分别为 Bethe 部分和 MF 部分因子节点标号的集合，并且满足 $\mathcal{A}_{\mathrm{Bethe}}\cap\mathcal{A}_{\mathrm{MF}}=\varnothing$，$\mathcal{A}_{\mathrm{Bethe}}\cup\mathcal{A}_{\mathrm{MF}}=\mathcal{A}$。定义：

$$\mathcal{I}_{\mathrm{MF}} \triangleq \bigcup_{a\in\mathcal{A}_{\mathrm{MF}}} \mathcal{N}(a), \quad \mathcal{I}_{\mathrm{Bethe}} \triangleq \bigcup_{a\in\mathcal{A}_{\mathrm{Bethe}}} \mathcal{N}(a), \quad \mathcal{N}_{\mathrm{MF}}(i) \triangleq \mathcal{A}_{\mathrm{MF}}\cap\mathcal{N}(i)$$

然后将 $\mathcal{I}_{\mathrm{Bethe}}$ 划分为两个不相交的部分：BP 部分 $\{x_i\,|\,i\in\mathcal{I}_{\mathrm{BP}}\}$ 和 EP 部分 $\{x_i\,|\,i\in\mathcal{I}_{\mathrm{EP}}\}$，其中 $\mathcal{I}_{\mathrm{BP}}$ 和 $\mathcal{I}_{\mathrm{EP}}$ 分别为 $\mathcal{I}_{\mathrm{Bethe}}$ 中 BP 部分和 EP 部分变量节点标号的集合，并且满足 $\mathcal{I}_{\mathrm{BP}}\cap\mathcal{I}_{\mathrm{EP}}=\varnothing$，$\mathcal{I}_{\mathrm{BP}}\cup\mathcal{I}_{\mathrm{EP}}=\mathcal{I}_{\mathrm{Bethe}}$。

联合 BP-EP-MF 规则的消息更新公式可以表示为：

$$m_{f_a\to x_i}^{\mathrm{MF}}(x_i) \propto \exp\left\{\int \ln f_a(\boldsymbol{x}_a) \prod_{j\in\mathcal{N}(a)\backslash i} n_{x_j\to f_a}(x_j)\mathrm{d}x_j\right\}, \forall a\in\mathcal{A}_{\mathrm{MF}}, i\in\mathcal{N}(a) \tag{4-179}$$

$$m_{f_a\to x_i}^{\mathrm{BP}}(x_i) \propto \int f_a(\boldsymbol{x}_a) \prod_{j\in\mathcal{N}(a)\backslash i} n_{x_j\to f_a}(x_j)\mathrm{d}x_j, \forall a\in\mathcal{A}_{\mathrm{Bethe}}, i\in\mathcal{N}(a) \tag{4-180}$$

$$m_{f_a\to x_i}^{\mathrm{EP}}(x_i) \propto \frac{\mathrm{Proj}_G\left\{m_{f_a\to x_i}^{\mathrm{BP}}(x_i)\cdot n_{x_i\to f_a}(x_i)\right\}}{n_{x_i\to f_a}(x_i)}, \quad \forall i\in\mathcal{I}_{\mathrm{EP}}, a\in\mathcal{N}(i) \tag{4-181}$$

$$\begin{aligned} n_{x_i\to f_a}(x_i) \propto & \prod_{b\in(\mathcal{N}(i\in\mathcal{I}_{\mathrm{BP}})\cap\mathcal{N}_{\mathrm{Bethe}}(i))\backslash a} m_{f_b\to x_i}^{\mathrm{BP}}(x_i) \prod_{c\in(\mathcal{N}(i\in\mathcal{I}_{\mathrm{EP}})\cap\mathcal{N}_{\mathrm{Bethe}}(i))\backslash a} m_{f_c\to x_i}^{\mathrm{EP}}(x_i) \\ & \prod_{d\in\mathcal{N}_{\mathrm{MF}}(i)} m_{f_d\to x_i}^{\mathrm{MF}}(x_i), \quad \forall i\in\mathcal{I}, a\in\mathcal{N}(i) \end{aligned} \tag{4-182}$$

置信 $b_i(x_i)$ 的计算公式如下：

$$b_i(x_i) \propto \prod_{b \in (\mathcal{N}(i \in \mathcal{I}_{\mathrm{BP}}) \cap \mathcal{N}_{\mathrm{Bethe}}(i))} m_{f_b \to x_i}^{\mathrm{BP}}(x_i) \prod_{c \in (\mathcal{N}(i \in \mathcal{I}_{\mathrm{EP}}) \cap \mathcal{N}_{\mathrm{Bethe}}(i))} m_{f_c \to x_i}^{\mathrm{EP}}(x_i) \prod_{d \in \mathcal{N}_{\mathrm{MF}}(i)} m_{f_d \to x_i}^{\mathrm{MF}}(x_i), \quad \forall i \in \mathcal{I} \tag{4-183}$$

联合 BP-EP-MF 规则可以在同一张因子图上灵活选用不同的规则，此外也可以认为 MF、BP、EP 等单一规则以及联合 BP-MF、联合 BP-EP 等规则都是其特例，例如当 $\mathcal{A}_{\mathrm{Bethe}} = \varnothing$ 时，上述联合 BP-EP-MF 规则退化为 MF 规则；当 $\mathcal{A}_{\mathrm{MF}} = \varnothing$ 时，上述联合 BP-EP-MF 规则退化为联合 BP-EP 规则。

4.8　本 章 小 结

本章主要讨论了各种常用的消息更新规则的推导过程，包括 MF、BP、EP 规则以及它们的联合。在推导中均采用最小化自由能的方法构建拉格朗日驻点方程，得到不同消息更新规则的固定点方程即消息更新规则。在某个特定的因子图上，设计出合适的调度机制，利用单一或联合规则迭代地计算并更新所有 m- 类型和 n- 类型消息，最后通过所有与感兴趣的变量节点 x_i 相连的因子节点传递到该变量节点 x_i 的消息相乘并归一化得到变量 x_i 的置信 $b_i(x_i)$，这类算法称为消息传递算法。这些不同的消息更新规则具有的优缺点以及适用的场景将在下一章详细讨论。

第5章 消息更新规则实例分析

上一章基于自由能推导了单一及联合消息更新规则，这些规则有其各自的特点，适用于不同的场景。对于一个通信系统来说，设计消息传递算法通常需根据系统中变量的分布形式，在因子图上选择合适的消息更新规则，迭代地逼近真实的边缘函数。为了最大限度地发挥各种规则的优点，同时避免其缺陷，需对各种消息更新规则进行分析，总结出不同规则的优缺点和适用范围。

在实际系统中，一般单一消息更新规则的应用受到极大限制，很难在复杂度和精度两方面获得较高的性能。在包含多种类型变量和变量间关系的复杂通信系统中，针对不同的分布函数分别应用不同的消息更新规则，从而得到联合的消息传递算法，往往可在不增加计算复杂度的情况下获得更为精确的估计值；当某些消息计算复杂度过高时，通过因子图变换将复杂的问题等效地分解为多个子问题的组合，分析每个子问题的具体特点，应用合适的消息更新规则，可在不损失精度的情况下进一步降低复杂度。这是基于因子图和消息传递算法解决估计问题的优势。

本章首先在多个通信系统简单实例中应用不同的消息更新规则，通过对比得到每种规则的具体适用场景。接着分析在何种场景下应用联合消息更新规则，能够发挥单一规则的优点同时避免其缺陷。然后通过实例分析如何进行拉伸和聚合两种因子图变换，及其能够带来的优势。最后针对在某些特殊场景下可能导致较高计算复杂度的问题，介绍了四种近似消息传递方法，可以有效降低计算复杂度。

5.1 消息更新规则适用场景分析

本节对单一消息更新规则应用场景进行分析，通过通信系统中的简单实例，分析出各消息更新规则的优缺点，总结出其适用场景。

5.1.1 BP 规则适用场景

BP 规则更新公式为：

$$n_{x_i \to f_a}(x_i) = \prod_{b \in \mathcal{N}(i) \setminus a} m_{f_b \to x_i}(x_i), \quad \forall i \in \mathcal{I}, a \in \mathcal{N}(i) \tag{5-1}$$

$$m_{f_a \to x_i}(x_i) = \int f_a(\boldsymbol{x}_a) \prod_{j \in \mathcal{N}(a) \setminus i} n_{x_j \to f_a}(x_i) \mathrm{d}x_j, \quad \forall a \in \mathcal{A}, i \in \mathcal{N}(a) \tag{5-2}$$

置信$b_i(x_i)$的计算公式如下：

$$b_i(x_i) \propto \prod_{a \in \mathcal{N}(i)} m_{f_a \to x_i}(x_i), \quad i \in \mathcal{I} \tag{5-3}$$

例 5.1　离散编码场景。设变量b_1、b_2是相互独立的二进制符号，经过编码得到c，c再经过调制(如 BPSK)得到发送符号。本例只考虑编码部分，编码约束关系为$c = b_1 \oplus b_2$，则系统变量联合 PDF 可因子分解为：

$$\begin{aligned} p(b_1, b_2, c, \cdots) &= p(c \mid b_1, b_2) p(b_2 \mid b_1) p(b_1) \cdots \\ &= f_c(c, b_1, b_2) p(b_2) p(b_1) \cdots \end{aligned} \tag{5-4}$$

式中，$f_c(c, b_1, b_2) \triangleq p(c \mid b_1, b_2)$。

根据因子分解，其因子图如图 5.1 所示。

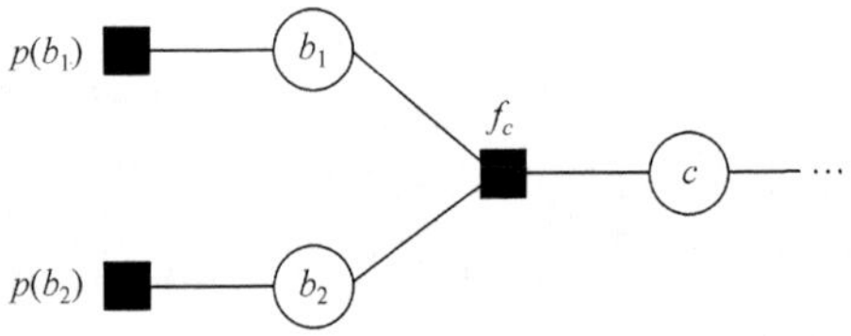

图 5.1　$p(c, b_1, b_2)$因子分解对应的因子图

假设b_2的先验分布$p(b_2) = \alpha_1 \delta(b_2 - 1) + \alpha_2 \delta(b_2)$，从调制端传来关于$c$的消息$n_{c \to f_c}(c) = \beta_1 \delta(c-1) + \beta_2 \delta(c)$，求消息$m_{f_c \to b_1}(b_1)$。

分析：由变量间的约束关系可得因子节点$f_c(c, b_1, b_2) = \delta(c - (b_1 \oplus b_2))$，使用 BP 规则计算消息$m_{f_c \to b_1}(b_1)$为：

$$\begin{aligned} m_{f_c \to b_1}(b_1) &= \int f_c(c, b_1, b_2) \prod_{j \in \mathcal{N}(f_c) \setminus b_1} n_{x_j \to f_c}(x_j) \mathrm{d}x_j \\ &= \iint \delta(c - (b_1 \oplus b_2)) \cdot \left[n_{b_2 \to f_c}(b_2) n_{c \to f_c}(c) \right] \mathrm{d}b_2 \mathrm{d}c \\ &= \iint \delta(c - (b_1 \oplus b_2)) \cdot \left[\alpha_1 \delta(b_2 - 1) + \alpha_2 \delta(b_2) \right] \\ &\quad \cdot \left[\beta_1 \delta(c-1) + \beta_2 \delta(c) \right] \mathrm{d}b_2 \mathrm{d}c \\ &= \alpha_1 \beta_1 \delta(1 - (b_1 \oplus 1)) + \alpha_1 \beta_2 \delta(0 - (b_1 \oplus 1)) \\ &\quad + \alpha_2 \beta_1 \delta(1 - (b_1 \oplus 0)) + \alpha_2 \beta_2 \delta(0 - (b_1 \oplus 0)) \\ &= [\alpha_1 \beta_1 + \alpha_2 \beta_2] \cdot \delta(b_1) + [\alpha_1 \beta_2 + \alpha_2 \beta_1] \cdot \delta(b_1 - 1) \end{aligned} \tag{5-5}$$

从计算过程及结果可以看出，采用 BP 规则处理无环的离散编码系统，其计算结果仍是离散形式，并且是准确值。

例 5.2　线性高斯场景。假设一个系统模型为 $y = a_1x_1 + a_2x_2 + w$，式中 a_1、a_2 为常数，w 为加性高斯白噪声，期望为 0 方差为 λ^{-1}。在噪声方差已知的情况下，变量 x_1,x_2 的联合后验 PDF 可因子分解为：

$$\begin{aligned} p(x_1,x_2 \mid y) &\propto p(y \mid x_1,x_2)\, p(x_1,x_2) \\ &= f_y(x_1,x_2,y)\, p(x_1)\, p(x_2) \end{aligned} \tag{5-6}$$

式中，$f_y(x_1,x_2,y) \triangleq p(y \mid x_1,x_2)$。

根据因子分解，其因子图如图 5.2(a)所示。

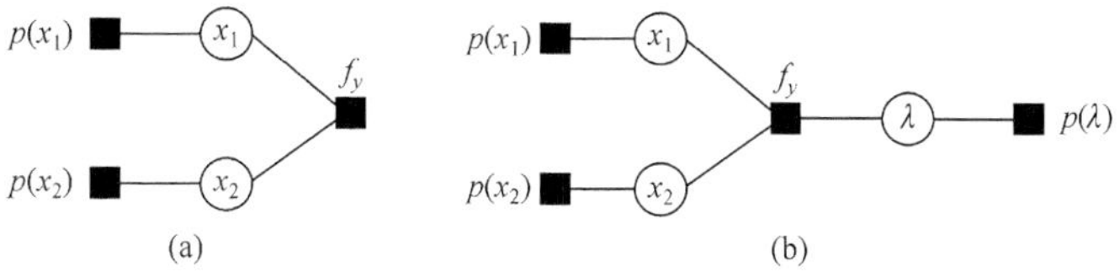

图 5.2　线性高斯场景对应的因子图

现已知消息 $p(x_1) = \mathcal{CN}(x_1;\mu_1,v_1)$ 和 $p(x_2) = \mathcal{CN}(x_2;\mu_2,v_2)$。试求解：

(1) 消息 $m_{f_y \to x_2}(x_2)$；(2)当噪声方差未知时[①]，能否估计噪声方差。

分析：(1)根据变量间的约束关系定义函数 $f_y = \mathcal{CN}\left(y; a_1x_1 + a_2x_2, \lambda^{-1}\right)$，使用 BP 规则计算消息 $m_{f_y \to x_2}(x_2)$ 为：

$$\begin{aligned} m_{f_y \to x_2}(x_2) &= \int f_y(x_1,x_2,y) \cdot n_{x_1 \to f_y}(x_1)\, \mathrm{d}x_1 \\ &= \int \mathcal{CN}\left(y; a_1x_1 + a_2x_2, \lambda^{-1}\right) \cdot \mathcal{CN}(x_1;\mu_1,v_1)\, \mathrm{d}x_1 \\ &= \mathcal{CN}\left(a_2x_2; y - a_1\mu_1, \lambda^{-1} + |a_1|^2 v_1\right) \\ &\propto \mathcal{CN}\left(x_2; \frac{y - a_1\mu_1}{a_2}, \frac{\lambda^{-1} + |a_1|^2 v_1}{|a_2|^2}\right) \end{aligned} \tag{5-7}$$

从计算过程及结果可以看出，利用 BP 规则计算出的消息 $m_{f_y \to x_2}(x_2)$ 依然为高斯形式，高斯形式的消息具有良好的性质，方便后续迭代运算。

(2) 当噪声方差未知时，变量 x_1,x_2,λ 的联合后验 PDF 可因子分解为：

① 噪声方差未知时，此时系统模型变为非线性高斯场景。

$$\begin{aligned} p(x_1,x_2,\lambda\,|\,y) &\propto p(y\,|\,x_1,x_2,\lambda)\,p(x_2,x_1,\lambda) \\ &= f_y(y,x_1,x_2,\lambda)\,p(x_1)\,p(x_2)\,p(\lambda) \end{aligned} \tag{5-8}$$

式中，$f_y(y,x_1,x_2,\lambda) \triangleq p(y\,|\,x_1,x_2,\lambda)$。此时，因子图如图 5.2(b)所示。

使用 BP 规则计算消息 $m_{f_y\to\lambda}(\lambda)$ 为：

$$\begin{aligned} m_{f_y\to\lambda}(\lambda) &= \iint f_y(y,x_1,x_2,\lambda)\cdot n_{x_1\to f_y}(x_1)\cdot n_{x_2\to f_y}(x_2)\mathrm{d}x_1\mathrm{d}x_2 \\ &= \iint \mathcal{CN}\left(y;a_1x_1+a_2x_2,\lambda^{-1}\right)\cdot\mathcal{CN}(x_1;\mu_1,v_1)\cdot\mathcal{CN}(x_2;\mu_2,v_2)\mathrm{d}x_1\mathrm{d}x_2 \\ &= \int \mathcal{CN}\left(a_2x_2;y-a_1\mu_1,\lambda^{-1}+|a_1|^2 v_1\right)\cdot\mathcal{CN}(x_2;\mu_2,v_2)\mathrm{d}x_2 \\ &= \mathcal{CN}\left(a_2\mu_2;y-a_1\mu_1,\lambda^{-1}+|a_1|^2 v_1+|a_2|^2 v_2\right) \end{aligned} \tag{5-9}$$

假设噪声精度先验分布服从伽马分布，即：

$$p(\lambda)=\mathrm{Gamma}(\lambda;a,b)=\frac{b^a}{\Gamma(a)}\cdot\lambda^{a-1}\cdot\mathrm{e}^{-b\lambda} \tag{5-10}$$

进一步，求解 $b(\lambda)$：

$$\begin{aligned} b(\lambda) &\propto m_{f_{y\to\lambda}}(\lambda)\cdot p(\lambda) \\ &= \mathcal{CN}\left(a_2\mu_2;y-a_1\mu_1,\lambda^{-1}+|a_1|^2\cdot v_1+|a_2|^2\cdot v_2\right)\cdot\frac{b^a}{\Gamma(a)}\cdot\lambda^{a-1}\cdot\mathrm{e}^{-b\lambda} \end{aligned} \tag{5-11}$$

对 $b(\lambda)$ 进行归一化，可得：

$$b(\lambda)=\frac{\mathcal{CN}\left(a_2\mu_2;y-a_1\mu_1,\lambda^{-1}+|a_1|^2\cdot v_1+|a_2|^2\cdot v_2\right)\cdot\dfrac{b^a}{\Gamma(a)}\cdot\lambda^{a-1}\cdot\mathrm{e}^{-b\lambda}}{\displaystyle\int_0^{+\infty}\mathcal{CN}\left(a_2\mu_2;y-a_1\mu_1,\lambda^{-1}+|a_1|^2\cdot v_1+|a_2|^2\cdot v_2\right)\cdot\dfrac{b^a}{\Gamma(a)}\cdot\lambda^{a-1}\cdot\mathrm{e}^{-b\lambda}\mathrm{d}\lambda} \tag{5-12}$$

上述分母项积分很难求解，所以在噪声方差未知的情况下采用 BP 规则无法估计噪声方差。

例 5.3　非线性场景。假设一个系统模型为 $y=hx+w$，其中 w 为加性高斯白噪声，期望为 0 方差为 λ^{-1}。在噪声方差已知的情况下，变量 h,x 的联合后验 PDF 可因子分解为：

$$\begin{aligned} p(x,h\,|\,y) &\propto p(y\,|\,x,h)\,p(x,h) \\ &= f_y(y,x,h)\,p(x)\,p(h) \end{aligned} \tag{5-13}$$

式中，$f_y(y,x,h)\triangleq p(y\,|\,x,h)$。

根据因子分解，其因子图如图 5.3(a)所示。

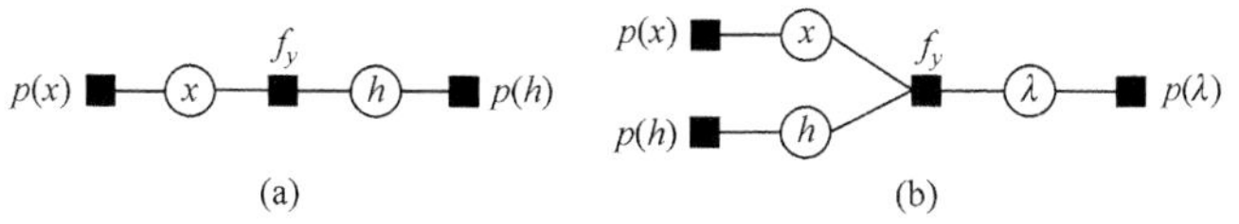

图 5.3　非线性场景对应的因子图

已知 $p(x)=\mathcal{CN}(x;\mu_x,v_x)$， $p(h)=\mathcal{CN}(h;\mu_h,v_h)$，试求解：

(1) 消息 $m_{f_y\to x}(x)$；(2)当噪声方差未知时，求消息 $m_{f_y\to\lambda}(\lambda)$。

分析:(1)根据约束关系可知 $f_y=\mathcal{CN}\left(y;hx,\lambda^{-1}\right)$。利用 BP 规则计算 $m_{f_y\to x}(x)$ 为:

$$\begin{aligned} m_{f_y\to x}(x) &= \int f_y(y,x,h)\cdot n_{h\to f_y}(h)\mathrm{d}h \\ &= \int \mathcal{CN}\left(y;hx,\lambda^{-1}\right)\cdot\mathcal{CN}(h;\mu_h,v_h)\mathrm{d}h \\ &= \mathcal{CN}\left(y;\mu_h x,\lambda^{-1}+|x|^2 v_h\right) \\ &\propto \mathcal{CN}\left(x;\frac{y}{\mu_h},\frac{\lambda^{-1}+|x|^2 v_h}{|\mu_h|^2}\right) \end{aligned} \tag{5-14}$$

从上式积分结果中可以看出，方差项中存在变量 x，消息 $m_{f_y\to x}(x)$ 计算结果不是高斯函数，在后续计算中会引入较高的复杂度。

(2) 若噪声方差未知，则变量 x,h,λ 的联合后验 PDF 可因子分解为:

$$\begin{aligned} p(x,h,\lambda\,|\,y) &\propto p(y\,|\,x,h,\lambda)\,p(x,h,\lambda) \\ &= f_y(y,x,h,\lambda)\,p(x)\,p(h)\,p(\lambda) \end{aligned} \tag{5-15}$$

式中，$f_y(y,x,h,\lambda)\triangleq p(y\,|\,x,h,\lambda)$。此时，因子图如图 5.3(b)所示。

根据约束关系可知 $f_y=\mathcal{CN}\left(y;hx,\lambda^{-1}\right)$。利用 BP 规则计算 $m_{f_y\to\lambda}(\lambda)$ 为:

$$\begin{aligned} m_{f_y\to\lambda}(\lambda) &= \iint f_y(y,x,h,\lambda)\cdot n_{x\to f_y}(x)\cdot n_{h\to f_y}(h)\mathrm{d}x\mathrm{d}h \\ &= \iint \mathcal{CN}(y;hx,\lambda^{-1})\cdot\mathcal{CN}(x;\mu_x,v_x)\cdot\mathcal{CN}(h;\mu_h,v_h)\mathrm{d}x\mathrm{d}h \\ &= \int \mathcal{CN}\left(y;h\mu_x,\lambda^{-1}+|h|^2\cdot v_x\right)\cdot\mathcal{CN}(h;\mu_h,v_h)\mathrm{d}h \end{aligned} \tag{5-16}$$

上式积分中方差项存在被积变量，积分很难求解，故采用 BP 规则很难处理上述非线性场景。

从上述三个例子可以看出，由于 BP 规则需要对因子和传向该因子的消息的乘积求积分，只有在离散或线性高斯系统的场景下能方便地求出闭式解，其他场景很难通过积分直接求解，从而限制了 BP 规则的应用范围。

5.1.2 MF 规则适用场景

MF 规则更新公式为：

$$n_{x_i \to f_a}(x_i) = b_i(x_i) \propto \prod_{a \in \mathcal{N}(i)} m_{f_a \to x_i}(x_i), \quad \forall i \in \mathcal{I}, a \in \mathcal{N}(i) \tag{5-17}$$

$$m_{f_a \to x_i}(x_i) = \exp\left\{ \int \ln f_a(\boldsymbol{x}_a) \prod_{j \in \mathcal{N}(a) \setminus i} n_{x_j \to f_a}(x_j) \mathrm{d}x_j \right\}, \quad \forall a \in \mathcal{A}, i \in \mathcal{N}(a) \tag{5-18}$$

式(5-18)可以看出，使用 MF 规则计算因子节点到变量节点的消息时，需要先对因子节点取对数，从而可以推断出 MF 规则适用于含有指数形式的因子节点，下面通过举例说明 MF 规则的适用场景。

例 5.4 非线性场景。使用 MF 规则重新计算例 5.3 所示的(1)消息 $m_{f_y \to \lambda}(\lambda)$；(2)消息 $m_{f_y \to x}(x)$；(3)估计噪声方差。

分析：(1)由例 5.3 可知因子 $f_y = \mathcal{CN}(y; hx, \lambda^{-1})$，该通信系统的因子分解对应的因子图与例 5.3 相同，可直接利用 MF 规则计算消息 $m_{f_y \to \lambda}(\lambda)$ 为：

$$\begin{aligned} m_{f_{y \to \lambda}}(\lambda) &= \exp\left\{ \iint \ln f_y(y, x, h, \lambda) \cdot b(x) \cdot b(h) \mathrm{d}x \mathrm{d}h \right\} \\ &= \exp\left\{ \iint \ln\left[\frac{1}{\pi \lambda^{-1}} \cdot \exp\left\{ -\frac{|y - hx|^2}{\lambda^{-1}} \right\} \right] \cdot b(x) \cdot b(h) \mathrm{d}x \mathrm{d}h \right\} \\ &= \exp\left\{ \iint \left[\ln\left(\frac{\lambda}{\pi} \right) - \lambda \cdot |y - hx|^2 \right] \cdot b(x) \cdot b(h) \mathrm{d}x \mathrm{d}h \right\} \\ &= \frac{\lambda}{\pi} \cdot \exp\left\{ -\lambda \left\langle |y - hx|^2 \right\rangle_{b(x) b(h)} \right\} \end{aligned} \tag{5-19}$$

式中，$\langle f(x) \rangle_{b(x)} \triangleq \int f(x) \cdot b(x) \mathrm{d}x$，则有：

$$\left\langle |y - hx|^2 \right\rangle_{b(x) b(h)} = \iint |y - hx|^2 \cdot b(x) \cdot b(h) \mathrm{d}x \mathrm{d}h \tag{5-20}$$

在式(5-20)计算中，使用置信 $b(x)$ 与 $b(h)$ 求得的关于变量 x, h 的期望和方差分别为 $\hat{\mu}_x, \hat{v}_x, \hat{\mu}_h, \hat{v}_h$，这些值可以在迭代中不断更新。需要注意的是，这里要区别变量 x 关于置信 $b(x)$ 的期望 $\hat{\mu}_x$、方差 $\hat{v}_x$ 和关于先验信息 $p(x)$ 的期望 μ_x、方差 v_x。

以求 $\hat{\mu}_x, \hat{v}_x$ 为例，需先求置信 $b(x)$。置信 $b(x)$ 可以通过公式 $b(x) \propto$

$m_{f_y\to x}(x)\cdot p(x)$ 求得，其中 $m_{f_y\to x}(x)$ 可由上一次迭代得到的，在首次计算时可以把消息 $m_{f_y\to x}(x)$ 初始化为 $\mathcal{CN}(x;0,+\infty)$。这样做的原因是：首先在后续计算过程中可以得到消息 $m_{f_y\to x}(x)$ 服从高斯分布的形式；其次在消息 $m_{f_y\to x}(x)$ 未知的情况下，x 的取值有无穷种可能，并且每种可能的概率相等且趋于 0；同时认为 $b(x)$ 很大程度上取决于先验信息 $p(x)$，几乎不受主观设置的影响，而采用这种假设计算得到的置信就等于 $p(x)$。因此，将 $m_{f_y\to x}(x)$ 初始化为 $\mathcal{CN}(x;0,+\infty)$ 是一种合理的方法，$m_{f_y\to x}(x)$ 将在后续计算中更新。

式(5-20)可化简为：

$$\begin{aligned}\left\langle|y-hx|^2\right\rangle_{b(x)b(h)} &=\int b(h)\cdot\left[|y|^2+|h|^2\cdot\left(|\hat{\mu}_x|^2+\hat{v}_x\right)-y^*\cdot h\cdot\hat{\mu}_x-y\cdot h^*\cdot\hat{\mu}_x^*\right]\mathrm{d}h\\&=|y|^2+\left(|\hat{\mu}_x|^2+\hat{v}_x\right)\left(|\hat{\mu}_h|^2+\hat{v}_h\right)-y^*\cdot\hat{\mu}_h\cdot\hat{\mu}_x-y\cdot\hat{\mu}_h^*\cdot\hat{\mu}_x^*\\&=|y|^2+|\hat{\mu}_x|^2\cdot|\hat{\mu}_h|^2-y^*\cdot\hat{\mu}_h\cdot\hat{\mu}_x-y\cdot\hat{\mu}_h^*\cdot\hat{\mu}_x^*\\&\quad+|\hat{\mu}_x|^2\cdot\hat{v}_h+|\hat{\mu}_h|^2\cdot\hat{v}_x+\hat{v}_x\cdot\hat{v}_h\\&=|y-\hat{\mu}_h\cdot\hat{\mu}_x|^2+|\hat{\mu}_x|^2\cdot\hat{v}_h+|\hat{\mu}_h|^2\cdot\hat{v}_x+\hat{v}_x\cdot\hat{v}_h\end{aligned}\tag{5-21}$$

(2) 计算 $b(\lambda)$：

$$\begin{aligned}b(\lambda)&\propto m_{f_{y\to\lambda}}(\lambda)\cdot p(\lambda)=m_{f_{y\to\lambda}}(\lambda)\cdot\mathrm{Gamma}(\lambda;a,b)\\&=\frac{\lambda}{\pi}\cdot\exp\left\{-\lambda\left\langle|y-hx|^2\right\rangle_{b(x)b(h)}\right\}\cdot\frac{b^a}{\Gamma(a)}\cdot\lambda^{a-1}\cdot\mathrm{e}^{-b\lambda}\\&\propto\mathrm{Gamma}\left(\lambda;a+1,b+\left\langle|y-hx|^2\right\rangle_{b(x)b(h)}\right)\end{aligned}\tag{5-22}$$

接着，求出 λ 的估计值 $\hat{\lambda}$：

$$\begin{aligned}\hat{\lambda}&=\int_0^{+\infty}\lambda\cdot\mathrm{Gamma}\left(\lambda;a+1,b+\left\langle|y-hx|^2\right\rangle_{b(x)b(h)}\right)\mathrm{d}\lambda\\&=\frac{a+1}{b+\left\langle|y-hx|^2\right\rangle_{b(x)b(h)}}\end{aligned}\tag{5-23}$$

(3) 求解 $m_{f_y\to x}(x)$：

$$\begin{aligned}m_{f_y\to x}(x)&=\exp\left\{\iint\ln\left[f_y(y,x,h,\lambda)\right]\cdot b(h)\cdot b(\lambda)\mathrm{d}h\mathrm{d}\lambda\right\}\\&=\exp\left\{\iint\ln\left[\frac{1}{\pi\cdot\lambda^{-1}}\cdot\exp\left\{-\frac{|y-hx|^2}{\lambda^{-1}}\right\}\right]\cdot b(h)\cdot b(\lambda)\mathrm{d}h\mathrm{d}\lambda\right\}\\&=\exp\left\{\int\left[\ln\left(\frac{\lambda}{\pi}\right)-\lambda\left\langle|y-hx|^2\right\rangle_{b(h)}\right]\cdot b(\lambda)\mathrm{d}\lambda\right\}\\&\propto\mathcal{CN}\left(x;\frac{y^*\hat{\mu}_h}{|\hat{\mu}_h|^2+\hat{v}_h},\frac{1}{\left(|\hat{\mu}_h|^2+\hat{v}_h\right)\hat{\lambda}}\right)\end{aligned}\tag{5-24}$$

类似地，也可以计算得到消息$m_{f_y\to h}(h)$。

对比例 5.3 与例 5.4 可以看出，采用 MF 规则计算消息$m_{f_y\to\lambda}(\lambda)$的结果与变量$x,h$的期望和方差有关；同时计算消息$m_{f_y\to x}(x)$的结果与变量$\lambda$的期望有关。相比于 BP 规则，采用 MF 规则计算因子到变量的消息时，积分比较简单，只需要利用变量的期望和方差即可。所以，在非线性场景下，MF 规则比 BP 规则更适用。此外由于对约束函数进行取对数运算，所以 MF 规则非常适用于指数类因子节点。

例 5.5　线性高斯场景。利用 MF 准则重新求解例 5.2。(1)当噪声方差λ^{-1}已知的情况下，计算消息$m_{f_y\to x_2}(x_2)$；(2)当噪声方差λ^{-1}未知的情况下，计算消息$m_{f_y\to\lambda}(\lambda)$与消息$m_{f_y\to x_2}(x_2)$，并估计噪声方差。

分析：(1)当噪声方差λ^{-1}已知时，该场景为线性高斯场景。已知函数$f_y=\mathcal{CN}\left(y;a_1x_1+a_2x_2,\lambda^{-1}\right)$，则可利用 MF 准则计算消息$m_{f_y\to x_2}(x_2)$：

$$\begin{aligned}m_{f_y\to x_2}(x_2)&=\exp\left\{\int\ln f_y(y,x_1,x_2,\lambda)\cdot b(x_1)\mathrm{d}x_1\right\}\\&=\exp\left\{\int\ln\left[\frac{1}{\pi\cdot\lambda^{-1}}\cdot\exp\left\{-\frac{|y-a_1x_1-a_2x_2|^2}{\lambda^{-1}}\right\}\right]\cdot b(x_1)\mathrm{d}x_1\right\}\\&=\frac{\lambda}{\pi}\cdot\exp\left\{\int\left[-\lambda\cdot|y-a_1x_1-a_2x_2|^2\right]\cdot b(x_1)\mathrm{d}x_1\right\}\\&\propto\mathcal{CN}\left(x_2;\frac{y-a_1\hat{\mu}_1}{a_2},\frac{\lambda^{-1}}{|a_2|^2}\right)\end{aligned}\tag{5-25}$$

观察表 5.1 计算结果可知，采用 MF 规则计算消息$m_{f_y \to x_2}(x_2)$的结果中方差仅与高斯白噪声方差λ^{-1}相关，与v_1无关。对比于 BP 规则求出消息$m_{f_y \to x_2}(x_2)$的结果，这个结果显然不合理。此现象称为“方差丢失”，将导致性能损失。

表 5.1　BP 规则与 MF 规则计算结果对比表

	采用 BP 规则	采用 MF 规则
消息 $m_{f_y \to x_2}(x_2)$ 计算结果	$\mathcal{CN}\left(x_2;\dfrac{y-a_1\mu_1}{a_2},\dfrac{\lambda^{-1}+\lvert a_1\rvert^2\cdot v_1}{\lvert a_2\rvert^2}\right)$	$\mathcal{CN}\left(x_2;\dfrac{y-a_1\hat{\mu}_1}{a_2},\dfrac{\lambda^{-1}}{\lvert a_2\rvert^2}\right)$

对于高斯函数来说，方差用来衡量变量的不确定性，方差越大，则变量不确定性越大。在本例题中，采用 BP 规则计算消息$m_{f_y \to x_2}(x_2)$的结果中方差比采用 MF 规则计算得到的方差要大。按照上述分析，看似能够得到 MF 规则比 BP 规则更适用于线性高斯场景的结论，但是由于 MF 规则在线性高斯场景下把存在不确定性的变量当作确定性常量来计算，导致计算结果存在“过估计”的现象。具体分析如下：

情况一：在例 5.3 系统模型$y = a_1x_1 + a_2x_2 + w$中，采用贝叶斯公式计算$p(y|x_2)$。

$$
\begin{aligned}
p(y|x_2) &= \frac{\int p(x_1,x_2,y)\mathrm{d}x_1}{p(x_2)} \\
&= \int p(y|x_1,x_2)p(x_1)\mathrm{d}x_1 \\
&= \int \mathcal{CN}\left(y;a_1x_1+a_2x_2,\lambda^{-1}\right)\cdot\mathcal{CN}\left(x_1;\mu_1,v_1\right)\mathrm{d}x_1 \\
&= \mathcal{CN}\left(y;a_1\mu_1+a_2x_2,\lambda^{-1}+|a_1|^2\cdot v_1\right) \\
&\propto \mathcal{CN}\left(x_2;\frac{y-a_1\mu_1}{a_2},\frac{\lambda^{-1}+|a_1|^2\cdot v}{|a_2|^2}\right)
\end{aligned}
\tag{5-26}
$$

根据计算结果可知其与 BP 规则求解得到的消息$m_{f_y \to x_2}(x_2)$相同。

情况二：在例 5.3 的系统模型中，假设已知$x_1 = \hat{\mu}_1$，采用贝叶斯公式计算$p(y|x_2)$。

此时系统模型变为$y = a_1\hat{\mu}_1 + a_2x_2 + w$。

$$
p(y|x_2) = \mathcal{CN}\left(y;a_1\hat{\mu}_1+a_2x_2,\lambda^{-1}\right) \propto \mathcal{CN}\left(x_2;\frac{y-a_1\hat{\mu}_1}{a_2},\frac{\lambda^{-1}}{|a_2|^2}\right) \tag{5-27}
$$

根据计算结果可知其与 MF 规则求解得到的消息 $m_{f_y\to x_2}(x_2)$ 相同。

对比表 5.2 两种不同情况的计算结果，MF 的过估计问题出现在将不确定性的变量 x_1 当作确定性常量 $\hat{\mu}_1$ 来计算，导致计算结果不准确。因此，在线性高斯场景下，基于 MF 规则的估计没有基于 BP 规则的精确。

表 5.2　两种情况下 $p(y|x_2)$ 计算结果对比表

通信系统模型	$y=a_1x_1+a_2x_2+w$	$y=a_1\hat{\mu}_1+a_2x_2+w$
消息 $p(y\|x_2)$ 计算结果	$\mathcal{CN}\left(x_2;\dfrac{y-a_1\mu_1}{a_2},\dfrac{\lambda^{-1}+\|a_1\|^2\cdot v_1}{\|a_2\|^2}\right)$	$\mathcal{CN}\left(x_2;\dfrac{y-a_1\hat{\mu}_1}{a_2},\dfrac{\lambda^{-1}}{\|a_2\|^2}\right)$

(2) 当噪声方差 λ^{-1} 未知时，使用 MF 准则计算消息 $m_{f_y\to\lambda}(\lambda)$：

$$\begin{aligned}m_{f_y\to\lambda}(\lambda)&=\exp\left\{\iint\ln f_y(y,x_1,x_2,\lambda)\cdot b(x_1)\cdot b(x_2)\mathrm{d}x_1\mathrm{d}x_2\right\}\\&=\exp\left\{\iint\ln\left[\frac{1}{\pi\lambda^{-1}}\exp\left\{-\frac{|y-a_1x_1-a_2x_2|^2}{\lambda^{-1}}\right\}\right]\cdot b(x_1)\cdot b(x_2)\mathrm{d}x_1\mathrm{d}x_2\right\}\\&=\frac{\lambda}{\pi}\cdot\exp\left\{-\lambda\left\langle|y-a_1x_1-a_2x_2|^2\right\rangle_{b(x_1)b(x_2)}\right\}\end{aligned}\tag{5-28}$$

式中：

$$\begin{aligned}&\left\langle|y-a_1x_1-a_2x_2|^2\right\rangle_{b(x_1)b(x_2)}\\&=\iint\left[|y-a_1x_1|^2+|a_2x_2|^2-(y^*-a_1x_1^*)\cdot a_2x_2-(y-a_1x_1)\cdot a_2x_2^*\right]\cdot b(x_1)\cdot b(x_2)\mathrm{d}x_1\mathrm{d}x_2\\&=\int\left[|y-a_1x_1|^2+|a_2|^2\cdot\left(|\hat{\mu}_2|^2+\hat{v}_2\right)-(y^*-a_1x_1^*)\cdot a_2\hat{\mu}_2-(y-a_1x_1)\cdot a_2\hat{\mu}_2^*\right]\cdot b(x_1)\mathrm{d}x_1\\&=|y|^2+|a_1|^2\left(|\hat{\mu}_1|^2+\hat{v}_1\right)+y^*a_1\hat{\mu}_1+ya_1\hat{\mu}_1^*+|a_2|^2\left(|\hat{\mu}_2|^2+\hat{v}_2\right)\\&\quad-(y^*-a_1\hat{\mu}_1^*)a_2\hat{\mu}_2-(y-a_1\hat{\mu}_1)a_2\hat{\mu}_2^*\\&=|y-a_1\hat{\mu}_1-a_2\hat{\mu}_2|^2+|a_1|^2\cdot\hat{v}_1+|a_2|^2\cdot\hat{v}_2\end{aligned}\tag{5-29}$$

接下来，计算置信 $b(\lambda)$：

$$\begin{aligned}b(\lambda)&\propto m_{f_{y\to\lambda}}(\lambda)\cdot p(\lambda)=m_{f_{y\to\lambda}}(\lambda)\cdot\mathrm{Gamma}(\lambda;a,b)\\&=\frac{\lambda}{\pi}\cdot\exp\left\{-\lambda\left\langle|y-a_1x_1-a_2x_2|^2\right\rangle_{b(x_1)b(x_2)}\right\}\cdot\frac{b^a}{\Gamma(a)}\cdot\lambda^{a-1}\cdot\mathrm{e}^{-b\lambda}\end{aligned}$$

$$\propto \text{Gamma}\left(\lambda; a+1, b+\left\langle \left|y-a_1x_1-a_2x_2\right|^2\right\rangle_{b(x_1)b(x_2)}\right) \tag{5-30}$$

则 λ 的估计值 $\hat{\lambda}$：

$$\begin{aligned}\hat{\lambda} &= \int_0^{+\infty} \lambda \cdot \text{Gamma}\left(\lambda; a+1, b+\left\langle \left|y-a_1x_1-a_2x_2\right|^2\right\rangle_{b(x_1)b(x_2)}\right) \mathrm{d}\lambda \\ &= \frac{a+1}{b+\left\langle \left|y-a_1x_1-a_2x_2\right|^2\right\rangle_{b(x_1)b(x_2)}}\end{aligned} \tag{5-31}$$

最后，计算消息 $m_{f_y \to x_2}(x_2)$：

$$\begin{aligned}m_{f_y \to x_2}(x_2) &= \exp\left\{\iint \ln\left[f_y(y, x_1, x_2, \lambda)\right] \cdot b(x_1) \cdot b(\lambda) \mathrm{d}x_1 \mathrm{d}\lambda\right\} \\ &= \exp\left\{\iint \ln\left[\frac{1}{\pi \cdot \lambda^{-1}} \exp\left\{-\frac{\left|y-a_1x_1-a_2x_2\right|^2}{\lambda^{-1}}\right\}\right] \cdot b(x_1) \cdot b(\lambda) \mathrm{d}x_1 \mathrm{d}\lambda\right\} \\ &= \exp\left\{\int\left[\ln\left(\frac{\lambda}{\pi}\right) - \lambda \cdot \int \left|y-a_1x_1-a_2x_2\right|^2 \cdot b(x_1) \mathrm{d}x_1\right] \cdot b(\lambda) \mathrm{d}\lambda\right\} \\ &\propto \mathcal{CN}\left(x_2; \frac{y-a_1\hat{\mu}_1}{a_2}, \frac{\hat{\lambda}^{-1}}{\left|a_2\right|^2}\right)\end{aligned} \tag{5-32}$$

采用相同的方法也可以计算得到消息 $m_{f_y \to x_1}(x_1)$。

上式结果可以观察到，估计噪声方差 λ 时用到了 x_1 和 x_2 的期望与方差，而迭代计算消息 $m_{f_y \to x_2}(x_2)$ 时又用到了 λ 的期望，从而隐含地计算该消息 $m_{f_y \to x_2}(x_2)$ 时用到了 x_1 的方差，即从一定程度上避免了方差丢失问题。从而可以预测，基于 MF 规则估计噪声方差未知时性能会超过噪声方差已知时的性能。

5.1.3　EP 规则适用场景

EP 规则更新公式为：

$$n_{x_i \to f_a}(x_i) = \prod_{b \in \mathcal{N}(i) \backslash a} m_{f_b \to x_i}(x_i), \quad \forall i \in \mathcal{I}, a \in \mathcal{N}(i) \tag{5-33}$$

$$\begin{aligned}m_{f_a \to x_i}(x_i) &= \frac{\text{Proj}_G\left\{n_{x_i \to f_a}(x_i) \cdot m_{f_a \to x_i}^{\text{BP}}(x_i)\right\}}{n_{x_i \to f_a}(x_i)}, \quad \forall a \in \mathcal{A}, i \in \mathcal{N}(a) \\ &= \frac{\text{Proj}_G\left\{n_{x_i \to f_a}(x_i) \cdot \int f_a(\boldsymbol{x}_a) \prod_{j \in \mathcal{N}(a) \backslash i} n_{x_j \to f_a}(x_j) \mathrm{d}x_j\right\}}{n_{x_i \to f_a}(x_i)}\end{aligned} \tag{5-34}$$

置信 $b_i(x_i)$ 计算公式如下：

$$b_i(x_i) \propto \prod_{a \in \mathcal{N}(i)} m_{f_a \to x_i}(x_i) \tag{5-35}$$

例 5.6 离散–连续共存场景。假设接收机 $y = h \cdot x + w$，h 为连续的信道衰落系数，w 为加性高斯白噪声，期望为 0 方差为 λ^{-1}。若噪声方差已知，变量 x,h 的联合后验 PDF 可因子分解为：

$$\begin{aligned} p(x,h \mid y) &\propto p(y \mid x,h)\, p(x,h) \\ &= f_y(y,x,h)\, p(x)\, p(h) \end{aligned} \tag{5-36}$$

式中，$f_y(y,x,h) \triangleq p(y \mid x,h)$。

根据因子分解，其因子图如图 5.4 所示。

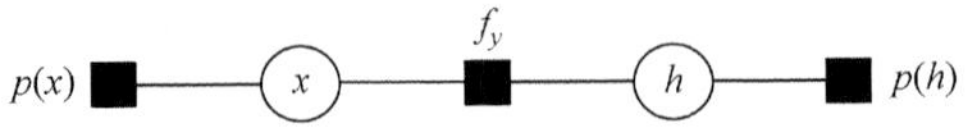

图 5.4 $p(x,h \mid y)$ 因子分解对应的因子图

图中，x 为离散数据符号，$p(x) = \sum_{s \in \mathcal{S}} \alpha_s \cdot \delta(x - s)$，其中 $\sum_{s \in \mathcal{S}} \alpha_s = 1$。试求观测节点 f_y 到变量 h 的消息 $m_{f_y \to h}(h)$。

分析：利用 BP 规则可以计算消息 $m_{f_y \to h}(h)$ 为：

$$\begin{aligned} m_{f_y \to h}^{\mathrm{BP}}(h) &= \int f_y(y,x,h) \cdot n_{x \to f_y}(x) \mathrm{d}x \\ &= \int \sum_{s \in \mathcal{S}} \alpha_s \cdot \delta(x - s) \cdot \mathcal{CN}\left(y; hx, \lambda^{-1}\right) \mathrm{d}x \\ &= \sum_{s \in \mathcal{S}} \alpha_s \cdot \mathcal{CN}\left(y; hs, \lambda^{-1}\right) \end{aligned} \tag{5-37}$$

观察式(5-37)可知，式中消息 $m_{f_y \to h}^{\mathrm{BP}}(h)$ 为混合高斯(Gaussian Mixture)形式，当 $|\mathcal{S}|$ 维度较高时，后续计算其他消息时会导致较高的复杂度。若在变量节点 h 处采用 EP 规则，可以对上述消息进行近似：

$$m_{f_y \to h}^{\mathrm{EP}}(h) = \frac{\mathrm{Proj}_G\left\{ m_{f_y \to h}^{\mathrm{BP}}(h) \cdot n_{h \to f_y}(h) \right\}}{n_{h \to f_y}(h)} \tag{5-38}$$

式中，$\mathrm{Proj}_G\{\cdot\}$ 运算符将非高斯形式消息映射为高斯形式，并且假设返回消息 $n_{h \to f_y}(h)$ 具有高斯形式，则能够保证 $m_{f_y \to h}^{\mathrm{EP}}(h)$ 仍保持高斯形式，从而降低后续计算复杂度，所以 EP 规则适用于离散和连续共存的场景下。

5.1.4 各种消息更新规则适用场景小结

根据本节前面通信系统简单实例，单一消息更新规则的适用场景总结如下：

(1) BP 规则，也称和积算法。当因子图是无环图时，应用 BP 规则可以得到准确的边缘函数，尤其适用于无环的离散场景，如编解码、QAM 调制和检测等；同时 BP 规则也适用于线性高斯场景，能够预期得到最优的性能。但是在非线性场景中，如含有乘积运算、噪声方差估计、连续及离散型随机变量共存的场景，计算因子到变量的消息需对函数节点和多个消息的乘积进行积分，很难得到闭式解，此时需寻找其他的方法[93]。

(2) MF 规则消息更新公式简单，适用于指数形式的因子节点，在处理非线性高斯或含有噪声方差估计等 BP 规则无法解决的问题时，MF 规则应用较多，并且总能保证收敛。当因子节点具有指数形式时，积分通常能够由被积分变量的各阶矩组合运算求得，大大放宽了 MF 规则的适用范围；而在离散场景中，若存在 δ 函数，其求对数操作无法进行，所以离散场景不适用 MF 规则[94]；在线性高斯场景中，虽然使用 MF 规则能够得到闭式解，但是存在“方差丢失”的问题，相比 BP 规则会有很大的性能损失。

(3) EP 规则可视为 BP 规则的松弛版本，其适用于离散和连续变量相连接的节点，如离散的符号检测与连续的信道估计结合处；EP 规则可以看作是 BP 规则的近似[94]，前者可以将变量节点置信近似为指数类分布(通常选择高斯分布)，在某些基于 BP 规则设计的算法应用中能够有效降低计算复杂度；相对于其他近似方法(将在 5.4 节中讨论)，EP 规则有很大的性能增益。

若设计消息传递算法解决概率系统的估计问题，选择消息更新规则的大致思路是：优先选择 BP 规则，其次选择 MF 规则，最后考虑 EP 规则。如果单一规则均不能解决实际问题，进一步可结合单一规则适用场景(如表 5.3 所示)，设计联合消息更新规则。

表 5.3　消息更新规则适用场景归纳

更新规则	优点	存在不足	适用场景
BP	精度高；无环因子图应用 BP 可以计算出准确边缘函数	非线性、连续–离散共存节点	离散和线性高斯
MF	更新公式简单，保证收敛	存在“求和”节点	指数型节点
EP	一些特定应用能够有效降低计算复杂度	无法求出二阶矩的节点	连续–离散共存的节点

5.2 联合规则适用场景分析

由上节可知，单一消息更新规则均有自己的适用场景及不足，为了在复杂概率系统中更好地利用这些规则扬长避短，得到精度更高的估计，往往需要使用联合规则。本节在上一节通信系统案例的基础上，进一步讨论联合规则的选择与设计方法。需要注意：由于使用案例中的模型简单，仅图中某些节点比较复杂，本节的例题在使用联合规则时结合了因子图变换的方法，但这并不说明使用联合规则一定需要经过因子图变换。

联合 BP-EP-MF 规则的消息更新公式为：

$$m_{f_a\to x_i}^{\mathrm{MF}}\left(x_i\right)=\exp\left\{\int\ln f_a\left(\boldsymbol{x}_a\right)\prod_{j\in\mathcal{N}(a)\setminus i}n_{x_j\to f_a}\left(x_j\right)\mathrm{d}x_j\right\},\quad \forall a\in\mathcal{A}_{\mathrm{MF}},i\in\mathcal{N}\left(a\right) \tag{5-39}$$

$$m_{f_a\to x_i}^{\mathrm{BP}}\left(x_i\right)=\int f_a\left(\boldsymbol{x}_a\right)\prod_{j\in\mathcal{N}(a)\setminus i}n_{x_j\to f_a}\left(x_j\right)\mathrm{d}x_j,\quad \forall a\in\mathcal{A}_{\mathrm{Bethe}},i\in\mathcal{N}\left(a\right) \tag{5-40}$$

$$m_{f_a\to x_i}^{\mathrm{EP}}\left(x_i\right)=\frac{\mathrm{Proj}_G\left\{m_{f_a\to x_i}^{\mathrm{BP}}\left(x_i\right)\cdot n_{x_i\to f_a}\left(x_i\right)\right\}}{n_{x_i\to f_a}\left(x_i\right)},\quad \forall i\in\mathcal{I}_{\mathrm{EP}},a\in\mathcal{N}\left(i\right) \tag{5-41}$$

$$\begin{aligned}n_{x_i\to f_a}\left(x_i\right)=&\prod_{b\in\left(\mathcal{N}\left(i\in\mathcal{I}_{\mathrm{BP}}\right)\cap\mathcal{N}_{\mathrm{Bethe}}(i)\right)\setminus a}m_{f_b\to x_i}^{\mathrm{BP}}\left(x_i\right)\prod_{c\in\left(\mathcal{N}\left(i\in\mathcal{I}_{\mathrm{EP}}\right)\cap\mathcal{N}_{\mathrm{Bethe}}(i)\right)\setminus a}m_{f_c\to x_i}^{\mathrm{EP}}\left(x_i\right)\\&\prod_{d\in\mathcal{N}_{\mathrm{MF}}(i)}m_{f_d\to x_i}^{\mathrm{MF}}\left(x_i\right),\quad \forall i\in\mathcal{I},a\in\mathcal{N}\left(i\right)\end{aligned} \tag{5-42}$$

置信 $b_i\left(x_i\right)$ 的计算公式如下：

$$\begin{aligned}b_i\left(x_i\right)\propto&\prod_{b\in\left(\mathcal{N}\left(i\in\mathcal{I}_{\mathrm{BP}}\right)\cap\mathcal{N}_{\mathrm{Bethe}}(i)\right)}m_{f_b\to x_i}^{\mathrm{BP}}\left(x_i\right)\prod_{c\in\left(\mathcal{N}\left(i\in\mathcal{I}_{\mathrm{EP}}\right)\cap\mathcal{N}_{\mathrm{Bethe}}(i)\right)}m_{f_c\to x_i}^{\mathrm{EP}}\left(x_i\right)\\&\prod_{d\in\mathcal{N}_{\mathrm{MF}}(i)}m_{f_d\to x_i}^{\mathrm{MF}}\left(x_i\right),\quad \forall i\in\mathcal{I}\end{aligned} \tag{5-43}$$

其他联合规则可由联合 BP-EP-MF 规则得到，本节不再单独列出。

例 5.7 通过联合消息更新规则重新解决例 5.2 的两个问题：(1)计算消息 $m_{f_y\to x_2}\left(x_2\right)$；(2)当噪声方差未知时，估计噪声方差。

分析：例 5.2 系统模型为 $y=a_1x_1+a_2x_2+w$，若使用 BP 规则无法估计噪声方差；若使用 MF 规则，则会由于“方差丢失”问题导致性能损失。

本例经过因子图变换，引入一个新的变量节点，使得原本由一个节点进行的两种操作可以由两个不同的节点分别实现，联合 BP-MF 规则得以应用。这样做既可以估计噪声方差，又比单独应用 MF 规则精度更高。具体方法是引入变量节点 $z=a_1x_1+a_2x_2$，以及对应的因子节点 $f_z\left(x_1,x_2,z\right)=\delta\left(z-a_1x_1-a_2x_2\right)$，联合后验 PDF $p\left(x_1,x_2,z,\lambda\mid y\right)$ 可因子分解为：

$$\begin{aligned}p\left(x_1,x_2,z,\lambda\mid y\right)&\propto p\left(y\mid x_1,x_2,z,\lambda\right)p\left(z\mid x_1,x_2,\lambda\right)p\left(x_1\right)p\left(x_2\right)p\left(\lambda\right)\\&=p\left(y\mid z,\lambda\right)p\left(z\mid x_1,x_2\right)p\left(x_1\right)p\left(x_2\right)p\left(\lambda\right)\\&=f_y\left(y,z,\lambda\right)f_z\left(z,x_1,x_2\right)p\left(x_1\right)p\left(x_2\right)p\left(\lambda\right)\end{aligned}\tag{5-44}$$

式中，$f_y\left(y,z,\lambda\right)\triangleq p\left(y\mid z,\lambda\right)$，$f_z\left(z,x_1,x_2\right)\triangleq p\left(z\mid x_1,x_2\right)=\delta\left(z-a_1x_1-a_2x_2\right)$。

因子图的变换过程如图 5.5 所示。

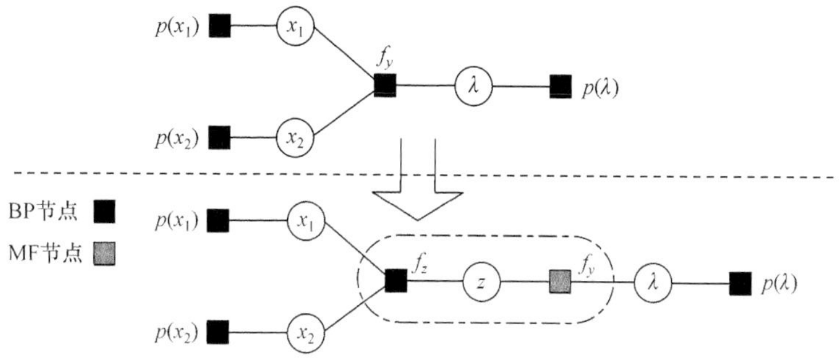

图 5.5　例 5.7 中的因子图变换过程

经过变换后，噪声方差估计问题和“求和”问题分别由节点 $f_y\left(y,z,\lambda\right)$ 和节点 $f_z\left(x_1,x_2,z\right)$ 实现，从而可以在节点 $f_y\left(y,z,\lambda\right)$ 上采用 MF 规则，在节点 $f_z\left(x_1,x_2,z\right)$ 上采用 BP 规则。下面应用联合消息更新规则求解上述两个问题：

(1) 利用 BP 规则计算 $m_{f_z\to z}\left(z\right)$：

$$\begin{aligned}m_{f_z\to z}^{\mathrm{BP}}\left(z\right)&=\iint f_z\left(z,x_1,x_2\right)\cdot n_{x_1\to f_z}\left(x_1\right)\cdot n_{x_2\to f_z}\left(x_2\right)\mathrm{d}x_1\mathrm{d}x_2\\&=\mathcal{CN}\left(z;a_1\mu_1+a_2\mu_2,\left|a_1\right|^2\cdot v_1+\left|a_2\right|^2\cdot v_2\right)\end{aligned}\tag{5-45}$$

(2) 利用前次迭代得到的返回消息 $m_{f_y\to z}^{\mathrm{MF}}\left(z\right)=\mathcal{CN}\left(z;y,\hat{\lambda}^{-1}\right)$ 可以计算变量 z 的置信，式中 $\hat{\lambda}$ 在(3)中更新：

$$\begin{aligned}b\left(z\right)&\propto m_{f_y\to z}^{\mathrm{MF}}\left(z\right)\cdot m_{f_z\to z}^{\mathrm{BP}}\left(z\right)\\&=\mathcal{CN}\left(z;y,\hat{\lambda}^{-1}\right)\cdot\mathcal{CN}\left(z;a_1\mu_1+a_2\mu_2,\left|a_1\right|^2\cdot v_1+\left|a_2\right|^2\cdot v_2\right)\\&\propto\mathcal{CN}\left(z;\hat{\mu}_z,v_z\right)\end{aligned}\tag{5-46}$$

式中，$\hat{\mu}_z, v_z$ 可计算为：

$$v_z = \frac{|a_1|^2 \cdot v_1 + |a_2|^2 \cdot v_2}{1 + \hat{\lambda} \cdot \left(|a_1|^2 \cdot v_1 + |a_2|^2 \cdot v_2\right)}; \hat{\mu}_z = v_z \cdot \left(y \cdot \hat{\lambda} + \frac{a_1\mu_1 + a_2\mu_2}{|a_1|^2 \cdot v_1 + |a_2|^2 \cdot v_2} \right) \tag{5-47}$$

(3) 利用 MF 规则计算消息 $m_{f_y \to \lambda}^{\text{MF}}(\lambda)$：

$$\begin{aligned} m_{f_y \to \lambda}^{\text{MF}}(\lambda) &= \exp\left\{ \int \ln f_y(x_1, x_2, \lambda) \cdot b(z) \mathrm{d}z \right\} \\ &\propto \lambda \cdot \exp\left\{ -\lambda \left\langle |y - z|^2 \right\rangle_{b(z)} \right\} \end{aligned} \tag{5-48}$$

根据 λ 的先验 $p(\lambda) = \text{Gamma}(\lambda; a, b)$ 可以计算变量 λ 的置信：

$$\begin{aligned} b(\lambda) &\propto p(\lambda) \cdot m_{f_y \to \lambda}^{\text{MF}}(\lambda) \\ &\propto \lambda \cdot \exp\left\{ -\lambda \left\langle |y - z|^2 \right\rangle_{b(z)} \right\} \cdot \text{Gamma}(\lambda; a, b) \\ &\propto \text{Gamma}\left(\lambda; a + 1, b + \left\langle |y - z|^2 \right\rangle_{b(z)} \right) \end{aligned} \tag{5-49}$$

从而 λ 可估计为：

$$\begin{aligned} \hat{\lambda} &= \int \lambda \cdot \text{Gamma}\left(\lambda; a + 1, b + \left\langle |y - z|^2 \right\rangle_{b(z)} \right) \mathrm{d}\lambda \\ &= \frac{a + 1}{b + \left\langle |y - z|^2 \right\rangle_{b(z)}} \end{aligned} \tag{5-50}$$

式中，$\left\langle |y - z|^2 \right\rangle_{b(z)} = \int |y - z|^2 \cdot b(z) dz = |y - \hat{\mu}_z|^2 + v_z$。

(4) 利用 MF 规则计算 $m_{f_y \to z}^{\text{MF}}(z)$：

$$m_{f_y \to z}^{\text{MF}}(z) = \exp\left\{ \int \ln f_y(y, z, \lambda) \cdot b(\lambda) \mathrm{d}\lambda \right\} \propto \mathcal{CN}\left(z; y, \hat{\lambda}\right) \tag{5-51}$$

(5) 利用 BP 规则计算 $m_{f_z \to x_2}^{\text{BP}}(x_2)$：

$$\begin{aligned} m_{f_z \to x_2}^{\text{BP}}(x_2) &= \iint f_z(z, x_1, x_2) \cdot n_{x_1 \to f_z}(x_1) \cdot n_{z \to f_z}(z) \mathrm{d}x_1 \mathrm{d}z \\ &= \iint \mathcal{CN}(z; a_1 x_1 + a_2 x_2, 0) \cdot \mathcal{CN}(x_1; \mu_1, v_1) \cdot \mathcal{CN}\left(z; y, \hat{\lambda}^{-1}\right) \mathrm{d}x_1 \mathrm{d}z \\ &= \mathcal{CN}\left(a_2 x_2; y - a_1\mu_1, |a_1|^2 \cdot v_1 + \hat{\lambda}^{-1} \right) \\ &\propto \mathcal{CN}\left(x_2; \frac{y - a_1\mu_1}{a_2}, \frac{|a_1|^2 \cdot v_1 + \hat{\lambda}^{-1}}{|a_2|^2} \right) \end{aligned} \tag{5-52}$$

从上式中可以看消息 $m_{f_y \to x_2}(x_2)$ 计算结果不但用到了 x_1 的期望和方差，而且通过方差估计值 $\hat{\lambda}^{-1}$，再次间接用到了 x_1 的期望和方差。相比前文中所用的 MF 规则、BP 规则，本题使用的联合 BP-MF 规则避免了单一规则的缺陷。

例 5.8　利用联合消息更新规则重新计算例 5.6 中的消息 $m_{f_y \to \lambda}(\lambda)$，并估计噪声方差。

分析：例 5.6 中若噪声方差未知，采用单一 BP 规则无法估计噪声方差；采用单一 MF 规则会产生严重的性能损失。本题同样通过因子图变换的方法，使用联合 BP-EP-MF 规则求解，避免了使用单一规则的缺点。具体方法是引入新的变量节点 z，满足 $z = x \cdot h$，其联合后验 PDF $p(h,x,\lambda,z \mid y)$ 可因子分解为：

$$\begin{aligned} p(h,x,\lambda,z \mid y) &\propto p(y \mid h,x,\lambda,z)\, p(z \mid h,x,\lambda)\, p(h)\, p(x)\, p(\lambda) \\ &= p(y \mid \lambda,z)\, p(z \mid h,x)\, p(h)\, p(x)\, p(\lambda) \\ &= f_y(y,\lambda,z)\, f_z(z,h,x)\, p(h)\, p(x)\, p(\lambda) \end{aligned} \tag{5-53}$$

式中，$f_y(y,\lambda,z) \triangleq p(y \mid \lambda,z)$，$f_z(z,h,x) \triangleq p(z \mid h,x) = \delta(z - h \cdot x)$。

因子图变换过程如图 5.6 所示。

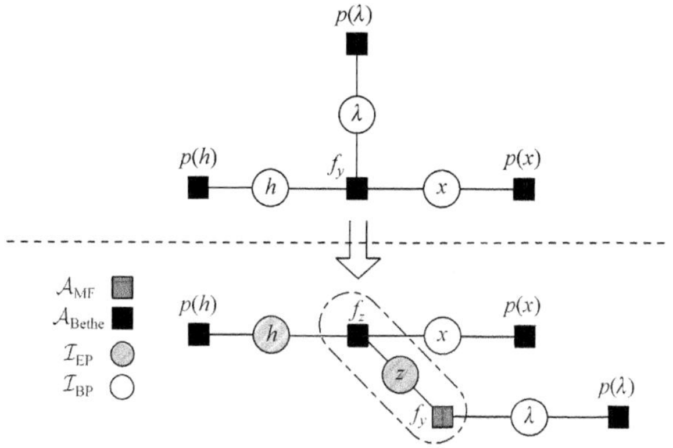

图 5.6　例 5.8 中的因子图拉伸过程

经过变换后，噪声方差估计问题和“求和”问题分别由因子节点 $f_y(y,z,\lambda)$、$f_z(z,x,h)$ 实现。$f_y(y,z,\lambda)$ 划分为 MF 节点，方便进行噪声方差估计；$f_z(x_1,x_2,z)$ 划分为 Bethe 节点，用于处理求和问题；变量节点 z 和 h 划分为 EP 节点，用于处理离散和连续共存导致的复杂度提升问题。具体求解过程如下：

(1) 利用 BP 规则可知消息 $m_{f_z \to z}^{\text{BP}}(z)$ 具有混合高斯的形式，计算如下：

$$m_{f_z \to z}^{\text{BP}}(z) = \iint f_z(z,h,x) \cdot n_{x \to f_z}(x) \cdot n_{h \to f_z}(h)\,\mathrm{d}x\mathrm{d}h$$

$$
\begin{aligned}
&= \iint \delta(z - x \cdot h) \cdot \sum_{s\in\mathcal{S}} \alpha_s \delta(x - s) \cdot \mathcal{CN}(h; \mu_h, v_h) \mathrm{d}x\mathrm{d}h \\
&\propto \sum_{s\in\mathcal{S}} \alpha_s \mathcal{CN}\left(z; s \cdot \mu_h, |s|^2 \cdot v_h\right)
\end{aligned}
\tag{5-54}
$$

(2) 因子节点 f_y 采用 MF 规则，则消息 $m_{f_y \to z}^{\mathrm{MF}}(z)$ 计算为：

$$
m_{f_y \to z}^{\mathrm{MF}}(z) = \exp\left\{\left\langle \ln f_y(y, z, \lambda) \right\rangle_{b(\lambda)}\right\} \propto \mathcal{CN}\left(z; y, \hat{\lambda}^{-1}\right)
\tag{5-55}
$$

式中，$\hat{\lambda}$ 表示变量 λ 的置信的期望，在(3)中更新，从而置信 $b(z)$ 可用 EP 规则计算为：

$$
\begin{aligned}
b(z) &= \mathrm{Proj}_G\left\{\sum_{s\in\mathcal{S}} \alpha_s \cdot \mathcal{CN}\left(z; s \cdot \mu_h, |s|^2 \cdot v_h\right) \cdot \mathcal{CN}\left(z; y, \hat{\lambda}^{-1}\right)\right\} \\
&= \mathrm{Proj}_G\left\{\sum_{s\in\mathcal{S}} \alpha_s \cdot \mathcal{CN}\left(z; \mu_h^s, v_h^s\right) \cdot \mathcal{CN}\left(s\mu_h; y, |s|^2 \cdot v_h + \hat{\lambda}^{-1}\right)\right\} \\
&\triangleq \mathcal{CN}(z; \hat{\mu}_z, v_z)
\end{aligned}
\tag{5-56}
$$

式中期望 $\hat{\mu}_z$ 和方差 v_z 计算如下：

$$
\begin{aligned}
\hat{\mu}_z &= \frac{\int z \cdot \sum_{s\in\mathcal{S}} \alpha_s \cdot \mathcal{CN}\left(z; \mu_h^s, v_h^s\right) \cdot \mathcal{CN}\left(s\mu_h; y, |s|^2 v_h + \hat{\lambda}^{-1}\right) \mathrm{d}z}{\int \sum_{s\in\mathcal{S}} \alpha_s \cdot \mathcal{CN}\left(z; \mu_h^s, v_h^s\right) \cdot \mathcal{CN}\left(s\mu_h; y, |s|^2 v_h + \hat{\lambda}^{-1}\right) \mathrm{d}z} \\
&= \frac{\sum_{s\in\mathcal{S}} \alpha_s \cdot \mu_h^s \cdot \mathcal{CN}\left(s \cdot \mu_h; y, |s|^2 \cdot v_h + \hat{\lambda}^{-1}\right)}{\sum_{s\in\mathcal{S}} \alpha_s \cdot \mathcal{CN}\left(s \cdot \mu_h; y, |s|^2 \cdot v_h + \hat{\lambda}^{-1}\right)} = \sum_{s\in\mathcal{S}} \psi_{\mathrm{s}} \cdot \mu_h^s
\end{aligned}
\tag{5-57}
$$

$$
\begin{aligned}
v_z &= \frac{\int z^2 \cdot \sum_{s\in\mathcal{S}} \alpha_s \cdot \mathcal{CN}\left(z; \mu_h^s, v_h^s\right) \cdot \mathcal{CN}\left(s\mu_h; y, |s|^2 v_h + \hat{\lambda}^{-1}\right) \mathrm{d}z}{\int \sum_{s\in\mathcal{S}} \alpha_s \cdot \mathcal{CN}\left(z; \mu_h^s, v_h^s\right) \cdot \mathcal{CN}\left(s\mu_h; y, |s|^2 v_h + \hat{\lambda}^{-1}\right) \mathrm{d}z} - |\hat{\mu}_z|^2 \\
&= \frac{\sum_{s\in\mathcal{S}} \alpha_s \cdot \mathcal{CN}\left(s\mu_h; y, |s|^2 v_h + \hat{\lambda}^{-1}\right) \cdot \left(\left|\mu_h^s\right|^2 + v_h^s\right)}{\sum_{s\in\mathcal{S}} \alpha_s \cdot \mathcal{CN}\left(s\mu_h; y, |s|^2 v_h + \hat{\lambda}^{-1}\right)} - |\hat{\mu}_z|^2 \\
&= \sum_{s\in\mathcal{S}} \psi_{\mathrm{s}} \cdot \left(\left|\mu_h^s\right|^2 + v_h^s\right) - |\hat{\mu}_z|^2
\end{aligned}
\tag{5-58}
$$

其中：

$$\psi_{\mathrm{s}} \triangleq \frac{\alpha_s \cdot \mathcal{CN}\left(s \cdot \mu_h; y, |s|^2 \cdot v_h + \hat{\lambda}^{-1}\right)}{\sum_{s \in \mathcal{S}} \alpha_s \cdot \mathcal{CN}\left(s \cdot \mu_h; y, |s|^2 \cdot v_h + \hat{\lambda}^{-1}\right)}, \tag{5-59}$$

$$v_h^s = \left(\hat{\lambda} + \left(|s|^2 \cdot v_h\right)^{-1}\right)^{-1}; \mu_h^s = v_h^s \cdot \left(\frac{s \cdot \mu_h}{|s|^2 \cdot v_h} + y \cdot \hat{\lambda}\right) \tag{5-60}$$

(3) 因子节点 f_y 使用 MF 规则，可以得到 f_y 到 λ 的消息 $m_{f_y \to \lambda}^{\mathrm{MF}}(\lambda)$，进而估计出噪声方差 $\hat{\lambda}$。首先利用 MF 规则计算消息 $m_{f_y \to \lambda}^{\mathrm{MF}}(\lambda)$：

$$m_{f_y \to \lambda}^{\mathrm{MF}}(\lambda) = \exp\left\{\int \ln f_y(\mathrm{y}, z, \lambda) \cdot b(z) \mathrm{d}z\right\} \propto \lambda \cdot \exp\left\{-\lambda \left\langle |y - z|^2 \right\rangle_{b(z)}\right\} \tag{5-61}$$

式中，$\left\langle |y-z|^2 \right\rangle_{b(z)} = \int |y-z|^2 \cdot b(z) \mathrm{d}z = |y - \hat{\mu}_z|^2 + v_z$。

根据 λ 的先验 $p(\lambda) = \mathrm{Gamma}(\lambda; a, b)$ 可以计算变量 λ 的置信：

$$\begin{aligned} b(\lambda) &\propto p(\lambda) \cdot m_{f_y \to \lambda}^{\mathrm{MF}}(\lambda) \\ &\propto \lambda \cdot \exp\left\{-\lambda \left\langle |y-z|^2 \right\rangle_{b(z)}\right\} \cdot \mathrm{Gamma}(\lambda; a, b) \\ &\propto \mathrm{Gamma}\left(\lambda; a+1, b + \left\langle |y-z|^2 \right\rangle_{b(z)}\right) \end{aligned} \tag{5-62}$$

从而噪声方差估计可计算为：

$$\hat{\lambda} = \frac{a+1}{b + \left\langle |y-z|^2 \right\rangle_{b(z)}} \tag{5-63}$$

例 5.9　假设一个系统模型为 $y = h_1 \cdot x_1 + h_2 \cdot x_2 + w$。$w$ 为加性高斯白噪声，方差为 λ^{-1}，变量 x_1, x_2, h_1, h_2 的联合后验 PDF $p(x_1, x_2, h_1, h_2 \mid y)$ 可因子分解为：

$$\begin{aligned} p(x_1, x_2, h_1, h_2 \mid y) &\propto p(y \mid x_1, x_2, h_1, h_2) p(x_1) p(x_2) p(h_1) p(h_2) \\ &= f_y(x_1, x_2, h_1, h_2, y) p(x_1) p(x_2) p(h_1) p(h_2) \end{aligned} \tag{5-64}$$

式中，$f_y(x_1, x_2, h_1, h_2, y) \triangleq p(x_1, x_2, h_1, h_2 \mid y) = \mathcal{CN}\left(y; h_1 \cdot x_1 + h_2 \cdot x_2, \lambda^{-1}\right)$。

根据因子分解，其因子图如图 5.7 所示。

从图中可以发现对于因子节点 f_y，包含了 $h_i x_i$ 的乘积运算，$h_1 \cdot x_1 + h_2 \cdot x_2$ 的求和运算，此外还有噪声精度的估计运算。由于 x_i 表示离散符号，比较适合使用 EP 规则，而求和运算比较适合使用 BP 规则，噪声精度的估计适合使用 MF 规则，

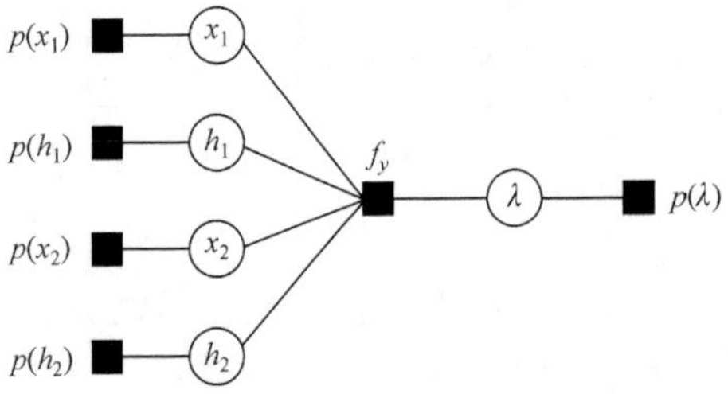

图 5.7　例 5.9 的因子图

通过因子图变换，引入变量节点 z_1, z_2, τ ，且满足：$z_1 = h_1 \cdot x_1, z_2 = h_2 \cdot x_2, \tau = z_1 + z_2$ ，使得联合 BP-EP-MF 规则得以应用。引入变量节点后其联合后验 PDF $p\left(x_1, x_2, h_1, h_2, z_1, z_2, \tau, \lambda \mid y\right)$ 可因子分解为：

$$\begin{aligned} & p\left(x_1, x_2, h_1, h_2, z_1, z_2, \tau, \lambda \mid y\right) \\ & \propto p(y \mid \lambda, \tau) p\left(z_1 \mid h_1, x_1\right) p\left(z_2 \mid h_2, x_2\right) p\left(\tau \mid z_1, z_2\right) p\left(x_1\right) p\left(x_2\right) p\left(h_1\right) p\left(h_2\right) p(\lambda) \\ & = f_y(y, \lambda, \tau) f_{z_1}\left(z_1, h_1, x_1\right) f_{z_2}\left(z_2, h_2, x_2\right) f_\tau\left(\tau, z_1, z_2\right) p\left(x_1\right) p\left(x_2\right) p\left(h_1\right) p\left(h_2\right) p(\lambda) \end{aligned} \tag{5-65}$$

式中：

$$\begin{aligned} & f_y(y, \lambda, \tau) \triangleq p(y \mid \lambda, \tau) = \mathcal{CN}\left(y; \tau, \lambda^{-1}\right) \\ & f_\tau\left(\tau, z_1, z_2\right) \triangleq p\left(\tau \mid z_1, z_2\right) = \delta\left(\tau - z_1 - z_2\right) \\ & f_{z_1}\left(z_1, h_1, x_1\right) \triangleq p\left(z_1 \mid h_1, x_1\right) = \delta\left(z_1 - h_1 \cdot x_1\right) \\ & f_{z_2}\left(z_2, h_2, x_2\right) \triangleq p\left(z_2 \mid h_2, x_2\right) = \delta\left(z_2 - h_2 \cdot x_2\right) \end{aligned} \tag{5-66}$$

根据因子分解，其因子图如图 5.8 所示：

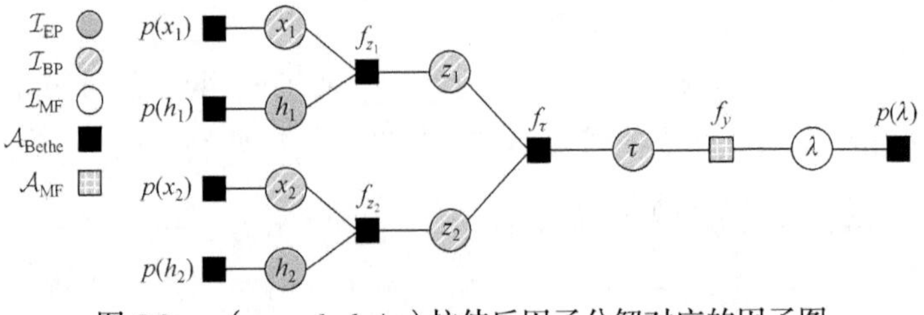

图 5.8　$p\left(x_1, x_2, h_1, h_2 \mid y\right)$ 拉伸后因子分解对应的因子图

本题将因子图进行如下划分：首先将因子图按因子节点划分，节点 f_τ, f_{z_i} 划分为 Bethe 节点，f_y 划分为 MF 节点；然后将变量节点 $x_1, x_2, h_1, h_2, z_1, z_2$ 划分为 EP 节点，τ 划分为 BP 节点，消息更新规则使用联合 BP-EP-MF 规则。具体的消息计算与同例 5.7 和例 5.8 相似，此处不再赘述。

因子图中的因子节点 f_y, f_τ, f_{z_i} 分别处理噪声精度估计、求和、乘积等问题，归纳于表 5.4 中。这种方法的优势在于：因子图节点划分更加充分，图中每个因子节点仅需处理一个问题，从而能够选择更加合适的消息更新规则。

表 5.4　联合 BP-EP-MF 规则应用场合分析

联合 BP-EP-MF 规则应用场合分析	
节点存在乘积运算	EP 规则
节点存在求和运算	BP 规则
估计噪声精度	MF 规则

5.3　混合消息传递规则

上一节主要介绍了联合规则的适用场景，联合规则需将因子图进行不相交的划分，然后在不同区域内采用不同的消息更新规则。针对某些因子节点无法应用单一或联合规则(且不能进行因子图变换)的问题，本书提出了一种可解决该问题的混合消息传递规则(Hybrid Message Passing[20, 94])，其允许在同一因子节点上混合使用不同的规则，使得消息传递的应用范围进一步扩大。

例如在图 5.9 所示的因子图中，因子节点 f 同时连接三个变量，在计算消息 $m_{f\to x}(x)$ 时，若采用 BP 规则，需要同时对变量 y 和 z 求积分，在某些场景中同时边缘化两个变量无法得到闭式解，或者得到形式复杂的闭式解导致后续计算无法进行；若采用 MF 规则，则可能无法求解或因“方差丢失”问题造成性能损失；本节提出一种启发式(Heuristic)消息更新规则：先使用 BP 规则边缘化其中一个变量(如 z)，得到中间函数 $\tilde{f}(x,y)$，然后再使用 MF 规则边缘化另一个变量(如 y)。具体来说，首先利用“类 BP”(BP-like)规则对变量 z 进行积分：

$$\tilde{f}(x,y)=\int f(x,y,z)\cdot n_{z\to f}(z)\mathrm{d}z \tag{5-67}$$

得到中间变量 $\tilde{f}(x,y)$，然后利用“类 MF”(MF-like)规则处理变量 y，得到消息 $m_{f\to x}(x)$：

$$m_{f\to x}(x)=\exp\left\{\int \ln \tilde{f}(x,y)\cdot b(y)\mathrm{d}y\right\} \tag{5-68}$$

该混合消息更新规则特别适用于节点 f 为约束节点，例如 $f(x,y,z)=\delta(z-x\cdot y)$ 的场景。下面通过例题说明混合消息传递规则的优势。

例 5.10　已知变量 x,y,z 满足 $z=x\cdot y$，联合 PDF $p(x,y,z)$ 可因子分解为：

$$p(x,y,z)=p(z\,|\,x,y)p(x)p(y)=f(x,y,z)p(x)p(y) \tag{5-69}$$

式中，$f(x,y,z)\triangleq p(z\,|\,x,y)=\delta(z-x\cdot y)$。

根据因子分解，其因子图如图 5.9 所示：

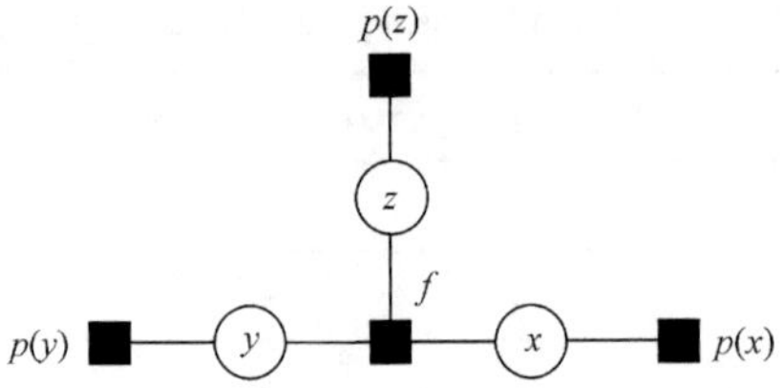

图 5.9　$p(y,x,z)$ 因子分解对应的因子图

已知消息 $p(y)=\mathcal{CN}(y;\mu_y,v_y)$ 和 $p(z)=\mathcal{CN}(z;\mu_z,v_z)$，试用 BP 规则、混合消息更新规则计算 $m_{f\to x}(x)$。

分析：首先用 BP 规则计算从因子节点 f 到变量节点 x 的消息 $m_{f\to x}(x)$：

$$\begin{aligned}
m_{f\to x}^{\mathrm{BP}}(x)&=\iint f(x,y,z)\cdot n_{z\to f}(z)\cdot n_{y\to f}(y)\mathrm{d}z\mathrm{d}y\\
&=\iint \delta(z-x\cdot y)\cdot\mathcal{CN}(z;\mu_z,v_z)\cdot\mathcal{CN}(y;\mu_y,v_y)\mathrm{d}z\mathrm{d}y\\
&=\int \mathcal{CN}(x\cdot y;\mu_z,v_z)\cdot\mathcal{CN}(y;\mu_y,v_y)\mathrm{d}y\\
&=\mathcal{CN}\left(x\cdot\mu_y;\mu_z,|x|^2\cdot v_y+v_z\right)
\end{aligned} \tag{5-70}$$

式中，变量 x 出现在方差项，同例 5.2，这种消息形式会给后续的计算带来较高复杂度；而 MF 规则难以处理存在 δ 函数的节点；此外，由于节点不能进行图变换，联合规则无法使用。下面使用混合消息传递规则的方法求解，具体计算过程如下：

首先，利用“类 BP” (BP-like)规则对变量 z 积分：

$$\begin{aligned}
\tilde{f}(x,y)&=\int f(x,y,z)\cdot n_{z\to f}(z)\mathrm{d}z\\
&=\int \delta(z-x\cdot y)\cdot\mathcal{CN}(z;\mu_z,v_z)\mathrm{d}z\\
&=\mathcal{CN}(x\cdot y;\mu_z,v_z)
\end{aligned} \tag{5-71}$$

然后，利用“类 MF” (MF-like)规则处理变量 y，得到消息 $m_{f\to x}(x)$：

$$\begin{aligned}
m_{f\to x}(x)&=\exp\left\{\int \ln\tilde{f}(x,y)\cdot b(y)\mathrm{d}y\right\}\\
&=\exp\left\{\int \ln\left[\frac{1}{\pi\cdot v_z}\cdot\exp\left\{-\frac{|x\cdot y-\mu_z|^2}{v_z}\right\}\right]\cdot b(y)\mathrm{d}y\right\}\\
&\propto\mathcal{CN}\left(x;\vec{\mu}_x,\vec{v}_x\right)
\end{aligned} \tag{5-72}$$

式中：

$$\vec{\mu}_x=\frac{\hat{\mu}_y^* \cdot \mu_z}{\left|\hat{\mu}_y\right|^2+\hat{v}_y};\vec{v}_x=\frac{v_z}{\left|\hat{\mu}_y\right|^2+\hat{v}_y} \tag{5-73}$$

通过混合消息传递规则计算出的消息 $m_{f\to x}(x)$ 为高斯形式，方便后续计算。需要说明的是：前面章节介绍的形式化单一或联合消息更新规则均有严格的理论证明，均可从自由能理论中得到解释；而混合消息传递规则仅是一种启发式规则，本书也并未给出证明。但是应用此规则能够找出与双线性广义近似消息传递(BiG-AMP)算法的内在联系[94]，并在仿真中体现出更好的性能，对于该规则进一步理解和分析是本书作者下一步的研究课题。

5.4　近似消息传递方法

采用形式化消息更新规则计算消息时，有时某些消息形式比较复杂，无法得到置信的闭式解，或者向后传递消息时会导致很高的计算复杂度，使得后续的消息无法计算，此时需要通过一些启发式方法对消息进行近似。高斯形式的消息表达简单且计算方便，尤其适合期望和方差容易计算的场景，本节介绍几类启发式高斯近似方法，如直接高斯近似、KL 散度及泰勒级数展开等。除这几种高斯近似方法外，另外有一类 AMP 类方法，特别适合于大尺度确定性关系全连接网络的消息近似，可在保证一定精度的情况下有效降低计算复杂度。本节基于联合 BP-EP 规则推导得到了广义近似消息传递(GAMP)算法，并证明该推导与由中心极限定理方法得到的 GAMP 算法一致。

5.4.1　直接高斯近似

若非高斯消息 $m(x)$ 的期望和方差容易得到，可以把该消息近似为高斯消息 $m^{\mathrm{G}}(x)$，将 $m(x)$ 的期望和方差作为 $m^{\mathrm{G}}(x)$ 的期望和方差[93]，从而可利用高斯函数的优良性质有效降低计算复杂度：

$$m(x)\approx m^{\mathrm{G}}(x)=\mathcal{N}(x;\mu_x,v_x) \tag{5-74}$$

式中，期望 $\mu_x=\mathbb{E}[x]_{m(x)}$，方差 $v_x=\mathrm{Var}(x)_{m(x)}$。

5.4.2　最小化 KL 散度

当消息 $m(x)$ 的期望和方差很难求得时，也可以采用如下最小化 KLD 的方法，对 $m(x)$ 进行高斯近似。

$$m^{\mathrm{G}}(x)=\underset{m'(x)\in\mathcal{N}}{\arg\min}\,\mathrm{KLD}\left[m'(x)\,\|\,m(x)\right]\approx m(x) \tag{5-75}$$

式中，$\mathcal{N}$ 表示高斯类函数的集合，其中 $\mathrm{KLD}\left[m'(x)\,\|\,m(x)\right]$ 代表 $m'(x)$ 和 $m(x)$ 之间的距离。

为实现最小化 KL 散度，可以分别对 $\mathrm{KLD}\left[m'(x)\,\|\,m(x)\right]$ 中的 $m'(x)$ 的期望 $\hat{x}$ 和方差 v_x 求导，令导数为零得到最终的驻点方程。如果上述求导过程无闭式解，则可以通过最陡下降法或牛顿法等得到迭代解[58]。

显然，当消息 $m(x)$ 的期望和方差能够求得时，最小化 KLD 的方法等效于直接高斯近似。需要注意，KL 散度不仅可将目标函数近似为高斯函数，也可近似为任意形式的函数。

5.4.3　泰勒级数展开

若一个非高斯函数 $m(\boldsymbol{x})$ 可以表示成指数形式，即：

$$m(\boldsymbol{x})=\exp\left\{f(\boldsymbol{x})\right\} \tag{5-76}$$

并且 $f(\boldsymbol{x})$ 可以展开成关于 $\boldsymbol{x}$ 的二次型结构，即：

$$f(\boldsymbol{x})=-\frac{1}{2}\boldsymbol{x}^{\top}\boldsymbol{A}\boldsymbol{x}+\boldsymbol{x}^{\top}\boldsymbol{B}+\cdots \tag{5-77}$$

则可将 $m(\boldsymbol{x})$ 近似为协方差矩阵为 $\boldsymbol{A}^{-1}$，期望向量为 $\boldsymbol{A}^{-1}\boldsymbol{B}$ 的高斯函数。

分析：对于一个关于 $\boldsymbol{x}$ 二维高斯概率密度函数 $m^{\mathrm{G}}(\boldsymbol{x})=\mathcal{N}(\boldsymbol{x};\boldsymbol{\mu},\boldsymbol{V})$，若其期望向量为 $\boldsymbol{\mu}$，协方差矩阵为 $\boldsymbol{V}$，则有：

$$\begin{aligned}m^{\mathrm{G}}(\boldsymbol{x})&=\mathcal{N}(\boldsymbol{x};\boldsymbol{\mu},\boldsymbol{V})\\&=\frac{1}{2\pi|\boldsymbol{V}|^{1/2}}\exp\left\{-\frac{1}{2}(\boldsymbol{x}-\boldsymbol{\mu})^{\top}\boldsymbol{V}^{-1}(\boldsymbol{x}-\boldsymbol{\mu})\right\}\\&\propto\exp\left\{-\frac{1}{2}\boldsymbol{x}^{\top}\boldsymbol{V}^{-1}\boldsymbol{x}+\boldsymbol{x}^{\top}\boldsymbol{V}^{-1}\boldsymbol{\mu}\right\}\end{aligned} \tag{5-78}$$

由式(5-76)可知，$m^{\mathrm{G}}(\boldsymbol{x})$ 是关于 $\boldsymbol{x}$ 的二次型函数。具体地，协方差矩阵 $\boldsymbol{V}$ 与 $\boldsymbol{x}$ 的二次项有关，协方差矩阵的逆与期望向量的乘积 $\boldsymbol{V}^{-1}\boldsymbol{\mu}$ 与 $\boldsymbol{x}$ 的一次项有关。

对于非高斯函数 $m(\boldsymbol{x})=\exp\left\{f(\boldsymbol{x})\right\}$，若 $f(\boldsymbol{x})$ 可展开 $f(\boldsymbol{x})=-\frac{1}{2}\boldsymbol{x}^{\top}\boldsymbol{A}\boldsymbol{x}+\boldsymbol{x}^{\top}\boldsymbol{B}+\cdots$，则有：

$$m(\boldsymbol{x})\propto\exp\left\{-\frac{1}{2}\boldsymbol{x}^{\top}\boldsymbol{A}\boldsymbol{x}+\boldsymbol{x}^{\top}\boldsymbol{B}\right\} \tag{5-79}$$

从而可将 $m(\boldsymbol{x})$ 近似为高斯型函数 $m^{\mathrm{G}}(\boldsymbol{x})$，对比式(5-78)和式(5-79)，可得 $\boldsymbol{V}=\boldsymbol{A}^{-1}$，$\boldsymbol{\mu}=\boldsymbol{V}\boldsymbol{B}$。

5.4.4 广义近似消息传递算法

本节简要介绍广义近似消息传递算法(GAMP)，它是当前学术界研究的热点，GAMP 算法能够有效地处理大规模复杂网络中的确定性约束关系模型[35]，被广泛应用在压缩感知[95, 96]、稀疏估计问题[97, 98]中。GAMP 算法可以实现两种估计：基于最大和(Max-sum)的 MAP 估计以及基于和积算法(SPA)的 MMSE 估计，并由此产生了 GAMP-MAP 和 GAMP-MMSE 两类近似算法[35]。BP 规则本质上就是 SPA，本节提出一种基于联合 BP-EP 规则近似的 GAMP 算法，其等价于 GAMP-MMSE 算法。

假定确定性约束关系模型为：

$$\boldsymbol{z}=\boldsymbol{A}\boldsymbol{x} \tag{5-80}$$

其中，$\boldsymbol{A}\in\mathbb{C}^{N\times M}$ 为已知矩阵，$\boldsymbol{x}\in\mathbb{C}^{M\times 1}$ 和 $\boldsymbol{z}\in\mathbb{C}^{N\times 1}$ 为随机向量，N,M 维度较大。系统变量联合后验 PDF 可以因子分解为：

$$p(\boldsymbol{z},\boldsymbol{x},\cdots)=\prod_{i=1}^{N} f_{A_i}(z_i\mid\boldsymbol{x})f_{z_i}(z_i)\prod_{j=1}^{M} f_{x_j}(x_j)\cdots \tag{5-81}$$

式中，$f_{A_i}(z_i\mid\boldsymbol{x})\triangleq\delta(z_i-\boldsymbol{A}_i\boldsymbol{x})$，$f_{z_i}(z_i)\triangleq p(z_i)$，$f_{x_j}(x_j)\triangleq p(x_j)$，$\boldsymbol{A}_i$ 表示观测矩阵 $\boldsymbol{A}$ 的第 i 行，系统中除 $\boldsymbol{z}$ 和 $\boldsymbol{x}$ 之外的变量传递到该片段的消息由 $f_{z_i}(z_i)$ 和 $f_{x_j}(x_j)$ 承载。该模型所对应的因子图片段如图 5.10 所示。

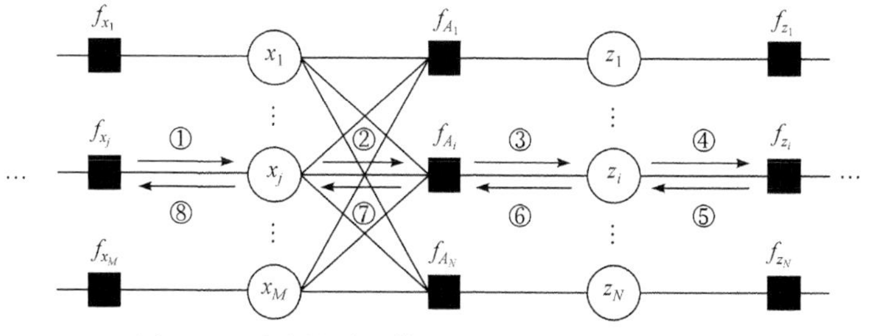

图 5.10　确定性关系模型因子分解对应的因子图

假设从左右两侧传来的消息分别为 $\{m^{\mathrm{BP}}_{f_{x_j}\to x_j}(x_j)\mid j\in[1:M]\}$ 和 $\{m^{\mathrm{BP}}_{f_{z_i}\to z_i}(z_i)\mid i\in[1:N]\}$。依据联合 BP-EP 规则，可以将此部分的消息计算分为如下 8 个步骤。

① 变量 x_j 为 EP 节点，从 f_{x_j} 到 x_j 的消息用 EP 规则进行计算：

$$m_{f_{x_j}\to x_j}^{\mathrm{EP}}\left(x_j,t\right)=\frac{\mathrm{Proj}_G\left\{m_{f_{x_j}\to x_j}^{\mathrm{BP}}\left(x_j,t\right)\cdot n_{x_j\to f_{x_j}}\left(x_j,t-1\right)\right\}}{n_{x_j\to f_{x_j}}\left(x_j,t-1\right)} \propto \frac{\mathrm{Proj}_G\left\{b\left(x_j,t\right)\right\}}{\prod_{i=1}^{N} m_{f_{A_i}\to x_j}^{\mathrm{BP}}\left(x_j,t-1\right)} \tag{5-82}$$

其中：

$$\mathrm{Proj}_G\left\{b\left(x_j,t\right)\right\}\propto \mathcal{CN}\left(x_j;\hat{x}_j^t,v_{x_j}^t\right) \tag{5-83}$$

$$n_{x_j\to f_{x_j}}\left(x_j,t-1\right)=\prod_{i=1}^{N} m_{f_{A_i}\to x_j}^{\mathrm{BP}}\left(x_j,t-1\right) \tag{5-84}$$

消息 $m_{f_{A_i}\to x_j}^{\mathrm{BP}}\left(x_j,t-1\right)$ 的值由前一次迭代得到：

$$m_{f_{A_i}\to x_j}^{\mathrm{BP}}\left(x_j,t-1\right)\propto \mathcal{CN}\left(x_j;\hat{r}_{i\to j}^{t-1},v_{r_{i\to j}}^{t-1}\right) \tag{5-85}$$

② 计算消息 $n_{x_j\to f_{A_i}}\left(x_j,t\right)$ 为：

$$\begin{aligned}
n_{x_j\to f_{A_i}}\left(x_j,t\right)&=m_{f_{x_j}\to x_j}^{\mathrm{EP}}\left(x_j,t\right)\cdot\prod_{i'\neq i}^{N} m_{f_{A_{i'}}\to x_j}^{\mathrm{BP}}\left(x_j,t-1\right)\\
&=\frac{\mathrm{Proj}_G\left\{b\left(x_j,t\right)\right\}}{n_{x_j\to f_{x_j}}\left(x_j,t-1\right)}\cdot\prod_{i'\neq i}^{N} m_{f_{A_{i'}}\to x_j}^{\mathrm{BP}}\left(x_j,t-1\right)\\
&=\frac{\mathrm{Proj}_G\left\{b\left(x_j,t\right)\right\}}{\prod_{i=1}^{N} m_{f_{A_i}\to x_j}^{\mathrm{BP}}\left(x_j,t-1\right)}\cdot\prod_{i'\neq i}^{N} m_{f_{A_{i'}}\to x_j}^{\mathrm{BP}}\left(x_j,t-1\right)\\
&=\frac{\mathcal{CN}\left(x_j;\hat{x}_j^t,v_{x_j}^t\right)}{\mathcal{CN}\left(x_j;\hat{r}_{i\to j}^{t-1},v_{r_{i\to j}}^{t-1}\right)}\propto \mathcal{CN}\left(x_j;\hat{x}_{j\to i}^t,v_{x_{j\to i}}^t\right)
\end{aligned} \tag{5-86}$$

更新消息 $n_{x_j\to f_{A_i}}\left(x_j,t\right)\propto \mathcal{CN}\left(x_j;\hat{x}_{j\to i}^t,v_{x_{j\to i}}^t\right)$ 的期望和方差为：

$$v_{x_{j\to i}}^t=\left({v_{x_j}^t}^{-1}-\left(v_{\gamma_{i\to j}}^{t-1}\right)^{-1}\right)^{-1};\quad \hat{x}_{j\to i}^t=v_{x_{j\to i}}^t\cdot\left(\frac{\hat{x}_j^t}{v_{x_j}^t}-\frac{\hat{\gamma}_{i\to j}^{t-1}}{v_{\gamma_{i\to j}}^{t-1}}\right) \tag{5-87}$$

③ 计算消息 $m_{f_{A_i}\to z_i}^{\mathrm{BP}}\left(z_i,t\right)$ 为：

$$\begin{aligned} m^{\mathrm{BP}}_{f_{A_i}\to z_i}(z_i,t) &= \int \delta\left(z_i - \sum_{j=1}^{M} a_{ij}\cdot x_j\right)\cdot \prod_{j=1}^{M} n_{x_j\to f_{A_i}}(x_j,t)\mathrm{d}x_j \\ &\propto \mathcal{CN}\left(z_i;\hat{p}_i^t, v_{p_i}^t\right) \end{aligned} \tag{5-88}$$

更新消息 $m^{\mathrm{BP}}_{f_{A_i}\to z_i}(z_i,t)=\mathcal{N}\left(z_i;\hat{p}_i^t,v_{p_i}^t\right)$ 的期望和方差为：

$$\hat{p}_i^t = \sum_{j=1}^{M} a_{ij}\cdot \hat{x}_{j\to i}^t; v_{p_i}^t = \sum_{j=1}^{M} \left|a_{ij}\right|^2 \cdot v_{x_{j\to i}}^t \tag{5-89}$$

④ 计算消息 $n_{z_i\to f_{z_i}}(z_i,t)$ 与 $m^{\mathrm{BP}}_{f_{A_i}\to z_i}(z_i,t)$ 计算结果相同。

$$n_{z_i\to f_{z_i}}(z_i,t) \propto \mathcal{CN}\left(z_i;\hat{p}_i^t, v_{p_i}^t\right) \tag{5-90}$$

⑤ 假设先验消息 $m^{\mathrm{BP}}_{f_{z_i}\to z_i}(z_i,t)$ 已知，则变量 z_i 的置信 $b(z_i,t)$ 可以计算为：

$$\begin{aligned} m^{\mathrm{EP}}_{f_{z_i}\to z_i}(z_i,t) &= \frac{\mathrm{Proj}_G\left\{m^{\mathrm{BP}}_{f_{z_i}\to z_i}(z_i,t)\cdot n_{z_i\to f_{z_i}}(z_i,t)\right\}}{n_{z_i\to f_{z_i}}(z_i,t)} \\ &\propto \frac{\mathrm{Proj}_G\left\{b(z_i,t)\right\}}{n_{z_i\to f_{z_i}}(z_i,t)} \end{aligned} \tag{5-91}$$

$$\begin{aligned} \mathrm{Proj}_G\left\{b(z_i,t)\right\} &= \mathrm{Proj}_G\left\{m^{\mathrm{BP}}_{f_{z_i}\to z_i}(z_i,t)\cdot n_{z_i\to f_{z_i}}(z_i,t)\right\} \\ &= \mathcal{CN}\left(z_i;\hat{z}_i^t, v_{z_i}^t\right) \end{aligned} \tag{5-92}$$

⑥ 计算消息 $n_{z_i\to f_{A_i}}(z_i,t)$ 为：

$$\begin{aligned} n_{z_i\to f_{A_i}}(z_i,t) &= m^{\mathrm{EP}}_{f_{z_i}\to z_i}(z_i,t) \\ &= \frac{\mathcal{CN}\left(z_i;\hat{z}_i^t, v_{z_i}^t\right)}{\mathcal{CN}\left(z_i;\hat{p}_i^t, v_{p_i}^t\right)} \propto \mathcal{CN}\left(z_i;\vec{z}_i^t, \vec{v}_{z_i}^t\right) \end{aligned} \tag{5-93}$$

更新消息 $n_{z_i\to f_{A_i}}(z_i,t)\propto\mathcal{CN}\left(z_i;\vec{z}_i^t,\vec{v}_{z_i}^t\right)$ 的期望和方差为：

$$\vec{v}_{z_i}^t = \left(\left(v_{z_i}^t\right)^{-1} - \left(v_{p_i}^t\right)^{-1}\right)^{-1}; \vec{z}_i^t = \vec{v}_{z_i}^t\cdot\left(\frac{\hat{z}_i^t}{v_{z_i}^t} - \frac{\hat{p}_i^t}{v_{p_i}^t}\right) \tag{5-94}$$

⑦ 计算消息 $m^{\mathrm{BP}}_{f_{A_i}-x_j}(x_j,t)$ 为：

$$\begin{aligned} m^{\mathrm{BP}}_{f_{A_i}-x_j}(x_j) &= \int \delta\left(z_i - \sum_{j=1}^{M} a_{ij}\cdot x_j\right)\cdot n_{z_i\to f_{A_i}}(z_i,t)\cdot \prod_{j'\neq j} n_{x_{j'}\to f_{A_i}}(x_{j'},t)\mathrm{d}x_{j'}\mathrm{d}z_i \\ &\propto \mathcal{CN}\left(x_i;\hat{r}_{i\to j}^t, v_{r_{i\to j}}^t\right) \end{aligned} \tag{5-95}$$

更新消息 $m_{f_{A_i}-x_j}^{\text{BP}}\left(x_j\right)=\mathcal{CN}\left(x_i;\hat{r}_{i\to j}^t,v_{r_{i\to j}}^t\right)$ 的期望和方差为：

$$\hat{r}_{i\to j}^t=\frac{\overleftarrow{z}_i^t-\hat{p}_i^t+a_{ij}\cdot\hat{x}_{j\to i}^t}{a_{ij}};v_{r_{i\to j}}^t=\frac{\overleftarrow{v}_{z_i}^t+v_{p_i}^t-\left|a_{ij}\right|^2\cdot v_{x_{j\to i}}^t}{\left|a_{ij}\right|^2} \tag{5-96}$$

⑧ 计算消息 $n_{x_j\to f_{x_j}}\left(x_j,t\right)$ 为：

$$n_{x_j\to f_{x_j}}\left(x_j,t\right)=\prod_{i=1}^N m_{f_{A_i}\to x_j}\left(x_j,t\right)=\prod_{i=1}^N\mathcal{CN}\left(x_j;\hat{r}_{i\to j}^t,v_{r_{i\to j}}^t\right)=\mathcal{CN}\left(x_j;\hat{r}_j^t,v_{r_j}^t\right) \tag{5-97}$$

更新消息 $n_{x_j\to f_{x_j}}\left(x_j,t\right)=\mathcal{CN}\left(x_j;\hat{r}_j^t,v_{r_j}^t\right)$ 的期望和方差为：

$$\begin{aligned}v_{r_j}^t&=\left(\sum_{i=1}^N\frac{\left|a_{ij}\right|^2}{\overleftarrow{v}_{z_i}^t+v_{p_i}^t-\left|a_{ij}\right|^2\cdot v_{x_{j\to i}}^t}\right)^{-1}\\ \hat{r}_j^t&=v_{r_j}^t\cdot\left(\sum_{i=1}^N\frac{a_{ij}^*\left(\overleftarrow{z}_i^t-\hat{p}_i^t\right)+\left|a_{ij}\right|^2\hat{x}_{j\to i}^t}{\overleftarrow{v}_{z_i}^t+v_{p_i}^t-\left|a_{ij}\right|^2\cdot v_{x_{j\to i}}^t}\right)\end{aligned} \tag{5-98}$$

依据上述计算步骤，整理得到基于联合 BP-EP 的确定性约束关系迭代算法。

算法 5.1　基于联合 BP-EP 的确定性约束关系迭代算法

1：初始化 $\left\{m_{f_{x_j}\to x_j}^{\text{BP}}\left(x_j,1\right),m_{f_{z_i}\to z_i}^{\text{BP}}\left(z_i,1\right),\hat{x}_{j\to i}^1,v_{x_{j\to i}}^1;\forall i,j\right\}$

2：循环迭代 t 次

3：$\forall i:v_{p_i}^t=\sum_{j=1}^M\left|a_{ij}\right|^2\cdot v_{x_{j\to i}}^t$

4：$\forall i:\hat{p}_i^t=\sum_{j=1}^M a_{ij}\cdot\hat{x}_{j\to i}^t$

5：$\forall i:n_{z_i\to f_{z_i}}\left(z_i,t\right)\propto\mathcal{CN}\left(z_i;\hat{p}_i^t,v_{p_i}^t\right)$ 向右传播

6：$\forall i:m_{f_{z_i}\to z_i}^{\text{BP}}\left(z_i,t\right)$ 由初始化得

7：$\forall i:b\left(z_i,t\right)=m_{f_{z_i}\to z_i}^{\text{BP}}\left(z_i,t\right)\cdot n_{z_i\to f_{z_i}}\left(z_i,t\right)$

8：$\forall i:\hat{z}_i^t=\mathbb{E}\left[z_i\right]_{b(z_i,t)}$

9：$\forall i:v_{z_i}^t=\text{Var}\left[z_i\right]_{b(z_i,t)}$

$$\forall i:\overleftarrow{v}_{z_i}^t=\left(1/v_{z_i}^t-1/v_{p_i}^t\right)^{-1}$$

$$\forall i:\overleftarrow{z}_i^t=\overleftarrow{v}_{z_i}^t\cdot\left(\hat{z}_i^t/v_{z_i}^t-\hat{p}_i^t/v_{p_i}^t\right)$$

$$\forall j:v_{r_j}^t=\left(\sum\nolimits_{i=1}^{N}\frac{|a_{ij}|^2}{\overleftarrow{v}_{z_i}^t+v_{p_i}^t-|a_{ij}|^2\cdot v_{x_{j\to i}}^t}\right)^{-1}$$

$$\forall j:\hat{r}_j^t=v_{r_j}^t\cdot\left(\sum\nolimits_{i=1}^{N}\frac{a_{ij}^*\cdot\left(\overleftarrow{z}_i^t-\hat{p}_i^t\right)+|a_{ij}|^2\cdot\hat{x}_{j\to i}^t}{\overleftarrow{v}_{z_i}^t+v_{p_i}^t-|a_{ij}|^2\cdot v_{x_{j\to i}}^t}\right)$$

$\forall j:n_{x_j\to f_{x_j}}\left(x_j,t\right)=\mathcal{N}\left(x_j;\hat{r}_j^t,v_{r_j}^t\right)$向左传播

$\forall j:m_{f_{x_j}\to x_j}^{\mathrm{BP}}\left(x_j,t+1\right)$由初始化得

$$\forall j:b\left(x_j,t+1\right)=m_{f_{x_j}\to x_j}^{\mathrm{BP}}\left(x_j,t+1\right)\cdot n_{x_j\to f_{x_j}}\left(x_j,t\right)$$

$$\forall j:\hat{x}_j^{t+1}=\mathbb{E}\left[x_j\right]_{b\left(x_j,t+1\right)}$$

$$\forall j:v_{x_j}^{t+1}=\mathrm{Var}\left[x_j\right]_{b\left(x_j,t+1\right)}$$

$$\forall i,j:v_{x_j}^{t+1}=v_{x_{j\to i}}^t=\left(1/v_{x_j}^{t+1}-\frac{|a_{ij}|^2}{\overleftarrow{v}_{z_i}^t+v_{p_i}^t-|a_{ij}|^2\cdot v_{x_{j\to i}}^t}\right)^{-1}$$

$$\forall i,j:\hat{x}_{j\to i}^{t+1}=v_{x_{j\to i}}^{t+1}\cdot\left(\frac{\hat{x}_j^{t+1}}{v_{x_j}^{t+1}}-\frac{a_{ij}^*\cdot\left(\overleftarrow{z}_i^t-\hat{p}_i^t\right)+|a_{ij}|^2\cdot\hat{x}_{j\to i}^t}{\overleftarrow{v}_{z_i}^t+v_{p_i}^t-|a_{ij}|^2\cdot v_{x_{j\to i}}^t}\right)$$

为更清晰地理解该算法，将迭代算法中的关键消息添加至图 5.10，可以得到如图 5.11 所示的新的表达图。

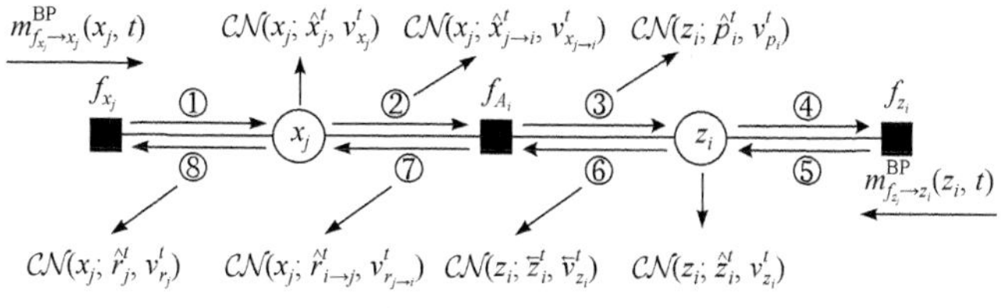

图 5.11　计算过程框架示意图

接下来，在 BP-EP 算法过程的基础上采用三步近似推导出 GAMP 算法：

第一步：

$$n_{x_j \to f_{A_i}}\left(x_j,t\right) \propto \mathcal{CN}\left(x_j;\hat{x}_{j\to i}^t, v_{x_{j\to i}}^t\right) \tag{5-99}$$

式中，对消息 $n_{x_j \to f_{A_i}}\left(x_j,t\right) \propto \mathcal{CN}\left(x_j;\hat{x}_{j\to i}^t, v_{x_{j\to i}}^t\right)$ 的**期望和方差进行近似**。首先方差项进行近似：

$$v_{x_{j\to i}}^t = \left(\left(v_{x_j}^t\right)^{-1} - \left(v_{r_{i\to j}}^t\right)^{-1}\right)^{-1} \approx v_{x_j}^t \tag{5-100}$$

然后，将其带入期望表达式：

$$\begin{aligned}\hat{x}_{j\to i}^t &= v_{x_{j\to i}}^t \cdot \left(\frac{\hat{x}_j^t}{v_{x_j}^t} - \frac{\hat{r}_{i\to j}^{t-1}}{v_{r_{i\to j}}^{t-1}}\right) \approx v_{x_j}^t \cdot \left(\frac{\hat{x}_j^t}{v_{x_j}^t} - \frac{a_{ij}^* \cdot \left(\overleftarrow{z}_i^{t-1} - \hat{p}_i^{t-1}\right) + \left|a_{ij}\right|^2 \cdot \hat{x}_{j\to i}^{t-1}}{\overleftarrow{v}_{z_i}^{t-1} + v_{p_i}^{t-1} - \left|a_{ij}\right|^2 \cdot v_{x_{j\to i}}^{t-1}}\right) \\ &\approx \hat{x}_j^t - \frac{a_{ij}^* \cdot \left(\overleftarrow{z}_i^{t-1} - \hat{p}_i^{t-1}\right)}{\overleftarrow{v}_{z_i}^{t-1} + v_{p_i}^{t-1}} \cdot v_{x_j}^t = \hat{x}_j^t - a_{ij}^* \cdot \hat{s}_i^{t-1} \cdot v_{x_j}^t\end{aligned} \tag{5-101}$$

式中：

$$\hat{s}_i^{t-1} \triangleq \frac{\overleftarrow{z}_i^{t-1} - \hat{p}_i^{t-1}}{\overleftarrow{v}_{z_i}^{t-1} + v_{p_i}^{t-1}} \tag{5-102}$$

第二步：

$$n_{z_i \to f_{z_i}}\left(z_i,t\right) = m_{f_{A_i}\to z_i}^{\mathrm{BP}}\left(z_i,t\right) \propto \mathcal{CN}\left(z_i;\hat{p}_i^t, v_{p_i}^t\right) \tag{5-103}$$

式中，对消息 $n_{z_i \to f_{z_i}}\left(z_i,t\right) \propto \mathcal{CN}\left(z_i;\hat{p}_i^t, v_{p_i}^t\right)$ 的**期望和方差进行近似**：

$$\begin{aligned}v_{p_i}^t &= \sum_{j=1}^M \left|a_{ij}\right|^2 \cdot v_{x_{j\to i}}^t \approx \sum_{j=1}^M \left|a_{ij}\right|^2 \cdot v_{x_j}^t \\ \hat{p}_i^t &= \sum_{j=1}^M a_{ij} \cdot \hat{x}_{j\to i}^t \approx \sum_{j=1}^M a_{ij} \cdot \left[\hat{x}_j^t - a_{ij}^* \cdot v_{x_j}^t \cdot \hat{s}_i^{t-1}\right] \\ &= \sum_{j=1}^M a_{ij} \cdot \hat{x}_j^t - \hat{s}_i^{t-1} \cdot \sum_{j=1}^M \left|a_{ij}\right|^2 \cdot v_{x_j}^t \\ &= \sum_{j=1}^M a_{ij} \cdot \hat{x}_j^t - \hat{s}_i^{t-1} \cdot v_{p_i}^t\end{aligned} \tag{5-104}$$

第三步：

$$n_{x_j \to f_{x_j}}\left(x_j,t\right) = \prod_{i=1}^N m_{f_{A_i}\to x_j}\left(x_j,t\right) = \mathcal{CN}\left(x_j;\hat{r}_j^t, v_{r_j}^t\right) \tag{5-105}$$

式中，对消息 $n_{x_j \to f_{x_j}}\left(x_j,t\right) = \mathcal{CN}\left(x_j;\hat{r}_j^t, v_{r_j}^t\right)$ 的**期望和方差进行近似**：

$$
\begin{aligned}
v_{r_j}^t &= \left(\sum_{i=1}^{N}\frac{|a_{ij}|^2}{\overleftarrow{v}_{z_i}^t + v_{p_i}^t - |a_{ij}|^2\cdot v_{x_{j\to i}}^t}\right)^{-1} \approx \left(\sum_{i=1}^{N}\frac{|a_{ij}|^2}{\overleftarrow{v}_{z_i}^t + v_{p_i}^t}\right)^{-1} \\
\hat{r}_j^t &= v_{r_j}^t\left(\sum_{i=1}^{N}\frac{a_{ij}^*\cdot\left(\overleftarrow{z}_i^t - \hat{p}_i^t\right) + |a_{ij}|^2\cdot\hat{x}_{j\to i}^t}{\overleftarrow{v}_{z_i}^t + v_{p_i}^t - |a_{ij}|^2\cdot v_{x_{j\to i}}^t}\right) \\
&\approx v_{r_j}^t\cdot\sum_{i=1}^{N}\frac{a_{ij}^*\cdot\left(\overleftarrow{z}_i^t - \hat{p}_i^t\right)}{\overleftarrow{v}_{z_i}^t + v_{p_i}^t} + v_{r_j}^t\cdot\sum_{i=1}^{N}\left\{\frac{|a_{ij}|^2}{\overleftarrow{v}_{z_i}^t + v_{p_i}^t}\cdot\left[\hat{x}_j^t - a_{ij}^*\cdot v_{x_j}^t\cdot\hat{s}_i^t\right]\right\} \\
&\approx v_{r_j}^t\cdot\sum_{i=1}^{N}a_{ij}^*\cdot\hat{s}_i^t + \hat{x}_j^t
\end{aligned}
\tag{5-106}
$$

将三步近似结果带回到基于联合 BP-EP 规则的迭代算法中，可得到 GAMP-MMSE 算法：

算法 5.2　基于联合 BP-EP 规则的 GAMP-MMSE 算法

1：初始化 $\left\{m_{f_{x_j}\to x_j}^{\mathrm{BP}}\left(x_j,1\right),\hat{x}_i^1,v_{x_i}^1;\forall j\right\},\left\{\hat{s}_i^0;\forall i\right\}$

2：循环迭代 t 次

3：$\forall i: v_{p_i}^t = \sum_{j=1}^{M}|a_{ij}|^2\cdot v_{x_j}^t$

4：$\forall i: \hat{p}_i^t = \sum_{j=1}^{M}a_{ij}\cdot\hat{x}_j^t - v_{p_i}^t\cdot\hat{s}_i^{t-1}$

5：$\forall i: n_{z_i\to f_{z_i}}\left(z_i,t\right)\propto\mathcal{CN}\left(z_i;\hat{p}_i^t,v_{p_i}^t\right)$ 向右传播

6：$\forall i: m_{f_{z_i}\to z_i}^{\mathrm{BP}}\left(z_i,t\right)$ 由初始化得到

7：$\forall i: b\left(z_i,t\right) = m_{f_{z_i}\to z_i}^{\mathrm{BP}}\left(z_i,t\right)\cdot n_{z_i\to f_{z_i}}\left(z_i,t\right)$

8：$\forall i: \hat{z}_i^t = \mathbb{E}\left[z_i\right]_{b(z_i,t)}$

9：$\forall i: v_{z_i}^t = \mathrm{Var}\left[z_i\right]_{b(z_i,t)}$

10：$\forall i: \overleftarrow{v}_{z_i}^t = \left(1/v_{z_i}^t - 1/v_{p_i}^t\right)^{-1}$

11：$\forall i: \overleftarrow{z}_i^t = \overleftarrow{v}_{z_i}^t\cdot\left(\hat{z}_i^t/v_{z_i}^t - \hat{p}_i^t/v_{p_i}^t\right)$

12：$\forall i: \hat{s}_i^t = \dfrac{\overleftarrow{z}_i^{t-1} - \hat{p}_i^{t-1}}{\overleftarrow{v}_{z_i}^{t-1} + v_{p_i}^{t-1}}$

13：$\forall j: v_{r_j}^t = \left(\sum_{i=1}^{N} \frac{\left|a_{ij}\right|^2}{\bar{v}_{z_i}^t + v_{p_i}^t} \right)^{-1}$

14：$\forall j: \hat{r}_j^t = v_{r_j}^t \cdot \sum_{i=1}^{N} a_{ij}^* \cdot \hat{s}_i^t + \hat{x}_j^t$

15：$\forall j: n_{x_j \to f_{x_j}}\left(x_j, t\right) = \mathcal{CN}\left(x_j; \hat{r}_j^t, v_{r_j}^t\right)$ 向左传播

16：$\forall j: m_{f_{x_j} \to x_j}^{\mathrm{BP}}\left(x_j, t+1\right)$ 由初始化得

17：$\forall j: b\left(x_j, t+1\right) = m_{f_{x_j} \to x_j}^{\mathrm{BP}}\left(x_j, t+1\right) \cdot n_{x_j \to f_{x_j}}\left(x_j, t\right)$

18：$\forall j: \hat{x}_j^{t+1} = \mathbb{E}\left[x_j\right]_{b\left(x_j, t+1\right)}$

19：$\forall j: v_{x_j}^{t+1} = \mathrm{Var}\left[x_j\right]_{b\left(x_j, t+1\right)}$

算法 5.3 给出了经典的 GAMP-MMSE 算法[35]。

算法 5.3 经典 GAMP-MMSE 算法

已知生成矩阵 $\boldsymbol{A} \in \mathbb{R}^{N \times M}$ ，系统输入为 $\boldsymbol{q}$ ，系统输出为 $\boldsymbol{y}$ ，标量估计函数 $g_{\mathrm{in}}(\cdot)$ 和 $g_{\mathrm{out}}(\cdot)$ 。通过以下递归方式产生估计序列 $\hat{\boldsymbol{x}}^t$ 和 $\hat{\boldsymbol{z}}^t$ 。

1：初始化：设置 $t = 0$ ， $\hat{x}_j^0 = \mathbb{E}\left(x \mid q_j\right), v_{x_j}^0 = \mathrm{Var}\left(x \mid q_j\right)$

2：输出线性步骤：

$\forall i: v_{p_i}^t = \sum_j \left|a_{ij}\right|^2 \cdot v_{x_j}^t$

$\forall i: \hat{p}_i^t = \sum_j a_{ij} \cdot \hat{x}_j^t - v_{p_i}^t \cdot \hat{s}_i^{t-1}$

$\forall i: \hat{z}_i^t = \sum_j a_{ij} \cdot \hat{x}_j^t, \hat{s}^{-1} = 0$

3：输出非线性步骤：

$\forall i: \hat{s}_i^t \triangleq g_{\mathrm{out}}\left(t, \hat{p}_i^t, y_i, v_{p_i}^t\right)$

$\forall i: v_{s_i}^t \triangleq -\frac{\partial}{\partial \hat{p}} g_{\mathrm{out}}\left(t, \hat{p}_i^t, y_i, v_{p_i}^t\right)$

4：输入线性步骤：

$$\forall j: v_{r_j}^t = \left(\sum_i \left|a_{ij}\right|^2 \cdot v_{s_i}^t\right)^{-1}$$

$$\forall j: \hat{r}_j^t = \hat{x}_j^t + v_{r_j}^t \cdot \sum_i a_{ij} \cdot \hat{s}_i^t$$

5：输入非线性步骤：

$$\forall j: \hat{x}_j^{t+1} \triangleq g_{\text{in}}\left(t, \hat{r}_j^t, q_j, v_{r_j}^t\right) \triangleq \mathbb{E}\left[x \mid \hat{r}, q\right]$$

$$\forall j: v_{x_j}^{t+1} \triangleq v_{r_j}^t \cdot \frac{\partial}{\partial \hat{r}} g_{\text{in}}\left(t, \hat{r}_j^t, q_j, v_{r_j}^t\right) \triangleq \text{Var}\left[x \mid \hat{r}, q\right]$$

接着，$t = t+1$ 回到 2 步骤进行迭代，直到收敛为止。

在算法 5.3 中，$r \triangleq x + v$，其中 $x \sim p(x \mid q)$，$q \sim p(q)$，v 是与 x,q 独立的高斯白噪声 $v \sim \mathcal{CN}\left(0, \mathcal{T}^r\right)$，因此 r 可以看作是加入噪声的随机变量 x。此外 $g_{\text{in}}(\cdot)$ 和 $g_{\text{out}}(\cdot)$ 还未定义，因此算法 5.3 不是一个可执行的算法。

从算法 5.3 中可以看出 GAMP-MMSE 算法中的**输出线性步骤**等价于算法 5.2 中的 3，4 两个公式，含义是 $\forall i: n_{z_i \to f_{z_i}}\left(z_i, t\right) \propto \mathcal{CN}\left(z_i; \hat{p}_i^t, v_{p_i}^t\right)$ 期望和方差的更新；GAMP-MMSE 算法中的**输入线性步骤**等价于算法 5.2 中的 13，14 两个公式，含义是 $n_{x_j \to f_{x_j}}\left(x_j, t\right) = \mathcal{CN}\left(x_j; \hat{r}_j^t, v_{r_j}^t\right)$ 期望和方差的更新。对**输出非线性步骤**进行计算：

$$\hat{s}_i^t \triangleq g_{\text{out}}\left(t, \hat{p}_i^t, y_i, v_{p_i}^t\right) \tag{5-107}$$

式中：

$$g_{\text{out}}\left(t, \hat{p}_i^t, y_i, v_{p_i}^t\right) \triangleq \frac{1}{v_{p_i}^t} \cdot \left(\hat{z}^0 - \hat{p}_i^t\right), \quad \hat{z}^0 \triangleq \mathbb{E}\left(z_i \mid \hat{p}_i^t, y_i, v_{p_i}^t\right) \tag{5-108}$$

首先计算 $p\left(z_i \mid \hat{p}_i^t, y_i, v_{p_i}^t\right)$ 的期望和方差：

$$\begin{aligned} p\left(z_i \mid \hat{p}_i^t, y_i, v_{p_i}^t\right) &\propto \exp F_{\text{out}}\left(z_i, \hat{p}_i^t, y_i, v_{p_i}^t\right) \\ &= \exp\left\{f_{\text{out}}\left(z_i, y_i\right) - \frac{\left|z_i - \hat{p}_i^t\right|^2}{v_{p_i}^t}\right\} \\ &= \exp\left\{\ln p\left(y_i \mid z_i\right) - \frac{\left|z_i - \hat{p}_i^t\right|^2}{v_{p_i}^t}\right\} \\ &\propto p\left(y_i \mid z_i\right) \cdot \mathcal{CN}\left(z_i; \hat{p}_i^t, v_{p_i}^t\right) \end{aligned} \tag{5-109}$$

由上式计算结果分析可知 $p\left(z_i^t \mid \hat{p}_i^t, y_i, v_{p_i}^t\right)$ 是变量 z_i 的后验 PDF，对应变量 z_i 的置信；$p\left(y_i \mid z_i\right)$ 是变量 z_i 的似然函数，对应消息 $m_{f_{z_i} \to z_i}^{\mathrm{BP}}\left(z_i, t\right)$，由初始化得到；$\mathcal{CN}\left(z_i; \hat{p}_i^t, v_{p_i}^t\right)$ 是变量 z_i 的先验函数，对应消息 $n_{z_i \to f_{z_i}}\left(z_i, t\right)$。进一步可以得到结果：

$$\operatorname{Proj}_G\left[p\left(z_i \mid \hat{p}_i^t, y_i, v_{p_i}^t\right)\right]=\operatorname{Proj}_G\left\{b\left(z_i, t\right)\right\} \propto \mathcal{CN}\left(z_i; \hat{z}_i^t, v_{z_i}^t\right) \tag{5-110}$$

$$\mathbb{E}\left[z_i \mid \hat{p}_i^t, y_i, v_{p_i}^t\right]=\hat{z}_i^t; \operatorname{Var}\left[z_i \mid \hat{p}_i^t, y_i, v_{p_i}^t\right]=v_{z_i}^t \tag{5-111}$$

所以，得到输出非线性步骤的计算结果：

$$\hat{s}_i^t=g_{\text{out}}\left(t, \hat{p}_i^t, y_i, v_{p_i}^t\right)=\frac{1}{v_{p_i}^t} \cdot\left(\mathbb{E}\left(z_i \mid \hat{p}_i^t, y, v_{p_i}^t\right)-\hat{p}_i^t\right)=\frac{\hat{z}_i^t-\hat{p}_i^t}{v_{p_i}^t} \tag{5-112}$$

将 $g_{\text{out}}\left(t, \hat{p}_i^t, y_i, v_{p_i}^t\right)$ 结果进行变形：

$$g_{\text{out}}\left(t, \hat{p}_i^t, y_i, v_{p_i}^t\right)=\frac{\hat{z}_i^t-\hat{p}_i^t}{v_{p_i}^t} \Leftrightarrow \frac{\overleftarrow{z}_i^t-\hat{p}_i^t}{\overleftarrow{v}_{z_i}^t+v_{p_i}^t}=\hat{s}_i^t \tag{5-113}$$

由式(5-113)可以看出 $g_{\text{out}}\left(t, \hat{p}_i^t, y_i, v_{p_i}^t\right)$ 等价于算法 5.2 中 $\hat{s}_i^t$ 的定义。接下来，可以计算得到：

$$v_{s_i}^t \triangleq-\frac{\partial}{\partial \hat{p}} g_{\text{out}}\left(t, \hat{p}_i^t, y_i, v_{p_i}^t\right)=\frac{1}{v_{p_i}^t} \cdot\left(1-\frac{\operatorname{Var}\left(z_i \mid \hat{p}_i^t, y, v_{p_i}^t\right)}{v_{p_i}^t}\right)=\frac{v_{p_i}^t-v_{z_i}^t}{\left(v_{p_i}^t\right)^2}=\frac{1}{v_{p_i}^t+\overleftarrow{v}_{z_i}^t} \tag{5-114}$$

最后，对**输入非线性步骤**进行计算：

$$\hat{x}_j^{t+1} \triangleq g_{\text{in}}\left(t, \hat{r}_j^t, q_j, v_{r_j}^t\right) \triangleq \mathbb{E}[x \mid \hat{r}, q] \tag{5-115}$$

式中：

$$\begin{aligned}
p\left(x_j \mid \hat{r}_j^t, q_j, v_{r_j}^t\right) & \triangleq \exp F_{\text{in}}\left(x_j^t, \hat{r}_j^t, q_j, v_{r_j}^t\right) \\
& =\exp \left\{f_{\text{in}}\left(x_j, q_j\right)-\frac{\left|\hat{r}_j^t-x_j^t\right|^2}{v_{r_j}^t}\right\} \\
& =\exp \left\{\ln p\left(x_j \mid q_j\right)-\frac{\left|\hat{r}_j^t-x_j^t\right|^2}{v_{r_j}^t}\right\} \\
& \propto p\left(x_j \mid q_j\right) \cdot \mathcal{CN}\left(x_j; \hat{r}_j^t, v_{r_j}^t\right)
\end{aligned} \tag{5-116}$$

由上式计算结果分析可知 $p\left(x_j \mid \hat{r}_j^t, q_j, v_{r_j}^t\right)$ 是变量 x_j 的后验 PDF，对应变量 x_j 的置信；$p\left(x_j \mid q_j\right)$ 是变量 x_j 的似然函数，对应消息 $m_{f_{x_j}\to x_j}^{\mathrm{BP}}\left(x_j, t\right)$，由初始化得到；$\mathcal{CN}\left(x_j; \hat{r}_j^t, v_{r_j}^t\right)$ 是变量 x_j 的先验函数，对应消息 $n_{x_j\to f_{x_j}}\left(x_j, t\right)$。同样可以证明输入非线性步骤的结果与算法 5.2 中 x_j 的置信更新公式 $b\left(x_j, t\right)$ 期望与方差计算结果相同。算法 5.3 中所有步骤与算法 5.2 计算表达式一致。

5.5 本章小结

本章首先列举了单一消息更新规则，并对各规则适用场景进行分析：BP 规则适用于离散以及线性高斯场景，性能最佳；EP 规则适用于离散与连续共存的场景，通常作为 BP 规则的近似，降低 BP 的复杂度，其性能略差于 BP；MF 规则适用于含有共轭–指数模型以及噪声方差估计场景，性能次于 BP。各类规则都有其优缺点和适用范围，在因子图中设计消息传递算法时，要充分利用各种规则的优点，才能得到最好的性能；针对复杂概率系统，需根据节点的功能进行分区，应用联合消息规则达到最优性能。针对在某些场景中应用标准更新规则复杂度过高导致无法计算的情况，本章介绍了一些启发式近似规则，可将复杂消息近似为合适的形式，降低复杂度、简化运算。最后本章介绍一种适合处理大尺度确定性约束关系全连接网络的 GAMP 算法，给出基于 BP-EP 规则近似推导过程，证明其等价于经典 GAMP-MMSE 算法。

第 6 章　经典算法的消息传递解释

前一章结合通信系统简单实例分析了单一及联合消息更新规则的适用场景，同时讨论了一些启发式近似方法。实际通信系统模型要远比这些实例复杂，针对复杂模型的统计信号处理已经产生了很多经典算法，例如前向后向、BCJR、维特比(Viterbi)、EM(Expectation Maximization)以及卡尔曼滤波(Kalman Filter)算法等。

隐马尔可夫模型(Hidden Markov Model，HMM)是统计信号处理中一种典型的概率模型，这些经典算法均可结合 HMM 解决通信中不同的实际问题。实际应用中 HMM 主要包括三个基本问题[99]：①概率计算问题。给定一个具体的 HMM，如何有效计算观测序列的概率，即评估模型与观测序列之间的拟合程度。常用方法有直接计算法和前向后向算法。后者相较于前者能够有效降低计算复杂度。BCJR 算法最早用于卷积码的解码，本章证明了其等价于 HMM 中的前向后向算法。②估计问题：给定一个具体的 HMM 和观测序列，如何找到与此观测序列最匹配的状态序列，即根据观测序列推断出隐藏的状态序列。该问题可以使用维特比算法解决。③学习问题：给定观测序列，如何调整 HMM 参数使得该序列出现的概率最大，即训练模型使其能最好地匹配观测数据。EM 算法应用在 HMM 中可以很好地解决该问题，本章讨论了 EM 算法但并不局限于 HMM。

卡尔曼滤波也是统计信号处理的一类经典算法，其可以处理信号的平滑、估计和预测等问题。本章依次给出前向后向、BCJR、维特比、EM、卡尔曼滤波等经典算法的推导过程，接着应用消息传递算法重新解释上述经典算法。与直接推导相比，基于因子图和消息传递算法的推导方法更加清晰直观。

6.1　隐马尔可夫模型下经典算法的解释

隐马尔可夫模型[99, 100]是关于时序的概率模型，描述由一个隐藏的马尔可夫链随机生成不可观测的状态随机序列，再由每个状态生成一个观测从而产生观测随机序列的过程。隐藏马尔可夫链随机生成的状态用状态序列(State Sequence)表示。每个状态生成一个观测，随机产生的观测用观测序列(Observation Sequence)表示。

6.1.1　隐马尔可夫模型

隐马尔可夫模型可以由初始概率分布、状态转移概率分布和观测概率分布确定[89]，其定义如下：$\mathbb{Q}=\{q_1,q_2,\cdots,q_N\}$ 是所有可能状态的集合，$\mathbb{V}=\{v_1,v_2,\cdots,v_M\}$ 是所有可能观测的集合，其中 N 是可能的状态数，M 是可能的观测数。$\boldsymbol{S}$ 是长度为 T 的状态(时间)序列，$\boldsymbol{Y}$ 是对应的观测序列：

$$\boldsymbol{S}=s_1,s_2,\cdots,s_T;\quad \boldsymbol{Y}=y_1,y_2,\cdots,y_T \tag{6-1}$$

从时刻 t 到时刻 $t'(t'\geqslant t)$ 的状态序列记为 $\boldsymbol{S}_t^{t'}$，观测序列记为 $\boldsymbol{Y}_t^{t'}$：

$$\boldsymbol{S}_t^{t'}\triangleq s_t,s_{t+1},\cdots,s_{t'};\quad \boldsymbol{Y}_t^{t'}\triangleq y_t,y_{t+1},\cdots,y_{t'} \tag{6-2}$$

从时刻 1 到 T 的状态序列和观测序列可表示为：$\boldsymbol{S}=\boldsymbol{S}_1^T,\boldsymbol{Y}=\boldsymbol{Y}_1^T$。

$\boldsymbol{A}$ 是状态转移概率矩阵：

$$\boldsymbol{A}=\left[a_{ij}\right]_{N\times N} \tag{6-3}$$

其中各个元素：

$$a_{ij}\triangleq p\left(s_{t+1}=q_j\mid s_t=q_i\right),\quad i=1,2,\cdots,N;j=1,2,\cdots,N \tag{6-4}$$

表示时刻 t 状态为 q_i 的条件下到时刻 $t+1$ 状态转移为 q_j 的概率；

$\boldsymbol{B}$ 是观测概率矩阵：

$$\boldsymbol{B}=\left[b_j\left(v_k\right)\right]_{N\times M} \tag{6-5}$$

其中各个元素：

$$b_j\left(v_k\right)\triangleq p\left(y_t=v_k\mid s_t=q_j\right),\quad k=1,2,\cdots,M;j=1,2,\cdots,N \tag{6-6}$$

表示在时刻 t 状态为 q_j 的条件下生成观测 v_k 的概率。

$\boldsymbol{\pi}$ 是初始状态概率向量：$\boldsymbol{\pi}=\left(\pi_1,\cdots,\pi_N\right)$，其中：

$$\pi_i\triangleq p\left(s_1=q_i\right),\quad i=1,2,\cdots,N \tag{6-7}$$

表示时刻 $t=1$ 状态为 q_i 的概率。

上述隐马尔可夫模型可以用三元符号 $\lambda=\left(\boldsymbol{A},\boldsymbol{B},\boldsymbol{\pi}\right)$ 表示。状态转移概率矩阵 $\boldsymbol{A}$ 与初始状态概率向量 $\boldsymbol{\pi}$ 可以确定隐藏的马尔可夫链，生成不可观测的状态序列。观测概率矩阵 $\boldsymbol{B}$ 确定了如何从状态生成观测，其与状态序列共同确定了如何产生观测序列。

6.1.2　概率计算问题

本节主要介绍给定模型 $\lambda=\left(\boldsymbol{A},\boldsymbol{B},\boldsymbol{\pi}\right)$ 和观测序列 $\boldsymbol{Y}_1^T$，计算在该模型下观测序列出现的概率 $p\left(\boldsymbol{Y}_1^T\mid\lambda\right)$。概率计算问题的计算方法一般有：直接计算法、前向算法(Forward Algorithm)和后向算法(Backward Algorithm)。

1. 直接计算法

$p\left(\boldsymbol{Y}_1^T \mid \lambda\right)$可以通过对联合 PDF $p\left(\boldsymbol{S}_1^T, \boldsymbol{Y}_1^T \mid \lambda\right)$边缘化求得，即遍历所有可能的状态：

$$\begin{aligned} p\left(\boldsymbol{Y}_1^T \mid \lambda\right) &= \sum_{\boldsymbol{S}_1^T} p\left(\boldsymbol{S}_1^T, \boldsymbol{Y}_1^T \mid \lambda\right) \\ &= \sum_{\boldsymbol{S}_1^T} p\left(\boldsymbol{Y}_1^T \mid \boldsymbol{S}_1^T, \lambda\right) \cdot p\left(\boldsymbol{S}_1^T \mid \lambda\right) \\ &= \sum_{\boldsymbol{S}_1^T} p(s_1 \mid \lambda) \cdot \prod_{i=1}^{T-1} p(s_{i+1} \mid s_i, \lambda) \cdot \prod_{i=1}^{T} p(y_i \mid s_i, \lambda) \end{aligned} \tag{6-8}$$

若每个状态s_i有N个实现，上述联合 PDF 共有N^T个实现，每一种可能性需要计算T次乘法，则该方法的计算复杂度为$O\left(T \cdot N^T\right)$。当$N$较大时，该方法计算复杂度很高。

2. 前向算法

上述直接计算法复杂度较高，因为需要对所有可能状态的联合 PDF 边缘化，而所有可能状态的数量级随着时间维度呈指数级变化。下面考虑如下解法：

$$\begin{aligned} p\left(\boldsymbol{Y}_1^T \mid \lambda\right) &= \sum_{s_T} p\left(\boldsymbol{Y}_1^T, s_T \mid \lambda\right) \\ &= \sum_{j=1}^{N} p\left(\boldsymbol{Y}_1^T, s_T = q_j \mid \lambda\right) \end{aligned} \tag{6-9}$$

在上式中定义：

$$\alpha_t(j) = p\left(\boldsymbol{Y}_1^T, s_t = q_j \mid \lambda\right) \tag{6-10}$$

则$p\left(\boldsymbol{Y}_1^T \mid \lambda\right)$可计算为：

$$p\left(\boldsymbol{Y}_1^T \mid \lambda\right) = \sum_{j=1}^{N} \alpha_T(j) \tag{6-11}$$

根据模型参数，已知：

$$\alpha_1(j) = \pi_j \cdot b_j(y_1) \tag{6-12}$$

若能找出$\alpha_t(j)$与$\alpha_{t-1}(j)$的关系，则可通过递推的方法求出$\alpha_T(j)$，进而求出$p\left(\boldsymbol{Y}_1^T \mid \lambda\right)$。$\alpha_t(j)$与$\alpha_{t-1}(j)$之间的递推关系：

$$
\begin{aligned}
\alpha_t(j) &= p\left(\boldsymbol{Y}_1^t, s_t = q_j \mid \lambda\right) \\
&= \sum_{i=1}^{N} p\left(\boldsymbol{Y}_1^t, s_{t-1} = q_i, s_t = q_j \mid \lambda\right) \\
&= \sum_{i=1}^{N} p\left(\boldsymbol{Y}_1^{t-1}, s_{t-1} = q_i \mid \lambda\right) \cdot p\left(y_t \mid s_t = q_j, \lambda\right) \cdot p\left(s_t = q_j \mid s_{t-1} = q_i, \lambda\right) \\
&= \sum_{i=1}^{N} \alpha_{t-1}(i) \cdot b_j\left(y_t\right) \cdot a_{ij}
\end{aligned}
\tag{6-13}
$$

在式(6-13)基础上，可以使用递推的方法求解前向概率 $\alpha_t(j)$ 以及观测序列概率 $P\left(\boldsymbol{Y}_1^T \mid \lambda\right)$，具体过程如下：

(1) 计算初值：

$$
\alpha_1(j) = \pi_j \cdot b_j\left(y_1\right) \tag{6-14}
$$

(2) 递推，对于 $t = 2, \cdots, T$ ：

$$
\alpha_t(j) = \left[\sum_{i=1}^{N} \alpha_{t-1}(i) \cdot a_{ij}\right] \cdot b_j\left(y_t\right) \tag{6-15}
$$

(3) 终止

$$
p\left(\boldsymbol{Y}_1^T \mid \lambda\right) = \sum_{j=1}^{N} \alpha_T(j) \tag{6-16}
$$

从式(6-15)计算表达式可以看出，对于某一时刻 t 的状态变量 s_t 的某次实现 q_i 需要运行 $N+1$ 次乘法，则该时刻 t 状态变量 s_t 所有状态需要运行 $N \cdot (N+1)$ 次乘法。一个长度为 T 的序列则需要运行 $T \cdot N \cdot (N+1)$ 次乘法，其相比于直接计算法的 $T \cdot N^T$ 次乘法运算，复杂度大大降低。

3. 后向算法

与前向算法相似，可以考虑如下解法：

$$
\begin{aligned}
p\left(\boldsymbol{Y}_1^T \mid \lambda\right) &= \sum_{s_1} p\left(\boldsymbol{Y}_1^T, s_1 \mid \lambda\right) \\
&= \sum_{i=1}^{N} p\left(\boldsymbol{Y}_2^T \mid s_1 = q_i, \lambda\right) \cdot p\left(s_1 = q_i \mid \lambda\right) \cdot p\left(y_1 \mid s_1 = q_i, \lambda\right)
\end{aligned}
\tag{6-17}
$$

在上式中定义：

$$
\beta_t(i) \triangleq p\left(\boldsymbol{Y}_{t+1}^T \mid s_t = q_i, \lambda\right) \tag{6-18}
$$

则 $P\left(\boldsymbol{Y}_1^T \mid \lambda\right)$ 可计算为：

$$p\left(\boldsymbol{Y}_1^T \mid \lambda\right)=\sum_{i=1}^{N}\beta_1(i)\cdot\pi_i\cdot b_i(y_1) \tag{6-19}$$

由于：

$$\begin{aligned}\beta_{T-1}(i)&=p\left(y_T \mid s_{T-1}=q_i,\lambda\right)\\&=\sum_{j=1}^{N}p\left(y_T,s_T=q_j \mid s_{T-1}=q_i,\lambda\right)\\&=\sum_{j=1}^{N}p\left(s_T=q_j \mid s_{T-1}=q_i,\lambda\right)\cdot p\left(y_T \mid s_T=q_j,s_{T-1}=q_i,\lambda\right)\\&=\sum_{j=1}^{N}a_{ij}\cdot b_j(y_T)\end{aligned} \tag{6-20}$$

对比式(6-19)和式(6-20)可初始化为 $\beta_T(i)=1$。

同前向算法，$\beta_{t-1}(i)$ 与 $\beta_t(i)$ 之间的递推关系为：

$$\begin{aligned}\beta_t(i)&=p\left(\boldsymbol{Y}_{t+1}^T \mid s_t=q_i,\lambda\right)\\&=\sum_{j=1}^{N}p\left(\boldsymbol{Y}_{t+1}^T,s_{t+1}=q_j \mid s_t=q_i,\lambda\right)\\&=\sum_{j=1}^{N}p\left(\boldsymbol{Y}_{t+2}^T \mid s_{t+1}=q_j,y_{t+1},s_t=q_i,\lambda\right)\cdot p\left(s_{t+1}=q_j \mid s_t=q_i,\lambda\right)\\&\quad\cdot p\left(y_{t+1} \mid s_{t+1}=q_j,s_t=q_i,\lambda\right)\\&=\sum_{j=1}^{N}\beta_{t+1}(i)\cdot a_{ij}\cdot b_j(y_{t+1})\end{aligned} \tag{6-21}$$

在(6-21)基础上，可以使用递推的方法求解后向概率 $\beta_t(i)$ 以及观测序列概率 $p\left(\boldsymbol{Y}_1^T \mid \lambda\right)$，具体过程如下：

(1) 定义初值：

$$\beta_T(i)=1 \tag{6-22}$$

(2) 递推，对于 $t=T-1,T-2,\cdots,1$

$$\beta_t(i)=\sum_{j=1}^{N}\beta_{t+1}(i)\cdot a_{ij}\cdot b_j(y_{t+1}) \tag{6-23}$$

(3) 终止

$$p\left(\boldsymbol{Y}_1^T \mid \lambda\right)=\sum_{i=1}^{N}\beta_1(i)\cdot\pi_i\cdot b_i(y_1) \tag{6-24}$$

从式(6-23)可以看出，对于某一时刻 t 的状态变量 s_t 的某次实现 q_i 需要运行 $2\cdot N$ 次乘法，则该时刻 t 状态变量 s_t 所有状态需要运行 $N\cdot(2\cdot N)$ 次乘法。一个长度为 T 的序列则需要运行 $T\cdot N\cdot(2\cdot N)$ 次乘法，其相比于直接计算法的 $T\cdot N^T$ 次乘法运算，复杂度大大降低。

4. 前向后向算法的因子图解释

在因子图上设计消息传递算法能够直观地表达上述前向后向算法，首先对系统变量的联合 PDF 依据链式法则结合隐马尔可夫的性质进行因子分解：

$$\begin{aligned}p\left(\boldsymbol{Y}_1^T,\boldsymbol{S}_1^T \mid \lambda\right)&=p(s_1\mid\lambda)p(y_1\mid s_1,\lambda)p(s_2\mid s_1,\lambda)p(y_2\mid s_2,\lambda)\cdots\\&=p(s_1\mid\lambda)p(y_1\mid s_1,\lambda)\prod_{i=2}^{T}p(y_i\mid s_i,\lambda)p(s_i\mid s_{i-1},\lambda)\\&=p(s_1\mid\lambda)p(y_1\mid s_1,\lambda)\prod_{i=2}^{T}p(y_i\mid s_i,\lambda)f_i(s_i,s_{i-1},\lambda)\end{aligned} \tag{6-25}$$

式中，$f_i(s_i,s_{i-1},\lambda)\triangleq p(s_i\mid s_{i-1},\lambda)$。

上述联合 PDF 因子分解对应的因子图如图 6.1 所示：

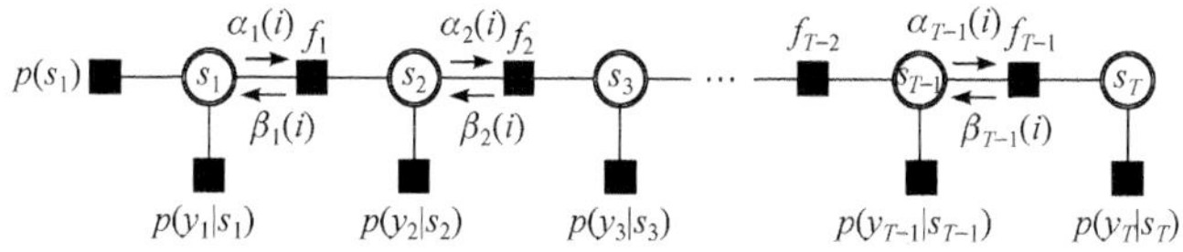

图 6.1　前向后向算法因子分解对应的因子图

在因子图上使用 BP 规则进行消息计算，传递消息时前向和后向可同时计算：

(1) 当 $t=1$ 时，计算前向消息：

$$n_{s_1\to f_1}(s_1)=p(s_1)p(y_1\mid s_1)=p(y_1,s_1)=\begin{Bmatrix}p(y_1,s_1=q_1)\\\cdots\\p(y_1,s_1=q_j)\\\cdots\\p(y_1,s_1=q_N)\end{Bmatrix}=\begin{Bmatrix}\alpha_1(1)\\\cdots\\\alpha_1(j)\\\cdots\\\alpha_1(N)\end{Bmatrix} \tag{6-26}$$

计算后向消息：

$$n_{s_T\to f_{T-1}}(s_T)=p(y_T\mid s_T) \tag{6-27}$$

(2) 当$t=2$时，计算前向消息：

$$m_{f_1\to s_2}(s_2)=\sum_{s_1}p(s_2\mid s_1)\cdot p(y_1,s_1)=p(s_2,y_1) \tag{6-28}$$

$$\begin{aligned}n_{s_2\to f_2}(s_2)&=m_{f_1\to s_2}(s_2)p(y_2\mid s_2)=p(y_1,y_2,s_2)\\&=\begin{Bmatrix}p(y_1,y_2,s_2=q_1)\\\cdots\\p(y_1,y_2,s_2=q_j)\\\cdots\\p(y_1,y_2,s_2=q_N)\end{Bmatrix}=\begin{Bmatrix}\alpha_2(1)\\\cdots\\\alpha_2(j)\\\cdots\\\alpha_2(N)\end{Bmatrix}\end{aligned} \tag{6-29}$$

计算后向消息：

$$\begin{aligned}m_{f_{T-1}\to s_{T-1}}(s_{T-1})&=\sum_{s_T}p(s_T\mid s_{T-1})p(y_T\mid s_T)=p(y_T\mid s_{T-1})\\&=\begin{Bmatrix}p(y_T\mid s_{T-1}=q_1)\\\cdots\\p(y_T\mid s_{T-1}=q_j)\\\cdots\\p(y_T\mid s_{T-1}=q_N)\end{Bmatrix}=\begin{Bmatrix}\beta_{T-1}(1)\\\cdots\\\beta_{T-1}(j)\\\cdots\\\beta_{T-1}(N)\end{Bmatrix}\end{aligned} \tag{6-30}$$

$$n_{s_{T-1}\to f_{T-2}}(s_{T-1})=m_{f_{T-1}\to s_{T-1}}(s_{T-1})p(y_{T-1}\mid s_{T-1})=p(y_T,y_{T-1}\mid s_{T-1}) \tag{6-31}$$

(3) 第t步时，计算前向消息：

$$m_{f_{t-1}\to s_t}(s_t)=\sum_{s_{t-1}}p(s_t\mid s_{t-1})p\left(\boldsymbol{Y}_1^{t-1},s_{t-1}\right)=p\left(\boldsymbol{Y}_1^{t-1},s_t\right) \tag{6-32}$$

$$\begin{aligned}n_{s_t\to f_t}(s_t)&=m_{f_{t-1}\to s_t}(s_t)p(y_t\mid s_t)=p\left(\boldsymbol{Y}_1^t,s_t\right)\\&=\begin{Bmatrix}p\left(\boldsymbol{Y}_1^t,s_t=q_1\right)\\\cdots\\p\left(\boldsymbol{Y}_1^t,s_t=q_j\right)\\\cdots\\p\left(\boldsymbol{Y}_1^t,s_t=q_N\right)\end{Bmatrix}=\begin{Bmatrix}\alpha_t(1)\\\cdots\\\alpha_t(j)\\\cdots\\\alpha_t(N)\end{Bmatrix}\end{aligned} \tag{6-33}$$

计算后向消息：

$$m_{f_t \to s_t}(s_t) = \sum_{s_{t+1}} p(s_{t+1} \mid s_t) p\left(\boldsymbol{Y}_{t+1}^T \mid s_{t+1}\right) = p\left(\boldsymbol{Y}_{t+1}^T \mid s_t\right)$$

$$= \begin{Bmatrix} p\left(\boldsymbol{Y}_{t+1}^T \mid s_t = q_1\right) \\ \cdots \\ p\left(\boldsymbol{Y}_{t+1}^T \mid s_t = q_j\right) \\ \cdots \\ p\left(\boldsymbol{Y}_{t+1}^T \mid s_t = q_N\right) \end{Bmatrix} = \begin{Bmatrix} \beta_t(1) \\ \cdots \\ \beta_t(j) \\ \cdots \\ \beta_t(N) \end{Bmatrix} \tag{6-34}$$

$$n_{s_t \to f_{t-1}}(s_t) = m_{f_t \to s_t}(s_t) p(y_t \mid s_t) = p\left(\boldsymbol{Y}_t^T \mid s_t\right) \tag{6-35}$$

(4) 消息输出

前向消息输出:

$$m_{f_{T-1} \to s_T}(s_T) = \sum_{s_{T-1}} p(s_T \mid s_{T-1}) p\left(\boldsymbol{Y}_1^{T-1}, s_{T-1}\right) = p\left(\boldsymbol{Y}_1^{T-1}, s_T\right) \tag{6-36}$$

$$p\left(\boldsymbol{Y}_1^T\right) = \sum_{s_T} p(y_T \mid s_T) m_{f_{T-1} \to s_T}(s_T) \tag{6-37}$$

后向消息输出:

$$m_{f_1 \to s_1}(s_1) = \sum_{s_2} p(s_2 \mid s_1) p\left(\boldsymbol{Y}_2^T \mid s_2\right) = p\left(\boldsymbol{Y}_2^T \mid s_1\right) \tag{6-38}$$

$$p\left(\boldsymbol{Y}_1^T\right) = \sum_{s_1} m_{f_1 \to s_1}(s_1) \cdot p(s_1) \cdot p(y_1 \mid s_1) \tag{6-39}$$

上述计算的消息已标注在图中，可以看出消息 $n_{s_t \to f_t}(s_t)$ 和 $m_{f_t \to s_t}(s_t)$ 正是前向消息 $\alpha_t(j), j = 1, \cdots, N$ 和后向消息 $\beta_t(j), j = 1, \cdots, N$ 的向量表示。

6.1.3　BCJR 算法

L.R.Bahl, J.Cocke, F.Jelink, J.Raviv 四人 1974 年提出 BCJR 算法[101]，后来以四人姓名首字母命名。BCJR 算法是一种用于对定义在网格图上的纠错码进行 MAP 解码的算法，该算法适合于 Turbo 码和 LDPC 码的解码。

1. BCJR 算法推导过程

假设由一个离散时间有限状态的马尔可夫过程[102]构成的信源，t 时刻的状态表示为 s_t，每个状态用 $q_i, \{i = 1, 2, \cdots, N\}$ 表示，对应的输出为 x_t。从 t 时刻到 t' 时刻的状态记为：$\boldsymbol{S}_t^{t'} = s_t, s_{t+1}, \cdots, s_{t'}$，相应的输出序列记为：$\boldsymbol{X}_t^{t'} = x_t, x_{t+1}, \cdots, x_{t'}$，如图 6.2 所示。

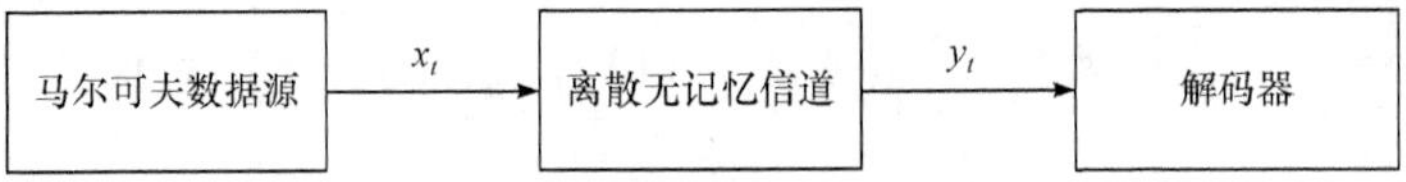

图 6.2　传输系统系统框图

马尔可夫过程的状态转移概率为[①]：

$$p_t\left(q_i \mid q_j\right)=p\left(s_t=q_i \mid s_{t-1}=q_j\right) \tag{6-40}$$

输出概率为：

$$q_t\left(x \mid q_i, q_j\right)=p\left(x=x_t \mid s_{t-1}=q_j, s_t=q_i\right) \tag{6-41}$$

马尔可夫过程的初始状态 $s_0=q_1$，结束状态 $s_T=q_1$，输出序列为 $\boldsymbol{X}_1^T$。$\boldsymbol{X}_1^T$ 经过离散无记忆信道(Discrete Memoryless Channel，DMC)后输出为 $\boldsymbol{Y}_1^T=y_1,y_2,\cdots,y_T$，如果 DMC 信道的转换概率定义为 $R(\cdot|\cdot)$，则有：

$$p\left(\boldsymbol{Y}_1^T \mid \boldsymbol{X}_1^T\right)=\prod_{j=1}^T R\left(y_j \mid x_j\right) \tag{6-42}$$

解码器的作用是依据接收 $\boldsymbol{Y}_1^T$ 计算马尔可夫过程的状态后验估计：

$$p\left(s_t=q_i \mid \boldsymbol{Y}_1^T\right)=\frac{p\left(s_t=q_i, \boldsymbol{Y}_1^T\right)}{p\left(\boldsymbol{Y}_1^T\right)}=\frac{\lambda_t\left(q_i\right)}{p\left(\boldsymbol{Y}_1^T\right)} \tag{6-43}$$

和

$$p\left(s_{t-1}=q_j, s_t=q_i \mid \boldsymbol{Y}_1^T\right)=\frac{p\left(s_{t-1}=q_j, s_t=q_i, \boldsymbol{Y}_1^T\right)}{p\left(\boldsymbol{Y}_1^T\right)}=\frac{\sigma_t\left(q_j, q_i\right)}{p\left(\boldsymbol{Y}_1^T\right)} \tag{6-44}$$

式(6-43)和式(6-44)中，若给定序列 $\boldsymbol{Y}_1^T$，则 $p\left(\boldsymbol{Y}_1^T\right)$ 是一个常数。上述两个问题可通过归一化转化为计算 $\lambda_t\left(q_i\right)$ 和 $\sigma_t\left(q_j,q_i\right)$。接着定义以下概率函数：

$$\alpha_t\left(q_i\right) \triangleq p\left(s_t=q_i, \boldsymbol{Y}_1^t\right) \tag{6-45}$$

$$\beta_t\left(q_i\right) \triangleq p\left(\boldsymbol{Y}_{t+1}^T \mid s_t=q_i\right) \tag{6-46}$$

$$\gamma_t\left(q_j, q_i\right) \triangleq p\left(s_t=q_i, y_t \mid s_{t-1}=q_j\right) \tag{6-47}$$

于是 $\lambda_t\left(q_i\right)$ 可转化为：

① 马尔可夫过程的状态转换概率与 HMM 中状态转移概率 a_{ij} 定义相同。

$$\begin{aligned}\lambda_t(q_i) &= p\left(s_t = q_i, \boldsymbol{Y}_1^T\right) \\ &= p\left(s_t = q_i, \boldsymbol{Y}_1^t\right) \cdot p\left(\boldsymbol{Y}_{t+1}^T \mid s_t = q_i, \boldsymbol{Y}_1^t\right) \\ &= \alpha_t(q_i) \cdot \beta_t(q_i)\end{aligned} \tag{6-48}$$

式(6-48)化简用到了马尔可夫过程的性质：当 s_t 确定之后，时刻 t 之后的观测与之前时刻的观测无关。

同样地 $\sigma_t\left(q_j, q_i\right)$ 可转化为：

$$\begin{aligned}\sigma_t\left(q_j, q_i\right) &= p\left(s_{t-1} = q_j, s_t = q_i, \boldsymbol{Y}_1^T\right) \\ &= p\left(s_{t-1} = q_j, \boldsymbol{Y}_1^{t-1}\right) \cdot p\left(s_t = q_i, \boldsymbol{Y}_t^T \mid s_{t-1} = q_j, \boldsymbol{Y}_1^{t-1}\right) \\ &= \alpha_{t-1}\left(q_j\right) \cdot p\left(s_t = q_i, y_t \mid s_{t-1} = q_j\right) \cdot p\left(\boldsymbol{Y}_{t+1}^T \mid s_t = q_i, s_{t-1} = q_j\right) \\ &= \alpha_{t-1}\left(q_j\right) \cdot \gamma_t\left(q_j, q_i\right) \cdot \beta_t(q_i)\end{aligned} \tag{6-49}$$

此时计算 $\lambda_t(q_i)$ 和 $\sigma_t\left(q_j, q_i\right)$ 转化为计算 $\alpha_t(q_i)$、$\beta_t(q_i)$ 和 $\gamma_t\left(q_j, q_i\right)$ 的递推关系问题：

$$\begin{aligned}\alpha_t(q_i) &= p\left(s_t = q_i, \boldsymbol{Y}_1^t\right) \\ &= \sum_{j=1}^N p\left(s_{t-1} = q_j, s_t = q_i, \boldsymbol{Y}_1^t\right) \\ &= \sum_{j=1}^N p\left(s_{t-1} = q_j, \boldsymbol{Y}_1^{t-1}\right) \cdot p\left(s_t = q_i, y_t \mid s_{t-1} = q_j\right) \\ &= \sum_{j=1}^N \alpha_{t-1}\left(q_j\right) \cdot \gamma_t\left(q_j, q_i\right)\end{aligned} \tag{6-50}$$

当 $t=1$ 时，则有：

$$\begin{aligned}\alpha_1(q_i) &= p(s_1 = q_i, y_1) \\ &= \sum_{j=1}^N p\left(s_0 = q_j, s_1 = q_i, y_1\right) \\ &= \sum_{j=1}^N p\left(s_0 = q_j\right) \cdot p\left(s_1 = q_i, y_1 \mid s_0 = q_j\right) \\ &= \sum_{j=1}^N \alpha_0\left(q_j\right) \cdot \gamma_1\left(q_j, q_i\right)\end{aligned} \tag{6-51}$$

式中：

$$\alpha_0\left(q_j\right) \triangleq p\left(s_0 = q_j\right) = \begin{cases} 1, & j = 1 \\ 0, & j \neq 1 \end{cases} \tag{6-52}$$

类似地，$\beta_t\left(q_i\right)$的递推公式为：

$$\begin{aligned} \beta_t\left(q_i\right) &= p\left(\boldsymbol{Y}_{t+1}^T \mid s_t = q_i\right) \\ &= \sum_{j=1}^{N} p\left(s_{t+1} = q_j, \boldsymbol{Y}_{t+1}^T \mid s_t = q_i\right) \\ &= \sum_{j=1}^{N} p\left(s_{t+1} = q_j, y_{t+1} \mid s_t = q_i\right) \cdot p\left(\boldsymbol{Y}_{t+2}^T \mid s_{t+1} = q_j, y_t, s_t = q_i\right) \\ &= \sum_{j=1}^{N} \gamma_{t+1}\left(q_i, q_j\right) \cdot \beta_{t+1}\left(q_j\right) \end{aligned} \tag{6-53}$$

当$t = T-1$时，有：

$$\begin{aligned} \beta_{T-1}\left(q_i\right) &\triangleq p\left(y_T \mid s_{T-1} = q_i\right) \\ &= \sum_{j=1}^{N} p\left(s_T = q_j, y_{\mathrm{T}} \mid s_{T-1} = q_i\right) \\ &= \sum_{j=1}^{N} 1 \cdot \gamma_T\left(q_i, q_j\right) \end{aligned} \tag{6-54}$$

式中，$\beta_T\left(q_i\right) = 1$，可以定义：

$$\beta_T\left(q_i\right) \triangleq p\left(s_T = q_i\right) = \begin{cases} 1, & i = 1 \\ 0, & i \neq 1 \end{cases} \tag{6-55}$$

由式(6-50)和式(6-53)可知，$\alpha_t\left(q_i\right)$，$\beta_t\left(q_i\right)$可以递推得到，且需要知道$\gamma_t\left(q_j, q_i\right)$：

$$\begin{aligned} \gamma_t\left(q_j, q_i\right) &= p\left(s_t = q_i, y_t \mid s_{t-1} = q_j\right) \\ &= p\left(s_t = q_i \mid s_{t-1} = q_j\right) \cdot p\left(y_t \mid s_t = q_i, s_{t-1} = q_j\right) \\ &= p\left(s_t = q_i \mid s_{t-1} = q_j\right) \cdot \sum_{x_t} p\left(y_t \mid x_t\right) \cdot p\left(x_t \mid s_t = q_i, s_{t-1} = q_j\right) \\ &= p_t\left(q_i \mid q_j\right) \cdot \sum_{x_t} R\left(y_t \mid x_t\right) \cdot q_t\left(x_t \mid q_j, q_i\right) \end{aligned} \tag{6-56}$$

BCJR 算法计算更新过程为：

(1) 利用式(6-52)和式(6-55)分别初始化$\alpha_0\left(q_j\right)$和$\beta_T\left(q_i\right)$；

(2) 每收到一个y_t，利用式(6-56)和式(6-50)计算$\gamma_t\left(q_j, q_i\right)$和$\alpha_t\left(q_i\right)$，并把从$t$到$T$的$\alpha_t\left(q_i\right)$保存起来；

(3) 观测序列 $\boldsymbol{Y}_1^T$ 全部接收以后，利用式(6-53)递归计算 $\beta_t(q_i)$，用 $\beta_t(q_i)$ 分别乘以 $\alpha_t(q_i)$、$\gamma_t(q_j,q_i)$ 得到 $\lambda_t(q_i)$ 和 $\sigma_t(q_j,q_i)$。

2. BCJR 算法因子图解释

在因子图上设计消息传递算法能够直观地表达上述 BCJR 算法，首先对系统变量的联合 PDF 进行因子分解：

$$\begin{aligned}p\left(\boldsymbol{X}_1^T,\boldsymbol{Y}_1^T,\boldsymbol{S}_1^T\right)&=p\left(\boldsymbol{Y}_1^T\mid\boldsymbol{X}_1^T,\boldsymbol{S}_1^T\right)p\left(\boldsymbol{X}_1^T,\boldsymbol{S}_1^T\right)\\&=p\left(\boldsymbol{Y}_1^T\mid\boldsymbol{X}_1^T\right)p(s_0)p(x_1,s_1\mid s_0)\cdots p(x_T,s_T\mid s_{T-1})\\&=p(s_0)\prod_{i=1}^{T}p(y_i\mid x_i)\cdot p(x_i,s_i\mid s_{i-1})\\&=p(s_0)\prod_{i=1}^{T}p(y_i\mid x_i)\cdot f_i(x_i,s_i,s_{i-1})\end{aligned}\tag{6-57}$$

式中，$f_i(x_i,s_i,s_{i-1})\triangleq p(x_i,s_i\mid s_{i-1})$。

上述联合 PDF 因子分解对应的因子图如图 6.3 所示。

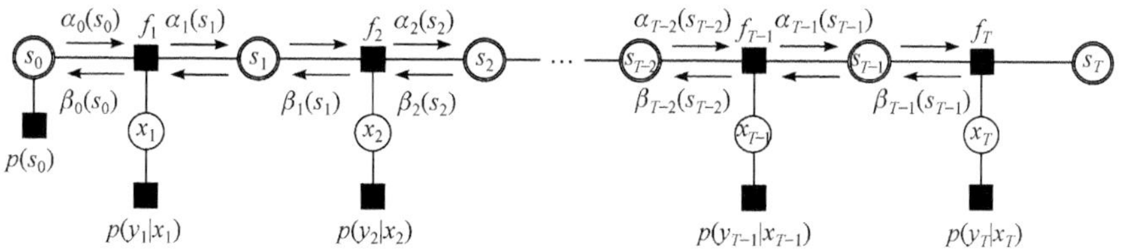

图 6.3　BCJR 算法因子分解对应的因子图

在因子图上应用 BP 规则进行消息计算，传递消息时 $\alpha_t(i)$ 和 $\beta_t(i)$ 可同时计算：

(1) 初始化：

$$n_{s_0\to f_1}(s_0)=p(s_0)=\delta(s_0-q_1)\tag{6-58}$$

$$n_{s_T\to f_T}(s_T)=p(y_T\mid x_T)\tag{6-59}$$

(2) 当 $t=1$ 时，计算 $m_{f_1\to s_1}(s_1)$ 消息为：

$$\begin{aligned}m_{f_1\to s_1}(s_1)&=\sum_{s_0}\sum_{x_1}p(x_1,s_1\mid s_0)p(y_1\mid x_1)\alpha_0(s_0)\\&=\sum_{s_0}\sum_{x_1}\alpha_0(s_0)p(y_1,x_1,s_1\mid s_0)=\sum_{s_0}\alpha_0(s_0)p(y_1,s_1\mid s_0)\\&=\sum_{s_0}\alpha_0(s_0)\gamma(s_0,s_1)=\alpha_1(s_1)\end{aligned}\tag{6-60}$$

$$n_{s_1\to f_2}(s_1)=m_{f_1\to s_1}(s_1)=\alpha_1(s_1) \tag{6-61}$$

当$t=T-1$时，计算$m_{f_T\to s_{T-1}}(s_{T-1})$消息为：

$$\begin{aligned} m_{f_T\to s_{T-1}}(s_{T-1}) &= \sum_{s_T}\sum_{x_T} p(x_T,s_T \mid s_{T-1})p(y_T \mid x_T) \\ &= \sum_{s_T}\sum_{x_T} p(y_T,x_T,s_T \mid s_{T-1}) \\ &= \sum_{s_T} p(y_T,s_T \mid s_{T-1}) \\ &= \beta_{T-1}(s_{T-1}) \end{aligned} \tag{6-62}$$

$$n_{s_{T-1}\to f_{T-1}}(s_{T-1})=m_{f_T\to s_{T-1}}(s_{T-1})=\beta_{T-1}(s_{T-1}) \tag{6-63}$$

(3) 在t时刻，计算$\alpha_t(s_t)$消息为：

$$\begin{aligned} m_{f_t\to s_t}(s_t) &= \sum_{s_{t-1}} \alpha_{t-1}(s_{t-1})p(y_t,s_t \mid s_{t-1}) \\ &= \sum_{s_{t-1}} \alpha_{t-1}(s_{t-1})\gamma(s_{t-1},s_t) \\ &= \alpha_t(s_t) \end{aligned} \tag{6-64}$$

$$n_{s_t\to f_{t+1}}(s_t)=m_{f_t\to s_t}(s_t)=\alpha_t(s_t) \tag{6-65}$$

计算$\beta_t(s_t)$消息：

$$\begin{aligned} m_{f_{t+1}\to s_t}(s_t) &= \sum_{S_{t+1}} \beta_{t+1}(s_{t+1})p(y_t,s_t \mid s_{t-1}) \\ &= \sum_{S_{t+1}} \beta_{t+1}(s_{t+1})\gamma(s_t,s_{t+1}) \\ &= \beta_t(s_t) \end{aligned} \tag{6-66}$$

$$n_{s_t\to f_t}(s_t)=m_{f_{t+1}\to s_t}(s_t)=\beta_t(s_t) \tag{6-67}$$

(4) 变量s_t的置信$b(s_t)$计算为：

$$b(s_t)\propto m_{f_t\to s_t}(s_t)\cdot m_{f_{t+1}\to s_t}(s_t)=\alpha_t(s_t)\cdot\beta_t(s_t) \tag{6-68}$$

以此类推，可计算出因子图上所有的消息，并标注在图 6.3 中。在因子图上可以清楚地看到，BCJR 算法估计的$\lambda_t(q_i)$是变量$s_t=q_i$的置信$b(s_t=q_i)$，$\sigma_t(q_j,q_i)$是变量$s_t=q_i$和$s_{t-1}=q_j$的联合置信$b(s_t=q_i,s_{t-1}=q_j)$。在因子图上依据 BP 规则传递一遍消息便可得到状态变量s_t所有可能取值的置信$b(s_t=q_i),i=1,\cdots,N$，并且该模型对应的是无环因子图，计算出的置信都是准确的边缘概率。

3. 基于因子图解释前向后向与 BCJR 的关系

可将 BCJR 算法中$\gamma_t\left(q_j,q_i\right)$用前向后向算法中$b_j\left(y_t\right)$和$a_{ij}$表示：

$$\gamma_t\left(q_j,q_i\right)=p\left(y_t\mid s_t=q_j\right)\cdot p\left(s_t=q_j\mid s_{t-1}=q_i\right)=b_j\left(y_t\right)\cdot a_{ij} \tag{6-69}$$

在前向算法中，可将$\gamma_t\left(q_j,q_i\right)$代入$\alpha_t(j)$ 的迭代公式(6-13)中，可得：

$$\alpha_t(j)=\sum_{i=1}^{N}\alpha_{t-1}(i)\gamma_t\left(q_j,q_i\right) \tag{6-70}$$

同样在后向算法中，也可将$\gamma_t\left(q_j,q_i\right)$代入$\beta_t(i)$的迭代公式(6-21)中：

$$\beta_t(i)=\sum_{j=1}^{N}\beta_{t+1}(i)\cdot\gamma_{t+1}\left(q_j,q_i\right) \tag{6-71}$$

可以看出$\alpha_t(j)$、$\beta_t(i)$与 BCJR 算法中的定义是等价的。

另一方面，可从因子图变换的角度对上述结论重新解释，前向后向算法中系统变量的联合 PDF 因子分解为：

$$p\left(\boldsymbol{Y}_1^T,\boldsymbol{S}_1^T\mid\lambda\right)=p(s_1\mid\lambda)p(y_1\mid s_1,\lambda)\prod_{i=2}^{N}p(y_i\mid s_i,\lambda)p(s_i\mid s_{i-1},\lambda) \tag{6-72}$$

根据式(6-69)的定义可将联合 PDF 的因子分解改写为：

$$p\left(\boldsymbol{Y}_1^T,\boldsymbol{S}_1^T\mid\lambda\right)=p(s_1\mid\lambda)\prod_{i=1}^{N}\gamma_t\left(s_j,s_i\right) \tag{6-73}$$

式(6-73)对应新的因子图可由图 6.3 中的因子节点$p(x_t,s_t\mid s_{t-1})$与$p(y_t\mid s_t)$聚合得到，如图 6.4 所示：

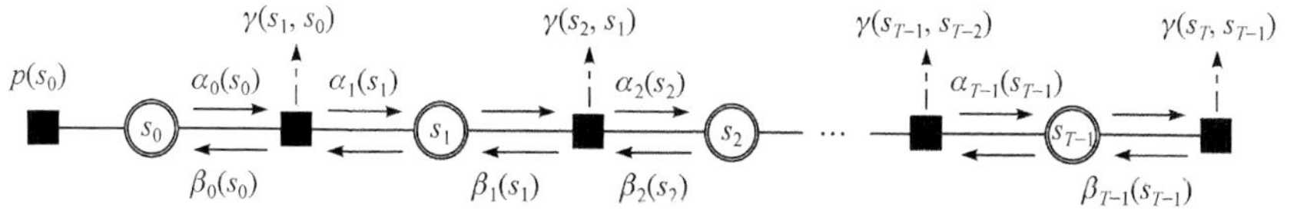

图 6.4　BCJR 算法因子分解变换后因子图

从图 6.4 可以看出，BCJR 算法所有向右传递的消息等价于前向算法计算的消息，所有向左传递的消息等价于后向算法计算的消息，BCJR 算法等价于前向后向算法。

6.1.4　维特比算法

本节主要介绍隐马尔可夫模型的第二个基本问题，给定模型$\lambda=(\boldsymbol{A},\boldsymbol{B},\boldsymbol{\pi})$和观

测序列 $\boldsymbol{Y}_1^T$，求最有可能出现的状态序列。该问题可以使用维特比算法[89, 103]解决，下面给出维特比算法及其因子图解释。

1. 维特比算法推导

在给出维特比算法前，先定义两个函数：$\delta_t(i)$ 和 $\psi_t(i)$，具体如下：

时刻 t 状态为 q_i 的所有路径 $(s_1, s_2, \cdots, s_t)$ 中概率最大值定义为 $\delta_t(i)$，其作用是已知 t 时刻状态 $s_t = q_i$，在所有到达 $s_t = q_i$ 的路径中，求出其中概率最大的一条路径，记为：

$$\delta_t(i) = \max_{s_1, s_2, \cdots, s_{t-1}} p\left(s_t = q_i, \boldsymbol{S}_1^{t-1}, \boldsymbol{Y}_1^t \mid \lambda\right), \quad i = 1, 2, \cdots, N \tag{6-74}$$

由定义可以推导出 $\delta_t(i)$ 的递推公式：

$$\begin{aligned}
\delta_{t+1}(i) &= \max_{s_1, s_2, \cdots, s_t} p\left(s_{t+1} = q_i, \boldsymbol{S}_1^t, \boldsymbol{Y}_1^{t+1} \mid \lambda\right) \\
&= \max_{1 \leqslant j \leqslant N} \max_{s_1, s_2, \cdots, s_{t-1}} p\left(s_t = q_j, \boldsymbol{S}_1^{t-1}, \boldsymbol{Y}_1^t \mid \lambda\right) p\left(s_{t+1} = q_i, y_{t+1} \mid s_t = q_j, \boldsymbol{S}_1^{t-1}, \boldsymbol{Y}_1^t, \lambda\right) \\
&= \max_{1 \leqslant j \leqslant N} \delta_t(i) p\left(s_{t+1} = q_i \mid s_t = q_j, \boldsymbol{S}_1^{t-1}, \boldsymbol{Y}_1^t, \lambda\right) p\left(y_{t+1} \mid s_{t+1} = q_i, s_t = q_j, \boldsymbol{S}_1^{t-1}, \boldsymbol{Y}_1^t, \lambda\right) \\
&= \max_{1 \leqslant j \leqslant N} \delta_t(i) p\left(s_{t+1} = q_i \mid s_t = q_j, \lambda\right) p\left(y_{t+1} \mid s_{t+1} = q_i, \lambda\right) \\
&= \max_{1 \leqslant j \leqslant N} \delta_t(i) \cdot a_{ji} \cdot b_i(y_{t+1})
\end{aligned} \tag{6-75}$$

在时刻 t 状态为 q_i 的所有路径 $(s_1, s_2, \cdots, s_{t-1}, s_t)$ 中概率最大的路径的第 $t-1$ 节点定义为 $\psi_t(i)$，其作用是：已知 t 时刻状态 $s_t = q_i$，在所有到达 $s_t = q_i$ 的路径中，保存其中概率最大的一条路径的前一个节点，用于最优路径回溯，记为：

$$\psi_t(i) = \arg\max_{1 \leqslant j \leqslant N} \left[\delta_{t-1}(j) \cdot a_{ji}\right], \quad i = 1, 2, \cdots, N \tag{6-76}$$

维特比算法流程如下：

输入：模型 $\lambda = (\boldsymbol{A}, \boldsymbol{B}, \boldsymbol{\pi})$ 和观测序列 $\boldsymbol{Y}_1^T$，$\boldsymbol{A}, \boldsymbol{B}, \boldsymbol{\pi}$ 与前向后向算法中定义相同

输出：最优路径 $\boldsymbol{S}^* = \left(s_1^*, s_2^*, \cdots, s_T^*\right)$

(1) 初始化：

$$\delta_1(i) = \pi_i \cdot b_i(y_1), \quad i = 1, 2, \cdots, N \tag{6-77}$$

$$\psi_1(i) = 0, \quad i = 1, 2, \cdots, N \tag{6-78}$$

(2) 递推：对 $t = 2, 3, \cdots, T$

$$\delta_t(i) = \max_{1 \leqslant j \leqslant N} \delta_{t-1}(i) \cdot a_{ji} \cdot b_i(y_t), \quad i = 1, 2, \cdots, N \tag{6-79}$$

$$\psi_t(i) = \arg\max_{1 \leqslant j \leqslant N}\left[\delta_{t-1}(j) \cdot a_{ji}\right], \quad i = 1, 2, \cdots, N \tag{6-80}$$

(3) 终止：

$$P^* = \max_{1 \leqslant j \leqslant N} \delta_t(i) \tag{6-81}$$

$$s_T^* = \arg\max_{1 \leqslant i \leqslant N} \delta_T(i) \tag{6-82}$$

(4) 最优路径回溯：对 $t = T-1, T-2, \cdots, 1$

$$s_t^* = \psi_{t+1}\left(s_{t+1}^*\right) \tag{6-83}$$

最终可以求得最优路径 $\boldsymbol{S}^* = \left(s_1^*, s_2^*, \cdots, s_T^*\right)$。

从上述算法流程可以看出，维特比算法利用 $\delta_t(i)$ 函数通过递推的方法减少计算量，同时用一个反向指针 $\psi_t(i)$ 指示最可能的到达该状态的路径。当完成整个计算过程后，首先在终止时刻找到最可能的状态，然后通过反向指针回溯到 $t=1$ 时刻，这样回溯路径上的状态序列就是最可能的隐藏状态序列。

2. 维特比算法因子图解释

下面根据 3.3.4 节的最大积算法给出维特比算法的消息传递算法解释：

首先对联合后验 PDF $p\left(\boldsymbol{S}_1^T | \boldsymbol{Y}_1^T\right)$ 进行因子分解：

$$\begin{aligned} p\left(\boldsymbol{S}_1^T | \boldsymbol{Y}_1^T\right) &\propto p\left(\boldsymbol{Y}_1^T \mid \boldsymbol{S}_1^T\right) \cdot p\left(\boldsymbol{S}_1^T\right) \\ &= \left[\prod_{t=1}^{T} p\left(y_i \mid s_i\right)\right] p\left(s_1\right) p\left(s_2 \mid s_1\right) \cdots p\left(s_T \mid s_{T-1}, \cdots, s_1\right) \\ &= p\left(s_1\right) \cdot p\left(y_T \mid s_T\right) \prod_{t=1}^{T-1} p\left(y_t \mid s_t\right) p\left(s_{t+1} \mid s_t\right) \\ &= p\left(s_1\right) \cdot p\left(y_T \mid s_T\right) \prod_{t=1}^{T-1} p\left(y_t \mid s_t\right) f_t\left(s_{t+1}, s_t\right) \end{aligned} \tag{6-84}$$

式中，$f_t\left(s_{t+1}, s_t\right) \triangleq P\left(s_{t+1} \mid s_t\right), t = 1, \cdots, T-1$。

根据因子分解，其因子图如图 6.5 所示。

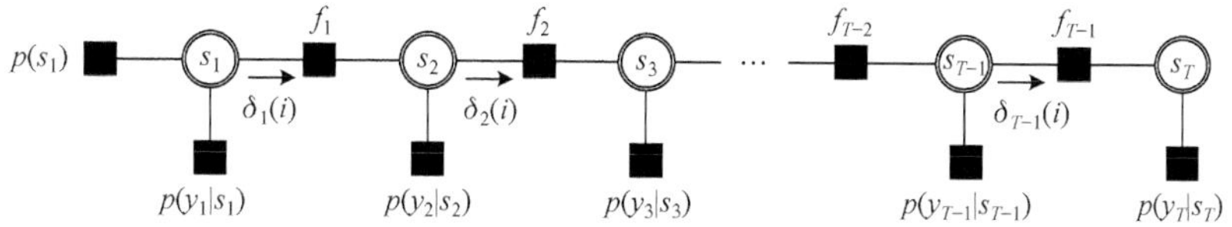

图 6.5　维特比算法因子分解对应的因子图

使用最大积规则，因子图上的消息传递过程计算如下：

$$\begin{aligned} n_{s_1\to f_1}(s_1) &= p(s_1)\cdot p(y_1\,|\,s_1) = p(y_1,s_1) \\ &= \pi_i\cdot b_i(y_1) = \delta_1(i) \end{aligned} \tag{6-85}$$

该结果与维特比算法中的$\delta_1(i)$相同。

$$\begin{aligned} m_{f_1\to s_2}(s_2) &= \max_{s_1}\left[p(s_1)\cdot p(y_1\,|\,s_1)\cdot p(s_2\,|\,s_1)\right] = \max_{s_1} p(s_1,s_2,y_1) \\ &= \max_{1\leqslant j\leqslant N}\delta_1(j)\cdot a_{ji} \end{aligned} \tag{6-86}$$

对比式(6-86)与式(6-80)可以看出消息$m_{f_1\to s_2}(s_2)$等价于维特比算法中的$\psi_2(i)$。

$$\begin{aligned} n_{s_2\to f_2}(s_2) &= \max_{s_1}\left[p(s_1,s_2,y_1)\cdot p(y_2\,|\,s_2)\right] = \max_{s_1} p(s_1,s_2,y_1,y_2) \\ &= \max_{1\leqslant j\leqslant N}\delta_1(j)\cdot a_{ji}\cdot b_i(y_2) = \delta_2(i) \end{aligned} \tag{6-87}$$

$$\begin{aligned} m_{f_2\to s_3}(s_3) &= \max_{s_1,s_2}\left[p(s_1,s_2,y_1,y_2)\cdot p(s_3\,|\,s_2)\right] = \max_{s_1,s_2} p(s_1,s_2,s_3,y_1,y_2) \\ &= \max_{1\leqslant j\leqslant N}\delta_2(j)\cdot a_{ji} \end{aligned} \tag{6-88}$$

在t时刻，计算消息$n_{s_t\to f_t}(s_t)$和$m_{f_t\to s_t}(s_t)$为：

$$\begin{aligned} n_{s_t\to f_t}(s_t) &= \max_{s_1,\cdots,s_{t-1}}\left[p\left(\boldsymbol{S}_1^t,\boldsymbol{Y}_1^t\right)\cdot p(y_t\,|\,s_t)\right] = \max_{s_1,\cdots,s_{t-1}} p\left(\boldsymbol{S}_1^t,\boldsymbol{Y}_1^t\right) \\ &= \max_{1\leqslant j\leqslant N}\delta_{t-1}(j)\cdot a_{ji}\cdot b_i(y_t) = \delta_t(i) \end{aligned} \tag{6-89}$$

该结果与维特比算法中的$\delta_{\mathrm{t}}(i)$相同。

$$\begin{aligned} m_{f_t\to s_{t+1}}(s_{t+1}) &= \max_{s_1,\cdots,s_t}\left[p\left(\boldsymbol{S}_1^t,\boldsymbol{Y}_1^t\right)\cdot p(s_{t+1}\,|\,s_t)\right] = \max_{s_1,\cdots,s_t} p\left(\boldsymbol{S}_1^{t+1},\boldsymbol{Y}_1^t\right) \\ &= \max_{1\leqslant j\leqslant \mathrm{N}}\delta_t(j)\cdot a_{ji} \end{aligned} \tag{6-90}$$

对比式(6-90)与式(6-80)可以看出消息$m_{f_t\to s_{t+1}}(s_{t+1})$等价于维特比算法中的$\psi_{t+1}(i)$。

当$t=T-1$时，有：

$$\begin{aligned} n_{s_{T-1}\to f_{T-1}}(s_{T-1}) &= \max_{s_1,\cdots,s_{T-2}}\left[p\left(\boldsymbol{S}_1^{T-1},\boldsymbol{Y}_1^{T-2}\right)\cdot p(y_{T-1}\,|\,s_{T-1})\right] = \max_{s_1,\cdots,s_{T-2}} p\left(\boldsymbol{S}_1^{T-1},\boldsymbol{Y}_1^{T-1}\right) \\ &= \max_{1\leqslant j\leqslant N}\delta_{T-2}(j)\cdot a_{ji}\cdot b_i(y_{T-1}) = \delta_{T-1}(i) \end{aligned} \tag{6-91}$$

$$\begin{aligned} m_{f_{T-1}\to s_T}(s_T) &= \max_{s_1,\cdots,s_{T-1}}\left[p\left(\boldsymbol{S}_1^{T-1},\boldsymbol{Y}_1^{T-1}\right)\cdot p\left(s_T \mid s_{T-1}\right)\right] = \max_{s_1,\cdots,s_{T-1}} p\left(\boldsymbol{S}_1^{T},\boldsymbol{Y}_1^{T-1}\right) \\ &= \max_{1\leqslant j\leqslant \mathrm{N}} \delta_{T-1}(j)\cdot a_{ji} \end{aligned} \tag{6-92}$$

上述计算的消息已标注在图中，可以看出消息 $n_{s_t\to f_t}(s_t)$ 和 $m_{f_t\to s_{t+1}}(s_{t+1})$ 分别对应于 $\delta_t(i)$ 和 $\psi_t(i)$。

6.2　期望最大化算法

期望最大化(Expectation Maximization，EM)算法[104]是一种迭代的参数估计方法，广泛应用于统计信号处理领域[105, 106]。针对含有隐变量的概率模型，当最大似然(Maximum Likelihood，ML)估计和最大后验(MAP)估计无法直接使用时，EM 算法给出一种可能的求解方案。下面先简要介绍 EM 算法，然后给出它的因子图解释。

6.2.1　EM 算法简介

ML 和 MAP 估计是参数估计的重要方法。但是当系统中含有隐变量，或者样本数据缺失时，通常难以求解。例如，对于 ML 估计，假设待估计参数为 $\boldsymbol{\theta}$，观测数据为 $\boldsymbol{y}$，隐变量为 z，根据全概率公式得到 $\boldsymbol{\theta}$ 的似然函数为：

$$p(\boldsymbol{y}\mid\boldsymbol{\theta}) = \int p(z,\boldsymbol{y}\mid\boldsymbol{\theta})\mathrm{d}z = \int p(\boldsymbol{y}\mid z,\boldsymbol{\theta})\,p(z\mid\boldsymbol{\theta})\mathrm{d}z \tag{6-93}$$

对其取对数，可得：

$$L(\boldsymbol{\theta}) = \ln p(\boldsymbol{y}\mid\boldsymbol{\theta}) = \ln\left(\int p(\boldsymbol{y}\mid z,\boldsymbol{\theta})\,p(z\mid\boldsymbol{\theta})\mathrm{d}z\right) \tag{6-94}$$

理论上，最大化 $L(\boldsymbol{\theta})$ 就可得到 $\boldsymbol{\theta}$ 的最大似然估计值，即：

$$\hat{\boldsymbol{\theta}}_{\mathrm{ML}} \triangleq \arg\max_{\boldsymbol{\theta}} L(\boldsymbol{\theta}) \tag{6-95}$$

在实际问题中，直接计算式(6-95)是很困难的。EM 算法能够通过迭代的方法近似计算 $\boldsymbol{\theta}$ 的最大似然估计值[107]。具体过程可以分为求期望的 E 步和期望最大化的 M 步。

E 步：记 $\hat{\boldsymbol{\theta}}^t$ 为第 t 次迭代参数 $\boldsymbol{\theta}$ 的估计值，在第 $t+1$ 次迭代的 E 步，计算：

$$f\left(\boldsymbol{\theta},\hat{\boldsymbol{\theta}}^t\right) \triangleq \int p\left(z\mid \boldsymbol{y},\hat{\boldsymbol{\theta}}^t\right)\ln p(z,\boldsymbol{y}\mid\boldsymbol{\theta})\mathrm{d}z\,. \tag{6-96}$$

M 步：求使 $f\left(\boldsymbol{\theta},\hat{\boldsymbol{\theta}}^t\right)$ 最大化的 $\boldsymbol{\theta}$，确定第 $t+1$ 次迭代的估计值 $\hat{\boldsymbol{\theta}}^{t+1}$：

$$\hat{\boldsymbol{\theta}}^{t+1} \triangleq \arg\max_{\boldsymbol{\theta}} f\left(\boldsymbol{\theta}, \hat{\boldsymbol{\theta}}^{t}\right) \tag{6-97}$$

其中 t 为迭代次数。循环执行 E 步和 M 步，直至达到迭代终止条件，即可得到 $\boldsymbol{\theta}$ 的近似最大似然估计值，本书称这种算法为 EM-ML。

类似地，当 $\boldsymbol{\theta}$ 的先验 $p(\boldsymbol{\theta})$ 已知时，可以得到 $\boldsymbol{\theta}$ 的近似 MAP 估计值，本书称这种算法为 EM-MAP，求期望的 E 步和期望最大化的 M 步公式如下：

E 步：记 $\hat{\boldsymbol{\theta}}^{t}$ 为第 t 次迭代参数 $\boldsymbol{\theta}$ 的估计值，在第 $t+1$ 次迭代的 E 步，计算：

$$f\left(\boldsymbol{\theta}, \hat{\boldsymbol{\theta}}^{t}\right) \triangleq \int p\left(\boldsymbol{z} \mid \boldsymbol{y}, \hat{\boldsymbol{\theta}}^{t}\right) \ln p(\boldsymbol{z}, \boldsymbol{y} \mid \boldsymbol{\theta}) \mathrm{d}\boldsymbol{z} + \ln p(\boldsymbol{\theta}) \tag{6-98}$$

M 步：求使 $f\left(\boldsymbol{\theta}, \hat{\boldsymbol{\theta}}^{t}\right)$ 最大化的 $\boldsymbol{\theta}$，确定第 $t+1$ 次迭代的参数的估计值 $\hat{\boldsymbol{\theta}}^{t+1}$：

$$\hat{\boldsymbol{\theta}}^{t+1} \triangleq \arg\max_{\boldsymbol{\theta}} f\left(\boldsymbol{\theta}, \hat{\boldsymbol{\theta}}^{t}\right) \tag{6-99}$$

6.2.2 EM-ML 算法推导

设 $Q(\boldsymbol{z})$ 和 $Q(\boldsymbol{\theta})$ 分别是 $\boldsymbol{z}$ 和 $\boldsymbol{\theta}$ 的置信，满足归一化约束 $\int Q(\boldsymbol{z})\mathrm{d}\boldsymbol{z}=1$，$\int Q(\boldsymbol{\theta})\mathrm{d}\boldsymbol{\theta}=1$。在给定归一化约束的条件下，最小化 $Q(\boldsymbol{z}) \cdot Q(\boldsymbol{\theta})$ 与 $p(\boldsymbol{y}, \boldsymbol{z} \mid \boldsymbol{\theta})$ 之间的 KL 散度得到 $Q(\boldsymbol{\theta})$，取 $Q(\boldsymbol{\theta})$ 最大时对应的 $\boldsymbol{\theta}$ 值，即为 $\boldsymbol{\theta}$ 的最大似然估计值。同第四章的计算过程，可使用拉格朗日乘子法求解，首先构建拉格朗日方程：

$$L\left(Q(\boldsymbol{z}), Q(\boldsymbol{\theta})\right) = \mathrm{KLD}\left(Q(\boldsymbol{z})Q(\boldsymbol{\theta}) \,\|\, p(\boldsymbol{y}, \boldsymbol{z} \mid \boldsymbol{\theta})\right) + \lambda_{\boldsymbol{z}}\left(\int Q(\boldsymbol{z})\mathrm{d}\boldsymbol{z} - 1\right) + \lambda_{\boldsymbol{\theta}}\left(\int Q(\boldsymbol{\theta})\mathrm{d}\boldsymbol{\theta} - 1\right) \tag{6-100}$$

式中，$\lambda_{\boldsymbol{z}}$ 和 $\lambda_{\boldsymbol{\theta}}$ 表示归一化约束的拉格朗日乘子。

分别对 $Q(\boldsymbol{z})$ 和 $Q(\boldsymbol{\theta})$ 求导，令导数等于零：

$$\frac{\partial L}{\partial Q(\boldsymbol{z})} = \ln Q(\boldsymbol{z}) + 1 - \int \ln p(\boldsymbol{y}, \boldsymbol{z} \mid \boldsymbol{\theta}) \cdot Q(\boldsymbol{\theta}) \mathrm{d}\boldsymbol{\theta} + \lambda_{\boldsymbol{z}} = 0 \tag{6-101}$$

$$\frac{\partial L}{\partial Q(\boldsymbol{\theta})} = \ln Q(\boldsymbol{\theta}) + 1 - \int \ln p(\boldsymbol{y}, \boldsymbol{z} \mid \boldsymbol{\theta}) \cdot Q(\boldsymbol{z}) \mathrm{d}\boldsymbol{z} + \lambda_{\boldsymbol{\theta}} = 0 \tag{6-102}$$

因此：

$$\ln Q(\boldsymbol{z}) = \int \ln p(\boldsymbol{y}, \boldsymbol{z} \mid \boldsymbol{\theta}) \cdot Q(\boldsymbol{\theta}) \mathrm{d}\boldsymbol{\theta} - 1 - \lambda_{\boldsymbol{z}} \tag{6-103}$$

$$\ln Q(\boldsymbol{\theta}) = \int \ln p(\boldsymbol{y}, \boldsymbol{z} \mid \boldsymbol{\theta}) \cdot Q(\boldsymbol{z}) \mathrm{d}\boldsymbol{z} - 1 - \lambda_{\boldsymbol{\theta}} \tag{6-104}$$

上式很难直接求出 $Q(z)$ 和 $Q(\boldsymbol{\theta})$，可通过迭代的方法求解：

设 $\boldsymbol{\theta}^t$ 为第 t 次迭代 $\boldsymbol{\theta}$ 的估计值，将其代入到(6-103)中：

$$\begin{aligned}\ln Q(z) &= \int \ln p\left(\boldsymbol{y},\boldsymbol{z}\,|\,\boldsymbol{\theta}\right)\delta\left(\boldsymbol{\theta}-\hat{\boldsymbol{\theta}}^t\right)\mathrm{d}\boldsymbol{\theta}-1-\lambda_z \\ &= \ln p\left(\boldsymbol{y},\boldsymbol{z}\,|\,\hat{\boldsymbol{\theta}}^t\right)-1-\lambda_z\end{aligned} \tag{6-105}$$

由式(6-105)并将 $Q(z)$ 归一化可得：

$$Q(z)=p\left(z\,|\,\boldsymbol{y},\hat{\boldsymbol{\theta}}^t\right) \tag{6-106}$$

将式(6-106)代入式(6-104)：

$$\begin{aligned}\ln Q(\boldsymbol{\theta}) &= \int Q(z)\ln p\left(\boldsymbol{y},z\,|\,\boldsymbol{\theta}\right)\mathrm{d}z-1-\lambda_{\boldsymbol{\theta}} \\ &= \int p\left(z\,|\,\boldsymbol{y},\hat{\boldsymbol{\theta}}^t\right)\ln p\left(\boldsymbol{y},z\,|\,\boldsymbol{\theta}\right)\mathrm{d}z-1-\lambda_{\boldsymbol{\theta}}\end{aligned} \tag{6-107}$$

把 $\ln Q(\boldsymbol{\theta})$ 的最大值作为下一次迭代的估计值，经整理：

$$\begin{aligned}\hat{\boldsymbol{\theta}}^{t+1} &= \arg\max_{\boldsymbol{\theta}} \ln Q(\boldsymbol{\theta}) \\ &= \arg\max_{\boldsymbol{\theta}} \int p\left(z\,|\,\boldsymbol{y},\hat{\boldsymbol{\theta}}^t\right)\ln p\left(\boldsymbol{y},z\,|\,\boldsymbol{\theta}\right)\mathrm{d}z-1-\lambda_{\boldsymbol{\theta}} \\ &= \arg\max_{\boldsymbol{\theta}} \int p\left(z\,|\,\boldsymbol{y},\hat{\boldsymbol{\theta}}^t\right)\ln p\left(\boldsymbol{y},z\,|\,\boldsymbol{\theta}\right)\mathrm{d}z\end{aligned} \tag{6-108}$$

以上是 EM-ML 算法的推导过程。

同样地，若已知 $\boldsymbol{\theta}$ 的先验 $p(\boldsymbol{\theta})$，最小化 $Q(z)\cdot Q(\boldsymbol{\theta})$ 与 $p(\boldsymbol{\theta},z\,|\,\boldsymbol{y})$ 之间的 KL 散度可以推导出 EM-MAP 算法。

6.2.3　EM-ML 算法收敛性证明

现证明当 $\hat{\boldsymbol{\theta}}^{t+1}=\arg\max\limits_{\boldsymbol{\theta}} f\left(\boldsymbol{\theta},\hat{\boldsymbol{\theta}}^t\right)$ 时，$\ln p\left(\boldsymbol{y}\,|\,\hat{\boldsymbol{\theta}}^{t+1}\right)\geqslant \ln p\left(\boldsymbol{y}\,|\,\hat{\boldsymbol{\theta}}^t\right)$：

由 $p(\boldsymbol{y},z)=p(\boldsymbol{y})p(z\,|\,\boldsymbol{y})$ 可得：

$$\ln p\left(\boldsymbol{y}\,|\,\boldsymbol{\theta}\right)=\ln p\left(\boldsymbol{y},z\,|\,\boldsymbol{\theta}\right)-\ln p\left(z\,|\,\boldsymbol{y},\boldsymbol{\theta}\right) \tag{6-109}$$

两边同时对分布 $p\left(z\,|\,\boldsymbol{y},\hat{\boldsymbol{\theta}}^t\right)$ 求期望：

$$\int p\left(z\,|\,\boldsymbol{y},\hat{\boldsymbol{\theta}}^t\right)\ln p\left(\boldsymbol{y}\,|\,\boldsymbol{\theta}\right)\mathrm{d}z=\int p\left(z\,|\,\boldsymbol{y},\hat{\boldsymbol{\theta}}^t\right)\ln p\left(z,\boldsymbol{y}\,|\,\boldsymbol{\theta}\right)\mathrm{d}z-\int p\left(z\,|\,\boldsymbol{y},\hat{\boldsymbol{\theta}}^t\right)\ln p\left(z\,|\,\boldsymbol{y},\boldsymbol{\theta}\right)\mathrm{d}z \tag{6-110}$$

经化简：

$$\ln p\left(\boldsymbol{y}\,|\,\boldsymbol{\theta}\right)=f\left(\boldsymbol{\theta},\hat{\boldsymbol{\theta}}^t\right)-H\left(\boldsymbol{\theta},\hat{\boldsymbol{\theta}}^t\right) \tag{6-111}$$

式中：

$$f\left(\boldsymbol{\theta},\hat{\boldsymbol{\theta}}^t\right)=\int p\left(z\mid \boldsymbol{y},\hat{\boldsymbol{\theta}}^t\right)\ln p\left(z,\boldsymbol{y}\mid\boldsymbol{\theta}\right)\mathrm{d}z \tag{6-112}$$

$$H\left(\boldsymbol{\theta},\hat{\boldsymbol{\theta}}^t\right)=\int p\left(z\mid \boldsymbol{y},\hat{\boldsymbol{\theta}}^t\right)\ln p\left(z\mid\boldsymbol{y},\boldsymbol{\theta}\right)\mathrm{d}z \tag{6-113}$$

因此要证明 $\ln p\left(\boldsymbol{y}\mid\hat{\boldsymbol{\theta}}^{t+1}\right)\geqslant\ln p\left(\boldsymbol{y}\mid\hat{\boldsymbol{\theta}}^{t}\right)$，只需证明：

$$f\left(\hat{\boldsymbol{\theta}}^{t+1},\hat{\boldsymbol{\theta}}^t\right)-H\left(\hat{\boldsymbol{\theta}}^{t+1},\hat{\boldsymbol{\theta}}^t\right)\geqslant f\left(\hat{\boldsymbol{\theta}}^{t},\hat{\boldsymbol{\theta}}^t\right)-H\left(\hat{\boldsymbol{\theta}}^{t},\hat{\boldsymbol{\theta}}^t\right) \tag{6-114}$$

由于 $\hat{\boldsymbol{\theta}}^{t+1}=\arg\max\limits_{\boldsymbol{\theta}} f\left(\boldsymbol{\theta},\hat{\boldsymbol{\theta}}^t\right)$，即 $f\left(\hat{\boldsymbol{\theta}}^{t+1},\hat{\boldsymbol{\theta}}^t\right)\geqslant f\left(\boldsymbol{\theta},\hat{\boldsymbol{\theta}}^t\right)$，可得 $f\left(\hat{\boldsymbol{\theta}}^{t+1},\hat{\boldsymbol{\theta}}^t\right)\geqslant f\left(\hat{\boldsymbol{\theta}}^{t},\hat{\boldsymbol{\theta}}^t\right)$。

现只需证明：

$$H\left(\hat{\boldsymbol{\theta}}^{t+1},\hat{\boldsymbol{\theta}}^t\right)\leqslant H\left(\hat{\boldsymbol{\theta}}^{t},\hat{\boldsymbol{\theta}}^t\right) \tag{6-115}$$

若 $H\left(\boldsymbol{\theta},\hat{\boldsymbol{\theta}}^t\right)\leqslant H\left(\hat{\boldsymbol{\theta}}^{t},\hat{\boldsymbol{\theta}}^t\right)$，则式(6-115)成立，现证明 $H\left(\boldsymbol{\theta},\hat{\boldsymbol{\theta}}^t\right)\leqslant H\left(\hat{\boldsymbol{\theta}}^{t},\hat{\boldsymbol{\theta}}^t\right)$：

$$\begin{aligned}H\left(\hat{\boldsymbol{\theta}}^{t},\hat{\boldsymbol{\theta}}^t\right)-H\left(\boldsymbol{\theta},\hat{\boldsymbol{\theta}}^t\right)&=\int p\left(z\mid \boldsymbol{y},\hat{\boldsymbol{\theta}}^t\right)\ln p\left(z\mid \boldsymbol{y},\hat{\boldsymbol{\theta}}^t\right)\mathrm{d}z-\int p\left(z\mid \boldsymbol{y},\hat{\boldsymbol{\theta}}^t\right)\ln p\left(z\mid\boldsymbol{y},\boldsymbol{\theta}\right)\mathrm{d}z\\&=\int p\left(z\mid \boldsymbol{y},\hat{\boldsymbol{\theta}}^t\right)\ln\frac{p\left(z\mid \boldsymbol{y},\hat{\boldsymbol{\theta}}^t\right)}{p\left(z\mid\boldsymbol{y},\boldsymbol{\theta}\right)}\mathrm{d}z\\&=\mathrm{KLD}\left(p\left(z\mid \boldsymbol{y},\hat{\boldsymbol{\theta}}^t\right)\|\,p\left(z\mid\boldsymbol{y},\boldsymbol{\theta}\right)\right)\geqslant 0\end{aligned} \tag{6-116}$$

综上：证得 $\ln p\left(\boldsymbol{y}\mid\hat{\boldsymbol{\theta}}^{t+1}\right)\geqslant\ln p\left(\boldsymbol{y}\mid\hat{\boldsymbol{\theta}}^{t}\right)$。

6.2.4 EM-ML 算法的因子图解释

上述 EM-ML 算法和 EM-MAP 算法推导的关键步骤分别是最小化 $Q(z)Q(\boldsymbol{\theta})$ 和 $p(\boldsymbol{y},z\mid\boldsymbol{\theta})$、$p(z,\boldsymbol{\theta}\mid\boldsymbol{y})$ 之间的 KL 散度，区别在于 $\boldsymbol{\theta}$ 与 z 之间的函数关系不同，这一点可以通过消息传递算法解释：

通过在因子图上运用 MF 规则可以计算变量边缘函数的近似。最大似然估计需要先求出似然函数 $p(\boldsymbol{y}\mid\boldsymbol{\theta})$，似然函数可通过 $p(\boldsymbol{y},z\mid\boldsymbol{\theta})$ 边缘化得到，因此 EM-ML 算法 $\boldsymbol{\theta}$ 与 z 之间的函数关系为 $p(\boldsymbol{y},z\mid\boldsymbol{\theta})$，这样用 MF 规则求得的置信 $b(\boldsymbol{\theta})$ 是 $p(\boldsymbol{y}\mid\boldsymbol{\theta})$ 的近似；类似地，最大后验估计需要先求出后验 $p(\boldsymbol{\theta}\mid\boldsymbol{y})$，因此 EM-MAP 算法 $\boldsymbol{\theta}$ 与 z 之间的函数为 $p(z,\boldsymbol{\theta}\mid\boldsymbol{y})$，这样用 MF 规则求得的置信 $b(\boldsymbol{\theta})$ 是 $p(\boldsymbol{\theta}\mid\boldsymbol{y})$ 的近似。因两种算法只是联合 PDF 不同，以下仅给出 EM-ML 算法的因子图解释，

EM-MAP 算法可以通过相同的方法证明。

1. 基于 MF 规则的 EM-ML 算法实现

定义函数 $f(z,\boldsymbol{\theta}) \triangleq p(\boldsymbol{y},z|\boldsymbol{\theta})$，其因子图如图 6.6 所示。在因子图上，按照 MF 规则计算变量节点 $\boldsymbol{\theta}$ 的置信 $b(\boldsymbol{\theta})$，并对其最大化，即可得到 EM-ML 算法。

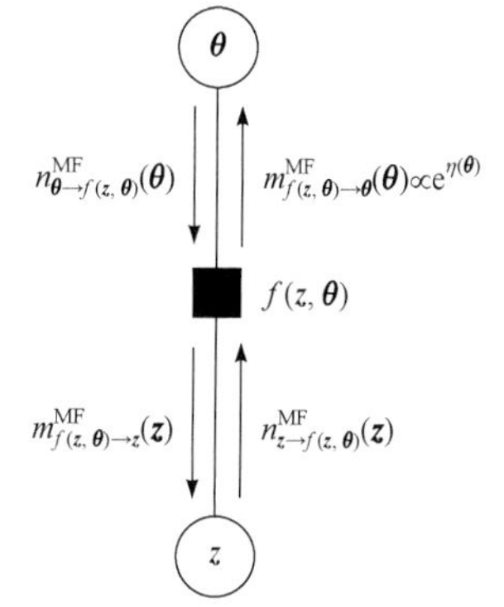

图 6.6　边缘函数近似的因子图解释

由图 6.6 可以看出与变量节点 $\boldsymbol{\theta}$ 相关的因子节点只有 $f(z,\boldsymbol{\theta})$，根据 MF 规则，变量节点 $\boldsymbol{\theta}$ 的置信 $b(\boldsymbol{\theta})$ 可计算为：

$$b(\boldsymbol{\theta}) \propto m^{\mathrm{MF}}_{f(z,\boldsymbol{\theta})\to\boldsymbol{\theta}}(\boldsymbol{\theta}) = \exp\left\{\int \ln f(z,\boldsymbol{\theta}) \cdot n^{\mathrm{MF}}_{z\to f(z,\boldsymbol{\theta})}(z)\mathrm{d}z\right\} \tag{6-117}$$

式中，$n^{\mathrm{MF}}_{z\to f(z,\boldsymbol{\theta})}(z)$ 正比于 z 的置信 $b(z)$，同理可得：

$$\begin{aligned} n^{\mathrm{MF}}_{z\to f(z,\boldsymbol{\theta})}(z) &\propto b(z) \propto m^{\mathrm{MF}}_{f(z,\boldsymbol{\theta})\to z}(z) \\ &= \exp\left\{\int \ln f(z,\boldsymbol{\theta}) \cdot n^{\mathrm{MF}}_{\boldsymbol{\theta}\to f(z,\boldsymbol{\theta})}(\boldsymbol{\theta})\mathrm{d}\boldsymbol{\theta}\right\} \end{aligned} \tag{6-118}$$

迭代地执行式(6-117)和式(6-118)直到收敛就可以得到 $b(\boldsymbol{\theta})$，然后通过最大化 $b(\boldsymbol{\theta})$ 就可以求解 $\boldsymbol{\theta}$ 的估计值：

$$\hat{\boldsymbol{\theta}} \triangleq \arg\max_{\boldsymbol{\theta}} b(\boldsymbol{\theta}) \tag{6-119}$$

以上是基于标准 MF 规则估计 $\boldsymbol{\theta}$ 的过程。EM-ML 算法将使 $b(\boldsymbol{\theta})$ 最大化的 $\boldsymbol{\theta}$ 作为其估计值 $\hat{\boldsymbol{\theta}}^t$，并将后者作为变量节点 $\boldsymbol{\theta}$ 传向因子节点 $f(z,\boldsymbol{\theta})$ 的消息，定义如下：

$$n^{\mathrm{MF}}_{\boldsymbol{\theta}\to f(z,\boldsymbol{\theta})}(\boldsymbol{\theta}) = \delta\left(\boldsymbol{\theta} - \hat{\boldsymbol{\theta}}^t\right) \tag{6-120}$$

标准 MF 规则与 EM-ML 的区别是：在前者的推导中 $\boldsymbol{\theta}$ 传递到 $f(z,\boldsymbol{\theta})$ 的消息是 $\boldsymbol{\theta}$ 的分布，而在后者的推导中 $\boldsymbol{\theta}$ 传递到 $f(z,\boldsymbol{\theta})$ 的消息是 $\boldsymbol{\theta}$ 的估计值。与 5.1.2 小节中的过估计问题类似，EM-ML 将变量的估计值替代变量的分布，忽略了其不确定性，将导致精度降低。

将式(6-120)代入式(6-118)得到：

$$n^{\mathrm{MF}}_{z\to f(z,\boldsymbol{\theta})}(z) = \exp\left\{\int \ln f(z,\boldsymbol{\theta}) \cdot \delta\left(\boldsymbol{\theta} - \hat{\boldsymbol{\theta}}^t\right)\mathrm{d}z\right\} = f\left(z,\hat{\boldsymbol{\theta}}^t\right) \tag{6-121}$$

进一步，将式(6-121)代入式(6-117)得到：

$$b(\boldsymbol{\theta}) \propto m_{f(z,\boldsymbol{\theta})\to\boldsymbol{\theta}}^{\mathrm{MF}}(\boldsymbol{\theta}) = \exp\left\{\int \ln f(z,\boldsymbol{\theta}) \cdot f\left(z,\hat{\boldsymbol{\theta}}^t\right) \mathrm{d}z\right\} \tag{6-122}$$

对比式(6-96)和式(6-122)，由 $f(z,\boldsymbol{\theta}) \triangleq p(\boldsymbol{y},z\,|\,\boldsymbol{\theta})$ 可得置信 $b(\boldsymbol{\theta})$ 的表达式为：

$$b(\boldsymbol{\theta}) \propto \exp\left\{\int \ln f(z,\boldsymbol{\theta}) \cdot f\left(z,\hat{\boldsymbol{\theta}}^t\right) \mathrm{d}z\right\} = \exp\left\{f\left(\boldsymbol{\theta},\hat{\boldsymbol{\theta}}^t\right)\right\} \tag{6-123}$$

对比式(6-97)和式(6-123)可知，EM-ML 的 M 步等价于最大化 $b(\boldsymbol{\theta})$，即：

$$\hat{\boldsymbol{\theta}}^{t+1} \triangleq \arg\max_{\boldsymbol{\theta}} b(\boldsymbol{\theta}) = \arg\max_{\boldsymbol{\theta}} f\left(\boldsymbol{\theta},\hat{\boldsymbol{\theta}}^t\right) \tag{6-124}$$

上述通过因子图推导出的 EM-ML 算法总结如下：

第一步：初始化参数 $\boldsymbol{\theta}$ 的估计值，由式(6-123)计算参数 $\boldsymbol{\theta}$ 的置信 $b(\boldsymbol{\theta})$：

$$b(\boldsymbol{\theta}) \propto \exp\left\{\int \ln f(z,\boldsymbol{\theta}) \cdot f\left(z,\hat{\boldsymbol{\theta}}^t\right) \mathrm{d}z\right\} = \exp\left\{f\left(\boldsymbol{\theta},\hat{\boldsymbol{\theta}}^t\right)\right\} \tag{6-125}$$

该步骤与 EM-ML 算法的 E 步相同。

第二步：求使置信 $b(\boldsymbol{\theta})$ 最大化的 $\boldsymbol{\theta}$，作为下一步迭代 $\boldsymbol{\theta}$ 的估计值 $\hat{\boldsymbol{\theta}}^{t+1}$：

$$\hat{\boldsymbol{\theta}}^{t+1} \triangleq \arg\max_{\boldsymbol{\theta}} f\left(\boldsymbol{\theta},\hat{\boldsymbol{\theta}}^t\right) \tag{6-126}$$

该步骤与 EM-ML 算法的 M 步相同。

可以看出，在因子图上执行 MF 规则并最大化 $b(\boldsymbol{\theta})$ 可实现 EM-ML 算法。

进一步定义：

$$\eta(\boldsymbol{\theta}) \triangleq \frac{\int \ln f(z,\boldsymbol{\theta}) \cdot f\left(z,\hat{\boldsymbol{\theta}}^t\right) \mathrm{d}z}{\int f\left(z,\hat{\boldsymbol{\theta}}^t\right) \mathrm{d}z} = \mathbb{E}\left[\ln f(z,\boldsymbol{\theta})\right]_{p\left(z|\boldsymbol{y},\hat{\boldsymbol{\theta}}^t\right)} \tag{6-127}$$

式中，$p\left(z\,|\,\boldsymbol{y},\hat{\boldsymbol{\theta}}^t\right)$ 是对 $f\left(z,\hat{\boldsymbol{\theta}}^t\right)$ 的归一化，即：

$$p\left(z\,|\,\hat{\boldsymbol{\theta}}^t,\boldsymbol{y}\right) = \frac{p\left(\boldsymbol{y},z\,|\,\hat{\boldsymbol{\theta}}^t\right)}{p\left(\boldsymbol{y}\,|\,\hat{\boldsymbol{\theta}}^t\right)} = \frac{f\left(z,\hat{\boldsymbol{\theta}}^t\right)}{\int f\left(z,\hat{\boldsymbol{\theta}}^t\right) \mathrm{d}z} \propto f\left(z,\hat{\boldsymbol{\theta}}^t\right) \tag{6-128}$$

结合式(6-122)可以得到：

$$\mathrm{e}^{\eta(\boldsymbol{\theta})} \propto m_{f(z,\boldsymbol{\theta})\to\boldsymbol{\theta}}^{\mathrm{MF}}(\boldsymbol{\theta}) \tag{6-129}$$

进一步由式(6-124)可得：

$$\hat{\boldsymbol{\theta}}^{t+1} = \arg\max_{\boldsymbol{\theta}} \eta(\boldsymbol{\theta}) \tag{6-130}$$

$\mathrm{e}^{\eta(\boldsymbol{\theta})}$ 和 $\hat{\boldsymbol{\theta}}^{t+1}$ 分别称为上行消息(Upward Message)和下行消息(Downward

Message)[108]。

2. 基于 BP 规则的局部联合后验计算

在实际问题中，当隐变量 z 的维度很大时，式(6-122)的积分运算是非常困难的。针对这一问题，可采用对函数 $f(\boldsymbol{z},\boldsymbol{\theta}) \triangleq p(\boldsymbol{y},\boldsymbol{z}\,|\,\boldsymbol{\theta})$ 因子分解的方法简化运算。假设 $\boldsymbol{z}=(z_1,z_2,\cdots,z_n)$，$\boldsymbol{\theta}=(\theta_1,\theta_2,\cdots,\theta_n)$，并且可以将 $f(\boldsymbol{z},\boldsymbol{\theta})$ 分解为 n 个因子 $f_1,\cdots,f_n$ 相乘的形式，即：

$$f(\boldsymbol{z},\boldsymbol{\theta})=f_1(z_0,z_1,\theta_1)f_2(z_1,z_2,\theta_2)\cdots f_n(z_{n-1},z_n,\theta_n) \tag{6-131}$$

根据式(6-131)的因子分解其因子图如图 6.7 所示。

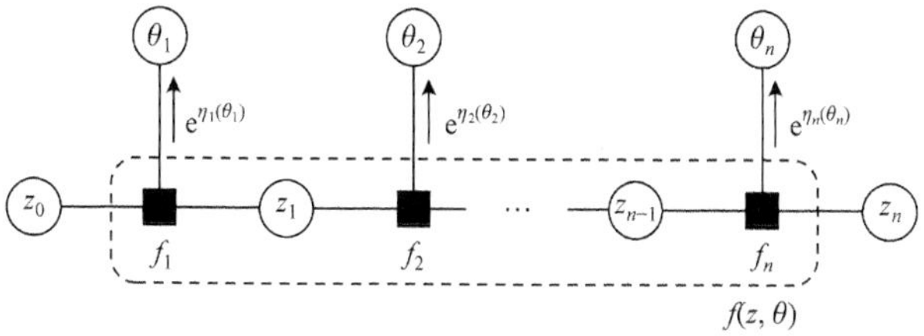

图 6.7　(6-131)因子分解对应的因子图

对式(6-127)的 $\eta(\boldsymbol{\theta})$ 进行化简可得：

$$\begin{aligned}\eta(\theta_1,\theta_2,\cdots,\theta_n)&=\left\langle \ln\left(f_1(z_0,z_1,\theta_1)f_2(z_1,z_2,\theta_2)\cdots f_n(z_{n-1},z_n,\theta_n)\right)\right\rangle_{p(\boldsymbol{z}|\boldsymbol{y},\hat{\boldsymbol{\theta}}^t)}\\&=\left\langle \ln\left(f_1(z_0,z_1,\theta_1)\right)+\ln\left(f_2(z_1,z_2,\theta_2)\right)+\cdots+\ln\left(f_n(z_{n-1},z_n,\theta_n)\right)\right\rangle_{p(\boldsymbol{z}|\boldsymbol{y},\hat{\boldsymbol{\theta}}^t)}\\&=\eta_1(\theta_1)+\eta_2(\theta_2)+\cdots+\eta_n(\theta_n)\end{aligned} \tag{6-132}$$

式中：

$$\eta_i(\theta_i)\triangleq\left\langle \ln f_i(z_{i-1},z_i,\theta_i)\right\rangle_{p(z_{i-1},z_i|\boldsymbol{y},\hat{\boldsymbol{\theta}}^t)} \tag{6-133}$$

$p(z_{i-1},z_i\,|\,\boldsymbol{y},\hat{\boldsymbol{\theta}}^t)$ 是 $p(\boldsymbol{z}\,|\,\boldsymbol{y},\hat{\boldsymbol{\theta}}^t)$ 的边缘化：

$$p(z_{i-1},z_i\,|\,\boldsymbol{y},\hat{\boldsymbol{\theta}}^t)=\int p(\boldsymbol{z}\,|\,\boldsymbol{y},\hat{\boldsymbol{\theta}}^t)\mathrm{d}\boldsymbol{z}\setminus(z_{i-1},z_i)\propto\int f(\boldsymbol{z},\hat{\boldsymbol{\theta}}^t)\mathrm{d}\boldsymbol{z}\setminus(z_{i-1},z_i) \tag{6-134}$$

式(6-134)需要对 z 中除 z_{i-1},z_i 以外的变量积分，当 z 的维度较大时，计算上述积分复杂度较高，可利用 BP 规则简化计算，首先对 $p(\boldsymbol{z}\,|\,\boldsymbol{y},\hat{\boldsymbol{\theta}}^t)$ 进行因子分解：

$$p(\boldsymbol{z}\,|\,\boldsymbol{y},\hat{\boldsymbol{\theta}}^t)=f(\boldsymbol{z},\hat{\boldsymbol{\theta}}^t)=f_1'(z_0,z_1,\hat{\theta}_1^t)f_2'(z_1,z_2,\hat{\theta}_2^t)\cdots f_n'(z_{n-1},z_n,\hat{\theta}_n^t) \tag{6-135}$$

根据式(6-135)的因子分解其因子图如图 6.8 所示。

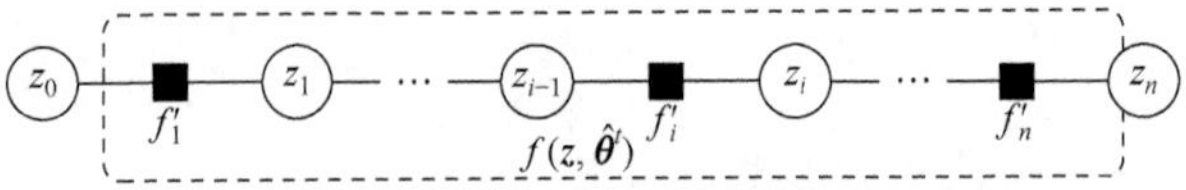

图 6.8　式(6-135)因子分解对应的因子图

由 BP 规则，$p\left(z_i, z_{i-1} \mid \boldsymbol{y}, \hat{\boldsymbol{\theta}}^t\right)$ 可计算为：

$$p\left(z_i, z_{i-1} \mid \boldsymbol{y}, \hat{\boldsymbol{\theta}}^t\right) = f_i'\left(z_{i-1}, z_i, \hat{\theta}_i^t\right) \cdot n_{z_{i-1} \to f_i'}^{\mathrm{BP}}\left(z_{i-1}\right) \cdot n_{z_i \to f_i'}^{\mathrm{BP}}\left(z_i\right) \tag{6-136}$$

其中，$n_{z_{i-1} \to f_i'}^{\mathrm{BP}}\left(z_{i-1}\right)$ 和 $n_{z_i \to f_i'}^{\mathrm{BP}}\left(z_i\right)$ 分别是变量节点 z_{i-1} 和 z_i 到因子节点 $f_i'\left(z_{i-1}, z_i, \hat{\theta}_i^t\right)$ 的消息，可以通过 BP 规则求解，具体过程如下：

初始化消息：

$$n_{z_0 \to f_1'}^{\mathrm{BP}}\left(z_0\right) = 1 \tag{6-137}$$

$$n_{z_n \to f_n'}^{\mathrm{BP}}\left(z_n\right) = 1 \tag{6-138}$$

当 i=1,…,n 时计算前向消息和后向消息：

$$m_{f_i' \to z_i}^{\mathrm{BP}}\left(z_i\right) = \int f_i'\left(z_{i-1}, z_i, \hat{\theta}_i^t\right) \cdot n_{z_{i-1} \to f_i'}^{\mathrm{BP}}\left(z_{i-1}\right) \mathrm{d} z_{i-1} \tag{6-139}$$

$$n_{z_i \to f_{i+1}'}^{\mathrm{BP}}\left(z_i\right) = m_{f_i' \to z_i}^{\mathrm{BP}}\left(z_i\right) \tag{6-140}$$

$$m_{f_{n-i+1}' \to z_{n-i}}^{\mathrm{BP}}\left(z_{n-i}\right) = \int f_{n-i+1}'\left(z_{n-i+1}, z_{n-i}, \hat{\theta}_{n-i+1}^t\right) \cdot n_{z_{n-i+1} \to f_{n-i+1}'}^{\mathrm{BP}}\left(z_{n-i+1}\right) \mathrm{d} z_{n-i+1} \tag{6-141}$$

$$n_{z_{n-i} \to f_{n-i}'}^{\mathrm{BP}}\left(z_{n-i}\right) = m_{f_{n-i}' \to z_{n-i}}^{\mathrm{BP}}\left(z_{n-i}\right) \tag{6-142}$$

将式(6-140)和式(6-142)代入式(6-136)即可得到局部联合后验 $p\left(z_i, z_{i-1} \mid \boldsymbol{y}, \hat{\boldsymbol{\theta}}^t\right)$，将式(6-136)代入式(6-132)中可计算上行消息 $\mathrm{e}^{\eta(\boldsymbol{\theta})}$，即：

$$\mathrm{e}^{\eta(\boldsymbol{\theta})} = \mathrm{e}^{\eta_1(\theta_1)+\eta_2(\theta_2)+\cdots+\eta_n(\theta_n)} = \mathrm{e}^{\eta_1(\theta_1)} \mathrm{e}^{\eta_2(\theta_2)} \cdots \mathrm{e}^{\eta_n(\theta_n)} \tag{6-143}$$

其中，$\mathrm{e}^{\eta_1(\theta_1)}, \cdots, \mathrm{e}^{\eta_n(\theta_n)}$ 可以分别视为因子 $f_1\left(z_0, z_1, \theta_1\right), \cdots, f_n\left(z_{n-1}, z_n, \theta_n\right)$ 的上行消息，由式(6-129)可知它们分别正比于 $m_{f_1 \to \theta_1}^{\mathrm{MF}}\left(\theta_1\right), \cdots, m_{f_n \to \theta_n}^{\mathrm{MF}}\left(\theta_n\right)$。结合式(6-124)和式(6-129)更新参数 $\boldsymbol{\theta}$ 的估计值，即：

$$\hat{\boldsymbol{\theta}}^{t+1} = \left(\hat{\theta}_1^{t+1}, \hat{\theta}_2^{t+1}, \cdots, \hat{\theta}_n^{t+1}\right) = \underset{(\theta_1, \theta_2, \cdots, \theta_n)}{\arg\max}\, \mathrm{e}^{\eta_1(\theta_1)} \mathrm{e}^{\eta_2(\theta_2)} \cdots \mathrm{e}^{\eta_n(\theta_n)} \tag{6-144}$$

$$= \underset{(\theta_1, \theta_2, \cdots, \theta_n)}{\arg\max}\, m_{f_1 \to \theta_1}^{\mathrm{MF}}\left(\theta_1\right) \cdot m_{f_2 \to \theta_2}^{\mathrm{MF}}\left(\theta_2\right) \cdots m_{f_n \to \theta_n}^{\mathrm{MF}}\left(\theta_n\right) \tag{6-145}$$

下面给出了 EM-ML 算法的消息传递实现方法。

算法 6.1　EM-ML 算法的消息传递实现一

初始化：$\hat{\boldsymbol{\theta}}=\left(\hat{\theta}_1,\hat{\theta}_2,\cdots,\hat{\theta}_n\right)$

循环迭代 t 次

前向消息 $\forall i$：$m_{f_i'\to z_i}^{\mathrm{BP}}\left(z_i\right)=\int f_i'\left(z_{i-1},z_i,\hat{\theta}_i^t\right)\cdot n_{z_{i-1}\to f_i'}^{\mathrm{BP}}\left(z_{i-1}\right)\mathrm{d}z_{i-1}$；$n_{z_i\to f_{i+1}'}^{\mathrm{BP}}\left(z_i\right)=m_{f_i'\to z_i}^{\mathrm{BP}}\left(z_i\right)$

后向消息 $\forall i$：$m_{f_{n-i+1}'\to z_{n-i}}^{\mathrm{BP}}\left(z_{n-i}\right)=\int f_{n-i+1}'\left(z_{n-i+1},z_{n-i},\hat{\theta}_{n-i+1}^t\right)\cdot n_{z_{n-i+1}\to f_{n-i+1}'}^{\mathrm{BP}}\left(z_{n-i+1}\right)\mathrm{d}z_{n-i+1}$；$n_{z_{n-i}\to f_{n-i}'}^{\mathrm{BP}}\left(z_{n-i}\right)=m_{f_{n-i}'\to z_{n-i}}^{\mathrm{BP}}\left(z_{n-i}\right)$

计算联合置信：$p\left(z_i,z_{i-1}\mid\boldsymbol{y},\hat{\boldsymbol{\theta}}^t\right)=f_i'\left(z_{i-1},z_i,\hat{\theta}_i^t\right)\cdot n_{z_{i-1}\to f_i'}^{\mathrm{BP}}\left(z_{i-1}\right)\cdot n_{z_i\to f_i'}^{\mathrm{BP}}\left(z_i\right)$

计算上行消息：$\eta_i\left(\theta_i\right)\triangleq\left\langle\ln f_i\left(z_{i-1},z_i,\theta_i\right)\right\rangle_{p\left(z_{i-1},z_i\mid\boldsymbol{y},\hat{\boldsymbol{\theta}}^t\right)}$

计算下行消息：$\hat{\boldsymbol{\theta}}^{t+1}=\left(\hat{\theta}_1^{t+1},\hat{\theta}_2^{t+1},\cdots,\hat{\theta}_n^{t+1}\right)=\underset{(\theta_1,\theta_2,\cdots,\theta_n)}{\arg\max}\,\mathrm{e}^{\eta_1(\theta_1)}\mathrm{e}^{\eta_2(\theta_2)}\cdots\mathrm{e}^{\eta_n(\theta_n)}$

直到收敛或达到最大迭代次数

从上述算法步骤可以看出在执行最大化时，需要将所有$\eta_i\left(\theta_i\right)$计算出来以后才能得到$\eta(\boldsymbol{\theta})$，进而求得$\boldsymbol{\theta}$的估计值。本书给出另外一种消息传递机制，其允许在消息计算的同时实时更新θ_i的估计值。需要注意的是，该算法与标准 EM-ML 算法有所不同，供读者参考：

(1) 初始化$\hat{\theta}_1$和$n_{z_1\to f_1'}^{\mathrm{BP}}\left(z_1\right)$，由式(6-136)得到$p\left(z_1,z_0\mid\boldsymbol{y},\hat{\boldsymbol{\theta}}^t\right)$，进而由式(6-133)得到$\eta_1\left(\theta_1\right)$，求使得$\eta_1\left(\theta_1\right)$最大化的$\theta_1$作为其更新后的估计值。

(2) 当$i=2,\cdots,n$时，初始化$\hat{\theta}_i$和$n_{z_i\to f_i'}^{\mathrm{BP}}\left(z_i\right)$，并由更新后$\theta_i$的估计值计算$n_{z_{i-1}\to f_i'}^{\mathrm{BP}}\left(z_{i-1}\right)$，由式(6-136)得到$p\left(z_i,z_{i-1}\mid\boldsymbol{y},\hat{\boldsymbol{\theta}}^t\right)$，进而由式(6-133)得到$\eta_i\left(\theta_i\right)$，求使得$\eta_i\left(\theta_i\right)$最大化的$\theta_i$作为其更新后的估计值。

(3) 当$i=n,\cdots,1$时，计算后向消息$n_{z_i\to f_i'}^{\mathrm{BP}}\left(z_i\right)$。

(4) 当$i=1,\cdots,n$时，计算$n_{z_{i-1}\to f_i'}^{\mathrm{BP}}\left(z_{i-1}\right)$，由式(6-136)得到$p\left(z_i,z_{i-1}\mid\boldsymbol{y},\hat{\boldsymbol{\theta}}^t\right)$，进而由式(6-133)得到$\eta_i\left(\theta_i\right)$，求使得$\eta_i\left(\theta_i\right)$最大化的$\theta_i$作为其更新后的估计值。

(5) 重复步骤(3)～(4)，直到收敛或达到最大迭代次数。

下面给出了该算法的实现步骤。

算法 6.2　EM-ML 算法的消息传递实现算法二

初始化：$\hat{\boldsymbol{\theta}}=\left(\hat{\theta}_1,\hat{\theta}_2,\cdots,\hat{\theta}_n\right),n_{z_i\to f_i'}^{\mathrm{BP}}\left(z_i\right)$

计算前向消息 $\forall i$：$m_{f_i'\to z_i}^{\mathrm{BP}}\left(z_i\right)=\int f_i'\left(z_{i-1},z_i,\hat{\theta}_i^t\right)\cdot n_{z_{i-1}\to f_i'}^{\mathrm{BP}}\left(z_{i-1}\right)\mathrm{d}z_{i-1}$；$n_{z_i\to f_{i+1}'}^{\mathrm{BP}}\left(z_i\right)=m_{f_i'\to z_i}^{\mathrm{BP}}\left(z_i\right)$

结合初始化消息 $n^{\mathrm{BP}}_{z_i\to f'_i}(z_i)$ 求联合置信：$p\left(z_i,z_{i-1}\mid \boldsymbol{y},\hat{\boldsymbol{\theta}}\right)=f'_i\left(z_{i-1},z_i,\hat{\theta}_i\right)\cdot n^{\mathrm{BP}}_{z_{i-1}\to f'_i}(z_{i-1})\cdot n^{\mathrm{BP}}_{z_i\to f'_i}(z_i)$

计算上行消息：$\eta_i(\theta_i)\triangleq\left\langle \ln f_i(z_{i-1},z_i,\theta_i)\right\rangle_{p\left(z_{i-1},z_i|\boldsymbol{y},\hat{\boldsymbol{\theta}}\right)}$

计算下行消息：$\hat{\theta}_i=\arg\max\limits_{\theta_i} \mathrm{e}^{\eta_i(\theta_i)}$

循环迭代 t 次

计算后向消息 $\forall i$：$m^{\mathrm{BP}}_{f'_{n-i+1}\to z_{n-i}}(z_{n-i})=\int f'_{n-i+1}\left(z_{n-i+1},z_{n-i},\hat{\theta}^t_{n-i+1}\right)\cdot n^{\mathrm{BP}}_{z_{n-i+1}\to f'_{n-i+1}}(z_{n-i+1})\mathrm{d}z_{n-i+1}$；$n^{\mathrm{BP}}_{z_{n-i}\to f'_{n-i}}(z_{n-i})=m^{\mathrm{BP}}_{f'_{n-i}\to z_{n-i}}(z_{n-i})$

计算前向消息 $\forall i$：$m^{\mathrm{BP}}_{f'_i\to z_i}(z_i)=\int f'_i\left(z_{i-1},z_i,\hat{\theta}^t_i\right)\cdot n^{\mathrm{BP}}_{z_{i-1}\to f'_i}(z_{i-1})\mathrm{d}z_{i-1}$；$n^{\mathrm{BP}}_{z_i\to f'_{i+1}}(z_i)=m^{\mathrm{BP}}_{f'_i\to z_i}(z_i)$

计算联合置信：$p\left(z_i,z_{i-1}\mid \boldsymbol{y},\hat{\boldsymbol{\theta}}^t\right)=f'_i\left(z_{i-1},z_i,\hat{\theta}^t_i\right)\cdot n^{\mathrm{BP}}_{z_{i-1}\to f'_i}(z_{i-1})\cdot n^{\mathrm{BP}}_{z_i\to f'_i}(z_i)$

计算上行消息：$\eta_i(\theta_i)\triangleq\left\langle \ln f_i(z_{i-1},z_i,\theta_i)\right\rangle_{p\left(z_{i-1},z_i|\boldsymbol{y},\hat{\boldsymbol{\theta}}^t\right)}$

计算下行消息：$\hat{\theta}^{t+1}_i=\arg\max\limits_{\theta_i} \mathrm{e}^{\eta_i(\theta_i)}$

直到收敛或达到最大迭代次数

6.3　卡尔曼滤波算法

Kalman 滤波器是一种基于状态空间模型的线性最优自适应滤波器，它可以解决平滑、滤波和预测等问题。Kalman 滤波在技术领域有许多应用，常见的有飞机及太空船的导引、导航及控制[109]、机器人运动规划及控制[110]、时间序列分析等。Kalman 滤波器根据观测数据 $\boldsymbol{y}(1),\cdots,\boldsymbol{y}(n)$，应用递推的方法求解状态变量 $\boldsymbol{x}(i)$ 的估计值。当 $i<n$ 时，Kalman 滤波器实现平滑功能；当 $i=n$ 时，实现滤波功能；当 $i>n$ 时，实现预测功能。本节先介绍 Kalman 滤波算法[111, 112]，然后给出它的因子图解释。

6.3.1　经典 Kalman 滤波算法

1. Kalman 滤波问题

考虑一个离散时间动态系统，它由状态方程和观测方程共同表示：

$$\text{状态方程：}\boldsymbol{x}(n+1)=\boldsymbol{F}(n+1,n)\boldsymbol{x}(n)+\boldsymbol{v}_1(n),\quad n=1,\cdots,N \tag{6-146}$$

$$\text{观测方程：}\boldsymbol{y}(n)=\boldsymbol{C}(n)\boldsymbol{x}(n)+\boldsymbol{v}_2(n),\quad n=1,\cdots,N \tag{6-147}$$

其中，观测数据 $\boldsymbol{y}(n)$ 已知，$\boldsymbol{F}(n+1,n),\boldsymbol{C}(n)$ 是时变矩阵，分别表示状态转移矩阵和观测矩阵，$\boldsymbol{v}_1(n),\boldsymbol{v}_2(n)$ 是期望为零的高斯白噪声，其相关矩阵定义为

$\mathbb{E}\left[\boldsymbol{v}_1(n)\boldsymbol{v}_1^{\mathrm{H}}(n)\right]=\begin{cases}\boldsymbol{Q}_1(n), & n=k\\ \boldsymbol{0}, & n\neq k\end{cases}$，$\mathbb{E}\left[\boldsymbol{v}_2(n)\boldsymbol{v}_2^{\mathrm{H}}(n)\right]=\begin{cases}\boldsymbol{Q}_2(n), & n=k\\ \boldsymbol{0}, & n\neq k\end{cases}$，$\boldsymbol{v}_1(n)$ 与 $\boldsymbol{v}_2(n)$ 之间也不相关。假设状态的初始值 $\boldsymbol{x}(0)$ 与 $\boldsymbol{v}_1(n)$，$\boldsymbol{v}_2(n), n>0$ 时均不相关。

当给定观测值 $\boldsymbol{y}(1),\cdots,\boldsymbol{y}(n-1)$ 时，将观测值 $\boldsymbol{y}(n)$ 的一步预测记作：$\hat{\boldsymbol{y}}_1(n)\triangleq\hat{\boldsymbol{y}}\left(n\,|\,\boldsymbol{y}(1),\cdots,\boldsymbol{y}(n-1)\right)$，进一步定义 $\boldsymbol{y}(n)$ 的新息过程为：

$$\boldsymbol{\alpha}(n)\triangleq\boldsymbol{y}(n)-\hat{\boldsymbol{y}}_1(n),\quad n=1,2,\cdots,N \tag{6-148}$$

式中，$\boldsymbol{y}(n)$ 为 n 时刻的观测值，$\boldsymbol{\alpha}(n)\in\mathbb{C}^N$ 表示一步预测误差，简称新息[113, 114]，如图 6.9 所示。Kalman 滤波的核心问题是**利用新息过程估计状态向量的一步预测** $\hat{\boldsymbol{x}}_1(n)$。

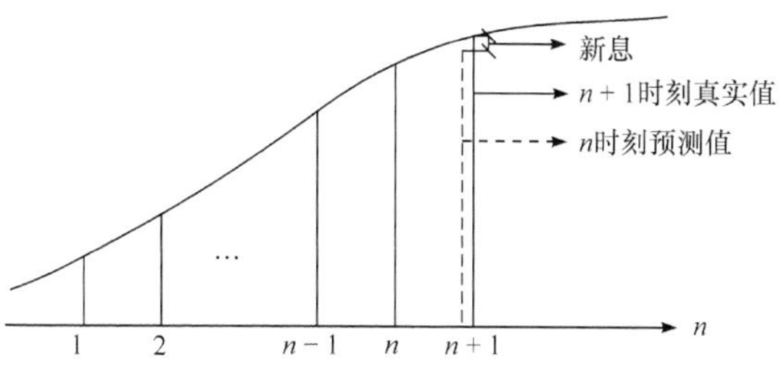

图 6.9　新息的物理含义

2. 新息过程的性质

性质 6.1　n 时刻的新息 $\boldsymbol{\alpha}(n)$ 与所有过去的观测数据 $\boldsymbol{y}(1),\cdots,\boldsymbol{y}(n-1)$ 正交，即：

$$\mathbb{E}\left[\boldsymbol{\alpha}(n)\cdot\boldsymbol{y}^{\mathrm{H}}(k)\right]=\boldsymbol{0},\quad 1\leqslant k\leqslant n-1 \tag{6-149}$$

式中，$\boldsymbol{0}$ 表示零矩阵(即元素全部为零的矩阵)。

性质 6.2　新息过程由彼此正交的随机向量序列 $\{\boldsymbol{\alpha}(n)\}$ 组成，即有：

$$\mathbb{E}\left[\boldsymbol{\alpha}(n)\cdot\boldsymbol{\alpha}^{\mathrm{H}}(k)\right]=\boldsymbol{0},\quad 1\leqslant k\leqslant n-1 \tag{6-150}$$

性质 6.3　表示观测数据的随机向量序列 $\{\boldsymbol{y}(1),\cdots,\boldsymbol{y}(n)\}$ 与表示新息过程的随机向量 $\{\boldsymbol{\alpha}(1),\cdots,\boldsymbol{\alpha}(n)\}$ 一一对应，有：

$$\{\boldsymbol{y}(1),\cdots,\boldsymbol{y}(n)\}\Leftrightarrow\{\boldsymbol{\alpha}(1),\cdots,\boldsymbol{\alpha}(n)\} \tag{6-151}$$

以上性质表明：n 时刻的新息 $\boldsymbol{\alpha}(n)$ 是一个与 n 时刻之前的观测数据 $\boldsymbol{y}(1),\cdots,\boldsymbol{y}(n-1)$ 不相关、并具有白噪声性质的随机过程，但它却能够提供有关 $\boldsymbol{y}(n)$ 的新信息，这就是新息的内在物理含义[111]。

3. 新息过程的计算

定义新息过程的相关矩阵：

$$\boldsymbol{R}(n) \triangleq \mathbb{E}\left[\boldsymbol{\alpha}(n) \cdot \boldsymbol{\alpha}^{\mathrm{H}}(n)\right] \tag{6-152}$$

在 Kalman 滤波中，并不直接估计观测数据向量的一步预测 $\hat{\boldsymbol{y}}_1(n)$，而是先计算状态向量的一步预测：

$$\hat{\boldsymbol{x}}_1(n) \triangleq \boldsymbol{x}\left(n \mid \boldsymbol{y}(1), \cdots, \boldsymbol{y}(n-1)\right) \tag{6-153}$$

然后再用下式 $\hat{\boldsymbol{y}}_1(n)$：

$$\hat{\boldsymbol{y}}_1(n) = \boldsymbol{C}(n) \cdot \hat{\boldsymbol{x}}_1(n) \tag{6-154}$$

将上式代入新息过程的定义式(6-148)，可以将新息过程重新写作：

$$\begin{aligned} \boldsymbol{\alpha}(n) &= \boldsymbol{y}(n) - \boldsymbol{C}(n) \cdot \hat{\boldsymbol{x}}_1(n) \\ &= \boldsymbol{C}(n)\left[\boldsymbol{x}(n) - \hat{\boldsymbol{x}}_1(n)\right] + \boldsymbol{v}_2(n) \end{aligned} \tag{6-155}$$

这是新息过程的实际计算式，前提是已知一步预测的状态向量估计 $\hat{\boldsymbol{x}}_1(n)$。

定义状态向量的一步预测误差：

$$\boldsymbol{\varepsilon}(n,n-1) \triangleq \boldsymbol{x}(n) - \hat{\boldsymbol{x}}_1(n) \tag{6-156}$$

将式(6-156)代入式(6-155)中，则有：

$$\boldsymbol{\alpha}(n) = \boldsymbol{C}(n) \cdot \boldsymbol{\varepsilon}(n,n-1) + \boldsymbol{v}_2(n) \tag{6-157}$$

将式(6-157)、式(6-152)代入有：

$$\begin{aligned} \boldsymbol{R}(n) &= \mathbb{E}\left\{\left[\boldsymbol{C}(n) \cdot \boldsymbol{\varepsilon}(n,n-1) + \boldsymbol{v}_2(n)\right]\left[\boldsymbol{C}(n) \cdot \boldsymbol{\varepsilon}(n,n-1) + \boldsymbol{v}_2(n)\right]^{\mathrm{H}}\right\} \\ &= \mathbb{E}\Big[\boldsymbol{C}(n) \cdot \boldsymbol{\varepsilon}(n,n-1) \cdot \boldsymbol{\varepsilon}^{\mathrm{H}}(n,n-1) \cdot \boldsymbol{C}^{\mathrm{H}}(n) + \boldsymbol{C}(n) \cdot \boldsymbol{\varepsilon}(n,n-1) \cdot \boldsymbol{v}_2^{\mathrm{H}}(n) \\ &\quad + \boldsymbol{v}_2(n) \cdot \boldsymbol{\varepsilon}^{\mathrm{H}}(n,n-1) \cdot \boldsymbol{C}^{\mathrm{H}}(n) + \boldsymbol{v}_2(n) \cdot \boldsymbol{v}_2^{\mathrm{H}}(n)\Big] \\ &= \boldsymbol{C}(n) \cdot \mathbb{E}\left[\boldsymbol{\varepsilon}(n,n-1) \cdot \boldsymbol{\varepsilon}^{\mathrm{H}}(n,n-1)\right]\boldsymbol{C}^{\mathrm{H}}(n) + \mathbb{E}\left[\boldsymbol{v}_2(n) \cdot \boldsymbol{v}_2^{\mathrm{H}}(n)\right] \\ &= \boldsymbol{C}(n) \cdot \boldsymbol{K}(n,n-1) \cdot \boldsymbol{C}^{\mathrm{H}}(n) + \boldsymbol{Q}_2(n) \end{aligned} \tag{6-158}$$

式中，$\boldsymbol{Q}_2(n)$ 表示观测矩阵 $\boldsymbol{v}_2(n)$ 的相关矩阵，而其中：

$$\boldsymbol{K}(n,n-1) \triangleq \mathbb{E}\left[\boldsymbol{\varepsilon}(n,n-1) \cdot \boldsymbol{\varepsilon}^{\mathrm{H}}(n,n-1)\right] \tag{6-159}$$

表示一步预测状态误差的相关矩阵。

4. Kalman 滤波算法推导

利用新息过程序列 $\boldsymbol{\alpha}(1), \cdots, \boldsymbol{\alpha}(n)$ 的线性组合直接构造状态向量的一步预测：

$$\begin{aligned}\hat{\boldsymbol{x}}_1(n+1) &\triangleq \hat{\boldsymbol{x}}\left(n+1 \mid \boldsymbol{y}(1),\cdots,\boldsymbol{y}(n)\right)\\ &=\sum_{k=1}^{n}\boldsymbol{W}_1(k)\cdot\boldsymbol{\alpha}(k)\end{aligned} \tag{6-160}$$

式中，$\boldsymbol{W}_1(k)$表示与一步预测相对应的权矩阵，k为离散时间。接下来求解权矩阵表达式。

根据正交性原理，最优预测的估计误差$\varepsilon(n+1,n)=\boldsymbol{x}(n+1)-\hat{\boldsymbol{x}}_1(n+1)$应该与已知值正交，故有：

$$\begin{aligned}\mathbb{E}\left[\boldsymbol{\varepsilon}(n+1,n)\cdot\boldsymbol{\alpha}^{\mathrm{H}}(k)\right]&=\mathbb{E}\left\{\left[\boldsymbol{x}(n+1)-\hat{\boldsymbol{x}}_1(n+1)\right]\boldsymbol{\alpha}^{\mathrm{H}}(k)\right\}\\ &=\boldsymbol{0},\quad k=1,\cdots,n\end{aligned} \tag{6-161}$$

将式(6-160)代入式(6-161)，并利用新息过程的正交性，得到：

$$\begin{aligned}\mathbb{E}\left[\varepsilon(n+1,n)\cdot\boldsymbol{\alpha}^{\mathrm{H}}(k)\right]&=\boldsymbol{W}_1(k)\mathbb{E}\left[\boldsymbol{\alpha}(k)\cdot\boldsymbol{\alpha}^{\mathrm{H}}(k)\right]\\ &=\boldsymbol{W}_1(k)\boldsymbol{R}(k),\quad k=1,\cdots,n\end{aligned} \tag{6-162}$$

由此可以求出权矩阵的表达式：

$$\boldsymbol{W}_1(k)=\mathbb{E}\left[\boldsymbol{x}(n+1)\cdot\boldsymbol{\alpha}^{\mathrm{H}}(k)\right]\boldsymbol{R}^{-1}(k) \tag{6-163}$$

将式(6-163)代入式(6-160)，状态向量的一步预测的最小均方估计便可表示为：

$$\begin{aligned}\hat{\boldsymbol{x}}_1(n+1)&=\sum_{k=1}^{n}\mathbb{E}\left[\boldsymbol{x}(n+1)\cdot\boldsymbol{\alpha}^{\mathrm{H}}(k)\right]\boldsymbol{R}^{-1}(k)\cdot\boldsymbol{\alpha}(k)\\ &=\sum_{k=1}^{n-1}\mathbb{E}\left[\boldsymbol{x}(n+1)\cdot\boldsymbol{\alpha}^{\mathrm{H}}(k)\right]\boldsymbol{R}^{-1}(k)\cdot\boldsymbol{\alpha}(k)+\mathbb{E}\left[\boldsymbol{x}(n+1)\cdot\boldsymbol{\alpha}^{\mathrm{H}}(n)\right]\boldsymbol{R}^{-1}(n)\cdot\boldsymbol{\alpha}(n)\end{aligned} \tag{6-164}$$

将状态方程(6-146)代入式中$\mathbb{E}\left[\boldsymbol{x}(n+1)\cdot\boldsymbol{\alpha}^{\mathrm{H}}(k)\right]$，可得：

$$\begin{aligned}\mathbb{E}\left[\boldsymbol{x}(n+1)\cdot\boldsymbol{\alpha}^{\mathrm{H}}(k)\right]&=\mathbb{E}\left\{\left[\boldsymbol{F}(n+1,n)\cdot\boldsymbol{x}(n)+\boldsymbol{v}_1(n)\right]\boldsymbol{\alpha}^{\mathrm{H}}(k)\right\}\\ &=\boldsymbol{F}(n+1,n)\mathbb{E}\left[\boldsymbol{x}(n)\cdot\boldsymbol{\alpha}^{\mathrm{H}}(k)\right]\end{aligned} \tag{6-165}$$

其中：

$$\begin{aligned}&\mathbb{E}\left[\boldsymbol{v}_1(n)\cdot\boldsymbol{\alpha}^{\mathrm{H}}(k)\right]\\ &=\mathbb{E}\left\{\boldsymbol{v}_1(n)\left[\boldsymbol{C}(k)\left(\boldsymbol{x}(k)-\hat{\boldsymbol{x}}_1(k)\right)+\boldsymbol{v}_2(n)\right]^{\mathrm{H}}\right\}\\ &=\mathbb{E}\left[\boldsymbol{v}_1(n)\cdot\boldsymbol{x}^{\mathrm{H}}(k)\cdot\boldsymbol{C}^{\mathrm{H}}(k)+\boldsymbol{v}_1(n)\cdot\hat{\boldsymbol{x}}_1^{\mathrm{H}}(k)\cdot\boldsymbol{C}^{\mathrm{H}}(k)+\boldsymbol{v}_1(n)\cdot\boldsymbol{v}_2^{\mathrm{H}}(k)\right]\\ &=\boldsymbol{0}\end{aligned} \tag{6-166}$$

将式(6-165)代入式(6-164)中，可得：

$$\hat{\boldsymbol{x}}_1(n+1)=\boldsymbol{F}(n+1,n)\sum_{k=1}^{n-1}\mathbb{E}\left[\boldsymbol{x}(n)\boldsymbol{\alpha}^{\mathrm{H}}(k)\right]\boldsymbol{R}^{-1}(k)\boldsymbol{\alpha}(k)+\mathbb{E}\left[\boldsymbol{x}(n+1)\boldsymbol{\alpha}^{\mathrm{H}}(n)\right]\boldsymbol{R}^{-1}(n)\boldsymbol{\alpha}(n) \tag{6-167}$$

定义：

$$\boldsymbol{G}(n)\triangleq\mathbb{E}\left[\boldsymbol{x}(n+1)\cdot\boldsymbol{\alpha}^{\mathrm{H}}(n)\right]\boldsymbol{R}^{-1}(n) \tag{6-168}$$

将式(6-168)代入式(6-167)，则可得到状态向量一步预测的更新公式：

$$\hat{\boldsymbol{x}}_1(n+1)=\boldsymbol{F}(n+1,n)\hat{\boldsymbol{x}}_1(n)+\boldsymbol{G}(n)\boldsymbol{\alpha}(n) \tag{6-169}$$

式(6-169)在 Kalman 滤波算法中起着关键的作用，因为它表明，$n+1$时刻状态向量的一步预测分为非自适应部分$\boldsymbol{F}(n+1,n)\hat{\boldsymbol{x}}_1(n)$和自适应部分$\boldsymbol{G}(n)\boldsymbol{\alpha}(n)$。从这个意义上讲，可将$\boldsymbol{G}(n)$称为 Kalman 增益矩阵。

5. Kalman 增益矩阵的计算

将新息过程计算表达式(6-157)代入式(6-166)中，可得：

$$\begin{aligned}\mathbb{E}\left[\boldsymbol{x}(n+1)\cdot\boldsymbol{\alpha}^{\mathrm{H}}(n)\right]&=\boldsymbol{F}(n+1,n)\mathbb{E}\left[\boldsymbol{x}(n)\cdot\boldsymbol{\alpha}^{\mathrm{H}}(n)\right]+\mathbb{E}\left[\boldsymbol{v}_1(n)\cdot\boldsymbol{\alpha}^{\mathrm{H}}(n)\right]\\&=\boldsymbol{F}(n+1,n)\mathbb{E}\left\{\boldsymbol{x}(n)\left[\boldsymbol{C}(n)\cdot\boldsymbol{\varepsilon}(n,n-1)+\boldsymbol{v}_2(n)\right]^{\mathrm{H}}\right\}\\&=\boldsymbol{F}(n+1,n)\mathbb{E}\left[\boldsymbol{x}(n)\cdot\boldsymbol{\varepsilon}^{\mathrm{H}}(n,n-1)\right]\boldsymbol{C}^{\mathrm{H}}(n)\\&=\boldsymbol{F}(n+1,n)\mathbb{E}\left[\hat{\boldsymbol{x}}_1(n)\boldsymbol{\varepsilon}^{\mathrm{H}}(n,n-1)+\boldsymbol{\varepsilon}(n,n-1)\boldsymbol{\varepsilon}^{\mathrm{H}}(n,n-1)\right]\boldsymbol{C}^{\mathrm{H}}(n)\end{aligned} \tag{6-170}$$

由正交性原理引理可知，在最小均方误差准则下，求得的一步预测估计$\hat{\boldsymbol{x}}_1(n)$与预测误差$\boldsymbol{\varepsilon}(n,n-1)$彼此正交。

$$\begin{aligned}&\mathbb{E}\left[\hat{\boldsymbol{x}}_1(n)\cdot\boldsymbol{\varepsilon}^{\mathrm{H}}(n,n-1)\right]\\&=\mathbb{E}\left[\sum_{k=1}^{n-1}\boldsymbol{W}_1(k)\cdot\boldsymbol{\alpha}(k)\cdot\boldsymbol{\varepsilon}^{\mathrm{H}}(n,n-1)\right]\\&=\sum_{k=1}^{n-1}\boldsymbol{W}_1(k)\cdot\mathbb{E}\left[\boldsymbol{\alpha}(k)\cdot\boldsymbol{\varepsilon}^{\mathrm{H}}(n,n-1)\right]\\&=\boldsymbol{0}\end{aligned} \tag{6-171}$$

式(6-170)可化简为：

$$\begin{aligned}\mathbb{E}\left[\boldsymbol{x}(n+1)\cdot\boldsymbol{\alpha}^{\mathrm{H}}(n)\right]&=\boldsymbol{F}(n+1,n)\mathbb{E}\left[\boldsymbol{\varepsilon}(n,n-1)\cdot\boldsymbol{\varepsilon}^{\mathrm{H}}(n,n-1)\right]\boldsymbol{C}^{\mathrm{H}}(n)\\&=\boldsymbol{F}(n+1,n)\cdot\boldsymbol{K}(n,n-1)\cdot\boldsymbol{C}^{\mathrm{H}}(n)\end{aligned} \tag{6-172}$$

将式(6-172)代入式(6-168)中：

$$\boldsymbol{G}(n)=\boldsymbol{F}(n+1,n)\cdot\boldsymbol{K}(n,n-1)\cdot\boldsymbol{C}^{\mathrm{H}}(n)\cdot\boldsymbol{R}^{-1}(n) \tag{6-173}$$

6. Riccati 方程的计算

由式(6-173)表示的 Kalman 增益矩阵与预测状态误差的相关矩阵 $\boldsymbol{K}(n,n-1)$ 有关，接下来进一步推导 $\boldsymbol{K}(n,n-1)$ 的递推公式。

已知状态向量的一步预测误差：

$$\boldsymbol{\varepsilon}(n+1,n)=\boldsymbol{x}(n+1)-\hat{\boldsymbol{x}}_1(n+1) \tag{6-174}$$

将状态方程(6-146)和状态向量一步预测更新公式(6-169)代入式(6-174)中，有：

$$\boldsymbol{\varepsilon}(n+1,n)=\boldsymbol{F}(n+1,n)\left[\boldsymbol{x}(n)-\hat{\boldsymbol{x}}_1(n)\right]-\boldsymbol{G}(n)\left[\boldsymbol{y}(n)-\boldsymbol{C}(n)\hat{\boldsymbol{x}}_1(n)\right]+\boldsymbol{v}_1(n) \tag{6-175}$$

将观测方程(6-147)代入上式，并代入 $\boldsymbol{\varepsilon}(n,n-1)=\boldsymbol{x}(n)-\hat{\boldsymbol{x}}_1(n)$，则有：

$$\begin{aligned}
&\boldsymbol{\varepsilon}(n+1,n)\\
&=\boldsymbol{F}(n+1,n)\left[\boldsymbol{x}(n)-\hat{\boldsymbol{x}}_1(n)\right]-\boldsymbol{G}(n)\left[\boldsymbol{y}(n)-\boldsymbol{C}(n)\hat{\boldsymbol{x}}_1(n)\right]+\boldsymbol{v}_1(n)\\
&=\boldsymbol{F}(n+1,n)\left[\boldsymbol{x}(n)-\hat{\boldsymbol{x}}_1(n)\right]-\boldsymbol{G}(n)\left[\boldsymbol{C}(n)\boldsymbol{x}(n)+\boldsymbol{v}_2(n)-\boldsymbol{C}(n)\hat{\boldsymbol{x}}_1(n)\right]+\boldsymbol{v}_1(n)\\
&=\boldsymbol{F}(n+1,n)\boldsymbol{\varepsilon}(n,n-1)-\boldsymbol{G}(n)\left[\boldsymbol{C}(n)\boldsymbol{\varepsilon}(n,n-1)+\boldsymbol{v}_2(n)\right]+\boldsymbol{v}_1(n)\\
&=\left[\boldsymbol{F}(n+1,n)-\boldsymbol{G}(n)\boldsymbol{C}(n)\right]\boldsymbol{\varepsilon}(n,n-1)-\boldsymbol{G}(n)\boldsymbol{v}_2(n)+\boldsymbol{v}_1(n)
\end{aligned} \tag{6-176}$$

将式(6-176)代入式(6-159)，可得状态向量一步预测误差的相关矩阵：

$$\begin{aligned}
&\boldsymbol{K}(n+1,n)\\
&=\mathbb{E}\left[\boldsymbol{\varepsilon}(n+1,n)\cdot\boldsymbol{\varepsilon}^{\mathrm{H}}(n+1,n)\right]\\
&=\mathbb{E}\Big\{\Big[\left[\boldsymbol{F}(n+1,n)-\boldsymbol{G}(n)\cdot\boldsymbol{C}(n)\right]\boldsymbol{\varepsilon}(n,n-1)-\boldsymbol{G}(n)\cdot\boldsymbol{v}_2(n)+\boldsymbol{v}_1(n)\Big]\\
&\quad\cdot\Big[\boldsymbol{\varepsilon}^{\mathrm{H}}(n,n-1)\left[\boldsymbol{F}^{\mathrm{H}}(n+1,n)-\boldsymbol{C}^{\mathrm{H}}(n)\cdot\boldsymbol{G}^{\mathrm{H}}(n)\right]-\boldsymbol{v}_2^{\mathrm{H}}(n)\cdot\boldsymbol{G}^{\mathrm{H}}(n)+\boldsymbol{v}_1^{\mathrm{H}}(n)\Big]\Big\}\\
&=\left[\boldsymbol{F}(n+1,n)-\boldsymbol{G}(n)\cdot\boldsymbol{C}(n)\right]\boldsymbol{K}(n,n-1)\left[\boldsymbol{F}^{\mathrm{H}}(n+1,n)-\boldsymbol{C}^{\mathrm{H}}(n)\cdot\boldsymbol{G}^{\mathrm{H}}(n)\right]\\
&\quad+\boldsymbol{G}(n)\cdot\boldsymbol{Q}_2(n)\cdot\boldsymbol{G}^{\mathrm{H}}(n)+\boldsymbol{Q}_1(n)
\end{aligned} \tag{6-177}$$

上式可化简为：

$$
\begin{aligned}
&\boldsymbol{K}(n+1,n)\\
&=\mathbb{E}\left[\boldsymbol{\varepsilon}(n+1,n)\boldsymbol{\varepsilon}^{\mathrm{H}}(n+1,n)\right]\\
&=\boldsymbol{F}(n+1,n)\boldsymbol{K}(n,n-1)\boldsymbol{F}^{\mathrm{H}}(n+1,n)-\boldsymbol{G}(n)\boldsymbol{C}(n)\boldsymbol{K}(n,n-1)\boldsymbol{F}^{\mathrm{H}}(n+1,n)+\boldsymbol{Q}_1(n)\\
&\quad+\boldsymbol{G}(n)\boldsymbol{C}(n)\boldsymbol{K}(n,n-1)\boldsymbol{C}^{\mathrm{H}}(n)\boldsymbol{G}^{\mathrm{H}}(n)+\boldsymbol{G}(n)\boldsymbol{Q}_2(n)\boldsymbol{G}^{\mathrm{H}}(n)\\
&\quad-\boldsymbol{F}(n+1,n)\boldsymbol{K}(n,n-1)\boldsymbol{C}^{\mathrm{H}}(n)\boldsymbol{G}^{\mathrm{H}}(n)
\end{aligned}
\tag{6-178}
$$

式(6-178)第二行可以进一步化简为：

$$
\begin{aligned}
&\boldsymbol{G}(n)\boldsymbol{C}(n)\boldsymbol{K}(n,n-1)\boldsymbol{C}^{\mathrm{H}}(n)\boldsymbol{G}^{\mathrm{H}}(n)+\boldsymbol{G}(n)\boldsymbol{Q}_2(n)\boldsymbol{G}^{\mathrm{H}}(n)\\
&-\boldsymbol{F}(n+1,n)\boldsymbol{K}(n,n-1)\boldsymbol{C}^{\mathrm{H}}(n)\boldsymbol{G}^{\mathrm{H}}(n)\\
=&\boldsymbol{G}(n)\left[\boldsymbol{C}(n)\boldsymbol{K}(n,n-1)\boldsymbol{C}^{\mathrm{H}}(n)+\boldsymbol{Q}_2(n)-\boldsymbol{G}^{-1}(n)\boldsymbol{F}(n+1,n)\boldsymbol{K}(n,n-1)\boldsymbol{C}^{\mathrm{H}}(n)\right]\boldsymbol{G}^{\mathrm{H}}(n)\\
=&\boldsymbol{G}(n)\left[\boldsymbol{C}(n)\boldsymbol{K}(n,n-1)\boldsymbol{C}^{\mathrm{H}}(n)+\boldsymbol{Q}_2(n)-\boldsymbol{R}(n)\right]\boldsymbol{G}^{\mathrm{H}}(n)=\boldsymbol{0}
\end{aligned}
\tag{6-179}
$$

式(6-178)最终表达式为：

$$
\boldsymbol{K}(n+1,n)=\boldsymbol{F}(n+1,n)\cdot\boldsymbol{P}(n)\cdot\boldsymbol{F}^{\mathrm{H}}(n+1,n)+\boldsymbol{Q}_1(n) \tag{6-180}
$$

式中：

$$
\boldsymbol{P}(n)\triangleq\boldsymbol{K}(n,n-1)-\boldsymbol{F}^{-1}(n+1,n)\cdot\boldsymbol{G}(n)\cdot\boldsymbol{C}(n)\cdot\boldsymbol{K}(n,n-1) \tag{6-181}
$$

式(6-180)称为 Riccati 方程。

7. Kalman 滤波算法流程

Kalman 滤波算法流程见表 6.1 所示。

表 6.1 Kalman 滤波算法流程

经典 Kalman 滤波算法流程	Kalman 滤波算法消息传递流程
初始条件： $\hat{\boldsymbol{x}}_1(1)=\mathbb{E}[\boldsymbol{x}(1)]=\boldsymbol{F}(1,0)\cdot\mathbb{E}[\boldsymbol{x}(0)]$ $\boldsymbol{K}(1,0)=\mathbb{E}\left[(\boldsymbol{x}(1)-\hat{\boldsymbol{x}}_1(1))(\boldsymbol{x}(1)-\hat{\boldsymbol{x}}_1(1))^{\mathrm{H}}\right]$ $=\boldsymbol{F}(1,0)\cdot\mathrm{Var}(\boldsymbol{x}(0))\cdot\boldsymbol{F}^{\mathrm{H}}(1,0)+\boldsymbol{Q}_1(0)$ 输入观测序列： 观测向量序列 $=\{\boldsymbol{y}(1),\cdots,\boldsymbol{y}(n)\}$ 已知参数： 状态转移矩阵 $\boldsymbol{F}(n+1,n)$ 观测矩阵 $\boldsymbol{C}(n)$ 过程噪声向量的观测矩阵 $\boldsymbol{Q}_1(n)$	初始条件： $p(\boldsymbol{x}(0))=\mathcal{CN}(\boldsymbol{x}(0);\mathbb{E}[\boldsymbol{x}(0)],\mathrm{Var}(\boldsymbol{x}(0)))$ 输入观测序列： 观测向量序列 $=\{\boldsymbol{y}(1),\cdots,\boldsymbol{y}(n)\}$ 已知参数： 状态转移矩阵 $\boldsymbol{F}(n+1,n)$ 观测矩阵 $\boldsymbol{C}(n)$ 过程噪声向量的观测矩阵 $\boldsymbol{Q}_1(n)$ 观测噪声向量的观测矩阵 $\boldsymbol{Q}_2(n)$ 计算：$n=1,2,\cdots,N$

续表

经典 Kalman 滤波算法流程	Kalman 滤波算法消息传递流程
观测噪声向量的观测矩阵 $\boldsymbol{Q}_2(n)$ 计算：$n=1,2,\cdots,N$ Kalman 增益： $\boldsymbol{G}(n)=\boldsymbol{F}(n+1,n)\cdot\boldsymbol{K}(n,n-1)\cdot\boldsymbol{C}^{\mathrm{H}}(n)\times$ $\times\left[\boldsymbol{C}(n)\cdot\boldsymbol{K}(n,n-1)\cdot\boldsymbol{C}^{\mathrm{H}}(n)+\boldsymbol{Q}_2(n)\right]^{-1}$ 新息：$\boldsymbol{\alpha}(n)=\boldsymbol{y}(n)-\boldsymbol{C}(n)\cdot\hat{\boldsymbol{x}}_1(n)$ 状态向量的一步预测： $\hat{\boldsymbol{x}}_1(n+1)=\boldsymbol{F}(n+1,n)\cdot\hat{\boldsymbol{x}}_1(n)+\boldsymbol{G}(n)\cdot\boldsymbol{\alpha}(n)$ Kalman 滤波状态期望： $\hat{\boldsymbol{x}}(n)=\hat{\boldsymbol{x}}_1(n)+\boldsymbol{F}^{-1}(n+1,n)\cdot\boldsymbol{G}(n)\cdot\boldsymbol{\alpha}(n)$ 滤波状态误差相关矩阵： $\boldsymbol{P}(n)=\boldsymbol{K}(n,n-1)-\boldsymbol{F}^{-1}(n+1,n)\cdot\boldsymbol{G}(n)\cdot\boldsymbol{C}(n)\cdot\boldsymbol{K}(n,n-1)$ 一步预测状态误差的相关矩阵： $\boldsymbol{K}(n+1,n)=\boldsymbol{F}(n+1,n)\cdot\boldsymbol{P}(n)\cdot\boldsymbol{F}^{\mathrm{H}}(n+1,n)+\boldsymbol{Q}_1(n)$ 输出： Kalman 滤波状态期望 $\hat{\boldsymbol{x}}(N)$ 滤波状态误差相关矩阵 $\boldsymbol{P}(N)$	消息 $m_{f_n\to\boldsymbol{x}(n)}(\boldsymbol{x}(n))=\mathcal{CN}(\boldsymbol{x}(n);\hat{\boldsymbol{x}}_1(n),\boldsymbol{K}(n,n-1))$ 的期望与方差更新公式为： $\hat{\boldsymbol{x}}_1(n)=\boldsymbol{F}(n,n-1)\cdot\hat{\boldsymbol{x}}(n-1)$ $\boldsymbol{K}(n,n-1)=\boldsymbol{F}(n,n-1)\cdot\boldsymbol{P}(n-1)\cdot\boldsymbol{F}^{\mathrm{H}}(n,n-1)+\boldsymbol{Q}_1(n-1)$ 消息 $n_{\boldsymbol{x}(n)\to f_{n+1}}(\boldsymbol{x}(n))=\mathcal{CN}(\boldsymbol{x}(n);\hat{\boldsymbol{x}}(n),\boldsymbol{P}(n))$ 的期望与方差更新公式为： $\hat{\boldsymbol{x}}(n)=\left(\boldsymbol{K}^{-1}(n,n-1)+\boldsymbol{C}^{\mathrm{H}}(n)\cdot\boldsymbol{Q}_2^{-1}(n)\cdot\boldsymbol{C}(n)\right)^{-1}\times$ $\times\left(\boldsymbol{K}(n,n-1)\cdot\hat{\boldsymbol{x}}_1(n)+\boldsymbol{C}^{\mathrm{H}}(n)\cdot\boldsymbol{Q}_2^{-1}(n)\cdot\boldsymbol{y}(n)\right)$ $\boldsymbol{P}(n)=\left(\boldsymbol{K}(n,n-1)+\boldsymbol{C}^{\mathrm{H}}(n)\cdot\boldsymbol{Q}_2^{-1}(n)\cdot\boldsymbol{C}(n)\right)^{-1}$ 输出： Kalman 滤波状态均值 $\hat{\boldsymbol{x}}(N)$ 滤波状态误差向量相关矩阵 $\boldsymbol{P}(N)$

6.3.2 Kalman 滤波算法因子图解释

Kalman 滤波联合后验 PDF $p(\boldsymbol{x}(0),\cdots,\boldsymbol{x}(n)\mid\boldsymbol{y}(1),\cdots,\boldsymbol{y}(n))$ 因子分解为：

$$
\begin{aligned}
&p(\boldsymbol{x}(0),\cdots,\boldsymbol{x}(N)\mid\boldsymbol{y}(1),\cdots,\boldsymbol{y}(N))\propto p(\boldsymbol{x}(0),\cdots,\boldsymbol{x}(N),\boldsymbol{y}(1),\cdots,\boldsymbol{y}(N))\\
&=p(\boldsymbol{x}(0),\cdots,\boldsymbol{x}(N))\cdot p(\boldsymbol{y}(1),\cdots,\boldsymbol{y}(N)\mid\boldsymbol{x}(0),\cdots,\boldsymbol{x}(N))\\
&=p(\boldsymbol{x}(0))p(\boldsymbol{x}(1)\mid\boldsymbol{x}(0))\cdots p(\boldsymbol{x}(N)\mid\boldsymbol{x}(0),\cdots,\boldsymbol{x}(N-1))\cdot p(\boldsymbol{y}(1)\mid\boldsymbol{x}(0),\cdots,\boldsymbol{x}(N))\cdots\\
&\quad\cdot p(\boldsymbol{y}(N)\mid\boldsymbol{y}(1),\cdots,\boldsymbol{y}(N-1),\boldsymbol{x}(0),\cdots,\boldsymbol{x}(N))\\
&=p(\boldsymbol{x}(0))p(\boldsymbol{x}(1)\mid\boldsymbol{x}(0))p(\boldsymbol{y}(N)\mid\boldsymbol{x}(N))\prod_{n=1}^{N-1}p(\boldsymbol{x}(n+1)\mid\boldsymbol{x}(n))p(\boldsymbol{y}(n)\mid\boldsymbol{x}(n))\\
&=p(\boldsymbol{x}(0))\cdot f_1(\boldsymbol{x}(1),\boldsymbol{x}(0))\cdot p(\boldsymbol{y}(N)\mid\boldsymbol{x}(N))\prod_{n=1}^{N-1}f_{n+1}(\boldsymbol{x}(n+1)\mid\boldsymbol{x}(n))\cdot p(\boldsymbol{y}(n)\mid\boldsymbol{x}(n))
\end{aligned}
\tag{6-182}
$$

式中，$f_1(\boldsymbol{x}(1),\boldsymbol{x}(0))\triangleq p(\boldsymbol{x}(1)\mid\boldsymbol{x}(0))$，$f_{n+1}(\boldsymbol{x}(n+1),\boldsymbol{x}(n))\triangleq p(\boldsymbol{x}(n+1)\mid\boldsymbol{x}(n))$。式(6-182)对应的因子图如图 6.10 所示。

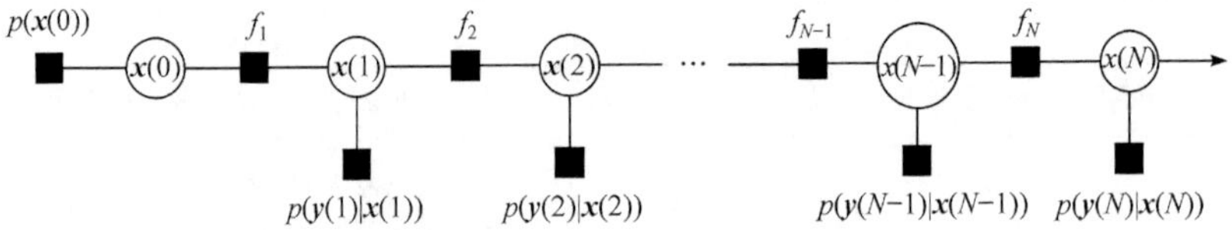

图 6.10　Kalman 滤波算法因子图

已知消息：$p\left(\boldsymbol{x}(0)\right)=\mathcal{CN}\left(\boldsymbol{x}(0);\mathbb{E}\left[\boldsymbol{x}(0)\right],\operatorname{Var}\left(\boldsymbol{x}(0)\right)\right)$

采用 BP 规则计算消息 $m_{f_1\to\boldsymbol{x}(1)}\left(\boldsymbol{x}(1)\right)$ 为：

$$\begin{aligned}&m_{f_1\to\boldsymbol{x}(1)}\left(\boldsymbol{x}(1)\right)\\&=\int p\left(\boldsymbol{x}(0)\right)\cdot p\left(\boldsymbol{x}(1)\mid\boldsymbol{x}(0)\right)\mathrm{d}\boldsymbol{x}(0)\\&=\int\mathcal{CN}\left(\boldsymbol{x}(0);\mathbb{E}\left[\boldsymbol{x}(0)\right],\operatorname{Var}\left(\boldsymbol{x}(0)\right)\right)\cdot\mathcal{CN}\left(\boldsymbol{x}(1);\boldsymbol{F}(1,0)\cdot\boldsymbol{x}(0),\boldsymbol{Q}_1(0)\right)\mathrm{d}\boldsymbol{x}(0)\\&=\mathcal{CN}\left(\boldsymbol{x}(1);\boldsymbol{F}(1,0)\cdot\mathbb{E}\left[\boldsymbol{x}(0)\right],\boldsymbol{F}(1,0)\cdot\operatorname{Var}\left(\boldsymbol{x}(0)\right)\cdot\boldsymbol{F}^{\mathrm{H}}(1,0)+\boldsymbol{Q}_1(0)\right)\end{aligned}\tag{6-183}$$

为方便后续分析验证，将上式简写为：$m_{f_1\to\boldsymbol{x}(1)}\left(\boldsymbol{x}(1)\right)=\mathcal{CN}(\boldsymbol{x}(1);\hat{\boldsymbol{x}}_1(1),\boldsymbol{K}(1,0))$，其期望和方差更新公式为：

$$\hat{\boldsymbol{x}}_1(1)=\boldsymbol{F}(1,0)\cdot\mathbb{E}\left[\boldsymbol{x}(0)\right]\tag{6-184}$$

$$\boldsymbol{K}(1,0)=\boldsymbol{F}(1,0)\cdot\operatorname{Var}\left(\boldsymbol{x}(0)\right)\cdot\boldsymbol{F}^{\mathrm{H}}(1,0)+\boldsymbol{Q}_1(0)\tag{6-185}$$

接着计算消息 $n_{\boldsymbol{x}(1)\to f_2}\left(\boldsymbol{x}(1)\right)$ 为：

$$\begin{aligned}n_{\boldsymbol{x}(1)\to f_2}\left(\boldsymbol{x}(1)\right)&=m_{f_1\to\boldsymbol{x}(1)}\left(\boldsymbol{x}(1)\right)\cdot p\left(\boldsymbol{y}(1)\mid\boldsymbol{x}(1)\right)\\&=\mathcal{CN}\left(\boldsymbol{x}(1);\hat{\boldsymbol{x}}_1(1),\boldsymbol{K}(1,0)\right)\cdot\mathcal{CN}\left(\boldsymbol{y}(1);\boldsymbol{C}(1)\cdot\boldsymbol{x}(1),\boldsymbol{Q}_2(1)\right)\\&=\mathcal{CN}\left(\boldsymbol{x}(1);\hat{\boldsymbol{x}}(1),\boldsymbol{P}(1)\right)\end{aligned}\tag{6-186}$$

计算过程中采用配方法可得消息 $n_{\boldsymbol{x}(1)\to f_2}\left(\boldsymbol{x}(1)\right)$ 的期望和方差更新公式为：

$$\hat{\boldsymbol{x}}(1)=\left(\boldsymbol{K}^{-1}(1,0)+\boldsymbol{C}^{\mathrm{H}}(1)\cdot\boldsymbol{Q}_2^{-1}(1)\cdot\boldsymbol{C}(1)\right)^{-1}\cdot\left(\boldsymbol{K}(1,0)\cdot\hat{\boldsymbol{x}}_1(1)+\boldsymbol{C}^{\mathrm{H}}(1)\cdot\boldsymbol{Q}_2^{-1}(1)\cdot\boldsymbol{y}(1)\right)\tag{6-187}$$

$$\boldsymbol{P}(1)=\left(\boldsymbol{K}(1,0)+\boldsymbol{C}^{\mathrm{H}}(1)\cdot\boldsymbol{Q}_2^{-1}(1)\cdot\boldsymbol{C}(1)\right)^{-1}\tag{6-188}$$

同理可得消息 $m_{f_n\to\boldsymbol{x}(n)}\left(\boldsymbol{x}(n)\right)$ 以及消息 $n_{\boldsymbol{x}(n)\to f_{n+1}}\left(\boldsymbol{x}(n)\right)$ 的表达式：

$$m_{f_n\to\boldsymbol{x}(n)}\left(\boldsymbol{x}(n)\right)=\mathcal{CN}\left(\boldsymbol{x}(n);\hat{\boldsymbol{x}}_1(n),\boldsymbol{K}(n,n-1)\right)\tag{6-189}$$

$$\hat{\boldsymbol{x}}_1(n)=\boldsymbol{F}(n,n-1)\cdot\hat{\boldsymbol{x}}(n-1) \tag{6-190}$$

$$\boldsymbol{K}(n,n-1)=\boldsymbol{F}(n,n-1)\cdot\boldsymbol{P}(n-1)\cdot\boldsymbol{F}^{\mathrm{H}}(n,n-1)+\boldsymbol{Q}_1(n-1) \tag{6-191}$$

$$n_{\boldsymbol{x}(n)\to f_{n+1}}(\boldsymbol{x}(n))=\mathcal{CN}(\boldsymbol{x}(n);\hat{\boldsymbol{x}}(n),\boldsymbol{P}(n)) \tag{6-192}$$

$$\begin{aligned}\hat{\boldsymbol{x}}(n)=&\left(\boldsymbol{K}^{-1}(n,n-1)+\boldsymbol{C}^{\mathrm{H}}(n)\boldsymbol{Q}_2^{-1}(n)\boldsymbol{C}(n)\right)^{-1}\\&\cdot\left(\boldsymbol{K}(n,n-1)\hat{\boldsymbol{x}}_1(n)+\boldsymbol{C}^{\mathrm{H}}(n)\boldsymbol{Q}_2^{-1}(n)\boldsymbol{y}(n)\right)\end{aligned} \tag{6-193}$$

$$\boldsymbol{P}(n)=\left(\boldsymbol{K}(n,n-1)+\boldsymbol{C}^{\mathrm{H}}(n)\cdot\boldsymbol{Q}_2^{-1}(n)\cdot\boldsymbol{C}(n)\right)^{-1} \tag{6-194}$$

6.3.3 Kalman 滤波算法分析

将表 6.1 中两种算法流程对比可知，式(6-189)计算得到的消息 $m_{f_n\to\boldsymbol{x}(n)}(\boldsymbol{x}(n))$ 的期望项 $\boldsymbol{F}(n,n-1)\cdot\hat{\boldsymbol{x}}(n-1)$ 与经典 Kalman 滤波算法流程中 $\hat{\boldsymbol{x}}_1(n)$ 计算公式相同，方差项 $\boldsymbol{F}(n,n-1)\boldsymbol{P}(n-1)\boldsymbol{F}^{\mathrm{H}}(n,n-1)+\boldsymbol{Q}_1(n-1)$ 与式(6-180)计算公式相同。由此可知，消息 $m_{f_n\to\boldsymbol{x}(n)}(\boldsymbol{x}(n))$ 是状态变量一步预测表达式，$\hat{\boldsymbol{x}}_1(n)$ 表示一步预测的期望，$\boldsymbol{K}(n,n-1)$ 表示一步预测的方差。

接下来证明基于消息传递算法推导出的消息 $n_{\boldsymbol{x}(n)\to f_{n+1}}(\boldsymbol{x}(n))$ 结果与表 6.1 经典 Kalman 滤波算法流程计算结果相同，首先证明消息 $n_{\boldsymbol{x}(n)\to f_{n+1}}(\boldsymbol{x}(n))$ 的期望，即式(6-193)与表 6.1 经典 Kalman 滤波算法流程中 $\hat{\boldsymbol{x}}(n)$ 计算结果相同。

将表 6.1 经典 Kalman 滤波算法流程中 $\boldsymbol{G}(n)$ 表达式代入 $\hat{\boldsymbol{x}}(n)$ 的表达式中，可得：

$$\begin{aligned}\hat{\boldsymbol{x}}(n)=&\hat{\boldsymbol{x}}_1(n)+\boldsymbol{K}(n,n-1)\cdot\boldsymbol{C}^{\mathrm{H}}(n)\\&\cdot\left[\boldsymbol{C}(n)\cdot\boldsymbol{K}(n,n-1)\cdot\boldsymbol{C}^{\mathrm{H}}(n)+\boldsymbol{Q}_2(n)\right]^{-1}\cdot\left[\boldsymbol{y}(n)-\boldsymbol{C}(n)\cdot\hat{\boldsymbol{x}}_1(n)\right]\end{aligned} \tag{6-195}$$

上式整理得：

$$\begin{aligned}\hat{\boldsymbol{x}}(n)=&\Big\{\boldsymbol{K}(n,n-1)-\boldsymbol{K}(n,n-1)\cdot\boldsymbol{C}^{\mathrm{H}}(n)\\&\cdot\left[\boldsymbol{C}(n)\cdot\boldsymbol{K}(n,n-1)\cdot\boldsymbol{C}^{\mathrm{H}}(n)+\boldsymbol{Q}_2(n)\right]^{-1}\boldsymbol{C}(n)\cdot\boldsymbol{K}(n,n-1)\Big\}\\&\cdot\boldsymbol{K}^{-1}(n,n-1)\cdot\hat{\boldsymbol{x}}_1(n)+\boldsymbol{K}(n,n-1)\cdot\boldsymbol{C}^{\mathrm{H}}(n)\\&\cdot\left[\boldsymbol{C}(n)\cdot\boldsymbol{K}(n,n-1)\cdot\boldsymbol{C}^{\mathrm{H}}(n)+\boldsymbol{Q}_2(n)\right]^{-1}\cdot\boldsymbol{y}(n)\end{aligned} \tag{6-196}$$

式(6-196)化简时应用公式 $\left(A+BD^{-1}C\right)^{-1}=A^{-1}-A^{-1}B\left(D+CA^{-1}B\right)^{-1}CA^{-1}$，令

$A=\boldsymbol{K}^{-1}(n-1,n)$，$B=\boldsymbol{C}^{\mathrm{H}}(n)$，$C=\boldsymbol{C}(n)$，$D=\boldsymbol{Q}_2(n)$，公式逆用化简可得：

$$\begin{aligned}\hat{\boldsymbol{x}}(n)=&\left[\boldsymbol{K}^{-1}(n,n-1)+\boldsymbol{C}^{\mathrm{H}}(n)\cdot\boldsymbol{Q}_2^{-1}(n)\cdot\boldsymbol{C}(n)\right]^{-1}\boldsymbol{K}^{-1}(n,n-1)\cdot\hat{\boldsymbol{x}}_1(n)\\&+\boldsymbol{K}(n,n-1)\cdot\boldsymbol{C}^{\mathrm{H}}(n)\left[\boldsymbol{C}(n)\cdot\boldsymbol{K}(n,n-1)\cdot\boldsymbol{C}^{\mathrm{H}}(n)+\boldsymbol{Q}_2(n)\right]^{-1}\cdot\boldsymbol{y}(n)\end{aligned}\tag{6-197}$$

式(6-197)化简时应用公式$\left(P+B^{\top}R^{-1}B\right)^{-1}B^{\top}R^{-1}=PB^{\top}\left(BPB^{\top}+R\right)^{-1}$，令$P=\boldsymbol{K}(n,n-1)$，$B=\boldsymbol{C}(n)$，$R=\boldsymbol{Q}_2(n)$，公式逆用化简可得：

$$\begin{aligned}\hat{\boldsymbol{x}}(n)=&\left[\boldsymbol{K}^{-1}(n,n-1)+\boldsymbol{C}^{\mathrm{H}}(n)\cdot\boldsymbol{Q}_2^{-1}(n)\cdot\boldsymbol{C}(n)\right]^{-1}\cdot\boldsymbol{K}^{-1}(n,n-1)\cdot\hat{\boldsymbol{x}}_1(n)\\&+\left[\boldsymbol{K}^{-1}(n,n-1)+\boldsymbol{C}^{\mathrm{H}}(n)\cdot\boldsymbol{Q}_2^{-1}(n)\cdot\boldsymbol{C}(n)\right]^{-1}\cdot\boldsymbol{C}^{\mathrm{H}}(n)\boldsymbol{Q}_2^{-1}(n)\cdot\boldsymbol{y}(n)\end{aligned}\tag{6-198}$$

最终计算结果为：

$$\begin{aligned}\hat{\boldsymbol{x}}(n)=&\left[\boldsymbol{K}^{-1}(n,n-1)+\boldsymbol{C}^{\mathrm{H}}(n)\boldsymbol{Q}_2^{-1}(n)\boldsymbol{C}(n)\right]^{-1}\\&\cdot\left[\boldsymbol{K}^{-1}(n,n-1)\hat{\boldsymbol{x}}_1(n)+\boldsymbol{C}^{\mathrm{H}}(n)\boldsymbol{Q}_2^{-1}(n)\boldsymbol{y}(n)\right]\end{aligned}\tag{6-199}$$

其次，证明消息$n_{\boldsymbol{x}(n)\to f_{n+1}}(\boldsymbol{x}(n))$的方差项，即式(6-194)与表 6.1 经典 Kalman 滤波算法流程中$\boldsymbol{P}(n)$计算表达式相同。将表 6.1 经典 Kalman 滤波算法流程中$\boldsymbol{G}(n)$表达式代入$\boldsymbol{P}(n)$表达式中，可化简$\boldsymbol{P}(n)$得：

$$\begin{aligned}\boldsymbol{P}(n)=&\boldsymbol{K}(n,n-1)-\boldsymbol{F}^{-1}(n+1,n)\cdot\Big[\boldsymbol{F}(n+1,n)\cdot\boldsymbol{K}(n,n-1)\cdot\boldsymbol{C}^{\mathrm{H}}(n)\\&\cdot\left[\boldsymbol{C}(n)\cdot\boldsymbol{K}(n,n-1)\cdot\boldsymbol{C}^{\mathrm{H}}(n)+\boldsymbol{Q}_2(n)\right]^{-1}\Big]\boldsymbol{C}(n)\cdot\boldsymbol{K}(n,n-1)\\=&\boldsymbol{K}(n,n-1)-\boldsymbol{K}(n,n-1)\cdot\boldsymbol{C}^{\mathrm{H}}(n)\\&\cdot\left[\boldsymbol{C}(n)\cdot\boldsymbol{K}(n,n-1)\cdot\boldsymbol{C}^{\mathrm{H}}(n)+\boldsymbol{Q}_2(n)\right]^{-1}\cdot\boldsymbol{C}(n)\cdot\boldsymbol{K}(n,n-1)\end{aligned}\tag{6-200}$$

上式化简时采用公式$\left(A+BD^{-1}C\right)^{-1}=A^{-1}-A^{-1}B\left(D+CA^{-1}B\right)^{-1}CA^{-1}$，令$A=\boldsymbol{K}^{-1}(n,n-1)$，$B=\boldsymbol{C}^{\mathrm{H}}(n)$，$C=\boldsymbol{C}(n)$，$D=\boldsymbol{Q}_2(n)$，公式逆用化简可得：

$$\boldsymbol{P}(n)=\left(\boldsymbol{K}(n,n-1)+\boldsymbol{C}^{\mathrm{H}}(n)\cdot\boldsymbol{Q}_2^{-1}(n)\cdot\boldsymbol{C}(n)\right)^{-1}\tag{6-201}$$

对比可知，消息$n_{\boldsymbol{x}_n\to f_{n+1}}(\boldsymbol{x}_n)$是滤波表达式，$\hat{\boldsymbol{x}}(n)$表示滤波值的期望，$\boldsymbol{P}(n)$表示滤波值的方差。

6.4 本 章 小 结

本章给出了统计信号处理中的一些经典算法及其消息传递解释。从消息计算过程中可以看出，相比于经典算法的推导过程，因子图结合消息传递的方法更加直观，这是使用消息传递算法解决统计信号处理问题的优点之一；而消息传递算法更大的优势在于：针对一些具体的场景可以设计出性能优异的新算法。随后的三个章节是本课题组近年来使用消息传递算法解决实际问题的一些研究成果，包括移动通信系统中接收机的设计和无线传感器网络定位，供读者参考。

第 7 章　消息传递算法在 ISI 信道中的应用

前面章节讨论了因子图以及消息传递算法的基础概念和基本应用，并且结合通信系统中简单实例，给出消息更新规则的适用场景以及经典算法的因子图解释。在前述内容基础上，本书后面几个章节给出本课题组近年来的研究成果，本章讨论在符号间干扰(Inter Symbol Interference，ISI)信道下，应用消息传递算法设计移动通信系统接收机。

高速宽带无线通信中，多径效应会引起 ISI 现象。均衡(或称为符号检测)是克服 ISI 影响的有效方法。各种经典的均衡器可以借助于因子图使用消息传递算法来实现。在 ISI 系统的符号检测中，使用 LOOP-BP 规则可实现 MAP 均衡器[14]，使用高斯近似置信传播(Gaussian Approximation Belief Propagation，GABP)算法可实现线性最小均方误差(Linear Minimum Mean Square Error，LMMSE)均衡器[115]。ISI 信道下 GABP 算法具有低复杂度的特点，但它把离散消息直接近似成高斯消息导致明显的性能损失。随后，文献[116]应用联合 BP-EP 规则设计迭代算法，可实现最小化 Bethe 自由能，在不增加复杂度的情况下，其性能优于 GABP 算法。受文献[117]启发，基于 BP-EP 规则的部分高斯近似(Partial Gaussian Approximation，PGA)算法[55]使用自相关函数判断干扰符号对检测符号影响的强弱，强干扰符号应用 BP 规则处理，弱干扰符号应用 EP 规则处理。这种算法比不采用近似的 LOOP-BP 规则得到的算法复杂度更低，且性能优于联合 BP-EP 算法，实现了性能和复杂度的折中。接着，文献[118]提出了一种启发式高斯近似方法，称之为 Doped EP 算法，该算法把直接高斯近似的消息和 EP 近似的消息以某种比例进行混合之后再映射为高斯消息。仿真结果表明，相比于联合 BP-EP 算法和 GABP 算法，Doped EP 算法在不提升复杂度的情况下能实现更好的性能。

本章首先给出了 ISI 信道下 SISO 系统模型，根据系统模型讨论了几种消息传递算法接收机：基于 BP 算法的迭代接收机性能最优，但算法复杂度过高以至于实际中无法应用；基于联合 BP-EP 算法、PGA 算法分别设计的迭代接收机在损失一定性能的基础上降低了计算复杂度。上述三种迭代接收机均使用标准的消息更新规则得到，本章也给出了两种启发式迭代接收机：基于 GABP 算法、Doped EP 算法的迭代接收机。最后本章给出以上几种迭代接收机的仿真结果和性能分析。

7.1　ISI 信道下 SISO 系统模型及问题分析

考虑一个 ISI 信道下的单载波编码通信系统，如图 7.1 所示。发射端发送比特序列 $\boldsymbol{b}=\left[b_1,\cdots,b_K\right]^\top$ 经过编码和交织后，得到长度为 N 的码字 $\boldsymbol{c}=\left[c_1,\cdots,c_N\right]^\top$，并经二进制相移键控(Binary Phase Shift Keying，BPSK)调制产生发送序列 $\boldsymbol{x}=\left[x_1,\cdots,x_N\right]^\top$。信号经过有符号间干扰的多径信道 $\boldsymbol{h}=\left[h_{L-1},\ldots,h_0\right]^\top$ 传输，传输过程中受到加性高斯白噪声的影响。

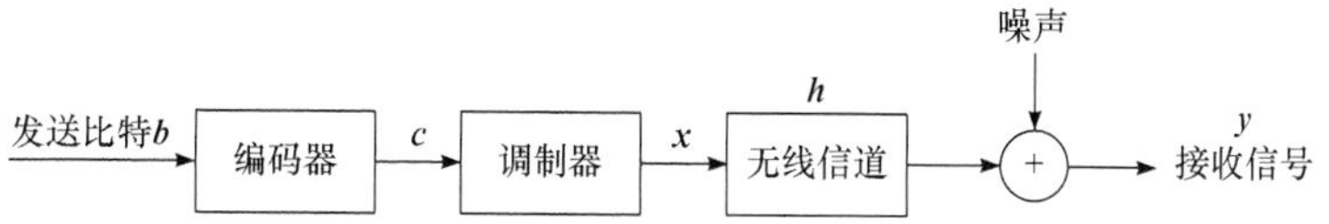

图 7.1　ISI 信道下 SISO 系统模型

假设接收机在 k 时刻的观测值可表示为：

$$y_k=\sum_{l=0}^{L-1}h_l\cdot x_{k-l}+n_k=\boldsymbol{h}^\top\boldsymbol{s}_k+n_k \tag{7-1}$$

其中，$\boldsymbol{s}_k\triangleq\left[x_{k-L+1},\cdots,x_k\right]^\top$，当 $k>N-1$ 和 $k<0$ 时 $x_k=0$，n_k 是期望为 0 方差为 σ_k^2 的加性高斯白噪声。假设编码使用 $(7,5)_8$ 卷积码①，定义状态变量：$\boldsymbol{d}_i\triangleq b_ib_{i-1}$，$\boldsymbol{d}_{i-1}\triangleq b_{i-1}b_{i-2}$，$i=0,1,\cdots,K-1$。

针对上述系统模型，其联合后验 PDF 因子分解可表示为：

$$\begin{aligned}
&p(\boldsymbol{b},\boldsymbol{c},\boldsymbol{d},\boldsymbol{x},\boldsymbol{s}\mid\boldsymbol{y})\propto p(\boldsymbol{b},\boldsymbol{c},\boldsymbol{d},\boldsymbol{x},\boldsymbol{s},\boldsymbol{y})\\
&\propto p(\boldsymbol{y}\mid\boldsymbol{b},\boldsymbol{c},\boldsymbol{d},\boldsymbol{x},\boldsymbol{s})p(\boldsymbol{s}\mid\boldsymbol{b},\boldsymbol{c},\boldsymbol{d},\boldsymbol{x})p(\boldsymbol{x}\mid\boldsymbol{b},\boldsymbol{c},\boldsymbol{d})p(\boldsymbol{b},\boldsymbol{c},\boldsymbol{d})\\
&=\prod_{k=1}^{N+L-1}p(y_k\mid\boldsymbol{s}_k)\prod_{k=1}^{N+L-1}p(\boldsymbol{s}_k,\boldsymbol{s}_{k-1}\mid x_k)\prod_{k=1}^{N}p(x_k\mid c_k)\prod_{i=1}^{K}p\left(\boldsymbol{d}_i,c_i^1,c_i^2\mid b_i,\boldsymbol{d}_{i-1}\right)p(b_i)\\
&=\prod_{k=1}^{N}f_{\mathcal{M}_k}(x_k,c_k)f_{\boldsymbol{s}_k}(\boldsymbol{s}_k,\boldsymbol{s}_{k-1},x_k)f_{y_k}(y_k,\boldsymbol{s}_k)\\
&\prod_{k=N+1}^{N+L-1}f_{\boldsymbol{s}_k}(\boldsymbol{s}_k,\boldsymbol{s}_{k-1},x_k)f_{y_k}(y_k,\boldsymbol{s}_k)\prod_{i=1}^{K}f_i\left(\boldsymbol{d}_i,\boldsymbol{d}_{i-1},c_i^1,c_i^2,b_i\right)f_{b_i}(b_i)
\end{aligned} \tag{7-2}$$

① $(23,35)_8$ 的推导过程与之类似，留作读者自己练习。

其中，$c_k \triangleq \begin{cases} c_i^1, & k=2i-1 \\ c_i^2, & k=2i \end{cases}$，$f_{b_i}(b_i) \triangleq p(b_i)$表示第 i 个信息比特的先验 PDF，$f_i\left(\boldsymbol{d}_i, \boldsymbol{d}_{i-1}, c_i^1, c_i^2, b_i\right) \triangleq p\left(\boldsymbol{d}_i, c_i^1, c_i^2 \mid b_i, \boldsymbol{d}_{i-1}\right)$表示编码部分输入输出以及状态转移之间的关系，$f_{\mathcal{M}_k}(x_k, c_k) \triangleq p(x_k \mid c_k)$表示符号调制的映射关系，并且满足：

$$f_{\mathcal{M}_k}(x_k, c_k) = \begin{cases} f_{\mathcal{M}_k}\left(x_k, c_i^1\right) = p\left(x_k \mid c_i^1\right), & k=2i-1 \\ f_{\mathcal{M}_k}\left(x_k, c_i^2\right) = p\left(x_k \mid c_i^2\right), & k=2i \end{cases} \tag{7-3}$$

$f_{y_k}(y_k, \boldsymbol{s}_k) \triangleq p(y_k \mid \boldsymbol{s}_k) \propto \mathcal{N}\left(y_k; \boldsymbol{h}^\top \boldsymbol{s}_k, \sigma_k^2\right)$表示 $\boldsymbol{s}_k$ 的似然函数，$f_{\boldsymbol{s}_k}(\boldsymbol{s}_k, \boldsymbol{s}_{k-1}, x_k) \triangleq p(\boldsymbol{s}_k, \boldsymbol{s}_{k-1} \mid x_k)$表示变量 $\boldsymbol{s}_k, \boldsymbol{s}_{k-1}, x_k$ 之间的确定性关系：$\boldsymbol{s}_k = \boldsymbol{G} \cdot \boldsymbol{s}_{k-1} + \boldsymbol{e} \cdot x_k$，其中矩阵 $\boldsymbol{G} \triangleq \left[\boldsymbol{0}\ \boldsymbol{I}_{L-1}; 0\ \boldsymbol{0}^\top\right] \in \mathbb{R}^{L\times L}$，向量 $\boldsymbol{e} \triangleq \left[\boldsymbol{0}^\top\ 1\right]^\top \in \mathbb{R}^L$，$\boldsymbol{0}$ 表示长度为 $L-1$ 的列向量。

根据式(7-2)后验 PDF 因子分解，其因子图模型如图 7.2 所示。

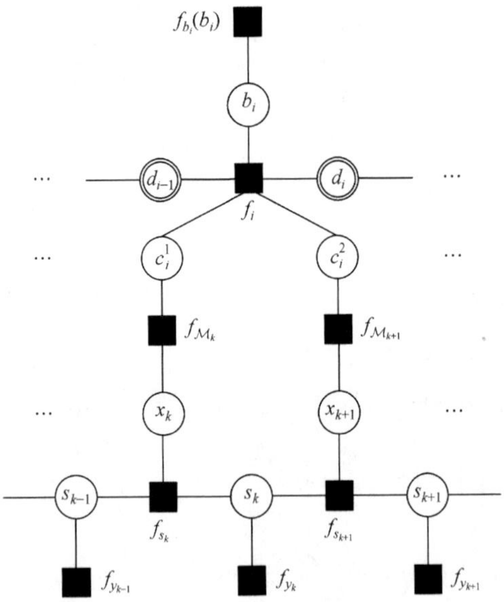

图 7.2　式(7-2)对应的因子图

对于概率分布描述的 SISO 通信系统而言，接收机实现最优参数估计一般采用 MAP 估计准则。根据式(7-1)可知，发射信号受到信道多径效应的影响，产生符号间干扰，接收机采用第 1 章式(1-3)和式(1-4)实现 MAP 估计的复杂度太高。Turbo 均衡(可看作是 BP 算法的特例[115])是解决多径信道 ISI 的次优方法，通过在均衡器和译码器之间迭代地交换软信息，可以极大程度地逼近 MAP 估计，是一种启发式的迭代接收机。采用单一 LOOP-BP 规则设计的迭代接收机计算复杂度会随着多径信道记忆长度和调制符号星座点数呈指数型增长[119]，在实际通信系统中并不适用。此外，若因子图包含短环(环长<4)，LOOP-BP 规则的性能会明显下降。如何设计低复杂度高精度的迭代接收机是 ISI 信道的重要问题，为了解决使用 LOOP-BP 规则复杂度过高的问题，近些年发展出多种基于消息传递算法的接收机，这些低复杂度的迭代接收机的设计将在下一小节详细讨论。

7.2　基于消息传递算法的迭代接收机设计

7.2.1　基于 LOOP-BP 规则的迭代接收机设计

图 7.2 所示的 ISI 信道 SISO 系统的因子图可分为两个部分：上面部分可看作译码器，下面部分可看作均衡器，两部分之间迭代地传递两个外信息的过程就是 Turbo 均衡，如图 7.3 所示。其中，均衡器接收来自译码器的第一个外信息，将其作为先验信息，应用某种最优估计准则(MAP 或 MMSE)计算得到第二个外信息并输出；译码器接收从均衡器传来的第二个外信息，根据相应的译码准则求出后验概率并输出第一个外信息的迭代值，上述过程称为一次迭代。Turbo 均衡中外信息传递机制可在因子图上使用 LOOP-BP 规则解释，消息计算过程分为译码器消息计算和均衡器消息计算两部分。

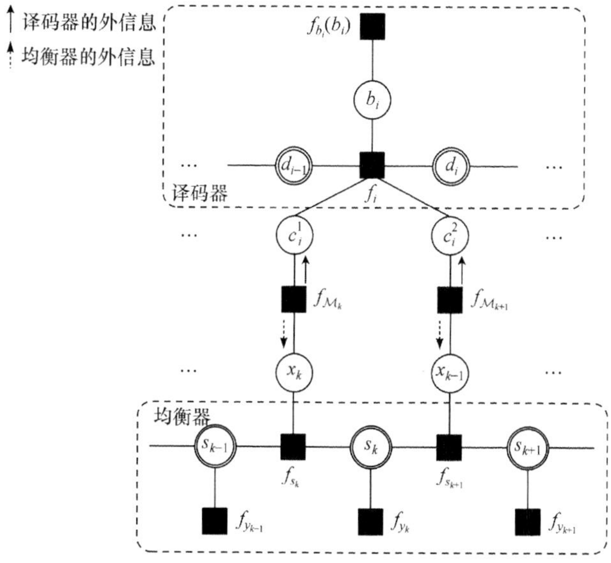

图 7.3　Turbo 均衡因子图

1. 基于 BP 规则的译码器消息

分析：每个发送比特的先验服从二项分布：

$$p(b_i)=A_{i,1}^{\downarrow}\delta(b_i-1)+A_{i,2}^{\downarrow}\delta(b_i) \tag{7-4}$$

每个状态变量 $\boldsymbol{d}_i$ 有 4 种可能的取值$\{00,01,10,11\}$，因此消息 $n_{\boldsymbol{d}_{i-1}\to f_i}(\boldsymbol{d}_{i-1})$ 和 $n_{\boldsymbol{d}_i\to f_i}(\boldsymbol{d}_i)$ 具有如下形式：

$$\begin{aligned}n_{\boldsymbol{d}_{i-1}\to f_i}(\boldsymbol{d}_{i-1})=&\overrightarrow{B}_{i-1,1}\cdot\delta(\boldsymbol{d}_{i-1}-00)+\overrightarrow{B}_{i-1,2}\cdot\delta(\boldsymbol{d}_{i-1}-01)\\&+\overrightarrow{B}_{i-1,3}\cdot\delta(\boldsymbol{d}_{i-1}-10)+\overrightarrow{B}_{i-1,4}\cdot\delta(\boldsymbol{d}_{i-1}-11)\end{aligned} \tag{7-5}$$

$$\begin{aligned}n_{\boldsymbol{d}_i\to f_i}(\boldsymbol{d}_i)=&\overleftarrow{B}_{i,1}\cdot\delta(\boldsymbol{d}_i-00)+\overleftarrow{B}_{i,2}\cdot\delta(\boldsymbol{d}_i-01)\\&+\overleftarrow{B}_{i,3}\cdot\delta(\boldsymbol{d}_i-10)+\overleftarrow{B}_{i,4}\cdot\delta(\boldsymbol{d}_i-11)\end{aligned} \tag{7-6}$$

假设采用 BPSK 调制，则下行消息 $m_{f_i\to c_i^m}(c_i^m)$ 和上行消息 $n_{c_i^m\to f_i}(c_i^m)$ 具有如下形式：

$$m_{f_i\to c_i^m}(c_i^m)=C_{i,m,1}^{\downarrow}\cdot\delta(c_i^m-1)+C_{i,m,2}^{\downarrow}\cdot\delta(c_i^m),\quad m=\{1,2\} \tag{7-7}$$

$$n_{c_i^m\to f_i}(c_i^m)=C_{i,m,1}^{\uparrow}\cdot\delta(c_i^m-1)+C_{i,m,2}^{\uparrow}\cdot\delta(c_i^m),\quad m=\{1,2\} \tag{7-8}$$

下面使用 BP 规则分别计算下行消息 $m_{f_i\to c_i^m}(c_i^m)$，上行消息 $n_{c_i^m\to f_i}(c_i^m)$，前向消息 $n_{\boldsymbol{d}_{i-1}\to f_i}(\boldsymbol{d}_{i-1})$ 和后向消息 $n_{\boldsymbol{d}_i\to f_i}(\boldsymbol{d}_i)$。

(1) 下行消息的推导：

$$\begin{aligned}&m_{f_i\to c_i^1}(c_i^1)\\&=\iiiint f_i\cdot n_{\boldsymbol{d}_{i-1}\to f_i}(\boldsymbol{d}_{i-1})\cdot n_{\boldsymbol{d}_i\to f_i}(\boldsymbol{d}_i)\cdot n_{c_i^2\to f_i}(c_i^2)\cdot p(b_i)\mathrm{d}b_i\mathrm{d}\boldsymbol{d}_{i-1}\mathrm{d}\boldsymbol{d}_i\mathrm{d}c_i^2\\&=\iiiint\delta\left[c_i^1-(b_{i-2}\oplus b_{i-1}\oplus b_i)\right]\cdot\delta\left[c_i^2-(b_{i-2}\oplus b_i)\right]\cdot\delta(\boldsymbol{d}_i-b_ib_{i-1})\cdot\delta(\boldsymbol{d}_{i-1}-b_{i-1}b_{i-2})\\&\cdot\left[\overrightarrow{B}_{i-1,1}\cdot\delta(\boldsymbol{d}_{i-1}-00)+\overrightarrow{B}_{i-1,2}\cdot\delta(\boldsymbol{d}_{i-1}-01)+\overrightarrow{B}_{i-1,3}\cdot\delta(\boldsymbol{d}_{i-1}-10)+\overrightarrow{B}_{i-1,4}\cdot\delta(\boldsymbol{d}_{i-1}-11)\right]\\&\cdot\left[\overleftarrow{B}_{i,1}\cdot\delta(\boldsymbol{d}_i-00)+\overleftarrow{B}_{i,2}\cdot\delta(\boldsymbol{d}_i-01)+\overleftarrow{B}_{i,3}\cdot\delta(\boldsymbol{d}_i-10)+\overleftarrow{B}_{i,4}\cdot\delta(\boldsymbol{d}_i-11)\right]\\&\cdot\left[C_{i,2,1}^{\uparrow}\cdot\delta(c_i^2-1)+C_{i,2,2}^{\uparrow}\cdot\delta(c_i^2)\right]\cdot\left[A_{i,1}^{\downarrow}\cdot\delta(b_i-1)+A_{i,2}^{\downarrow}\cdot\delta(b_i)\right]\mathrm{d}b_i\mathrm{d}\boldsymbol{d}_{i-1}\mathrm{d}\boldsymbol{d}_i\mathrm{d}c_i^2\end{aligned} \tag{7-9}$$

式中，f_i 表示寄存器状态转移和输入输出码元的关系，具体见表 7.1：

表 7.1　寄存器状态和输入输出码元之间的关系及其概率

b_i	$\boldsymbol{d}_{i-1}$	$\boldsymbol{d}_i$	c_i^1	c_i^2
0 $A_{i,2}^{\downarrow}$	00 $\overrightarrow{B}_{i-1,1}$	00 $\overleftarrow{B}_{i,1}$	0 $C_{i,1,2}^{\uparrow}$	0 $C_{i,2,2}^{\uparrow}$
0 $A_{i,2}^{\downarrow}$	01 $\overrightarrow{B}_{i-1,2}$	00 $\overleftarrow{B}_{i,1}$	1 $C_{i,1,1}^{\uparrow}$	1 $C_{i,2,1}^{\uparrow}$
0 $A_{i,2}^{\downarrow}$	10 $\overrightarrow{B}_{i-1,3}$	01 $\overleftarrow{B}_{i,2}$	1 $C_{i,1,1}^{\uparrow}$	0 $C_{i,2,2}^{\uparrow}$
0 $A_{i,2}^{\downarrow}$	11 $\overrightarrow{B}_{i-1,4}$	01 $\overleftarrow{B}_{i,2}$	0 $C_{i,1,2}^{\uparrow}$	1 $C_{i,2,1}^{\uparrow}$
1 $A_{i,1}^{\downarrow}$	00 $\overrightarrow{B}_{i-1,1}$	10 $\overleftarrow{B}_{i,3}$	1 $C_{i,1,1}^{\uparrow}$	1 $C_{i,2,1}^{\uparrow}$
1 $A_{i,1}^{\downarrow}$	01 $\overrightarrow{B}_{i-1,2}$	10 $\overleftarrow{B}_{i,3}$	0 $C_{i,1,2}^{\uparrow}$	0 $C_{i,2,2}^{\uparrow}$
1 $A_{i,1}^{\downarrow}$	10 $\overrightarrow{B}_{i-1,3}$	11 $\overleftarrow{B}_{i,4}$	0 $C_{i,1,2}^{\uparrow}$	1 $C_{i,2,1}^{\uparrow}$
1 $A_{i,1}^{\downarrow}$	11 $\overrightarrow{B}_{i-1,4}$	11 $\overleftarrow{B}_{i,4}$	1 $C_{i,1,1}^{\uparrow}$	0 $C_{i,2,2}^{\uparrow}$

表中单元格数字后的符号表示变量取到该值的概率。

将式(7-4)～式(7-8)代入式(7-9)可得：

$$m_{f_i\to c_i^1}\left(c_i^1\right)=C_{i,1,1}^{\downarrow}\cdot\delta\left(c_i^1-1\right)+C_{i,1,2}^{\downarrow}\cdot\delta\left(c_i^1\right) \tag{7-10}$$

其中：

$$\begin{aligned}C_{i,1,1}^{\downarrow}=&A_{i,2}^{\downarrow}\overrightarrow{B}_{i-1,2}\overleftarrow{B}_{i,1}C_{i,2,1}^{\uparrow}+A_{i,2}^{\downarrow}\overrightarrow{B}_{i-1,3}\overleftarrow{B}_{i,2}C_{i,2,2}^{\uparrow}\\&+A_{i,1}^{\downarrow}\overrightarrow{B}_{i-1,1}\overleftarrow{B}_{i,3}C_{i,2,1}^{\uparrow}+A_{i,1}^{\downarrow}\overrightarrow{B}_{i-1,4}\overleftarrow{B}_{i,4}C_{i,2,2}^{\uparrow}\end{aligned} \tag{7-11}$$

$$\begin{aligned}C_{i,1,2}^{\downarrow}=&A_{i,2}^{\downarrow}\overrightarrow{B}_{i-1,1}\overleftarrow{B}_{i,1}C_{i,2,2}^{\uparrow}+A_{i,2}^{\downarrow}\overrightarrow{B}_{i-1,4}\overleftarrow{B}_{i,2}C_{i,2,1}^{\uparrow}\\&+A_{i,1}^{\downarrow}\overrightarrow{B}_{i-1,2}\overleftarrow{B}_{i,3}C_{i,2,2}^{\uparrow}+A_{i,1}^{\downarrow}\overrightarrow{B}_{i-1,3}\overleftarrow{B}_{i,4}C_{i,2,1}^{\uparrow}\end{aligned} \tag{7-12}$$

同理可得消息 $m_{f_i\to c_i^2}\left(c_i^2\right)$ 可计算为：

$$m_{f_i\to c_i^2}\left(c_i^2\right)=C_{i,2,1}^{\downarrow}\cdot\delta\left(c_i^2-1\right)+C_{i,2,2}^{\downarrow}\cdot\delta\left(c_i^2\right) \tag{7-13}$$

其中：

$$\begin{aligned}C_{i,2,1}^{\downarrow}=&A_{i,2}^{\downarrow}\overrightarrow{B}_{i-1,2}\overleftarrow{B}_{i,1}C_{i,1,1}^{\uparrow}+A_{i,2}^{\downarrow}\overrightarrow{B}_{i-1,4}\overleftarrow{B}_{i,2}C_{i,1,2}^{\uparrow}\\&+A_{i,1}^{\downarrow}\overrightarrow{B}_{i-1,1}\overleftarrow{B}_{i,3}C_{i,1,1}^{\uparrow}+A_{i,1}^{\downarrow}\overrightarrow{B}_{i-1,3}\overleftarrow{B}_{i,4}C_{i,1,2}^{\uparrow}\end{aligned} \tag{7-14}$$

$$\begin{aligned}C_{i,2,2}^{\downarrow}=&A_{i,2}^{\downarrow}\overrightarrow{B}_{i-1,1}\overleftarrow{B}_{i,1}C_{i,1,2}^{\uparrow}+A_{i,2}^{\downarrow}\overrightarrow{B}_{i-1,3}\overleftarrow{B}_{i,2}C_{i,1,1}^{\uparrow}\\&+A_{i,1}^{\downarrow}\overrightarrow{B}_{i-1,2}\overleftarrow{B}_{i,3}C_{i,1,2}^{\uparrow}+A_{i,1}^{\downarrow}\overrightarrow{B}_{i-1,4}\overleftarrow{B}_{i,4}C_{i,1,1}^{\uparrow}\end{aligned} \tag{7-15}$$

因子节点 $f_{\mathcal{M}_k}$ 到变量节点 x_k 的消息为：

$$m_{f_{\mathcal{M}_k}\to x_k}\left(x_k\right)=D_{k,1}^{\downarrow}\delta\left(x_k-1\right)+D_{k,2}^{\downarrow}\delta\left(x_k+1\right) \tag{7-16}$$

式中：

$$D_{k,1}^{\downarrow}=\begin{cases}C_{i,1,1}^{\downarrow}, & k=2i-1\\ C_{i,2,1}^{\downarrow}, & k=2i\end{cases} \tag{7-17}$$

$$D_{k,2}^{\downarrow}=\begin{cases}C_{i,1,2}^{\downarrow}, & k=2i-1\\ C_{i,2,2}^{\downarrow}, & k=2i\end{cases} \tag{7-18}$$

(2) 上行消息的推导：假设从均衡器得到关于译码器的外消息具有如下形式：

$$n_{x_k\to f_{\mathcal{M}_k}}\left(x_k\right)=D_{k,1}^{\uparrow}\delta\left(x_k-1\right)+D_{k,2}^{\uparrow}\delta\left(x_k+1\right) \tag{7-19}$$

则有：

$$n_{c_i^1\to f_i}\left(c_i^1\right)=C_{i,1,1}^{\uparrow}\cdot\delta\left(c_i^1-1\right)+C_{i,1,2}^{\uparrow}\cdot\delta\left(c_i^1\right) \tag{7-20}$$

$$n_{c_i^2\to f_i}\left(c_i^2\right)=C_{i,2,1}^{\uparrow}\cdot\delta\left(c_i^2-1\right)+C_{i,2,2}^{\uparrow}\cdot\delta\left(c_i^2\right) \tag{7-21}$$

式中：

$$\begin{cases}C_{i,1,1}^{\uparrow}=D_{k,1}^{\uparrow}, & k=2i-1\\ C_{i,2,1}^{\uparrow}=D_{k,1}^{\uparrow}, & k=2i\end{cases} \tag{7-22}$$

$$\begin{cases}C_{i,1,2}^{\uparrow}=D_{k,2}^{\uparrow}, & k=2i-1\\ C_{i,2,2}^{\uparrow}=D_{k,2}^{\uparrow}, & k=2i\end{cases} \tag{7-23}$$

上行消息 $m_{f_i\to b_i}\left(b_i\right)$ 可计算为：

$$m_{f_i\to b_i}\left(b_i\right)=A_{i,1}^{\uparrow}\delta\left(b_i-1\right)+A_{i,2}^{\uparrow}\delta\left(b_i\right) \tag{7-24}$$

式中：

$$\begin{aligned}A_{i,1}^{\uparrow}=&\overrightarrow{B}_{i-1,1}\overleftarrow{B}_{i,3}C_{i,1,1}^{\uparrow}C_{i,2,1}^{\uparrow}+\overrightarrow{B}_{i-1,2}\overleftarrow{B}_{i,3}C_{i,1,2}^{\uparrow}C_{i,2,2}^{\uparrow}\\&+\overrightarrow{B}_{i-1,3}\overleftarrow{B}_{i,4}C_{i,1,2}^{\uparrow}C_{i,2,1}^{\uparrow}+\overrightarrow{B}_{i-1,4}\overleftarrow{B}_{i,4}C_{i,1,1}^{\uparrow}C_{i,2,2}^{\uparrow}\end{aligned} \tag{7-25}$$

$$\begin{aligned}A_{i,2}^{\uparrow}=&\overrightarrow{B}_{i-1,1}\overleftarrow{B}_{i,1}C_{i,1,2}^{\uparrow}C_{i,2,2}^{\uparrow}+\overrightarrow{B}_{i-1,2}\overleftarrow{B}_{i,1}C_{i,1,1}^{\uparrow}C_{i,2,1}^{\uparrow}\\&+\overrightarrow{B}_{i-1,3}\overleftarrow{B}_{i,2}C_{i,1,1}^{\uparrow}C_{i,2,2}^{\uparrow}+\overrightarrow{B}_{i-1,4}\overleftarrow{B}_{i,2}C_{i,1,2}^{\uparrow}C_{i,2,1}^{\uparrow}\end{aligned} \tag{7-26}$$

因此变量 b_i 的置信为：

$$b(b_i)=A_{i,1}^{\uparrow}A_{i,1}^{\downarrow}\delta(b_i-1)+A_{i,2}^{\uparrow}A_{i,2}^{\downarrow}\delta(b_i) \tag{7-27}$$

(3) 前向消息的推导：

$$\begin{aligned}m_{f_i\to\boldsymbol{d}_i}(\boldsymbol{d}_i)&=\iiiint f_i\cdot n_{c_i^1\to f_i}(c_i^1)\cdot n_{c_i^2\to f_i}(c_i^2)\cdot n_{\boldsymbol{d}_{i-1}\to f_i}(\boldsymbol{d}_{i-1})\cdot p(b_i)\mathrm{d}b_i\mathrm{d}\boldsymbol{d}_{i-1}\mathrm{d}c_i^1\mathrm{d}c_i^2\\&=\vec{B}_{i,1}\delta(\boldsymbol{d}_i-00)+\vec{B}_{i,2}\delta(\boldsymbol{d}_i-01)+\vec{B}_{i,3}\delta(\boldsymbol{d}_i-10)+\vec{B}_{i,4}\delta(\boldsymbol{d}_i-11)\end{aligned} \tag{7-28}$$

式中：

$$\vec{B}_{i,1}=A_{i,2}^{\downarrow}\vec{B}_{i-1,1}C_{i,1,2}^{\uparrow}C_{i,2,2}^{\uparrow}+A_{i,2}^{\downarrow}\vec{B}_{i-1,2}C_{i,1,1}^{\uparrow}C_{i,2,1}^{\uparrow} \tag{7-29}$$

$$\vec{B}_{i,2}=A_{i,2}^{\downarrow}\vec{B}_{i,4}C_{i,1,1}^{\uparrow}C_{i,2,2}^{\uparrow}+A_{i,2}^{\downarrow}\vec{B}_{i-1,4}C_{i,1,2}^{\uparrow}C_{i,2,1}^{\uparrow} \tag{7-30}$$

$$\vec{B}_{i,3}=A_{i,1}^{\downarrow}\vec{B}_{i-1,1}C_{i,1,1}^{\uparrow}C_{i,2,1}^{\uparrow}+A_{i,1}^{\downarrow}\vec{B}_{i-1,2}C_{i,1,2}^{\uparrow}C_{i,2,2}^{\uparrow} \tag{7-31}$$

$$\vec{B}_{i,4}=A_{i,1}^{\downarrow}\vec{B}_{i-1,3}C_{i,1,2}^{\uparrow}C_{i,2,1}^{\uparrow}+A_{i,1}^{\downarrow}\vec{B}_{i-1,4}C_{i,1,1}^{\uparrow}C_{i,2,2}^{\uparrow} \tag{7-32}$$

(4) 后向消息的推导：同理后向部分消息可以计算为：

$$\begin{aligned}&m_{f_i\to\boldsymbol{d}_{i-1}}(\boldsymbol{d}_{i-1})\\&=\iiiint f_i\cdot n_{c_i^1\to f_i}(c_i^1)\cdot n_{c_i^2\to f_i}(c_i^2)\cdot n_{\boldsymbol{d}_i\to f_i}(\boldsymbol{d}_i)\cdot p(b_i)\mathrm{d}b_i\mathrm{d}\boldsymbol{d}_i\mathrm{d}c_i^1\mathrm{d}c_i^2\\&=\overleftarrow{B}_{i-1,1}\delta(\boldsymbol{d}_{i-1}-00)+\overleftarrow{B}_{i-1,2}\delta(\boldsymbol{d}_{i-1}-01)+\overleftarrow{B}_{i-1,3}\delta(\boldsymbol{d}_{i-1}-10)+\overleftarrow{B}_{i-1,4}\delta(\boldsymbol{d}_{i-1}-11)\end{aligned} \tag{7-33}$$

式中：

$$\overleftarrow{B}_{i-1,1}=A_{i,2}^{\downarrow}\overleftarrow{B}_{i,1}C_{i,1,2}^{\uparrow}C_{i,2,2}^{\uparrow}+A_{i,1}^{\downarrow}\overleftarrow{B}_{i,3}C_{i,1,1}^{\uparrow}C_{i,2,1}^{\uparrow} \tag{7-34}$$

$$\overleftarrow{B}_{i-1,2}=A_{i,2}^{\downarrow}\overleftarrow{B}_{i,1}C_{i,1,1}^{\uparrow}C_{i,2,1}^{\uparrow}+A_{i,1}^{\downarrow}\overleftarrow{B}_{i,3}C_{i,1,2}^{\uparrow}C_{i,2,2}^{\uparrow} \tag{7-35}$$

$$\overleftarrow{B}_{i-1,3}=A_{i,2}^{\downarrow}\overleftarrow{B}_{i,2}C_{i,1,1}^{\uparrow}C_{i,2,2}^{\uparrow}+A_{i,1}^{\downarrow}\overleftarrow{B}_{i,4}C_{i,1,2}^{\uparrow}C_{i,2,1}^{\uparrow} \tag{7-36}$$

$$\overleftarrow{B}_{i-1,4}=A_{i,2}^{\downarrow}\overleftarrow{B}_{i,2}C_{i,1,2}^{\uparrow}C_{i,2,1}^{\uparrow}+A_{i,1}^{\downarrow}\overleftarrow{B}_{i,4}C_{i,1,1}^{\uparrow}C_{i,2,2}^{\uparrow} \tag{7-37}$$

2. 基于 BP 规则的均衡器消息

均衡器的消息共有四类：均衡器的输入消息、前向消息、后向消息和输出消息。以下分别计算上述四类消息。

(1) 均衡器的输入消息：对每个变量节点 x_k，计算下行消息 $n_{x_k\to f_{s_k}}(x_k)$：

$$n_{x_k\to f_{s_k}}(x_k)=m_{f_{\mathcal{M}_k}\to x_k}(x_k)=D_{k,1}^{\downarrow}\delta(x_k-1)+D_{k,2}^{\downarrow}\delta(x_k+1) \tag{7-38}$$

(2) 均衡器的前向消息：从 $k=1$ 到 $N+L-1$，计算前向消息 $m_{f_{s_k}\to s_k}(\boldsymbol{s}_k)$ 和 $n_{s_{k-1}\to f_{s_k}}(\boldsymbol{s}_{k-1})$。

分析：设 $\boldsymbol{s}_k\in\mathcal{B}=\left\{\boldsymbol{q}_0,\boldsymbol{q}_1,\cdots,\boldsymbol{q}_{2^L-1}\right\}$，$\mathcal{B}$ 表示 $\boldsymbol{s}_k$ 所有取值的集合，集合中共有 2^L 个元素。消息 $m_{f_{s_k}\to s_k}(\boldsymbol{s}_k)$ 和 $n_{s_{k-1}\to f_{s_k}}(\boldsymbol{s}_{k-1})$ 取值有 2^L 中可能。假设 $m_{f_{s_k}\to s_k}(\boldsymbol{s}_k)=\sum_{i=0}^{2^L-1}\vec{E}_{k,i}\cdot\delta(\boldsymbol{s}_k-\boldsymbol{q}_i)$，$n_{s_{k-1}\to f_{s_k}}(\boldsymbol{s}_{k-1})=\sum_{i=0}^{2^L-1}\vec{F}_{k-1,i}\cdot\delta(\boldsymbol{s}_{k-1}-\boldsymbol{q}_i)$，下面通过前向算法计算出上述消息：

首先初始化消息 $m_{f_{s_0}\to s_0}(\boldsymbol{s}_0)$：

$$
\begin{aligned}
m_{f_{s_0}\to s_0}(\boldsymbol{s}_0)&=\int f_{s_0}(\boldsymbol{s}_0,x_0)\cdot n_{x_0\to f_{s_0}}(x_0)\mathrm{d}x_0\\
&=\int\delta(\boldsymbol{s}_0-\boldsymbol{e}\cdot x_0)\cdot\left(D_{0,1}^{\downarrow}\delta(x_0-1)+D_{0,2}^{\downarrow}\delta(x_0+1)\right)\mathrm{d}x_0\\
&=D_{0,1}^{\downarrow}\delta(\boldsymbol{s}_0-\boldsymbol{e})+D_{0,2}^{\downarrow}\delta(\boldsymbol{s}_0+\boldsymbol{e})\\
&\triangleq\sum_{i=0}^{2^L-1}\vec{E}_{0,i}\cdot\delta(\boldsymbol{s}_0-\boldsymbol{q}_i)
\end{aligned}
\tag{7-39}
$$

式中 $\vec{E}_{0,i}=\begin{cases}D_{0,i}^{\downarrow}, & i\in\{0,1\}\\ 0, & \text{其他}\end{cases}$。

当 $k=1$ 到 $M+L-1$，计算前向消息 $n_{s_{k-1}\to f_{s_k}}(\boldsymbol{s}_{k-1})$ 和 $m_{f_{s_k}\to s_k}(\boldsymbol{s}_k)$：

$$
\begin{aligned}
n_{s_{k-1}\to f_{s_k}}(\boldsymbol{s}_{k-1})&=m_{f_{y_{k-1}}\to s_{k-1}}(\boldsymbol{s}_{k-1})\cdot m_{f_{s_{k-1}}\to s_{k-1}}(\boldsymbol{s}_{k-1})\\
&=\mathcal{N}\left(y_{k-1};\boldsymbol{h}^{\top}\boldsymbol{s}_{k-1},\sigma_{k-1}^2\right)\cdot\sum_{i=0}^{2^L-1}\vec{E}_{k-1,i}\cdot\delta(\boldsymbol{s}_{k-1}-\boldsymbol{q}_i)\\
&\triangleq\sum_{i=0}^{2^L-1}\vec{F}_{k-1,i}\cdot\delta(\boldsymbol{s}_{k-1}-\boldsymbol{q}_i)
\end{aligned}
\tag{7-40}
$$

式中，$\vec{F}_{k-1,i}=\vec{E}_{k-1,i}\cdot\mathcal{N}\left(y_{k-1};\boldsymbol{h}^{\top}\boldsymbol{s}_{k-1},\sigma_{k-1}^2\right)$。

$$
\begin{aligned}
&m_{f_{s_k}\to s_k}(s_k)\\
&=\iint f_{s_k}(\boldsymbol{s}_{k-1},\boldsymbol{s}_k,x_k)\cdot n_{s_{k-1}\to f_{s_k}}(\boldsymbol{s}_{k-1})\cdot n_{x_k\to f_{s_k}}(x_k)\mathrm{d}x_k\mathrm{d}\boldsymbol{s}_{k-1}\\
&=\iint\delta(\boldsymbol{s}_k-\boldsymbol{G}\cdot\boldsymbol{s}_{k-1}-\boldsymbol{e}\cdot x_k)\cdot\sum_{i=0}^{2^L-1}\vec{F}_{k-1,i}\cdot\delta(\boldsymbol{s}_{k-1}-\boldsymbol{q}_i)\\
&\quad\cdot\left(D_{k,1}^{\downarrow}\delta(x_k-1)+D_{k,2}^{\downarrow}\delta(x_k+1)\right)\mathrm{d}x_k\mathrm{d}\boldsymbol{s}_{k-1}
\end{aligned}
$$

$$
\begin{aligned}
&=\int\sum_{i=0}^{2^L-1}\overrightarrow{F}_{k-1,i}\cdot\delta\left(\boldsymbol{s}_{k-1}-\boldsymbol{q}_i\right)\cdot\left(D_{k,1}^{\downarrow}\delta\left(\boldsymbol{s}_k-\boldsymbol{G}\cdot\boldsymbol{s}_{k-1}-\boldsymbol{e}\right)+D_{k,2}^{\downarrow}\delta\left(\boldsymbol{s}_k-\boldsymbol{G}\cdot\boldsymbol{s}_{k-1}+\boldsymbol{e}\right)\right)\mathrm{d}\boldsymbol{s}_{k-1}\\
&=\sum_{i=0}^{2^L-1}\left(\overrightarrow{F}_{k-1,i}\cdot D_{k,1}^{\downarrow}\delta\left(\boldsymbol{s}_k-\boldsymbol{G}\cdot\boldsymbol{q}_i-\boldsymbol{e}\right)+\overrightarrow{F}_{k-1,i}\cdot D_{k,2}^{\downarrow}\delta\left(\boldsymbol{s}_k-\boldsymbol{G}\cdot\boldsymbol{q}_i+\boldsymbol{e}\right)\right)\\
&\triangleq\sum_{i=0}^{2^L-1}\overrightarrow{E}_{k,i}\cdot\delta\left(\boldsymbol{s}_k-\boldsymbol{q}_i\right)
\end{aligned}
\tag{7-41}
$$

式中，$\overrightarrow{E}_{k,i}$ 可计算为：

$$
\overrightarrow{E}_{k,i}=\begin{cases}\left(\overrightarrow{F}_{k-1,i/2}+\overrightarrow{F}_{k-1,2^{L-1}+i/2}\right)\cdot D_{k,2}^{\downarrow}, & i=0,2,4,\cdots,2^L-2\\ \left(\overrightarrow{F}_{k-1,[i/2]}+\overrightarrow{F}_{k-1,2^{L-1}+[i/2]}\right)\cdot D_{k,1}^{\downarrow}, & i=1,3,5,\cdots,2^L-1\end{cases}
\tag{7-42}
$$

上式中 $[i/2]$ 表示对 $i/2$ 取整运算。

(3) 均衡器的后向消息：

分析：消息 $n_{\boldsymbol{s}_k\to f_{\boldsymbol{s}_k}}\left(\boldsymbol{s}_k\right)$ 和 $m_{f_{\boldsymbol{s}_{k+1}}\to\boldsymbol{s}_k}\left(\boldsymbol{s}_k\right)$ 均为 $\boldsymbol{s}_k$ 的函数，其取值概率有 2^L 种可能，假设 $m_{f_{\boldsymbol{s}_{k+1}}\to\boldsymbol{s}_k}\left(\boldsymbol{s}_k\right)=\sum_{i=0}^{2^L-1}\overleftarrow{F}_{k,i}\cdot\delta\left(\boldsymbol{s}_k-\boldsymbol{q}_i\right)$，$n_{\boldsymbol{s}_k\to f_{\boldsymbol{s}_k}}\left(\boldsymbol{s}_k\right)=\sum_{i=0}^{2^L-1}\overleftarrow{E}_{k,i}\cdot\delta\left(\boldsymbol{s}_k-\boldsymbol{q}_i\right)$，下面通过后向算法计算出上述消息：

$$
\begin{aligned}
n_{\boldsymbol{s}_k\to f_{\boldsymbol{s}_k}}\left(\boldsymbol{s}_k\right)&=m_{f_{y_k}\to\boldsymbol{s}_k}\left(\boldsymbol{s}_k\right)\cdot m_{f_{\boldsymbol{s}_{k+1}}\to\boldsymbol{s}_k}\left(\boldsymbol{s}_k\right)\\
&=\mathcal{N}\left(y_k;\boldsymbol{h}^{\mathrm{T}}\boldsymbol{s}_k,\sigma_k^2\right)\cdot\sum_{i=0}^{2^L-1}\overleftarrow{F}_{k,i}\cdot\delta\left(\boldsymbol{s}_k-\boldsymbol{q}_i\right)\\
&=\sum_{i=0}^{2^L-1}\overleftarrow{E}_{k,i}\cdot\delta\left(\boldsymbol{s}_k-\boldsymbol{q}_i\right)
\end{aligned}
\tag{7-43}
$$

式中，$\overleftarrow{E}_{k,i}=\overleftarrow{F}_{k,i}\cdot\mathcal{N}\left(y_k;\boldsymbol{h}^{\mathrm{T}}\boldsymbol{s}_k,\sigma_k^2\right)$。

$$
\begin{aligned}
&m_{f_{\boldsymbol{s}_k}\to\boldsymbol{s}_{k-1}}\left(\boldsymbol{s}_{k-1}\right)\\
&=\int\int f_{\boldsymbol{s}_k}\left(\boldsymbol{s}_k,\boldsymbol{s}_{k-1},x_k\right)\cdot n_{\boldsymbol{s}_k\to f_{\boldsymbol{s}_k}}\left(\boldsymbol{s}_k\right)\cdot n_{x_k\to f_{\boldsymbol{s}_k}}\left(x_k\right)\mathrm{d}\boldsymbol{s}_k\mathrm{d}x_k\\
&=\iint\delta\left(\boldsymbol{s}_k-\boldsymbol{G}\cdot\boldsymbol{s}_{k-1}-\boldsymbol{e}\cdot x_k\right)\cdot\sum_{i=0}^{2^L-1}\overleftarrow{E}_{k,i}\cdot\delta\left(\boldsymbol{s}_k-\boldsymbol{q}_i\right)\cdot\left(D_{k,1}^{\downarrow}\delta\left(x_k-1\right)+D_{k,2}^{\downarrow}\delta\left(x_k+1\right)\right)\mathrm{d}x_k\mathrm{d}\boldsymbol{s}_k\\
&=\int\sum_{i=0}^{2^L-1}\overleftarrow{E}_{k,i}\cdot\delta\left(\boldsymbol{s}_k-\boldsymbol{q}_i\right)\cdot\left(D_{k,1}^{\downarrow}\delta\left(\boldsymbol{s}_k-\boldsymbol{G}\cdot\boldsymbol{s}_{k-1}-\boldsymbol{e}\right)+D_{k,2}^{\downarrow}\delta\left(\boldsymbol{s}_k-\boldsymbol{G}\cdot\boldsymbol{s}_{k-1}+\boldsymbol{e}\right)\right)\mathrm{d}\boldsymbol{s}_k
\end{aligned}
$$

$$
\begin{aligned}
&=\sum_{i=0}^{2^L-1}\overleftarrow{E}_{k,i}\cdot\left(D_{k,1}^{\downarrow}\delta\left(\boldsymbol{q}_i-\boldsymbol{G}\cdot\boldsymbol{s}_{k-1}-\boldsymbol{e}\right)+D_{k,2}^{\downarrow}\delta\left(q_i-\boldsymbol{G}\cdot\boldsymbol{s}_{k-1}+\boldsymbol{e}\right)\right)\\
&\triangleq\sum_{i=0}^{2^L-1}\overleftarrow{F}_{k-1,i}\cdot\delta\left(\boldsymbol{s}_{k-1}-\boldsymbol{q}_i\right)
\end{aligned}
\tag{7-44}
$$

式中，$\overleftarrow{F}_{k-1,i}$ 可计算为：

$$
\overleftarrow{F}_{k-1,i}=\overleftarrow{F}_{k-1,2^{L-1}+i}=\overleftarrow{E}_{k,2i}\,D_{k,2}^{\downarrow}+\overleftarrow{E}_{k,2i+1}\,D_{k,1}^{\downarrow}
\tag{7-45}
$$

(4) 均衡器的输出消息：对每个变量节点 x_k，计算上行消息：

$$
\begin{aligned}
m_{f_{s_k}\to x_k}\left(x_k\right)&=\iint f_{s_k}\left(\boldsymbol{s}_{k-1},\boldsymbol{s}_k,x_k\right)\cdot n_{\boldsymbol{s}_k\to f_{s_k}}\left(\boldsymbol{s}_k\right)\cdot n_{\boldsymbol{s}_{k-1}\to f_{s_k}}\left(\boldsymbol{s}_{k-1}\right)\mathrm{d}\boldsymbol{s}_k\mathrm{d}\boldsymbol{s}_{k-1}\\
&=\iint\delta\left(\boldsymbol{s}_k-\boldsymbol{G}\cdot\boldsymbol{s}_{k-1}-\boldsymbol{e}\cdot x_k\right)\sum_{i=0}^{2^L-1}\overleftarrow{E}_{k,i}\cdot\delta\left(\boldsymbol{s}_k-\boldsymbol{q}_i\right)\sum_{j=0}^{2^L-1}\overrightarrow{F}_{k-1,j}\\
&\quad\cdot\delta\left(\boldsymbol{s}_{k-1}-\boldsymbol{q}_j\right)\mathrm{d}\boldsymbol{s}_k\mathrm{d}\boldsymbol{s}_{k-1}\\
&\triangleq D_{k,1}^{\uparrow}\delta\left(x_k-1\right)+D_{k,2}^{\uparrow}\delta\left(x_k+1\right)
\end{aligned}
\tag{7-46}
$$

式中，$D_{k,1}^{\uparrow}$ 和 $D_{k,2}^{\uparrow}$ 可计算为：

$$
D_{k,1}^{\uparrow}=\sum_{i=0}^{2^{L-1}-1}\left(\overrightarrow{F}_{k-1,i}\,\overleftarrow{E}_{k,2i+1}+\overrightarrow{F}_{k-1,2^{L-1}+i}\,\overleftarrow{E}_{k,2i+1}\right)
\tag{7-47}
$$

$$
D_{k,2}^{\uparrow}=\sum_{i=0}^{2^{L-1}-1}\left(\overrightarrow{F}_{k-1,i}\,\overleftarrow{E}_{k,2i}+\overrightarrow{F}_{k-1,2^{L-1}+i}\,\overleftarrow{E}_{k,2i}\right)
\tag{7-48}
$$

由此可见，如果输入消息为离散消息 $n_{x_k\to f_{s_k}}\left(x_k\right)=D_{k,1}^{\downarrow}\delta\left(x_k-1\right)+D_{k,2}^{\downarrow}\delta\left(x_k+1\right)$，那么前向消息 $m_{f_{s_k}\to\boldsymbol{s}_k}^{\mathrm{BP}}\left(\boldsymbol{s}_k\right)$ 和后向消息 $m_{f_{s_{k+1}}\to\boldsymbol{s}_k}^{\mathrm{BP}}\left(\boldsymbol{s}_k\right)$ 的计算复杂度会随着信道记忆长度呈指数级增长。为了降低算法的复杂度，学者们又研究了各种高斯近似检测算法。各种检测算法的主要不同点在于下行消息 $n_{x_k\to f_{s_k}}\left(x_k\right)$ 的高斯近似方法。

依据上述计算步骤，下面给出了基于 LOOP-BP 的迭代接收机算法。

算法 7.1　基于 LOOP-BP 的迭代接收机算法

输入：最大迭代次数，噪声方差 σ_k^2，观测 y_k，信道抽头 $\boldsymbol{h}$，最大迭代次数 T

初始化：$\overrightarrow{E}_{0,i},\overleftarrow{F}_{N+L-1,i},D_{k,1}^{\downarrow},D_{k,2}^{\downarrow},\overrightarrow{B}_{0,1},\overrightarrow{B}_{0,2},\overrightarrow{B}_{0,3},\overrightarrow{B}_{0,4},\overleftarrow{B}_{N+L-1,1},\overleftarrow{B}_{N+L-1,2},\overleftarrow{B}_{N+L-1,3},\overleftarrow{B}_{N+L-1,4}$

循环迭代 t 次

均衡器消息计算

前向消息 $\forall k,i$：$\overrightarrow{F}_{k,i}=\overrightarrow{E}_{k,i}\cdot\mathcal{CN}\left(y_k;\boldsymbol{h}^{\top}\boldsymbol{s}_k,\sigma_k^2\right)$,

$$\overrightarrow{E}_{k,i}=\begin{cases}\left(\overrightarrow{F}_{k-1,i/2}+\overrightarrow{F}_{k-1,2^{L-1}+i/2}\right)\cdot D_{k,2}^{\downarrow}, & i=0,2,4,\cdots,2^L-2\\ \left(\overrightarrow{F}_{k-1,[i/2]}+\overrightarrow{F}_{k-1,2^{L-1}+[i/2]}\right)\cdot D_{k,1}^{\downarrow}, & i=1,3,5\cdots,2^L-1\end{cases}$$

后向消息 $\forall k,i$：$\overleftarrow{E}_{k,i}=\overleftarrow{F}_{k,i}\cdot\mathcal{CN}\left(y_k;\boldsymbol{h}^{\top}\boldsymbol{s}_k,\sigma_k^2\right)$, $\overleftarrow{F}_{k-1,i}=\overleftarrow{F}_{k-1,2^{L-1}+i}=\overleftarrow{E}_{k,2i}D_{k,2}^{\downarrow}+\overleftarrow{E}_{k,2i+1}D_{k,1}^{\downarrow}$

输出消息 $\forall k$ ：$D_{k,1}^{\uparrow}=\sum_{i=0}^{2^{L-1}-1}\left(\overrightarrow{F}_{k-1,i}\overleftarrow{E}_{k,2i+1}+\overrightarrow{F}_{k-1,2^{L-1}+i}\overleftarrow{E}_{k,2i+1}\right)$, $D_{k,2}^{\uparrow}=\sum_{i=0}^{2^{L-1}-1}\left(\overrightarrow{F}_{k-1,i}\overleftarrow{E}_{k,2i}+\overrightarrow{F}_{k-1,2^{L-1}+i}\overleftarrow{E}_{k,2i}\right)$

译码器消息计算

上行消息 $\forall i$ ：$\begin{cases}C_{i,1,1}^{\uparrow}=D_{k,1}^{\uparrow}, & k=2i-1\\ C_{i,2,1}^{\uparrow}=D_{k,1}^{\uparrow}, & k=2i\end{cases}$, $\begin{cases}C_{i,1,2}^{\uparrow}=D_{k,2}^{\uparrow}, & k=2i-1\\ C_{i,2,2}^{\uparrow}=D_{k,2}^{\uparrow}, & k=2i\end{cases}$

前向消息 $\forall i$ ：

$\overrightarrow{B}_{i,1}=A_{i,2}^{\downarrow}\overrightarrow{B}_{i-1,1}C_{i,1,2}^{\uparrow}C_{i,2,2}^{\uparrow}+A_{i,2}^{\downarrow}\overrightarrow{B}_{i-1,2}C_{i,1,1}^{\uparrow}C_{i,2,1}^{\uparrow}$, $\overrightarrow{B}_{i,2}=A_{i,2}^{\downarrow}\overrightarrow{B}_{i,4}C_{i,1,1}^{\uparrow}C_{i,2,2}^{\uparrow}+A_{i,2}^{\downarrow}\overrightarrow{B}_{i-1,4}C_{i,1,2}^{\uparrow}C_{i,2,1}^{\uparrow}$

$\overrightarrow{B}_{i,3}=A_{i,1}^{\downarrow}\overrightarrow{B}_{i-1,1}C_{i,1,1}^{\uparrow}C_{i,2,1}^{\uparrow}+A_{i,1}^{\downarrow}\overrightarrow{B}_{i-1,2}C_{i,1,2}^{\uparrow}C_{i,2,2}^{\uparrow}$, $\overrightarrow{B}_{i,4}=A_{i,1}^{\downarrow}\overrightarrow{B}_{i-1,3}C_{i,1,2}^{\uparrow}C_{i,2,1}^{\uparrow}+A_{i,1}^{\downarrow}\overrightarrow{B}_{i-1,4}C_{i,1,1}^{\uparrow}C_{i,2,2}^{\uparrow}$

后向消息 $\forall i$ ：

$\overleftarrow{B}_{i-1,1}=A_{i,2}^{\downarrow}\overleftarrow{B}_{i,1}C_{i,1,2}^{\uparrow}C_{i,2,2}^{\uparrow}+A_{i,1}^{\downarrow}\overleftarrow{B}_{i,3}C_{i,1,1}^{\uparrow}C_{i,2,1}^{\uparrow}$, $\overleftarrow{B}_{i-1,2}=A_{i,2}^{\downarrow}\overleftarrow{B}_{i,1}C_{i,1,1}^{\uparrow}C_{i,2,1}^{\uparrow}+A_{i,1}^{\downarrow}\overleftarrow{B}_{i,3}C_{i,1,2}^{\uparrow}C_{i,2,2}^{\uparrow}$

$\overleftarrow{B}_{i-1,3}=A_{i,2}^{\downarrow}\overleftarrow{B}_{i,2}C_{i,1,1}^{\uparrow}C_{i,2,2}^{\uparrow}+A_{i,1}^{\downarrow}\overleftarrow{B}_{i,4}C_{i,1,2}^{\uparrow}C_{i,2,1}^{\uparrow}$, $\overleftarrow{B}_{i-1,4}=A_{i,2}^{\downarrow}\overleftarrow{B}_{i,2}C_{i,1,2}^{\uparrow}C_{i,2,1}^{\uparrow}+A_{i,1}^{\downarrow}\overleftarrow{B}_{i,4}C_{i,1,1}^{\uparrow}C_{i,2,2}^{\uparrow}$

上行消息 $\forall i$ ：

$A_{i,1}^{\uparrow}=\overrightarrow{B}_{i-1,1}\overleftarrow{B}_{i,3}C_{i,1,1}^{\uparrow}C_{i,2,1}^{\uparrow}+\overrightarrow{B}_{i-1,2}\overleftarrow{B}_{i,3}C_{i,1,2}^{\uparrow}C_{i,2,2}^{\uparrow}+\overrightarrow{B}_{i-1,3}\overleftarrow{B}_{i,4}C_{i,1,2}^{\uparrow}C_{i,2,1}^{\uparrow}+\overrightarrow{B}_{i-1,4}\overleftarrow{B}_{i,4}C_{i,1,1}^{\uparrow}C_{i,2,2}^{\uparrow}$

$A_{i,2}^{\uparrow}=\overrightarrow{B}_{i-1,1}\overleftarrow{B}_{i,1}C_{i,1,2}^{\uparrow}C_{i,2,2}^{\uparrow}+\overrightarrow{B}_{i-1,2}\overleftarrow{B}_{i,1}C_{i,1,1}^{\uparrow}C_{i,2,1}^{\uparrow}+\overrightarrow{B}_{i-1,3}\overleftarrow{B}_{i,2}C_{i,1,1}^{\uparrow}C_{i,2,2}^{\uparrow}+\overrightarrow{B}_{i-1,4}\overleftarrow{B}_{i,2}C_{i,1,2}^{\uparrow}C_{i,2,1}^{\uparrow}$

下行消息 $\forall i$ ：

$C_{i,1,1}^{\downarrow}=A_{i,2}^{\downarrow}\overrightarrow{B}_{i-1,2}\overleftarrow{B}_{i,1}C_{i,2,1}^{\uparrow}+A_{i,2}^{\downarrow}\overrightarrow{B}_{i-1,3}\overleftarrow{B}_{i,2}C_{i,2,2}^{\uparrow}+A_{i,1}^{\downarrow}\overrightarrow{B}_{i-1,1}\overleftarrow{B}_{i,3}C_{i,2,1}^{\uparrow}+A_{i,1}^{\downarrow}\overrightarrow{B}_{i-1,4}\overleftarrow{B}_{i,4}C_{i,2,2}^{\uparrow}$

$C_{i,1,2}^{\downarrow}=A_{i,2}^{\downarrow}\overrightarrow{B}_{i-1,1}\overleftarrow{B}_{i,1}C_{i,2,2}^{\uparrow}+A_{i,2}^{\downarrow}\overrightarrow{B}_{i-1,4}\overleftarrow{B}_{i,2}C_{i,2,1}^{\uparrow}+A_{i,1}^{\downarrow}\overrightarrow{B}_{i-1,2}\overleftarrow{B}_{i,3}C_{i,2,2}^{\uparrow}+A_{i,1}^{\downarrow}\overrightarrow{B}_{i-1,3}\overleftarrow{B}_{i,4}C_{i,2,1}^{\uparrow}$

$C_{i,2,1}^{\downarrow}=A_{i,2}^{\downarrow}\overrightarrow{B}_{i-1,2}\overleftarrow{B}_{i,1}C_{i,1,1}^{\uparrow}+A_{i,2}^{\downarrow}\overrightarrow{B}_{i-1,4}\overleftarrow{B}_{i,2}C_{i,1,2}^{\uparrow}+A_{i,1}^{\downarrow}\overrightarrow{B}_{i-1,1}\overleftarrow{B}_{i,3}C_{i,1,1}^{\uparrow}+A_{i,1}^{\downarrow}\overrightarrow{B}_{i-1,3}\overleftarrow{B}_{i,4}C_{i,1,2}^{\uparrow}$

$C_{i,2,2}^{\downarrow}=A_{i,2}^{\downarrow}\overrightarrow{B}_{i-1,1}\overleftarrow{B}_{i,1}C_{i,1,2}^{\uparrow}+A_{i,2}^{\downarrow}\overrightarrow{B}_{i-1,3}\overleftarrow{B}_{i,2}C_{i,1,1}^{\uparrow}+A_{i,1}^{\downarrow}\overrightarrow{B}_{i-1,2}\overleftarrow{B}_{i,3}C_{i,1,2}^{\uparrow}+A_{i,1}^{\downarrow}\overrightarrow{B}_{i-1,4}\overleftarrow{B}_{i,4}C_{i,1,1}^{\uparrow}$

下行消息 $\forall k$ ：$D_{k,1}^{\downarrow}=\begin{cases}C_{i,1,1}^{\downarrow}, & k=2i-1\\ C_{i,2,1}^{\downarrow}, & k=2i\end{cases}$, $D_{k,2}^{\downarrow}=\begin{cases}C_{i,1,2}^{\downarrow}, & k=2i-1\\ C_{i,2,2}^{\downarrow}, & k=2i\end{cases}$

终止条件：收敛或达到最大迭代次数(迭代终止)

采用 MAP 准则估计出输入符号的估计值

7.2.2 基于联合 BP-EP 规则的迭代接收机设计

在图 7.2 上应用标准 BP 规则，计算复杂度会随着状态变量 $\boldsymbol{s}_k$ 维度信道长度 L 呈指数级增长。一种降低复杂度的有效方法是：利用 EP 规则将变量 x_k 到因子 $f_{\boldsymbol{s}_k}$ 的消息近似为高斯型消息。本节将变量节点按照联合 BP-EP 规则分为不相交的两类：$\mathcal{I}_{\mathrm{EP}}$ 和 $\mathcal{I}_{\mathrm{BP}}=\mathcal{I}\setminus\mathcal{I}_{\mathrm{EP}}$，如图 7.4 所示，由于译码器部分消息的计算与上一节相同，以下只给出均衡器部分的消息计算过程。

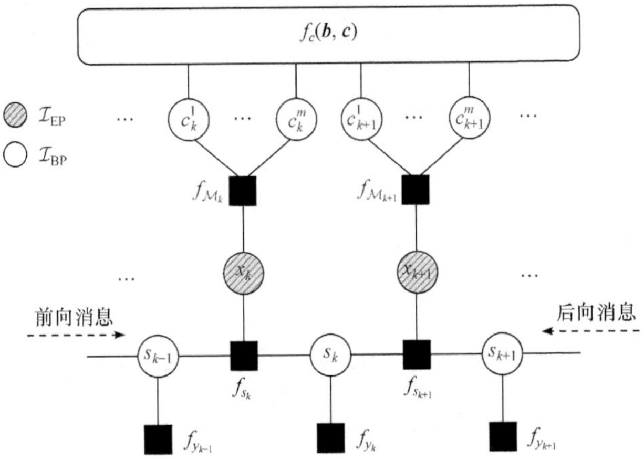

图 7.4　基于联合 BP-EP 迭代接收机因子图

1. 基于 BP-EP 规则的均衡器消息

(1) 均衡器输入消息：假定第 k 个符号，从 $f_{\mathcal{M}_k}$ 到 x_k 的消息可以表示为离散形式 $m_{f_{\mathcal{M}_k}\to x_k}^{\mathrm{BP}}(x_k)=D_{k,1}^{\downarrow}\delta(x_k-1)+D_{k,2}^{\downarrow}\delta(x_k+1)$，并且假设从 x_k 到 $f_{\mathcal{M}_k}$ 的消息形式为 $n_{x_k\to f_{\mathcal{M}_k}}(x_k)\propto\mathcal{N}\left(x_k;\hat{x}_k^{\uparrow},\sigma_{x_k^{\uparrow}}^2\right)$，置信 $b(x_k)\propto m_{f_{\mathcal{M}_k}\to x_k}^{\mathrm{BP}}(x_k)\cdot n_{x_k\to f_{\mathcal{M}_k}}(x_k)$，其期望和方差分别为：

$$\sigma_{x_k}^2=1-(\hat{x}_k)^2 \tag{7-49}$$

$$\hat{x}_k=\frac{D_{k,1}^{\downarrow}\exp\left\{2\hat{x}_k^{\uparrow}\big/\sigma_{x_k^{\uparrow}}^2\right\}-D_{k,2}^{\downarrow}}{D_{k,1}^{\downarrow}\exp\left\{2\hat{x}_k^{\uparrow}\big/\sigma_{x_k^{\uparrow}}^2\right\}+D_{k,2}^{\downarrow}} \tag{7-50}$$

在变量节点 x_k 应用 EP 规则，将离散型消息 $m_{f_{\mathcal{M}_k}\to x_k}^{\mathrm{BP}}(x_k)$ 映射为高斯型消息 $m_{f_{\mathcal{M}_k}\to x_k}^{\mathrm{EP}}(x_k)$，计算公式如下：

$$
\begin{aligned}
m_{f_{\mathcal{M}_k}\to x_k}^{\mathrm{EP}}\left(x_k\right) &= \frac{\mathrm{Proj}_G\left\{m_{f_{\mathcal{M}_k}\to x_k}^{\mathrm{BP}}\left(x_k\right)\cdot n_{x_k\to f_{\mathcal{M}_k}}\left(x_k\right)\right\}}{n_{x_k\to f_{\mathcal{M}_k}}\left(x_k\right)} \\
&\propto \mathcal{N}\left(x_k;\hat{x}_k^{\downarrow},\sigma_{x_k^{\downarrow}}^2\right)
\end{aligned}
\tag{7-51}
$$

其期望和方差更新公式为：

$$
\sigma_{x_k^{\downarrow}}^2 = \left[\left(\sigma_{x_k}^2\right)^{-1} - \left(\sigma_{x_k^{\uparrow}}^2\right)^{-1}\right]^{-1} \tag{7-52}
$$

$$
\hat{x}_k^{\downarrow} = \sigma_{x_k^{\downarrow}}^2\left[\left(\sigma_{x_k}^2\right)^{-1}\hat{x}_k - \left(\sigma_{x_k^{\uparrow}}^2\right)^{-1}\hat{x}_k^{\uparrow}\right] \tag{7-53}
$$

给定 $m_{f_{y_k}\to \boldsymbol{s}_k}\left(\boldsymbol{s}_k\right)\propto\mathcal{N}\left(\boldsymbol{s}_k;\hat{\boldsymbol{s}}_k^{\uparrow},\boldsymbol{V}_{\boldsymbol{s}_k^{\uparrow}}\right)$ 和 $n_{\boldsymbol{s}_{k-1}\to f_{\boldsymbol{s}_k}}\left(\boldsymbol{s}_{k-1}\right)\propto\mathcal{N}\left(\boldsymbol{s}_k;\hat{\boldsymbol{s}}_{k-1}^{\Rightarrow},\boldsymbol{V}_{\boldsymbol{s}_{k-1}^{\Rightarrow}}\right)$ 以及高斯近似的消息 $n_{x_k\to f_{\boldsymbol{s}_k}}\left(x_k\right)=m_{f_{\mathcal{M}_k}\to x_k}^{\mathrm{EP}}\left(x_k\right)\propto\mathcal{N}\left(x_k;\hat{x}_k^{\downarrow},\sigma_{x_k^{\downarrow}}^2\right)$。

(2) 前向消息的计算

前向消息 $m_{f_{\boldsymbol{s}_k}\to \boldsymbol{s}_k}\left(\boldsymbol{s}_k\right)$ 应用 BP 规则可计算为：

$$
\begin{aligned}
m_{f_{\boldsymbol{s}_k}\to \boldsymbol{s}_k}\left(\boldsymbol{s}_k\right) &= \int f_{\boldsymbol{s}_k}\left(\boldsymbol{s}_k,\boldsymbol{s}_{k-1},x_k\right)\cdot n_{\boldsymbol{s}_{k-1}\to f_{\boldsymbol{s}_k}}\left(\boldsymbol{s}_{k-1}\right)\cdot n_{x_k\to f_{\boldsymbol{s}_k}}\left(x_k\right)\mathrm{d}\boldsymbol{s}_{k-1}\mathrm{d}x_k \\
&\propto \exp\left\{-\frac{1}{2}\left(\boldsymbol{s}_k-\hat{\boldsymbol{s}}_k^{\rightarrow}\right)^{\top}\boldsymbol{V}_{\boldsymbol{s}_k^{\rightarrow}}^{-1}\left(\boldsymbol{s}_k-\hat{\boldsymbol{s}}_k^{\rightarrow}\right)\right\}
\end{aligned}
\tag{7-54}
$$

其中期望和方差更新公式为：

$$
\boldsymbol{V}_{\boldsymbol{s}_k^{\rightarrow}} = \boldsymbol{G}\cdot\boldsymbol{V}_{\boldsymbol{s}_{k-1}^{\Rightarrow}}\cdot\boldsymbol{G}^{\top} + \boldsymbol{e}\cdot\boldsymbol{e}^{\top}\cdot\sigma_{x_k^{\downarrow}}^2 \tag{7-55}
$$

$$
\hat{\boldsymbol{s}}_k^{\rightarrow} = \boldsymbol{G}\cdot\hat{\boldsymbol{s}}_{k-1}^{\Rightarrow} + \boldsymbol{e}\cdot\hat{x}_k^{\downarrow} \tag{7-56}
$$

前向消息 $n_{\boldsymbol{s}_k\to f_{\boldsymbol{s}_{k+1}}}\left(\boldsymbol{s}_k\right)$ 应用 BP 规则可计算为：

$$
n_{\boldsymbol{s}_k\to f_{\boldsymbol{s}_{k+1}}}\left(\boldsymbol{s}_k\right) = m_{f_{\boldsymbol{s}_k}\to \boldsymbol{s}_k}\left(\boldsymbol{s}_k\right)\cdot m_{f_{y_k}\to \boldsymbol{s}_k}\left(\boldsymbol{s}_k\right)\propto\exp\left\{-\frac{1}{2}\left(\boldsymbol{s}_k-\hat{\boldsymbol{s}}_k^{\Rightarrow}\right)^{\top}\boldsymbol{V}_{\boldsymbol{s}_k^{\Rightarrow}}^{-1}\left(\boldsymbol{s}_k-\hat{\boldsymbol{s}}_k^{\Rightarrow}\right)\right\} \tag{7-57}
$$

其中期望和方差更新公式为：

$$
\boldsymbol{V}_{\boldsymbol{s}_k^{\Rightarrow}}^{-1} = \boldsymbol{V}_{\boldsymbol{s}_k^{\rightarrow}} - \frac{1}{\sigma_k^2+\boldsymbol{h}^{\mathrm{T}}\cdot\boldsymbol{V}_{\boldsymbol{s}_k^{\rightarrow}}\cdot\boldsymbol{h}}\boldsymbol{V}_{\boldsymbol{s}_k^{\rightarrow}}\cdot\boldsymbol{h}\cdot\boldsymbol{h}^{\top}\cdot\boldsymbol{V}_{\boldsymbol{s}_k^{\rightarrow}} \tag{7-58}
$$

$$
\hat{\boldsymbol{s}}_k^{\Rightarrow} = \hat{\boldsymbol{s}}_k^{\rightarrow} + \frac{1}{\sigma_k^2+\boldsymbol{h}^{\mathrm{T}}\cdot\boldsymbol{V}_{\boldsymbol{s}_k^{\rightarrow}}\cdot\boldsymbol{h}}\left(y_k-\boldsymbol{h}^{\top}\cdot\hat{\boldsymbol{s}}_k^{\rightarrow}\right)\boldsymbol{V}_{\boldsymbol{s}_k^{\rightarrow}}\cdot\boldsymbol{h} \tag{7-59}
$$

(3) 后向消息的计算：同前向消息，后向消息也使用 BP 规则进行计算。给定

$m_{f_{s_{k+1}}\to s_k}(\boldsymbol{s}_k)\propto\mathcal{N}\left(\boldsymbol{s}_k;\hat{\boldsymbol{s}}_k^{\leftarrow},\boldsymbol{V}_{s_k^{\leftarrow}}\right)$ 和 $m_{f_{y_k}\to s_k}(\boldsymbol{s}_k)\propto\mathcal{N}\left(\boldsymbol{s}_k;\hat{\boldsymbol{s}}_k^{\uparrow},\boldsymbol{V}_{s_k^{\uparrow}}\right)$ 以及下行高斯消息 $n_{x_k\to f_{s_k}}(x_k)\propto\mathcal{N}\left(x_k;\hat{x}_k^{\downarrow},\sigma_{x_k^{\downarrow}}^2\right)$。

后向消息 $n_{s_k\to f_{s_k}}(\boldsymbol{s}_k)$ 可计算为:

$$n_{s_k\to f_{s_k}}(\boldsymbol{s}_k)=m_{f_{s_{k+1}}\to s_k}(\boldsymbol{s}_k)\cdot m_{f_{y_k}\to s_k}(\boldsymbol{s}_k)\propto\exp\left\{-\frac{1}{2}\left(\boldsymbol{s}_k-\hat{\boldsymbol{s}}_k^{\Leftarrow}\right)^{\top}\boldsymbol{V}_{s_k^{\Leftarrow}}^{-1}\left(\boldsymbol{s}_k-\hat{\boldsymbol{s}}_k^{\Leftarrow}\right)\right\} \tag{7-60}$$

其中期望和方差更新公式为:

$$\boldsymbol{V}_{s_k^{\Leftarrow}}^{-1}=\boldsymbol{G}^{\top}\cdot\boldsymbol{V}_{s_k^{\leftarrow}}^{-1}\cdot\boldsymbol{G}+\frac{\boldsymbol{h}\cdot\boldsymbol{h}^{\top}}{\sigma_k^2} \tag{7-61}$$

$$\boldsymbol{V}_{s_k^{\Leftarrow}}^{-1}\cdot\hat{\boldsymbol{s}}_k^{\Leftarrow}=\boldsymbol{G}^{\top}\cdot\boldsymbol{V}_{s_k^{\leftarrow}}^{-1}\cdot\hat{\boldsymbol{s}}_k^{\leftarrow}+\frac{\boldsymbol{h}\cdot y_k}{\sigma_k^2} \tag{7-62}$$

后向消息 $m_{f_{s_k}\to s_{k-1}}(\boldsymbol{s}_{k-1})$ 可计算为:

$$\begin{aligned}m_{f_{s_k}\to s_{k-1}}(\boldsymbol{s}_{k-1})&=\iint f_{s_k}(\boldsymbol{s}_k,\boldsymbol{s}_{k-1},x_k)\cdot n_{s_k\to f_{s_k}}(\boldsymbol{s}_k)\cdot n_{x_k\to f_{s_k}}(x_k)\mathrm{d}\boldsymbol{s}_k\mathrm{d}x_k\\&\propto\exp\left\{-\frac{1}{2}\left(\boldsymbol{s}_{k-1}-\hat{\boldsymbol{s}}_{k-1}^{\leftarrow}\right)^{\top}\boldsymbol{V}_{s_{k-1}^{\leftarrow}}^{-1}\left(\boldsymbol{s}_{k-1}-\hat{\boldsymbol{s}}_{k-1}^{\leftarrow}\right)\right\}\end{aligned} \tag{7-63}$$

其中期望和方差更新公式为:

$$\boldsymbol{V}_{s_{k-1}^{\leftarrow}}^{-1}=\boldsymbol{V}_{s_k^{\Leftarrow}}^{-1}-\frac{\boldsymbol{V}_{s_k^{\Leftarrow}}^{-1}\cdot\boldsymbol{e}\cdot\boldsymbol{e}^{\top}\cdot\boldsymbol{V}_{s_k^{\Leftarrow}}^{-1}}{\left(\sigma_{x_k^{\downarrow}}^2\right)^{-1}+\boldsymbol{e}^{\top}\cdot\boldsymbol{V}_{s_k^{\Leftarrow}}^{-1}\cdot\boldsymbol{e}} \tag{7-64}$$

$$\boldsymbol{V}_{s_{k-1}^{\leftarrow}}^{-1}\cdot\hat{\boldsymbol{s}}_{k-1}^{\leftarrow}=\frac{\boldsymbol{V}_{s_k^{\Leftarrow}}^{-1}\cdot\boldsymbol{e}\left(\boldsymbol{e}^{\top}\cdot\boldsymbol{V}_{s_k^{\Leftarrow}}^{-1}\cdot\boldsymbol{s}_k^{\Leftarrow}+\left(\sigma_{x_k^{\downarrow}}^2\right)^{-1}\cdot\hat{x}_k^{\downarrow}\right)}{\left(\sigma_{x_k^{\downarrow}}^2\right)^{-1}+\boldsymbol{e}^{\top}\cdot\boldsymbol{V}_{s_k^{\Leftarrow}}^{-1}\cdot\boldsymbol{e}}+\boldsymbol{V}_{s_k^{\Leftarrow}}^{-1}\cdot\boldsymbol{s}_k^{\Leftarrow} \tag{7-65}$$

(4) 均衡器输出消息:输出的上行消息 $m_{f_{s_k}\to x_k}(x_k)$ 也采用BP规则。为了方便计算,变量 $\boldsymbol{s}_k,\boldsymbol{s}_{k-1}$, x_k 之间的确定性关系 $\boldsymbol{s}_k=\boldsymbol{G}\cdot\boldsymbol{s}_{k-1}+\boldsymbol{e}\cdot x_k$ 可改写为 $\boldsymbol{s}_k=\boldsymbol{G}''\cdot\boldsymbol{G}'\cdot\boldsymbol{s}_{k-1}+\boldsymbol{e}\cdot x_k$,其中 $\boldsymbol{G}''\triangleq[\boldsymbol{I}_{L-1}\ \ \boldsymbol{0}]^{\top}$,$\boldsymbol{G}'\triangleq[\boldsymbol{0}\ \ \boldsymbol{I}_{L-1}]$。由因子 $f_{s_k}(\boldsymbol{s}_k,\boldsymbol{s}_{k-1},x_k)$ 传递给变量 x_k 的消息为:

$$\begin{aligned}m_{f_{s_k}\to x_k}(x_k)&=\iint f_{s_k}(\boldsymbol{s}_k,\boldsymbol{s}_{k-1},x_k)\cdot n_{s_k\to f_{s_k}}(\boldsymbol{s}_k)\cdot n_{s_{k-1}\to f_{s_k}}(\boldsymbol{s}_{k-1})\mathrm{d}\boldsymbol{s}_k\mathrm{d}\boldsymbol{s}_{k-1}\\&\propto\exp\left\{-\frac{1}{2}\frac{\left(x_k-\hat{x}_k^{\uparrow}\right)^2}{\sigma_{x_k^{\uparrow}}^2}\right\}\end{aligned} \tag{7-66}$$

其中期望和方差更新公式为：

$$\sigma_{x_k^{\uparrow}}^2 = \boldsymbol{e}^{\top} \cdot \boldsymbol{V}_{s_k^{\Leftarrow}} \cdot \boldsymbol{e} - \boldsymbol{e}^{\top} \cdot \boldsymbol{V}_{s_k^{\Leftarrow}} \cdot \boldsymbol{G}'' \cdot \left[\boldsymbol{G}' \cdot \boldsymbol{V}_{s_{k-1}^{\Rightarrow}} \cdot \boldsymbol{G}'^{\top} + \boldsymbol{G}''^{\top} \cdot \boldsymbol{V}_{s_k^{\Leftarrow}} \cdot \boldsymbol{G}'' \right]^{-1} \cdot \boldsymbol{G}''^{\top} \cdot \boldsymbol{V}_{s_k^{\Leftarrow}} \cdot \boldsymbol{e} \tag{7-67}$$

$$\hat{x}_k^{\uparrow} = \boldsymbol{e}^{\top} \cdot \hat{\boldsymbol{s}}_k^{\Leftarrow} + \boldsymbol{e}^{\top} \cdot \boldsymbol{V}_{s_k^{\Leftarrow}} \cdot \boldsymbol{G}'' \cdot \left[\boldsymbol{G}' \cdot \boldsymbol{V}_{s_{k-1}^{\Rightarrow}} \cdot \boldsymbol{G}'^{\top} + \boldsymbol{G}''^{\top} \cdot \boldsymbol{V}_{s_k^{\Leftarrow}} \cdot \boldsymbol{G}'' \right]^{-1} \cdot \left[\boldsymbol{G}' \cdot \hat{\boldsymbol{s}}_{k-1}^{\Rightarrow} - \boldsymbol{G}''^{\top} \cdot \hat{\boldsymbol{s}}_k^{\Leftarrow} \right] \tag{7-68}$$

由以上推导的公式可见 $m_{f_{s_k} \to s_k}(\boldsymbol{s}_k)$ 和 $m_{f_{s_k} \to s_{k-1}}(\boldsymbol{s}_{k-1})$ 均为高斯消息，方便后续消息的计算，可有效降低计算复杂度。

式(7-52)通过 EP 方法计算得到的方差可能会出现负值，通常采用一种简单有效的方法，对负方差取绝对值[120]。此外后续仿真实验可看出，基于联合 BP-EP 规则的迭代接收机的误码率(Bit Error Rate，BER)性能随着迭代次数的增加会出现振荡现象。

依据上述计算步骤，下面给出了基于联合 BP-EP 的迭代接收机算法。

算法 7.2　基于联合 BP-EP 的迭代接收机算法

输入：最大迭代次数，噪声方差 σ_k^2，观测 y_k，信道抽头 $\boldsymbol{h}$，最大迭代次数 T

初始化：$\hat{\boldsymbol{s}}_0^{\Rightarrow}, \boldsymbol{V}_{s_0^{\Rightarrow}}, \hat{\boldsymbol{s}}_{N+L-1}^{\Leftarrow}, \boldsymbol{V}_{s_{N+L-1}^{\Leftarrow}}, D_{k,1}^{\downarrow}, D_{k,2}^{\downarrow}, \hat{x}_k^{\uparrow}, \sigma_{x_k^{\uparrow}}^2$

循环迭代 t 次

均衡器消息计算

下行消息 $\forall k$：

$$\hat{x}_k = \frac{D_{k,1}^{\downarrow} \exp\left\{2\hat{x}_k^{\uparrow} / \sigma_{x_k^{\uparrow}}^2\right\} - D_{k,2}^{\downarrow}}{D_{k,1}^{\downarrow} \exp\left\{2\hat{x}_k^{\uparrow} / \sigma_{x_k^{\uparrow}}^2\right\} + D_{k,2}^{\downarrow}};\ \sigma_{x_k}^2 = 1 - \left(\hat{x}_k\right)^2;\ \sigma_{x_k^{\downarrow}}^2 = \left[\left(\sigma_{x_k}^2\right)^{-1} - \left(\sigma_{x_k^{\uparrow}}^2\right)^{-1}\right]^{-1};$$

$$\hat{x}_k^{\downarrow} = \sigma_{x_k^{\downarrow}}^2 \left[\left(\sigma_{x_k}^2\right)^{-1} \hat{x}_k - \left(\sigma_{x_k^{\uparrow}}^2\right)^{-1} \hat{x}_k^{\uparrow}\right]$$

前向消息 $\forall k$：

$$\boldsymbol{V}_{s_k^{\rightarrow}} = \boldsymbol{G} \cdot \boldsymbol{V}_{s_{k-1}^{\Rightarrow}} \cdot \boldsymbol{G}^{\top} + \boldsymbol{e} \cdot \boldsymbol{e}^{\top} \cdot \sigma_{x_k^{\downarrow}}^2;\ \hat{\boldsymbol{s}}_k^{\rightarrow} = \boldsymbol{G} \cdot \hat{\boldsymbol{s}}_{k-1}^{\Rightarrow} + \boldsymbol{e} \cdot \hat{x}_k^{\downarrow}$$

$$\boldsymbol{V}_{s_k^{\Rightarrow}}^{-1} = \boldsymbol{V}_{s_k^{\rightarrow}} - \frac{1}{\sigma_k^2 + \boldsymbol{h}^{\mathrm{T}} \cdot \boldsymbol{V}_{s_k^{\rightarrow}} \cdot \boldsymbol{h}} \boldsymbol{V}_{s_k^{\rightarrow}} \cdot \boldsymbol{h} \cdot \boldsymbol{h}^{\top} \cdot \boldsymbol{V}_{s_k^{\rightarrow}};\ \hat{\boldsymbol{s}}_k^{\Rightarrow} = \hat{\boldsymbol{s}}_k^{\rightarrow} + \frac{1}{\sigma_k^2 + \boldsymbol{h}^{\mathrm{T}} \cdot \boldsymbol{V}_{s_k^{\rightarrow}} \cdot \boldsymbol{h}} \left(y_k - \boldsymbol{h}^{\top} \cdot \hat{\boldsymbol{s}}_k^{\rightarrow}\right) \boldsymbol{V}_{s_k^{\rightarrow}} \cdot \boldsymbol{h}$$

后向消息 $\forall k$：

$$\boldsymbol{V}_{s_k^{\Leftarrow}}^{-1} = \boldsymbol{G}^{\top} \cdot \boldsymbol{V}_{s_k^{\leftarrow}}^{-1} \cdot \boldsymbol{G} + \frac{\boldsymbol{h} \cdot \boldsymbol{h}^{\top}}{\sigma_k^2};\ \boldsymbol{V}_{s_k^{\Leftarrow}}^{-1} \cdot \hat{\boldsymbol{s}}_k^{\Leftarrow} = \boldsymbol{G}^{\top} \cdot \boldsymbol{V}_{s_k^{\leftarrow}}^{-1} \cdot \hat{\boldsymbol{s}}_k^{\leftarrow} + \frac{\boldsymbol{h} \cdot y_k}{\sigma_k^2}$$

$$V_{s_{k-1}^{\leftarrow}}^{-1}=V_{s_k^{\Leftarrow}}^{-1}-\frac{V_{s_k^{\Leftarrow}}^{-1}\cdot e\cdot e^{\top}\cdot V_{s_k^{\Leftarrow}}^{-1}}{\left(\sigma_{x_k^{\downarrow}}^{2}\right)^{-1}+e^{\top}\cdot V_{s_k^{\Leftarrow}}^{-1}\cdot e}\;;\quad V_{s_{k-1}^{\leftarrow}}^{-1}\cdot\hat{s}_{k-1}^{\leftarrow}=\frac{V_{s_k^{\Leftarrow}}^{-1}\cdot e\left(e^{\top}\cdot V_{s_k^{\Leftarrow}}^{-1}\cdot s_k^{\Leftarrow}+\left(\sigma_{x_k^{\downarrow}}^{2}\right)^{-1}\cdot\hat{x}_k^{\downarrow}\right)}{\left(\sigma_{x_k^{\downarrow}}^{2}\right)^{-1}+e^{\mathrm{T}}\cdot V_{s_k^{\Leftarrow}}^{-1}\cdot e}+V_{s_k^{\Leftarrow}}^{-1}\cdot s_k^{\Leftarrow}$$

输出消息 $\forall k$：

$$\sigma_{x_k^{\uparrow}}^{2}=e^{\top}\cdot V_{s_k^{\Leftarrow}}\cdot e-e^{\top}\cdot V_{s_k^{\Leftarrow}}\cdot G''\cdot\left[G'\cdot V_{s_{k-1}^{\Rightarrow}}\cdot G'^{\top}+G''^{\top}\cdot V_{s_k^{\Leftarrow}}\cdot G''\right]^{-1}\cdot G''^{\top}\cdot V_{s_k^{\Leftarrow}}\cdot e$$

$$\hat{x}_k^{\uparrow}=e^{\top}\cdot\hat{s}_k^{\Leftarrow}+e^{\top}\cdot V_{s_k^{\Leftarrow}}\cdot G''\cdot\left[G'\cdot V_{s_{k-1}^{\Rightarrow}}\cdot G'^{\top}+G''^{\top}\cdot V_{s_k^{\Leftarrow}}\cdot G''\right]^{-1}\cdot\left[G'\cdot\hat{s}_{k-1}^{\Rightarrow}-G''^{\top}\cdot\hat{s}_k^{\Leftarrow}\right]$$

译码器消息计算与表 7.1 相同，此处不再赘述。
终止条件：收敛或达到最大迭代次数(迭代终止)
采用 MAP 准则估计出输入符号的估计值

2. 进一步降低复杂度的方法

从上一小节的推导过程中可以看出，该算法的复杂度主要取决于式(7-67)和式(7-68)的矩阵求逆操作，其复杂度为 $\mathcal{O}\left(L^3\right)$，下面介绍一种降低复杂度的方法：

首先计算状态变量 s_k 的置信：

$$b\left(s_k\right)\propto m_{s_k\to f_{s_k}}\left(s_k\right)\cdot n_{f_{s_k}\to s_k}\left(s_k\right)\propto\mathcal{N}\left(s_k;m_k,V_k\right)\tag{7-69}$$

式中：

$$V_k=\left(V_{s_k^{\Leftarrow}}^{-1}+V_{s_k^{\rightarrow}}^{-1}\right)^{-1}\tag{7-70}$$

$$m_k=V_k\left(V_{s_k^{\Leftarrow}}^{-1}\cdot\hat{s}_k^{\Leftarrow}+V_{s_k^{\rightarrow}}^{-1}\cdot\hat{s}_k^{\leftarrow}\right)\tag{7-71}$$

从因子节点 $f_{s_{k-l}}$ 到变量节点 x_{k-l} 的消息可以计算为：

$$\begin{aligned}\tilde{m}_{f_{s_{k-l}}\to x_{k-l}}^{\mathrm{BP}}\left(x_{k-l}\right)&=\frac{\int f_{s_k}\left(s_k,s_{k-1},x_k\right)\cdot\delta\left(s_{k,L-l}-x_{k-l}\right)\mathrm{d}s_k}{n_{x_{k-l}\to f_{s_{k-l}}}\left(x_{k-l}\right)}\\&\propto\exp\left\{-\frac{1}{2}\frac{\left(x_k-\hat{x}_{k-l}^{\uparrow}\right)^2}{\sigma_{x_{k-l}^{\uparrow}}^{2}}\right\}\end{aligned}\tag{7-72}$$

式中：

$$\sigma_{x_{k-l}^{\uparrow}}^{2}=\left(V_{k,L-l}^{-1}-\left(\sigma_{x_{k-l}^{\downarrow}}^{2}\right)^{-1}\right)\tag{7-73}$$

$$\hat{x}_{k-l}^{\uparrow}=\sigma_{x_{k-l}^{\uparrow}}^{2}\left(V_{k,L-l}^{-1}m_{k,L-l}-\left(\sigma_{x_{k-l}^{\downarrow}}^{2}\right)^{-1}\hat{x}_{k}^{\downarrow}\right) \tag{7-74}$$

上式中 $s_{k,L-l}$ 和 $m_{k,L-l}$ 分别表示 $\boldsymbol{s}_k$ 和 $\boldsymbol{m}_k$ 中的第 $L-l$ 个元素，$V_{k,L-l}$ 表示 $\boldsymbol{V}_k$ 中的第 $L-l$ 个对角元素。由于 $b(\boldsymbol{s}_k)$ 中包含了 L 个连续符号的置信，因此只需要每 L 个符号计算一次 $b(\boldsymbol{s}_k)$，即可获得相应的均衡器输出消息。通过这种方法，每 L 个符号只需要两次矩阵求逆操作，使得复杂度从 $\mathcal{O}(L^3)$ 降低到 $\mathcal{O}(L^2)$。$\tilde{m}_{f_{s_{k-l}}\to x_{k-l}}^{\mathrm{BP}}(x_{k-l})$ 与 $m_{f_{s_{k-l}}\to x_{k-l}}^{\mathrm{BP}}(x_{k-l})$ 的等价性可以使用递推的方法证明，即证明当 $l=0$ 和 $l=1$ 两者相等即可，当 $l=0$ 时：

$$\begin{aligned}
&\tilde{m}_{f_{s_k}\to x_k}^{\mathrm{BP}}(x_{k-l})\\
&\propto\frac{\int b(\boldsymbol{s}_k)\cdot\delta(s_{k,L}-x_k)\mathrm{d}\boldsymbol{s}_k}{n_{x_k\to f_{s_k}}(x_k)}\propto\frac{\int m_{f_{s_k}\to\boldsymbol{s}_k}(\boldsymbol{s}_k)\cdot n_{\boldsymbol{s}_k\to f_{s_k}}(\boldsymbol{s}_k)\cdot\delta(s_{k,L}-x_k)\mathrm{d}\boldsymbol{s}_k}{n_{x_k\to f_{s_k}}(x_k)}\\
&=\frac{\iiint n_{\boldsymbol{s}_{k-1}\to f_{s_k}}(\boldsymbol{s}_{k-1})n_{x_k\to f_{s_k}}(x_k)f_{s_k}(\boldsymbol{s}_k,\boldsymbol{s}_{k-1},x_k)\mathrm{d}\boldsymbol{s}_{k-1}\mathrm{d}x_k\cdot n_{\boldsymbol{s}_k\to f_{s_k}}(\boldsymbol{s}_k)\cdot\delta(s_{k,L}-x_k)\mathrm{d}\boldsymbol{s}_k}{n_{x_k\to f_{s_k}}(x_k)}\\
&=\iint n_{\boldsymbol{s}_{k-1}\to f_{s_k}}(\boldsymbol{s}_{k-1})n_{\boldsymbol{s}_k\to f_{s_k}}(\boldsymbol{s}_k)f_{s_k}(\boldsymbol{s}_k,\boldsymbol{s}_{k-1},x_k)\mathrm{d}\boldsymbol{s}_{k-1}\mathrm{d}\boldsymbol{s}_k\\
&=m_{f_{s_k}\to x_k}^{\mathrm{BP}}(x_k)
\end{aligned} \tag{7-75}$$

当 $l=1$ 时：

$$\begin{aligned}
&\int b(\boldsymbol{s}_k)\cdot\delta(s_{k,L-1}-x_{k-1})\mathrm{d}\boldsymbol{s}_k\\
&=\int m_{f_{s_k}\to\boldsymbol{s}_k}(\boldsymbol{s}_k)\cdot n_{\boldsymbol{s}_k\to f_{s_k}}(\boldsymbol{s}_k)\cdot\delta(s_{k,L-1}-x_{k-1})\mathrm{d}\boldsymbol{s}_k\\
&=\iiint n_{x_k\to f_{s_k}}(x_k)n_{s_{k,L-1}\to f_{s_k}}(x_k)f_{s_k}(\boldsymbol{s}_k,\boldsymbol{s}_{k-1},x_k)\mathrm{d}\boldsymbol{s}_{k-1}\mathrm{d}x_k\cdot n_{\boldsymbol{s}_k\to f_{s_k}}(\boldsymbol{s}_k)\cdot\delta(s_{k,L-1}-x_{k-1})\mathrm{d}\boldsymbol{s}_k\\
&=\iiint n_{x_k\to f_{s_k}}(x_k)n_{\boldsymbol{s}_k\to f_{s_k}}(\boldsymbol{s}_k)f_{s_k}(\boldsymbol{s}_k,\boldsymbol{s}_{k-1},x_k)\delta(s_{k,L-1}-x_{k-1})\mathrm{d}\boldsymbol{s}_k\mathrm{d}x_k n_{s_{k,L-1}\to f_{s_k}}(x_k)\mathrm{d}\boldsymbol{s}_{k-1}\\
&=\iiint n_{x_k\to f_{s_k}}(x_k)n_{\boldsymbol{s}_k\to f_{s_k}}(\boldsymbol{s}_k)f_{s_k}(\boldsymbol{s}_k,\boldsymbol{s}_{k-1},x_k)\mathrm{d}\boldsymbol{s}_k\mathrm{d}x_k\delta(s_{k-1,L}-x_{k-1})n_{\boldsymbol{s}_{k-1}\to f_{s_k}}(\boldsymbol{s}_{k-1})\mathrm{d}\boldsymbol{s}_{k-1}\\
&=\int m_{f_{s_k}\to\boldsymbol{s}_{k-1}}(\boldsymbol{s}_{k-1})n_{\boldsymbol{s}_k\to f_{s_k}}(\boldsymbol{s}_k)\delta(s_{k-1,L}-x_{k-1})\mathrm{d}\boldsymbol{s}_{k-1}\\
&=\int b(\boldsymbol{s}_{k-1})\cdot\delta(s_{k-1,L}-x_{k-1})\mathrm{d}\boldsymbol{s}_{k-1}
\end{aligned} \tag{7-76}$$

可得：

$$\begin{aligned}\tilde{m}^{\mathrm{BP}}_{f_{s_{k-1}}\to x_{k-1}}\left(x_{k-1}\right) &\propto \frac{\int b\left(\boldsymbol{s}_k\right)\cdot\delta\left(s_{k,L-1}-x_{k-1}\right)\mathrm{d}\boldsymbol{s}_k}{n_{x_{k-1}\to f_{s_{k-1}}}\left(x_{k-1}\right)} \\ &\propto \frac{\int b\left(\boldsymbol{s}_{k-1}\right)\cdot\delta\left(s_{k-1,L}-x_{k-1}\right)\mathrm{d}\boldsymbol{s}_{k-1}}{n_{x_{k-1}\to f_{s_{k-1}}}\left(x_{k-1}\right)} \\ &\propto \tilde{m}^{\mathrm{BP}}_{f_{s_{k-1}}\to x_{k-1}}\left(x_{k-1}\right)\end{aligned} \tag{7-77}$$

以此类推，可以证明 $\tilde{m}^{\mathrm{BP}}_{f_{s_{k-l}}\to x_{k-l}}\left(x_{k-l}\right)=m^{\mathrm{BP}}_{f_{s_{k-l}}\to x_{k-l}}\left(x_{k-l}\right)$。

7.2.3 基于 PGA 的迭代接收机设计

考虑一个特定的符号 x_k，显然使用式(7-66)计算 $m_{f_{s_k}\to x_k}\left(x_k\right)$ 是把其他符号的离散消息即 $n_{x_{k'}\to f_{\mathcal{M}_{k'}}}\left(x_{k'}\right),\ k'\neq k$ 进行了高斯近似。而 PGA 算法的思想是对符号 x_k 有明显影响的信道符号使用原始的离散消息而不是高斯近似的消息。

首先，需要确定哪些信道符号对符号 x_k 有明显干扰。设 $q_i=\sum_{l=0}^{L-1}h_l\cdot h_{l+i}$ 为信道脉冲响应的自相关函数，其中 $h_l=0, l\in\mathbb{Z}\setminus\{0,\cdots,L-1\}$。定义 $\mathbb{K}_\rho=\{i\in\{-(L-1),\cdots,L-1\}:|q_i|>\rho\cdot q_0\}$ 为自相关函数大于 ρq_0 的延迟标号，其中 $\rho\in[0,1)$。于是 $\mathbb{I}_k^{\mathrm{D}}=\left\{k+i:i\in\mathbb{K}_\rho\right\}\subseteq\mathbb{I}_k=\left\{k-(L-1),\cdots,k+L-1\right\}$ 包含调制符号 x_k 和相关水平达到 ρ 的干扰符号的标号。这些符号组成 M 维向量 $\boldsymbol{x}_k^{\mathrm{D}}=\left[x_j:j\in\mathbb{I}_k^{\mathrm{D}}\right]^{\top}$，其中 $M=\left|\mathbb{K}_\rho\right|$。假定 $\overline{i}=\max\mathbb{K}_\rho$ 满足 $1+2\overline{i}\leqslant L$。于是可以看出，每当 $k+\overline{i}\leqslant k'\leqslant k+(L-1)-\overline{i}$ 时，$\boldsymbol{x}_k^{\mathrm{D}}$ 中所有元素均是 $\boldsymbol{s}_{k'}$ 的成员。注意这里假设 $\overline{i}$ 满足 $k+\overline{i}\leqslant k+(L-1)-\overline{i}$。

根据上面的定义，可以指定从 f_{s_k} 到 x_k 的消息：

$$m^{\mathrm{PG}}_{f_{s_k}\to x_k}\left(x_k\right)=\sum_{\boldsymbol{x}_k^{\mathrm{D}}\setminus x_k}\frac{\prod_{\kappa\in\mathbb{I}_k^{\mathrm{D}}\setminus k}n_{x_\kappa\to f_{s_\kappa}}\left(x_\kappa\right)}{\prod_{i\in\mathbb{I}_k^{\mathrm{D}}}n^{\mathrm{G}}_{x_i\to f_{s_i}}\left(x_i\right)}\cdot b^{\mathrm{G}}_{k'}\left(\boldsymbol{x}_k^{\mathrm{D}}\right) \tag{7-78}$$

式中，$n_{x_\kappa\to f_{s_\kappa}}\left(x_\kappa\right)=m_{f_{\mathcal{M}_\kappa}\to x_\kappa}\left(x_\kappa\right)$，$b^{\mathrm{G}}_{k'}\left(\boldsymbol{x}_k^{\mathrm{D}}\right)=\int b^{\mathrm{G}}\left(\boldsymbol{s}_{k'}\right)\mathrm{d}\left(\boldsymbol{s}_{k'}\setminus\boldsymbol{x}_k^{\mathrm{D}}\right)$。

式(7-78)中所有的高斯函数结合表示为：

$$\left[\prod_{i\in\mathbb{I}_k^{\mathrm{D}}}n^{\mathrm{G}}_{x_i\to f_{s_i}}\left(x_i\right)\right]^{-1}\cdot b^{\mathrm{G}}_{k'}\left(\boldsymbol{x}_k^{\mathrm{D}}\right)\propto\mathcal{N}\left(\boldsymbol{x}_k^{\mathrm{D}};\boldsymbol{m}^e_{\boldsymbol{x}_k^{\mathrm{D}}},\boldsymbol{V}^e_{\boldsymbol{x}_k^{\mathrm{D}}}\right) \tag{7-79}$$

其期望和方差更新公式为：

$$\boldsymbol{V}_{\boldsymbol{x}_k^{\mathrm{D}}}^{e}=\left[\left(\boldsymbol{P}_{k'}\cdot\boldsymbol{V}_{\boldsymbol{s}_{k'}}\cdot\boldsymbol{P}_{k'}^{\top}\right)^{-1}-\left(\boldsymbol{V}_{\boldsymbol{x}_k^{\mathrm{D}}}\right)^{-1}\right]^{-1} \tag{7-80}$$

$$\boldsymbol{m}_{\boldsymbol{x}_k^{\mathrm{D}}}^{e}=\boldsymbol{V}_{\boldsymbol{x}_k^{\mathrm{D}}}^{e}\cdot\left[\left(\boldsymbol{P}_{k'}\cdot\boldsymbol{V}_{\boldsymbol{s}_{k'}}\cdot\boldsymbol{P}_{k'}^{\top}\right)^{-1}\cdot\boldsymbol{P}_{k'}\cdot\boldsymbol{m}_{\boldsymbol{s}_{k'}}-\left(\boldsymbol{V}_{\boldsymbol{x}_k^{\mathrm{D}}}\right)^{-1}\cdot\boldsymbol{m}_{\boldsymbol{x}_k^{\mathrm{D}}}\right] \tag{7-81}$$

其中，选择矩阵 $\boldsymbol{P}_{k'}\in\mathbb{R}^{M\times L}$ 满足 $\boldsymbol{x}_k^{\mathrm{D}}=\boldsymbol{P}_{k'}\cdot\boldsymbol{s}_{k'}$。

矢量 $\boldsymbol{m}_{\boldsymbol{x}_k^{\mathrm{D}}}^{e}$ 的元素和对角矩阵 $\boldsymbol{V}_{\boldsymbol{x}_k^{\mathrm{D}}}^{e}$ 的对角元素分别为消息 $n_{x_k\to f_{s_k}}^{\mathrm{G}}(x_k),k\in\mathbb{I}_i^{\mathrm{D}}$ 的一阶矩 m_{x_κ} 和二阶矩 $\sigma_{x_\kappa}^2$。基于部分高斯近似的消息 $m_{f_{s_k}\to x_k}(x_k)$ 为：

$$m_{f_{s_k}\to x_k}(x_k)\propto\sum_{\boldsymbol{x}_k^{\mathrm{D}}\backslash x_k}\mathcal{N}\left(\boldsymbol{x}_k^{\mathrm{D}};\boldsymbol{m}_{\boldsymbol{x}_k^{\mathrm{D}}}^{e},\boldsymbol{V}_{\boldsymbol{x}_k^{\mathrm{D}}}^{e}\right)\prod_{\kappa\in\mathbb{I}_k^{\mathrm{D}}\backslash k}n_{x_\kappa\to f_{s_\kappa}}(x_\kappa) \tag{7-82}$$

消息调度过程如下：

S1：初始化：$n_{x_k\to f_{s_k}}(x_k)\propto 1$，$n_{x_k\to f_{s_k}}^{\mathrm{G}}(x_k)=\mathcal{N}(x_k;0,1)$。

S2：均衡：根据文献[50]的公式计算消息 $m_{f_{s_k}\to s_k}^{\mathrm{G}}(\boldsymbol{s}_k)$ 和 $n_{\boldsymbol{s}_k\to f_{s_{k+1}}}^{\mathrm{G}}(\boldsymbol{s}_k)$，$k\in\{1,\cdots,N+L-1\}$；同样并行计算 $m_{f_{s_k}\to s_{k-1}}^{\mathrm{G}}(\boldsymbol{s}_{k-1})$ 和 $n_{\boldsymbol{s}_{k-1}\to f_{s_{k-1}}}^{\mathrm{G}}(\boldsymbol{s}_{k-1})$，$k\in\{N+L-1,\cdots,1\}$；最后根据文献[116]中公式(28)计算置信 $b^{\mathrm{G}}(\boldsymbol{s}_k)$。

S3：均衡到解调器消息传递：根据式(7-79)和式(7-82)计算消息 $m_{f_{s_k}\to x_k}^{\mathrm{PG}}(x_k)$。

S4：解映射解码过程：消息 $m_{f_{s_k}\to x_k}^{\mathrm{PG}}(x_k)$ 传送给解调器，进而传递给译码器。在译码器里使用BCJR算法进行译码，反向编码调制后得到离散消息 $n_{x_k\to f_{s_k}}(x_k)=m_{f_{\mathcal{M}_k}\to x_k}(x_k)$。

S5：解调器到均衡器消息传递：根据式(7-51)更新高斯消息 $n_{x_k\to f_{s_k}}^{\mathrm{G}}(x_k)=m_{f_{\mathcal{M}_k}\to x_k}^{\mathrm{G}}(x_k)$。

S2 到 S5 重复迭代直到达到迭代次数的最大值。

7.2.4　基于启发式消息近似的迭代接收机设计

针对 BP 规则复杂度较高的问题，除了使用以上标准消息更新规则外，还有一些启发式的消息近似方法，其中比较典型的有 GABP、Doped-EP 和 PartGABP 算法。这些方法针对应用 BP 规则消息 $n_{x_k\to f_{s_k}}(x_k)$ 的形式为离散形式所引起的复杂度较高的问题，把离散形式消息近似成高斯形式消息，从而降低算法复杂度。以下算法中除消息 $n_{x_k\to f_{s_k}}(x_k)$ 计算结果不同外，推导过程均与使用 BP-EP 规则得到的消息相同，因此只给出消息 $n_{x_k\to f_{s_k}}(x_k)$ 的计算过程。

1. 直接高斯近似方法

为了减少复杂度，高斯近似置信传播(GABP)算法[121]把离散消息通过直接映射近似为高斯消息，计算如下：

$$n_{x_k \to f_{s_k}}^{\text{GABP}}\left(x_k\right) = \text{Proj}_G\left[m_{f_{\mathcal{M}_k} \to x_k}^{\text{BP}}\left(x_k\right)\right] = \mathcal{N}\left(x_k; \hat{x}_k^{\text{GA}}, \sigma_{\text{GA}_k}^2\right) \tag{7-83}$$

其中，Proj_G 表示非高斯分布通过矩匹配映射为高斯消息的运算，$\hat{x}_k^{\text{GA}}$ 和 $\sigma_{\text{GA}_k}^2$ 表示 GABP 算法高斯近似的期望和方差。采用高斯近似后，在检测部分传递的消息均是高斯消息。由此可以看出，通过高斯近似可以大大降低计算的复杂度。然而，GABP 算法直接对离散消息进行高斯近似，引起的性能损失较大。

2. 混合 EP-GABP 的高斯近似算法

Doped EP 算法[118]是把 EP 和 GABP 两类消息按比例混合后再进行高斯近似得到的算法，即：

$$n_{x_k \to f_{s_k}}^{\text{MIX}}\left(x_k\right) = \alpha \cdot n_{x_k \to f_{s_k}}^{\text{EP}}\left(x_k\right) + (1-\alpha) \cdot n_{x_k \to f_{s_k}}^{\text{GABP}}\left(x_k\right) \tag{7-84}$$

其中 α 为混合因子。式(7-84)得到的两个高斯消息混合后的新消息是非高斯形式，后续计算复杂度高。为了得到高斯形式消息，需要对其进行高斯近似，即：

$$n_{x_k \to f_{s_k}}^{\text{DEP}}\left(x_k\right) = \text{Proj}_G\left[n_{x_k \to f_{s_k}}^{\text{MIX}}\left(x_k\right)\right] = \mathcal{N}\left(x_k; \hat{x}_k^{\text{DEP}}, \sigma_{\text{DEP}_k}^2\right) \tag{7-85}$$

通过计算容易得出：

$$\hat{x}_k^{\text{DEP}} = \alpha \cdot x_k^{\text{EP}} + (1-\alpha) \cdot x_k^{\text{GA}} \tag{7-86}$$

$$\sigma_{\text{DEP}_k}^2 = \alpha \cdot \sigma_{\text{EP}_k}^2 + (1-\alpha) \cdot \sigma_{\text{GA}_k}^2 + \alpha \cdot (1-\alpha) \cdot \left|\hat{x}_k^{\text{EP}} - \hat{x}_k^{\text{GA}}\right|^2 \tag{7-87}$$

从式(7-84)和式(7-85)可以看出当 $\alpha = 0$ 时为 GABP 算法，当 $\alpha = 1$ 时为 BP-EP 算法。

7.3　算法比较与仿真分析

本节通过仿真实验对 7.2 小节给出的几种接收机进行性能比较，主要指标包括复杂度、误码率、收敛速度。

仿真参数设置如下：考虑一个编码系统，采用码率为 $R = 1/2$，生成多项式为 $(23,35)_8$ 的卷积码进行编码，并进行随机交织后使用 BPSK 进行调制，产生发送符号。信息比特序列的长度设为：$N = 2048$，多径信道采用深度衰落时不变信道(Proakis-C 信道模型)，信道抽头 $\boldsymbol{h} = \left[0.227, 0.460, 0.688, 0.460, 0.227\right]^{\top}$ [122]，假定接收机已经精确获得信道参数。对于 Doped-EP 算法，混合因子 α 采用经验取值[123]，在本节仿真中设置为 $\alpha = 0.8$。

仿真图中各个接收机的名称、消息形式的选择及复杂度如表 7.2 所示。根据实验中采用的系统参数配置情况($N = 2048, L = 5, M = 3$)，可知 BP 的复杂度最高，随着调制阶数和信道记忆长度呈指数级增长[124]；GABP、BP-EP、Doped EP 复杂度相当；PartGABP 和 PGA 的复杂度介于以上两者之间。

表 7.2 不同均衡器算法复杂度的比较

Turbo 均衡器	译码器到均衡器	均衡器到译码器	复杂度
BP	离散消息	离散消息	$\mathcal{O}\left(2^{QL}\right)$
PGA[55]	EP 规则进行高斯近似	部分高斯近似(PGA)	$\mathcal{O}\left(L^3/\left(L-M+1\right)+M^2Q^M\right)$
PartGABP[125]	离散消息直接高斯近似	部分高斯近似(PGA)	$\mathcal{O}\left(L^3/\left(L-M+1\right)+M^2Q^M\right)$
GABP[121]	离散消息直接高斯近似	高斯近似(GA)	$\mathcal{O}\left(L^2\right)$
BP-EP[116]	EP 规则高斯近似(方差取绝对值)	高斯近似(GA)	$\mathcal{O}\left(L^2\right)$
Doped EP[118]	Doped EP 高斯近似(混合)	高斯近似(GA)	$\mathcal{O}\left(L^2\right)$

图 7.5 给出信噪比为 5.5dB 情况下使用上述 5 种接收机设计算法的收敛速度曲线。从曲线中可以看出 Doped EP 在迭代 15 次之后达到收敛，BP-EP 和 PartGABP 也需要 15 次迭代，PGA 需要 10 次迭代，GABP 需要 20 次迭代。对比可知，PGA 收敛速度最快，Doped EP、EP-BP 和 PartGABP 收敛速度基本相同，收敛速度慢于 PGA；GABP 收敛速度最慢。

图 7.6 给出上述 5 种接收机设计算法迭代 30 次之后的 BER 性能，还包括 AWGN 信道(无符号间干扰信道)下卷积码编码系统采用 MAP 检测器的 BER 性能(作为 BER 性能比较的下限)，迭代次数设为固定值 30 次。从图中可以看出，以上的算法中 BP 的性能最好，GABP 算法采用直接高斯近似性能最差，BP-EP、Doped EP、PartGABP、PGA 与 BP 相比损失了部分性能，但是复杂度大大降低。

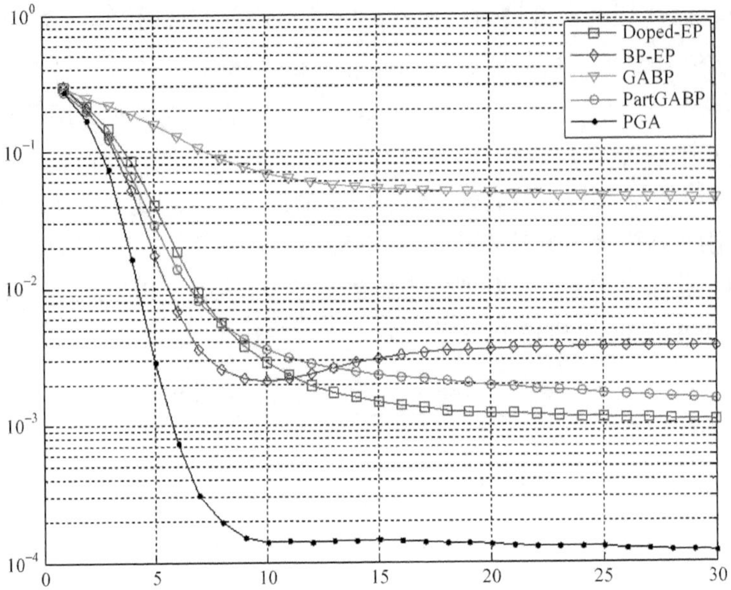

图 7.5　误码率随迭代次数的变化($E_b/N_0=5.5\text{dB}$, $N=2048$)

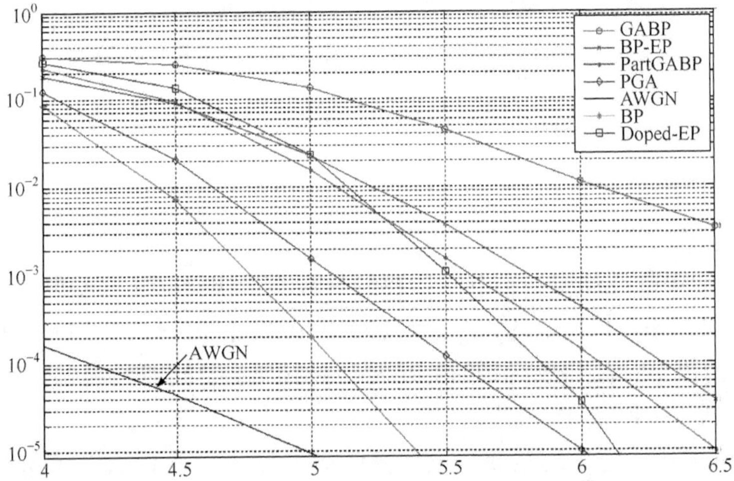

图 7.6　不同均衡方案组合的误码率性能比较($N=2048$)

7.4　本 章 小 结

本章首先给出 ISI 信道下 SISO 系统模型，针对该模型的接收机设计问题讨论了几种算法。首先给出了基于单一消息更新 LOOP-BP 规则的迭代接收机设计方法，该算法复杂度会随着信道记忆长度呈指数级增长。为降低复杂度，学者们研究了各种形式化高斯近似的检测算法，联合 BP-EP、PGA 算法等；同时产生各种启发式高斯近似的检测算法，如 GABP 和 Doped EP 算法。这些算法的主要区别在于离散消息 $n_{x_k \to f_{s_k}}(x_k)$ 的近似方法不同。最后通过仿真实验和分析得出：基于 BP 算法的接收机性能最好但复杂度最高；基于 BP-EP、Doped EP、GABP 算法的接收机复杂度相当，均小于 BP 算法，但是 GABP 算法性能差于 BP-EP 和 Doped EP 算法；基于 PGA 算法的接收机则实现了性能与复杂度的折中。

本章讨论的方法可以实现单天线 ISI 信道下均衡算法复杂度的降低，同时可以实现性能的有效提升，而且可以直接扩展到 MIMO 检测中，降低 MIMO 检测算法的复杂度。

第 8 章　消息传递算法在 MIMO-OFDM 中的应用

近年来应用消息传递算法进行包含信道估计的接收机设计受到研究人员的广泛关注。如第 5 章所述，通过恰当设计消息更新规则的应用范围，联合规则可以发挥各种单一规则的优点同时避免各自的缺点。但是由常规因子分解得到的某些因子比较复杂，无论使用哪种单一规则均不可避免该规则缺点。我们在文献[20]中提出一种增加辅助变量的因子图变换方法，原本由一个表达复杂函数关系的因子节点等效为多个简单因子的乘积，相当于因子图拉伸，从而可以根据各个节点自身特点采取更为灵活的消息更新规则。

在文献[126]公式(1)所示的 MIMO-OFDM(Multiple-Input Multiple-Output Orthogonal Frequency Division Multiplexing)多用户信号模型中，存在典型的“乘积-求和”结构，使得直接采用 BP 规则无法得到闭式解，必须采用一些近似。文献[127]采用 MF 规则处理含有“乘积-求和”结构的观测节点，导致性能较差。文献[128]中采用了一种联合 BP-EP-MF 规则，即通过引入辅助变量和将多天线的接收符号聚合成向量形式，“乘积”和“求和”分别利用 BP 和 MF 规则更新。但是由于运算中存在矩阵求逆，导致其复杂度较高。以上几种方法均有不足，本章给出了以下改进思路：首先，利用因子图拉伸将“乘积”“求和”分别用不同因子节点表示，从而可以使用联合 BP-EP 规则处理观测节点[20]。相对其他几种方法，该方法有明显性能优势，但是以提升复杂度为代价；其次，针对上述复杂度过高的问题，本章给出一种新的混合消息传递方法[126]，即在一个因子节点上不同方向的消息计算采用不同的消息更新规则，从而使得消息计算更为灵活；此外为了达到性能和复杂度的折中，本章也给出一种结合上述两种方法的 PGA 方法[125]。最后本章给出以上几种消息传递算法迭代接收机的仿真结果和性能分析。

8.1　MIMO-OFDM 系统模型

考虑一个 N 个用户的 MIMO-OFDM 系统上行链路，基站配置 M 根接收天线，每个用户配置单天线。OFDM 具有 K 个子载波，用户 n 的频域发送符号可表示为 $\boldsymbol{x}_n=\left[x_n(1),\cdots,x_n(K)\right]^{\top}$，上述 MIMO-OFDM 系统如图 8.1 所示。

在 K 个子载波中，选择 K_p 个均匀分配的子载波作为导频，导频图谱定义为

$\mathcal{P}_n$。为了避免导频污染，假定不同用户的导频图谱不重叠，即$\cap\mathcal{P}_n=\varnothing$；并且当某个子载波选择为导频，其他用户在此子载波上不进行信号传输[20]。从而在天线 m 上的接收数据可以表示为如下多用户接收模型：

$$y_{mk}=\sum_{n}h_{mnk}\cdot x_{nk}+w_{mk} \tag{8-1}$$

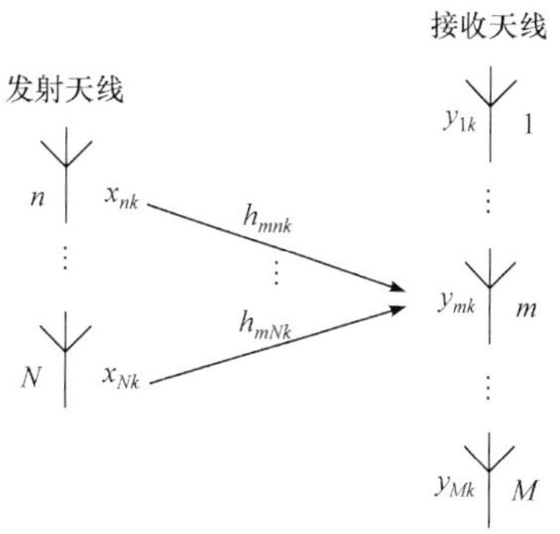

图 8.1　MIMO-OFDM 系统上行链路示意图

式(8-1)中 x_{nk} 表示发射天线 n 的发送数据，y_{mk} 表示接收天线 m 的接收数据，h_{mnk} 表示发射天线 n 和接收天线 m 之间的频域等效衰落信道，$w_{mk}\sim\mathcal{CN}\left(0,\lambda^{-1}\right)$表示加性高斯白噪声，下标 k 代表 OFDM 子载波编号。频域等效衰落向量 $\boldsymbol{h}_{mn}=\left[h_{mn1},\cdots,h_{mnK}\right]^{\top}$ 可以看作时域抽头向量 $\boldsymbol{\alpha}_{mn}\in\mathbb{C}^{L}$ 的离散傅里叶变换(DFT)。从接收模型(8-1)可得，MIMO-OFDM 的联合 PDF 可因子分解为：

$$\begin{aligned}p(\boldsymbol{y},\boldsymbol{h},\boldsymbol{x},\boldsymbol{c},\boldsymbol{b},\boldsymbol{\alpha},\lambda)&=p(\lambda)\prod_{m,k}p\left(y_{mk}\mid\boldsymbol{h}_{mk},\boldsymbol{x}_{k},\lambda\right)\prod_{m,n}p\left(\boldsymbol{h}_{mn},\boldsymbol{\alpha}_{mn}\right)\prod_{n}p\left(\boldsymbol{b}_{n},\boldsymbol{c}_{n},\boldsymbol{x}_{n}\right)\\&=f_{\lambda}\prod_{m,k}f_{O_{mk}}\left(y_{mk},\boldsymbol{h}_{mk},\boldsymbol{x}_{k},\lambda\right)\prod_{m,n}f_{\boldsymbol{h}_{mn}}\left(\boldsymbol{h}_{mn},\boldsymbol{\alpha}_{mn}\right)\prod_{n}f_{\mathcal{M}_{n}}\left(\boldsymbol{b}_{n},\boldsymbol{c}_{n},\boldsymbol{x}_{n}\right)\end{aligned} \tag{8-2}$$

其中，$\boldsymbol{h}_{mk}=\left\{h_{mnk},\forall n\right\}$，$\boldsymbol{\alpha}_{mn}=\left\{\alpha_{mnl},\forall l\right\}$，$\boldsymbol{x}_{k}=\left\{x_{nk},\forall n\right\}$。在式(8-2)中定义观测节点：

$$f_{O_{mk}}\left(y_{mk},\boldsymbol{h}_{mk},\boldsymbol{x}_{k},\lambda\right)\triangleq p\left(y_{mk}\mid\boldsymbol{h}_{mk},\boldsymbol{x}_{k},\lambda\right)=\mathcal{CN}\left(y_{mk};\sum_{n}x_{nk}\cdot h_{mnk},\lambda^{-1}\right) \tag{8-3}$$

$f_{\boldsymbol{h}_{mn}}\left(\boldsymbol{h}_{mn},\boldsymbol{\alpha}_{mn}\right)\triangleq p\left(\boldsymbol{h}_{mn},\boldsymbol{\alpha}_{mn}\right)$表示信道时域向量和频域向量的联合概率分布，$f_{\mathcal{M}_{n}}\left(\boldsymbol{b}_{n},\boldsymbol{c}_{n},\boldsymbol{x}_{n}\right)\triangleq p\left(\boldsymbol{b}_{n},\boldsymbol{c}_{n},\boldsymbol{x}_{n}\right)$表示调制、编码和交织约束函数，其中 $\boldsymbol{b}_n$ 和 $\boldsymbol{c}_n$ 表示用户 n 的信息比特和编码比特向量。简洁起见，不再对 $f_{\boldsymbol{h}_{mn}}$ 和 $f_{\mathcal{M}_n}$ 进行分解，具体可以参考文献[129]、[130]。假设噪声精度未知，其先验概率假设为 $f_{\lambda}=1/\lambda$。由式(8-2)可画出原始因子图，如图 8.2 所示，图中每个虚线框表示式(8-2)中的“乘积-求和”关系。

从图中可以看出，每一个观测节点 $f_{O_{mk}}$ 均连接了一系列的变量节点，表达式(8-3)所示的复杂函数关系，该函数关系包含三个子问题：变量 x_{nk} 和 h_{mnk} 的乘积、对 $h_{mnk}\cdot x_{nk}$ 的求和以及噪声方差 λ 的估计。而这样一个表达复杂关系的因子节点，在选择消息更新规则时会遇到很大的困难：由第 5 章例 5.3 可知，若采用

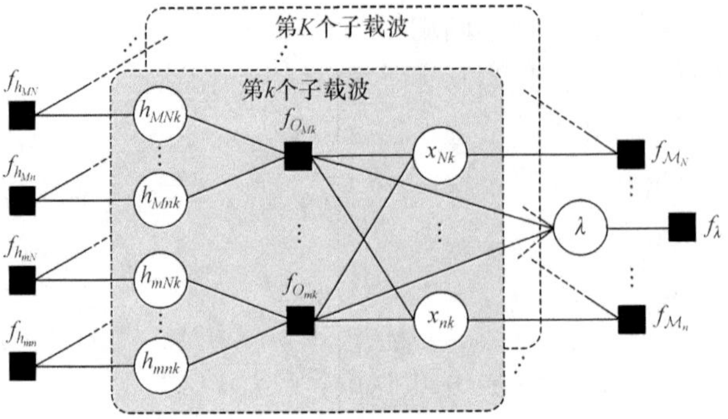

图 8.2　式(8-2)的原始因子图

BP 规则计算得到的消息高斯函数的方差部分出现了变量，无法继续计算；并且由第 5 章例 5.2 可知，该情况下噪声方差无法估计。若采用 MF 规则，由于观测节点 $f_{O_{mk}}$ [①]中存在的“求和”结构，由第 5 章例可知，由于方差丢失导致过估计，引起性能严重下降。故直接采用如图 8.2 所示因子图，很难实现最优性能。为了提高估计性能，本章给出一种增加辅助节点的图变换方法，变换后各节点可以选择合适的消息更新规则。该方法实现过程为：

首先定义辅助变量 $z_{mnk}=x_{nk}\cdot h_{mnk}$ 和 $\tau_{mk}=\sum_n z_{mnk}$ ，$\boldsymbol{\tau}=\{\tau_{mk},\forall m,k\}$ ，$\boldsymbol{z}=\{z_{mnk},\forall m,n,k\}$，从而联合 PDF 可以进一步分解为：

$$
\begin{aligned}
p(\boldsymbol{y},\boldsymbol{h},\boldsymbol{x},\boldsymbol{c},\boldsymbol{b},\boldsymbol{\alpha},\boldsymbol{z},\boldsymbol{\tau},\lambda)=f_\lambda\prod_{m,k}\Big(&f_{y_{mk}}(y_{mk},\tau_{mk},\lambda)\cdot f_{\tau_{mk}}(\tau_{mk},\boldsymbol{z}_{mk})\\
&\cdot\prod_n f_{z_{mnk}}(z_{mnk},h_{mnk},x_{nk})\Big)\\
&\cdot\prod_{m,n} f_{\boldsymbol{h}_{mn}}(h_{mnk},\boldsymbol{\alpha}_{mn})\prod_n f_{\mathcal{M}_n}(\boldsymbol{b}_n,\boldsymbol{c}_n,\boldsymbol{x}_n)
\end{aligned}
\tag{8-4}
$$

式中，$f_{y_{mk}}(y_{mk},\tau_{mk},\lambda)=\mathcal{CN}(\tau_{mk};y_{mk},\lambda^{-1})$ 表示新的观测节点，节点 $f_{\tau_{mk}}(\tau_{mk},\boldsymbol{z}_{mk})\triangleq\delta\left(\tau_{mk}-\sum_n z_{mnk}\right)$ 和 $f_{z_{mnk}}(z_{mnk},h_{mnk},x_{nk})\triangleq\delta(z_{mnk}-x_{nk}h_{mnk})$ 表示辅助变量之间的硬约束关系。根据式(8-4)画出如图 8.3 所示因子图。

从图 8.3 中可以看出，前述表达复杂函数的因子节点 $f_{O_{mk}}$ 由单一功能的因子节点 $f_{\tau_{mk}}$、$f_{z_{mnk}}$ 和 $f_{y_{mk}}$ 共同表示。而 $f_{O_{mk}}$ 所包含的三个问题(求和、乘积、方差估计)也分别由上述三个节点处理，从而可以更灵活地选择消息更新规则。

① 为方便表示，因子节点 $f_{O_{mk}}(y_{mk},\boldsymbol{h}_{mk},\boldsymbol{x}_k,\lambda)$ 可以省略变量，写作 $f_{O_{mk}}$ 。

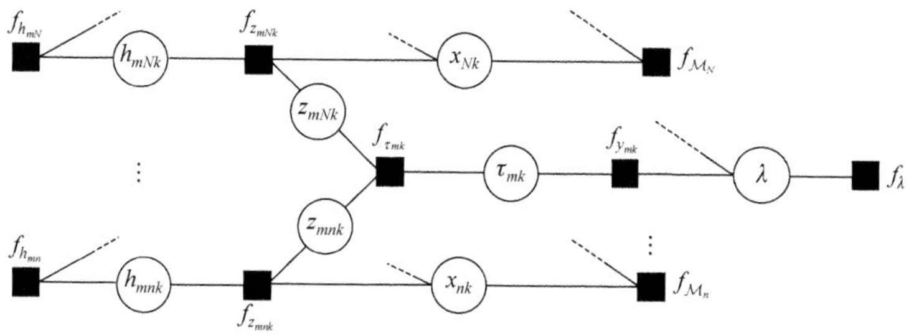

图 8.3 拉伸变换后的因子图

8.2 基于联合 BP-EP-MF 规则的消息传递算法迭代接收机

上一小节中经过图变换后新的因子图，可以针对不同节点的特点更灵活地选择消息更新规则。同第 5 章例 5.9 分析思路，离散符号、求和运算和方差估计分别使用 EP、BP 和 MF 规则处理，因此因子图按照以下方法划分：首先将因子图按因子节点划分为两个不相交的子集 $\mathcal{A}_{\mathrm{MF}} \triangleq \left\{f_{y_{mk}}, \forall m,k\right\} \cup f_\lambda$ 和 $\mathcal{A}_{\mathrm{Bethe}} \triangleq \left\{\mathcal{A} \setminus \mathcal{A}_{\mathrm{MF}}\right\}$；然后将变量节点 $\mathcal{I}_{\mathrm{Bethe}}$（$\mathcal{I}_{\mathrm{Bethe}} \triangleq \bigcup_{a\in\mathcal{A}_{\mathrm{Bethe}}} \mathcal{N}(a)$）划分为两个不相交的子集 $\mathcal{I}_{\mathrm{EP}} \triangleq \left\{h_{mnk}, z_{mnk}, \forall m,n,k\right\}$ 和 $\mathcal{I}_{\mathrm{BP}} \triangleq \left\{\mathcal{I}_{\mathrm{Bethe}} \setminus \mathcal{I}_{\mathrm{EP}}\right\}$，划分结果如图 8.4 所示。为方便消息计算，将图 8.4 所示因子图划分为 4 个子图：多用户干扰消除、信道估计、噪声方差估计、检测和解码，并分别由(Ⅰ)~(Ⅳ)表示。在消息计算时，若用到未定义的消息，默认使用上次迭代或初始化的消息。另外，子图中 $f_{h_{mn}}$ 和 $f_{\mathcal{M}_n}$ 部分消息计算，可参考文献[52]、[131]，由于篇幅限制，本书不再赘述。

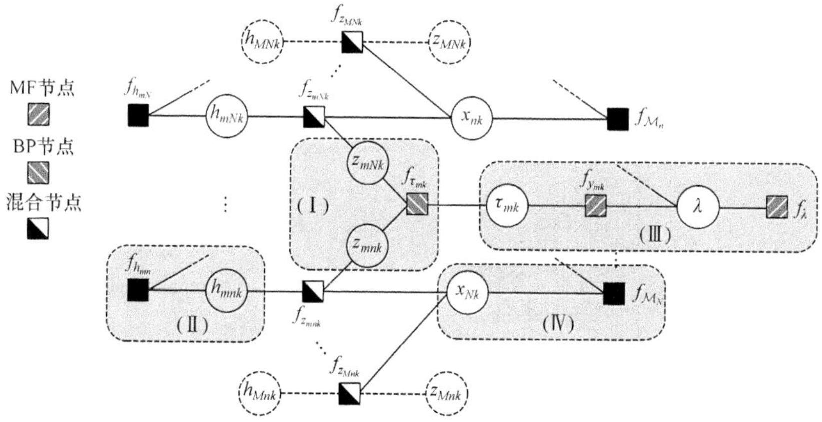

图 8.4 基于 BP-EP-MF 的因子图划分

8.2.1 多用户干扰消除

由于$\tau_{mk}=\sum_{n} z_{mnk}$，即$\tau_{mk}$中包含了$N$个用户发送的数据，从这$N$个用户中去除其他用户的干扰，提取出其中某一用户的数据称为多用户干扰消除，而(I)部分相关消息计算目的是去除其他用户干扰信息，得到某个用户的相关数据。

假定消息$n_{x_{nk}\to f_{z_{mnk}}}(x_{nk})=\sum_{s}\beta_{mnk}^{s}\delta(x_{nk}-s)$，$n_{h_{mnk}\to f_{z_{mnk}}}(h_{mnk})=\mathcal{CN}(h_{mnk};\hat{p}_{mnk},v_{p_{mnk}})$和$n_{z_{mnk}\to f_{z_{mnk}}}(z_{mnk})=\mathcal{CN}\left(z_{mnk};\overleftarrow{z}_{mnk},\overleftarrow{v}_{z_{mnk}}\right)$均由上次迭代得到，其值分别在后续式(8-29)、式(8-17)和式(8-11)中更新。从而前向消息$m_{f_{z_{mnk}}\to z_{mnk}}^{\text{BP}}(z_{mnk})$可以计算为：

$$\begin{aligned}m_{f_{z_{mnk}}\to z_{mnk}}^{\text{BP}}(z_{mnk})&=\left\langle f_{z_{mnk}}\right\rangle_{n_{x_{nk}\to f_{z_{mnk}}}(x_{nk})n_{h_{mnk}\to f_{z_{mnk}}}(h_{mnk})}\\&=\sum_{s}\beta_{mnk}^{s}|s|^2\cdot\mathcal{CN}\left(z_{mnk};s\cdot\hat{p}_{mnk},|s|^2\cdot v_{p_{mnk}}\right)\end{aligned}\tag{8-5}$$

从消息$m_{f_{z_{mnk}}\to z_{mnk}}^{\text{BP}}(z_{mnk})$计算结果可以看出，该消息具有混合高斯的形式，会给后续的消息计算带来很高的复杂度。在此处利用 EP 规则，对变量节点z_{mnk}进行高斯映射，将其置信近似为单一高斯形式，从而大幅降低后续消息的计算复杂度。

$$b^{G}(z_{mnk})=\text{Proj}_{\mathcal{CN}}\left\{m_{f_{z_{mnk}}\to z_{mnk}}^{\text{BP}}(z_{mnk})\cdot n_{z_{mnk}\to f_{z_{mnk}}}(z_{mnk})\right\}\triangleq\mathcal{CN}\left(z_{mnk};\hat{z}_{mnk},v_{z_{mnk}}\right)\tag{8-6}$$

上式中期望和方差更新公式分别为：

$$\begin{aligned}\hat{z}_{mnk}&=\sum_{s}\psi_{mnk}^{s}\cdot\mu_{mnk}^{z}\\v_{z_{mnk}}&=\sum_{s}\psi_{mnk}^{s}\cdot\left(\left|\mu_{mnk}^{z}\right|^2+v_{mnk}^{z}\right)-\left|\hat{z}_{mnk}\right|^2\end{aligned}\tag{8-7}$$

其中：

$$\begin{aligned}\mu_{mnk}^{z}&=\frac{|s|^2\cdot v_{p_{mnk}}\cdot\overleftarrow{z}_{mnk}+\overleftarrow{v}_{z_{mnk}}\cdot s\cdot\hat{p}_{mnk}}{|s|^2\cdot v_{p_{mnk}}+\overleftarrow{v}_{z_{mnk}}}\\v_{mnk}^{z}&=\frac{|s|^2\cdot v_{p_{mnk}}\cdot\overleftarrow{v}_{z_{mnk}}}{|s|^2\cdot v_{p_{mnk}}+\overleftarrow{v}_{z_{mnk}}}\\\psi_{mnk}^{s}&=\frac{\beta_{mnk}^{s}\cdot|s|^2\cdot\mathcal{CN}\left(\overleftarrow{z}_{mnk};s\cdot\hat{p}_{mnk},|s|^2\cdot v_{p_{mnk}}+\overleftarrow{v}_{z_{mnk}}\right)}{\sum_{s}\beta_{mnk}^{s}\cdot|s|^2\cdot\mathcal{CN}\left(\overleftarrow{z}_{mnk};s\cdot\hat{p}_{mnk},|s|^2\cdot v_{p_{mnk}}+\overleftarrow{v}_{z_{mnk}}\right)}\end{aligned}\tag{8-8}$$

从而可以得到 EP 消息$m_{f_{z_{mnk}}\to z_{mnk}}^{\text{EP}}(z_{mnk})$为：

$$m^{\mathrm{EP}}_{f_{z_{mnk}}\to z_{mnk}}\left(z_{mnk}\right)=\frac{b^{\mathrm{G}}\left(z_{mnk}\right)}{n_{z_{mnk}\to f_{z_{mnk}}}\left(z_{mnk}\right)}\triangleq\mathcal{CN}\left(z_{mnk};\vec{z}_{mnk},\vec{v}_{z_{mnk}}\right) \tag{8-9}$$

其中：

$$\begin{aligned}\vec{v}_{z_{mnk}}&=\left(1/v_{z_{mnk}}-1/\overleftarrow{v}_{z_{mnk}}\right)^{-1}\\ \vec{z}_{mnk}&=\vec{v}_{z_{mnk}}\left(\hat{z}_{mnk}/v_{z_{mnk}}-\overleftarrow{z}_{mnk}/\overleftarrow{v}_{z_{mnk}}\right)\end{aligned} \tag{8-10}$$

假设消息 $m_{f_{y_{mk}}\to\tau_{mk}}\left(\tau_{mk}\right)$ 由上次迭代得到，其值在式(8-24)中更新，从而返回消息 $n_{z_{mnk}\to f_{z_{mnk}}}\left(z_{mnk}\right)$ 可以计算为：

$$\begin{aligned}n_{z_{mnk}\to f_{z_{mnk}}}\left(z_{mnk}\right)&=\left\langle f_{\tau_{mk}}\right\rangle_{\prod_{n'\neq n} m^{\mathrm{EP}}_{f_{z_{mn'k}}\to z_{mn'k}}\left(z_{mn'k}\right)m_{f_{y_{mk}}\to\tau_{mk}}\left(\tau_{mk}\right)}\\ &=\mathcal{CN}\left(z_{mnk};y_{mk}-\sum_{n'\neq n}\vec{z}_{mn'k},\hat{\lambda}^{-1}+\sum_{n'\neq n}\vec{v}_{z_{mn'k}}\right)\\ &\triangleq\mathcal{CN}\left(z_{mnk};\overleftarrow{z}_{mnk},\overleftarrow{v}_{z_{mnk}}\right)\end{aligned} \tag{8-11}$$

其中，$\hat{\lambda}$ 表示噪声精度的估计，其值在式(8-23)中更新。

8.2.2　信道估计

假设消息 $n_{h_{mnk}\to f_{z_{mnk}}}\left(h_{mnk}\right)=\mathcal{CN}\left(h_{mnk};\hat{p}_{mnk},v_{p_{mnk}}\right)$ 由上次迭代得到，其值在式(8-17)更新，与上节计算 $m^{\mathrm{EP}}_{f_{z_{mnk}}\to z_{mnk}}\left(z_{mnk}\right)$ 类似，本节计算 $m_{f_{z_{mnk}}\to h_{mnk}}\left(h_{mnk}\right)$ 也需要采用 EP 规则进行近似，从而变量 h_{mnk} 的置信可以计算为：

$$\begin{aligned}b^{\mathrm{G}}\left(h_{mnk}\right)&=\mathrm{Proj}_G\left\{m^{\mathrm{BP}}_{f_{z_{mnk}}\to h_{mnk}}\left(h_{mnk}\right)\cdot n_{h_{mnk}\to f_{z_{mnk}}}\left(h_{mnk}\right)\right\}\\ &\triangleq\mathcal{CN}\left(h_{mnk};\hat{h}_{mnk},v_{h_{mnk}}\right)\end{aligned} \tag{8-12}$$

其期望和方差分别为：

$$\begin{aligned}\hat{h}_{mnk}&=\sum_s\phi^s_{mnk}\cdot\mu^h_{mnk}\\ v_{h_{mnk}}&=\sum_s\phi^s_{mnk}\cdot\left(\left|\mu^h_{mnk}\right|^2+v^h_{mnk}\right)-\left|\hat{h}_{mnk}\right|^2\end{aligned} \tag{8-13}$$

其中：

$$\mu_{mnk}^{h}=\frac{\overleftarrow{v}_{z_{mnk}}\cdot\hat{p}_{mnk}+v_{p_{mnk}}\cdot\overleftarrow{z}_{mnk}\cdot s^{*}}{\overleftarrow{v}_{z_{mnk}}+|s|^{2}\cdot v_{p_{mnk}}}$$

$$v_{mnk}^{h}=\frac{\overleftarrow{v}_{z_{mnk}}\cdot v_{p_{mnk}}}{\overleftarrow{v}_{z_{mnk}}+|s|^{2}\cdot v_{p_{mnk}}} \tag{8-14}$$

$$\phi_{mnk}^{s}=\frac{\beta_{mnk}^{s}\cdot\mathcal{CN}\left(s\cdot\hat{p}_{mnk};\overleftarrow{z}_{mnk},\overleftarrow{v}_{z_{mnk}}+|s|^{2}\cdot v_{p_{mnk}}\right)}{\sum_{s}\beta_{mnk}^{s}\cdot\mathcal{CN}\left(s\cdot\hat{p}_{mnk};\overleftarrow{z}_{mnk},\overleftarrow{v}_{z_{mnk}}+|s|^{2}\cdot v_{p_{mnk}}\right)}$$

从而 EP 消息 $m_{f_{z_{mnk}}\to h_{mnk}}^{\mathrm{EP}}(h_{mnk})$计算为：

$$m_{f_{z_{mnk}}\to h_{mnk}}^{\mathrm{EP}}(h_{mnk})=\mathcal{CN}\left(h_{mnk};\overleftarrow{h}_{mnk},\overleftarrow{v}_{h_{mnk}}\right) \tag{8-15}$$

其中：

$$\overleftarrow{v}_{h_{mnk}}=\left(1/v_{h_{mnk}}-1/v_{p_{mnk}}\right)^{-1}$$
$$\overleftarrow{h}_{mnk}=\overleftarrow{v}_{h_{mnk}}\left(\hat{h}_{mnk}/v_{h_{mnk}}-\hat{p}_{mnk}/v_{p_{mnk}}\right) \tag{8-16}$$

基于高斯形式的消息 $m_{f_{z_{mnk}}\to h_{mnk}}^{\mathrm{EP}}(h_{mnk})$和信道的先验信息，可以利用多径信道估计方法[131]：GAMP 算法计算出返回消息。

$$n_{h_{mnk}\to f_{z_{mnk}}}(h_{mnk})=\mathcal{CN}\left(h_{mnk};\hat{p}_{mnk},v_{p_{mnk}}\right) \tag{8-17}$$

具体的计算方法可以参阅文献[131]，此处不再赘述。

8.2.3 噪声方差估计

由 BP 规则，消息 $m_{f_{\tau_{mk}}\to\tau_{mk}}(\tau_{mk})$计算为：

$$m_{f_{\tau_{mk}}\to\tau_{mk}}(\tau_{mk})=\left\langle f_{\tau_{mk}}\right\rangle_{\prod_{n}m_{f_{z_{mnk}}\to z_{mnk}}(z_{mnk})}=\mathcal{CN}\left(\tau_{mk};\sum_{n}\vec{z}_{mnk},\sum_{n}\vec{v}_{z_{mnk}}\right)$$
$$\triangleq\mathcal{CN}\left(\tau_{mk};\vec{\tau}_{mk},\vec{v}_{\tau_{mk}}\right) \tag{8-18}$$

假设返回消息：

$$m_{f_{y_{mk}}\to\tau_{mk}}(\tau_{mk})\propto\mathcal{CN}\left(\tau_{mk};y_{mk},\hat{\lambda}^{-1}\right) \tag{8-19}$$

由上次迭代得到，并且在式(8-24)中更新，其中 $\hat{\lambda}$ 为噪声精度在上次迭代的估计值。从而变量 τ_{mk} 的置信计算为：

$$b(\tau_{mk})=m_{f_{y_{mk}}\to\tau_{mk}}(\tau_{mk})\cdot m_{f_{\tau_{mk}}\to\tau_{mk}}(\tau_{mk})$$
$$\propto\mathcal{CN}\left(\tau_{mk};\frac{\vec{\tau}_{mk}+\hat{\lambda}\cdot\vec{v}_{\tau_{mk}}\cdot y_{mk}}{1+\hat{\lambda}\cdot\vec{v}_{\tau_{mk}}},\frac{\vec{v}_{\tau_{mk}}}{1+\hat{\lambda}\cdot\vec{v}_{\tau_{mk}}}\right)\triangleq\mathcal{CN}\left(\tau_{mk};\hat{\tau}_{mk},v_{\tau_{mk}}\right) \tag{8-20}$$

消息 $m_{f_{y_{mk}}\to\lambda}(\lambda)$ 可由 MF 规则计算为:

$$m_{f_{y_{mk}}\to\lambda}(\lambda)=\exp\left\{\left\langle\ln f_{y_{mk}}\right\rangle_{b(\tau_{mk})}\right\}=\lambda\cdot\exp\left\{-\lambda\left|y_{mk}-\tau_{mk}\right|^2\right\} \tag{8-21}$$

由噪声精度的先验 $m_{f_\lambda\to\lambda}(\lambda)=1/\lambda$，可计算其置信为:

$$b(\lambda)\propto\prod_{m,k}m_{f_{y_{mk}}\to\lambda}(\lambda)\cdot m_{f_\lambda\to\lambda}(\lambda) \tag{8-22}$$

所以噪声精度可估计为:

$$\hat{\lambda}=\frac{\int\lambda\cdot b(\lambda)\mathrm{d}\lambda}{\int b(\lambda)\mathrm{d}\lambda}=\frac{M\cdot K}{\sum\limits_{m,k}\left[\left|y_{mk}-\hat{\tau}_{mk}\right|^2+v_{\tau_{mk}}\right]} \tag{8-23}$$

由更新过的噪声精度，消息 $m_{f_{y_{mk}}\to\tau_{mk}}(\tau_{mk})$ 可计算为:

$$m_{f_{y_{mk}}\to\tau_{mk}}(\tau_{mk})=\exp\left\{\left\langle\ln f_{y_{mk}}\right\rangle_{b(\lambda)}\right\}\propto\mathcal{CN}\left(\tau_{mk};y_{mk},\hat{\lambda}^{-1}\right) \tag{8-24}$$

8.2.4　检测和解码

利用 BP 规则可以计算消息 $m_{f_{z_{mnk}}\to x_{nk}}(x_{nk})$ 为:

$$\begin{aligned}m_{f_{z_{mnk}}\to x_{nk}}(x_{nk})&=\left\langle f_{z_{mnk}}\right\rangle_{n_{h_{mnk}\to f_{z_{mnk}}}(h_{mnk})n_{z_{mnk}\to f_{z_{mnk}}}(z_{mnk})}\\&=\frac{1}{\left|x_{nk}\right|^2\cdot v_{p_{mnk}}+\overleftarrow{v}_{z_{mnk}}}\exp\left\{-\frac{\left|\overleftarrow{z}_{mnk}-x_{nk}\cdot\hat{p}_{mnk}\right|^2}{\left|x_{nk}\right|^2\cdot v_{p_{mnk}}+\overleftarrow{v}_{z_{mnk}}}\right\}\end{aligned} \tag{8-25}$$

按照调制阶数以及 QAM 映射关系，此处可以将上述消息进行离散化，得到离散消息 $m_{f_{z_{mnk}}\to x_{nk}}(x_{nk})$ 具有以下形式:

$$m^{\mathrm{D}}_{f_{z_{mnk}}\to x_{nk}}(x_{nk})=\sum_s m_{f_{z_{mnk}}\to x_{nk}}(x_{nk})\cdot\delta(x_{nk}-s) \tag{8-26}$$

从而可以进一步更新从变量节点 x_{nk} 到因子节点 $f_{\mathcal{M}}$ 的消息:

$$n_{x_{nk}\to f_{\mathcal{M}_n}}(x_{nk})=\prod_m m^{\mathrm{D}}_{f_{z_{mnk}}\to x_{nk}}(x_{nk}) \tag{8-27}$$

在解调-解码子图 $f_{\mathcal{M}}$ 中利用标准 BP 规则进行消息的迭代计算，得到返回消息:

$$m_{f_{\mathcal{M}_n}\to x_{nk}}(x_{nk})=\sum_s\gamma^s_{nk}\,\delta(x_{nk}-s) \tag{8-28}$$

上述消息的计算全部采用 BP 规则，可以参考文献[20]，此处不再赘述。从而

返回消息 $n_{x_{nk}\to f_{z_{mnk}}}(x_{nk})$ 可以计算为：

$$n_{x_{nk}\to f_{z_{mnk}}}(x_{nk})=\frac{m_{f_{\mathcal{M}_n}\to x_{nk}}(x_{nk})\cdot n_{x_{nk}\to f_{\mathcal{M}_n}}(x_{nk})}{m^{\mathrm{D}}_{f_{z_{mnk}}\to x_{nk}}(x_{nk})}\triangleq\sum_s \beta^s_{mnk}\delta(x_{nk}-s) \tag{8-29}$$

8.2.5 基于联合 BP-EP-MF 规则的消息传递算法

上述内容仅给出了每个消息的计算方法，为了更清晰地描述该算法，具体的消息更新和迭代过程如算法 8.1 所示。首先用导频进行初始化信道估计(迭代次数设置为 T_{Init})得到期望和方差作为先验，之后再迭代地进行联合信道估计和检测。

算法 8.1 基于联合 BP-EP-MF 规则的消息传递算法

初始化变量 $\bar{z}_{mnk},\bar{v}_{z_{mnk}}$ ， $\forall m,n,k$

$\forall m,n,k$ 参考文献[131]表 1 第 2～10 行方法，基于导频更新信道的期望 $\hat{p}_{mnk}$ 和方差 $v_{h_{mnk}}$ 作为先验。

For $t=1:T$

$\forall m,n,k$ ，利用式(8-25)和式(8-26)更新 $m_{f_{z_{mnk}}\to x_{nk}}(x_{nk})$ 和 $m^{\mathrm{D}}_{f_{z_{mnk}}\to x_{nk}}(x_{nk})$ 。

$\forall n,k$ ，利用式(8-27)更新 $n_{x_{nk}\to f_{\mathcal{M}_n}}(x_{nk})$ ，利用 $n_{x_{nk}\to f_{\mathcal{M}_n}}(x_{nk})$ 进行软解调、解码，得到消息 $m_{f_{\mathcal{M}_n}\to x_{nk}}(x_{nk})$ 。

$\forall m,n,k$ ，利用式(8-29)更新 $n_{x_{nk}\to f_{z_{mnk}}}(x_{nk})$ 。

$\forall m,n,k$ ，利用式(8-7)更新 $\hat{z}_{mnk}$ 和 $v_{z_{mnk}}$ 。

$\forall m,n,k$ ，利用式(8-10)更新 $\vec{z}_{mnk}$ 和 $\vec{v}_{z_{mnk}}$ 。

$\forall m,k$ ，利用式(8-18)更新 $\vec{\tau}_{mk}$ 和 $\vec{v}_{\tau_{mk}}$ 。

$\forall m,k$ ，利用式(8-20)更新 $\hat{\tau}_{mk}$ 和 $v_{\tau_{mk}}$ 。

利用式(8-23)更新 $\hat{\lambda}$ 。

$\forall m,n,k$ ，利用式(8-11)更新 $\bar{z}_{mnk}$ 和 $\bar{v}_{z_{mnk}}$ 。

$\forall m,n,k$ ，利用式(8-13)更新 $\hat{h}_{mnk}$ 和 $v_{h_{mnk}}$ 。

$\forall m,n,k$ ，利用式(8-15)更新 $\bar{h}_{mnk}$ 和 $\bar{v}_{h_{mnk}}$ 。

$\forall m,n,k$ ，更新 $\hat{p}_{mnk}$ 和 $v_{p_{mnk}}$ ，由文献[131]表 1 中 13、18～20 行算法。

End For

8.3 混合消息传递算法迭代接收机

由消息更新规则可知，计算消息 $m_{f_{z_{mnk}}\to x_{nk}}(x_{nk})$ 时需要边缘化变量 z_{mnk} 和 h_{mnk} ，若采用 MF 规则计算，会因方差丢失问题造成较大的性能损失；若采用上小节联合 BP-EP 规则，算法复杂度会有所提升[20]；为了避免应用 MF 规则带来的性能损失和应用联合 BP-EP 规则带来的高复杂度，本节考虑采用混合消息更新规则，在节点 $f_{z_{mnk}}$ 上边缘化变量 z_{mnk} 和 h_{mnk} 时分别采用 BP 和 MF 规则。本节将图 8.2 中的因子节点划分为 Bethe、MF 和 Hybrid 三种不相交类型，并由不同形式节点表示，如图 8.5 所示。下面的推导仅关注节点 $f_{z_{mnk}}$、$f_{y_{mk}}$ 和 $f_{\tau_{mk}}$ 之间消息的更新计算，其中噪声方差估计的消息计算过程和 8.2.3 节中的计算过程相同，子图 $f_{h_{mn}}$ 和 $f_{\mathcal{M}_n}$ 的消息推导同 8.2 节一样，可以参考文献[20]、[132]的更新公式。

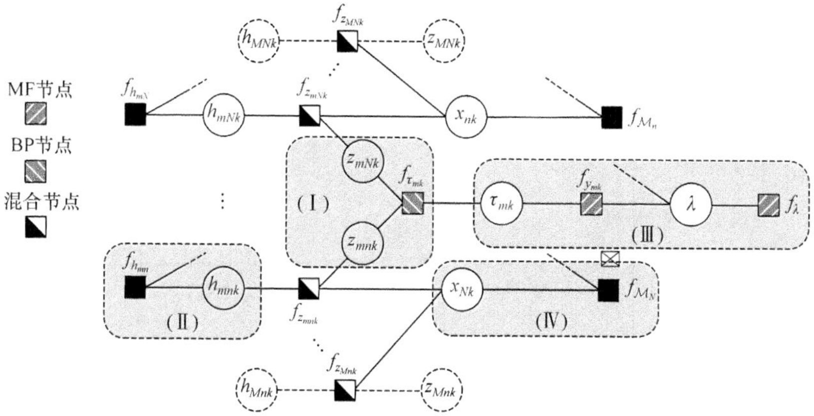

图 8.5 拉伸变换后的因子图

8.3.1 多用户干扰消除

8.2.1 节给出的多用户干扰消除计算公式是应用消息更新规则计算得到，计算复杂度仍然较高。利用 x_{nk} 和 h_{mnk} 之间的独立性以及确定性关系 $z_{mnk} = x_{nk} \cdot h_{mnk}$，可由 x_{nk} 和 h_{mnk} 的分布直接得到 z_{mnk} 的分布，而不需要消息的计算，计算复杂度大幅降低。

假设以下消息和置信已知，$n_{z_{mnk} \to f_{z_{mnk}}}(z_{mnk}) = \mathcal{CN}\left(z_{mnk}; \overleftarrow{z}_{mnk}, \overleftarrow{v}_{z_{mnk}}\right)$，$b(h_{mnk}) = \mathcal{CN}\left(h_{mnk}; \hat{h}_{mnk}, v_{h_{mnk}}\right)$，在式(8-36)和式(8-41)中更新。变量 x_{nk} 的期望和方差假设为 $\hat{x}_{nk}$ 和 $v_{x_{nk}}$，在式(8-50)和式(8-51)中更新。

利用 $\mathbb{E}[z_{mnk}] = \mathbb{E}[x_{nk} \cdot h_{mnk}]$ 和 $\mathrm{Var}(z_{mnk}) = \mathrm{Var}(x_{nk} \cdot h_{mnk})$ 可以对 z_{mnk} 进行高斯近似：

$$b(z_{mnk}) \sim \mathcal{CN}(z_{mnk}; \hat{z}_{mnk}, v_{mnk}) \tag{8-30}$$

其期望和方差计算为：

$$\hat{z}_{mnk} = \hat{x}_{nk} \cdot \hat{h}_{mnk} \tag{8-31}$$

$$v_{mnk} = \left|\hat{x}_{nk}\right|^2 \cdot v_{h_{mnk}} + \left|\hat{h}_{mnk}\right|^2 \cdot v_{x_{nk}} + v_{h_{mnk}} \cdot v_{x_{nk}} \tag{8-32}$$

利用 EP 规则，消息 $m_{f_{z_{mnk}} \to z_{mnk}}(z_{mnk})$ 计算为：

$$\begin{aligned} m_{f_{z_{mnk}} \to z_{mnk}}(z_{mnk}) &= \frac{b(z_{mnk})}{n_{z_{mnk} \to f_{z_{mnk}}}(z_{mnk})} \\ &\triangleq \mathcal{CN}\left(z_{mnk}; \vec{z}_{mnk}, \vec{v}_{z_{mnk}}\right) \end{aligned} \tag{8-33}$$

其中：

$$\vec{v}_{z_{mnk}} = \left(1/v_{z_{mnk}} - 1/\overleftarrow{v}_{z_{mnk}}\right)^{-1} \tag{8-34}$$

$$\vec{z}_{mnk} = \vec{v}_{z_{mnk}}\left(\hat{z}_{mnk}/v_{z_{mnk}} - \overleftarrow{z}_{mnk}/\overleftarrow{v}_{z_{mnk}}\right) \tag{8-35}$$

假设消息 $m_{f_{y_{mk}} \to \tau_{mk}}(\tau_{mk})$ 由上次迭代得到，在式(8-24)中更新，则消息 $n_{z_{mnk} \to f_{z_{mnk}}}(z_{mnk})$ 计算为：

$$\begin{aligned} n_{z_{mnk} \to f_{z_{mnk}}}(z_{mnk}) &= \left\langle f_{\tau_{mk}} \right\rangle_{\prod_{n' \neq n} m_{f_{z_{mn'k}} \to z_{mn'k}}(z_{mn'k}) m_{f_{y_{mk}} \to \tau_{mk}}(\tau_{mk})} \\ &= \mathcal{CN}\left(z_{mnk}; y_{mk} - \sum\nolimits_{n' \neq n} \vec{z}_{mn'k}, \hat{\lambda}^{-1} + \sum\nolimits_{n' \neq n} \vec{v}_{z_{mn'k}}\right) \\ &\triangleq \mathcal{CN}\left(z_{mnk}; \overleftarrow{z}_{mnk}, \overleftarrow{v}_{z_{mnk}}\right) \end{aligned} \tag{8-36}$$

其中，$\hat{\lambda}^{-1}$ 表示由上次迭代得到的噪声方差估计值。

8.3.2 信道估计

消息 $m_{f_{z_{mnk}} \to h_{mnk}}(h_{mnk})$ 的计算采用混合消息更新规则，即首先利用 BP 规则边缘化变量 z_{mnk} 得到辅助节点 $f'_{z_{mnk}}(x_{nk}, h_{mnk})$，然后利用 MF 规则边缘化变量 x_{nk} 得到消息 $m_{f_{z_{mnk}} \to h_{mnk}}(h_{mnk})$。同理，消息 $m_{f_{z_{mnk}} \to x_{nk}}(x_{nk})$ 采用与消息 $m_{f_{z_{mnk}} \to h_{mnk}}(h_{mnk})$ 相同的计算方法。

具体计算过程为，首先计算辅助节点：

$$\begin{aligned} f'_{z_{mnk}}(x_{nk}, h_{mnk}) &= \left\langle f_{z_{mnk}}(x_{nk}, h_{mnk}, z_{mnk}) \right\rangle_{n_{z_{mnk} \to f_{z_{mnk}}}(z_{mnk})} \\ &= \mathcal{CN}\left(x_{nk} \cdot h_{mnk}; \overleftarrow{z}_{mnk}, \overleftarrow{v}_{z_{mnk}}\right) \end{aligned} \tag{8-37}$$

其次用 MF 规则边缘化变量 x_{nk} 得到消息：

$$\begin{aligned} m_{f_{z_{mnk}} \to h_{mnk}}(h_{mnk}) &= \exp\left\{\left\langle \ln f'_{z_{mnk}}(x_{nk}, h_{mnk}) \right\rangle_{b(x_{nk})}\right\} \\ &\propto \mathcal{CN}\left(h_{mnk}; \overleftarrow{h}_{mnk}, \overleftarrow{v}_{h_{mnk}}\right) \end{aligned} \tag{8-38}$$

其中期望和方差的更新公式为：

$$\overleftarrow{h}_{mnk} = \hat{x}_{nk}^{*} \cdot \overleftarrow{z}_{mnk} \Big/ \left(\left| \hat{x}_{nk} \right|^2 + v_{x_{nk}} \right) \tag{8-39}$$

$$\overleftarrow{v}_{h_{mnk}} = \overleftarrow{v}_{z_{mnk}} \Big/ \left(\left| \hat{x}_{nk} \right|^2 + v_{x_{nk}} \right) \tag{8-40}$$

由上述消息 $m_{f_{z_{mnk}} \to h_{mnk}}(h_{mnk})$ 和信道抽头的先验概率可计算返回消息 $m_{f_{h_{mn}} \to h_{mnk}}(h_{mnk})$ (具体消息更新过程可参考文献[20])。从而信道 h_{mnk} 的置信可计算为：

$$b(h_{mnk}) = n_{h_{mnk} \to f_{h_{mn}}}(h_{mnk}) \cdot m_{f_{h_{mn}} \to h_{mnk}}(h_{mnk}) \triangleq \mathcal{CN}\left(h_{mnk}; \hat{h}_{mnk}, v_{h_{mnk}}\right) \tag{8-41}$$

其中：

$$v_{h_{mnk}} = \left(v_{p_{mnk}}^{-1} + \overleftarrow{v}_{h_{mnk}}^{-1} \right)^{-1} \tag{8-42}$$

$$\hat{h}_{mnk} = v_{h_{mnk}} \left(\hat{p}_{mnk} / v_{p_{mnk}} + \overleftarrow{h}_{mnk} / \overleftarrow{v}_{h_{mnk}} \right) \tag{8-43}$$

本节式(8-41)与 8.2 节式(8-12)消息的复杂度不同，上一节变量 h_{mnk} 使用 EP 规则的过程中需要计算“高斯和”分布的期望和方差，复杂度较高，而本节使用混合消息更新规则可以直接得到高斯形式消息，复杂度较低。关于估计精度和算法复杂度的分析见 8.4 节。

8.3.3　检测和解码

消息 $m_{f_{z_{mnk}} \to x_{nk}}(x_{nk})$ 的计算类似于消息 $m_{f_{z_{mnk}} \to h_{mnk}}(h_{mnk})$，同样由混合消息更新规则得到，计算过程为：

$$\begin{aligned} m_{f_{z_{mnk}} \to x_{nk}}(x_{nk}) &= \exp\left\{ \left\langle \ln f'_{z_{mnk}}(x_{nk}, h_{mnk}) \right\rangle_{b(h_{mnk})} \right\} \\ &\triangleq \mathcal{CN}\left(x_{nk}; \overrightarrow{x}_{nk}, \overrightarrow{v}_{x_{nk}}\right) \end{aligned} \tag{8-44}$$

其中：

$$\overrightarrow{x}_{nk} = \hat{h}_{mnk}^{*} \cdot \overleftarrow{z}_{mnk} \Big/ \left(\left| \hat{h}_{mnk} \right|^2 + v_{h_{mnk}} \right) \tag{8-45}$$

$$\overrightarrow{v}_{x_{nk}} = \overleftarrow{v}_{z_{mnk}} \Big/ \left(\left| \hat{h}_{mnk} \right|^2 + v_{h_{mnk}} \right) \tag{8-46}$$

从变量 x_{nk} 传到解调-解码子图 $f_{\mathcal{M}_n}$ 的消息 $n_{x_{nk} \to f_{\mathcal{M}_n}}(x_{nk})$ 可计算为：

$$n_{x_{nk} \to f_{\mathcal{M}_n}}(x_{nk}) = \prod_{m} m_{f_{z_{mnk}} \to x_{nk}}(x_{nk}) \tag{8-47}$$

在解调–解码子图 $f_{\mathcal{M}_n}$ 中进行软解调，从而得到返回的外信息：

$$m_{f_{\mathcal{M}_n}\to x_{nk}}\left(x_{nk}\right)=\sum_{s}\gamma_{nk}^{s}\cdot\delta\left(x_{nk}-s\right) \tag{8-48}$$

具体的软解调–解码过程在文献[20]中有详细的推导，本节不再赘述。数据符号 x_{nk} 的置信可计算为：

$$b\left(x_{nk}\right)\propto m_{f_{\mathcal{M}_n}\to x_{nk}}\left(x_{nk}\right)\cdot n_{x_{nk}\to f_{\mathcal{M}_n}}\left(x_{nk}\right) \tag{8-49}$$

并且得到其期望和方差为：

$$\hat{x}_{nk}=\left\langle x_{nk}\right\rangle_{b\left(x_{nk}\right)} \tag{8-50}$$

$$v_{x_{nk}}=\left\langle\left|x_{nk}\right|^{2}\right\rangle_{b\left(x_{nk}\right)}-\left|\hat{x}_{nk}\right|^{2} \tag{8-51}$$

8.3.4　部分高斯近似算法

在 8.2 节中采用联合 BP-EP-MF 规则处理节点 $f_{z_{mnk}}$ ，相比于已知方法①有明显的性能增益。但是在计算变量 z_{mnk} 和 h_{mnk} 的置信过程中需要计算“高斯和”分布的期望和方差，导致其计算复杂度仍然较高。而混合消息传递方法由于避免了“高斯和”形式的计算，其复杂度最低。为了同时利用上述两种方法的优势，受注水算法的启发：依据用户到接收天线的信道特性，决定该用户使用何种消息传递方法。由此得到部分高斯近似[125](PGA)算法：令信道增益(此处用频域等效信道 h_{mnk} 的绝对值)高的用户采用基于 BP-EP-MF 规则的方法，信道增益低的用户采用混合消息传递方法，从而可以实现在几乎不损失性能的前提下大大降低计算复杂度。

8.3.5　基于 PGA 的消息传递算法

在初始化信道估计完成以后对信道进行评估，并按照信道增益不同将用户发送数据 x_{nk} 划分为离散域 $\mathcal{D}$ 或高斯域 $\mathcal{G}$。在接下来的联合信道估计与符号检测过程中对离散域的用户采用基于 BP-EP-MF 规则的更新方法，高斯域的用户采用混合消息传递的更新方法，由此得到基于 PGA 的消息传递算法，如算法 8.2 所示。

① 已知方法包括基于联合 BP-EP 和二阶近似的方法、基于联合 BP-MF 的方法和基于联合 BP-MF-EP 的方法。

算法 8.2　基于 PGA 的消息传递算法

下标 $m\in[1:M], n\in[1:N], k\in[1:K]$， $i\in\mathcal{D}, j\in\mathcal{G}$。

$\forall m,n,k$，由文献[20]中表 1 的(2～10 行)更新置信 $b(h_{mnk})$ 和消息 $m_{f_{h_{mn}}\to h_{mnk}}(h_{mnk})$。并由 $\hat{h}_{mnk}$ 的期望将 x_{nk} 划分为离散域 $\mathcal{D}$ 或高斯域 $\mathcal{G}$。

$\forall m,n,i,k$，初始 $\bar{z}_{mnk}, \bar{v}_{z_{mnk}}, \hat{x}_{n\to i}, v_{x_{n\to i}}$。

For　$t=1:T_{\text{Init}}$

$\forall m,i,j,k$，利用式(8-7)、式(8-30)更新 $b(z_{mik}), b(z_{mjk})$。

$\forall m,n,k$，利用式(8-33)更新 $\vec{z}_{mnk}, \vec{v}_{z_{mnk}}$。

$\forall m,k$，利用式(8-18)更新 $\vec{\tau}_{mk}$ 和 $\vec{v}_{\tau_{mk}}$。

$\forall m,k$，利用式(8-20)更新 $\hat{\tau}_{mk}$ 和 $v_{\tau_{mk}}$。

利用式(8-23)更新 $\hat{\lambda}$。

$\forall m,n,k$，利用式(8-36)更新 $\bar{z}_{mnk}, \bar{v}_{z_{mnk}}$。

$\forall m,j,k$，利用式(8-44)更新 $\vec{x}_{jk}, \vec{v}_{x_{jk}}$。

$\forall m,i,k$，利用式(8-25)更新 $m_{f_{z_{mik}}\to x_{ik}}(x_{ik})$。

$\forall n,k$，利用式(8-47)更新 $n_{x_{nk}\to f_{\mathcal{M}_n}}(x_{nk})$。传至 $f_{\mathcal{M}_n}$，得到返回消息 $m_{f_{\mathcal{M}_n}\to x_n}(x_n)$。

$\forall m,j,k$，利用式(8-49)更新 $b(x_{jk})$。

$\forall m,i,k$，利用式(8-29)更新 $n_{x_{ik}\to f_{z_{mik}}}(x_{ik})$。

$\forall m,n,k$，利用式(8-38)更新 $\bar{h}_{mnk}, \bar{v}_{h_{mnk}}$。

$\forall m,n,k$，更新 $m_{f_{h_{mn}}\to h_{mnk}}(h_{mnk})$ 由文献[20]中表 1(18～20 行)所示信道估计过程。

$\forall m,n,k$，利用式(8-41)更新 $\hat{h}_{mnk}, v_{h_{mnk}}$。

End For

8.4　仿真结果及复杂度分析

下面通过蒙特卡洛仿真验证提出的基于联合 BP-EP-MF 规则的消息传递算法、混合消息传递和基于 PGA 的迭代接收机性能，并与基于联合 BP-EP 和二阶近似的方法[129]、基于联合 BP-EP-MF 的方法[128]、基于联合 BP-MF 的方法[41]进行对比。仿真系统细节见 8.1 节，系统参数设置见表 8.1。

表 8.1　MIMO-OFDM 系统参数

用户数 N	4
接收天线数 M	8/4
OFDM 子载波间隔	15kHz

续表

子载波个数 K	512
导频个数 P	10
信道抽头个数 L	10
交织方法	随机
调制方法	16QAM/QPSK
信道编码	卷积码 $(133,171)_8$

为了描述方便，将 8.2 节基于联合 BP-EP-MF 规则设计的接收机记为“BP-EP-MF”，将 8.3 节基于 PGA 设计的接收机记为“PGA-D”，其中 D 表示采用离散方法处理的用户数，当 D = 0 时，“PGA-0”等价于混合消息传递，当 D = N 时，“PGA-D”等价于“BP-EP-MF”。将基于联合 BP-EP 和二阶近似设计的接收机记为“BP-EP-QA”，将基于联合 BP-EP-MF 规则(接收数据聚合成向量形式)设计的接收机记为“BP-EP-MFv”，将基于联合 BP-MF 设计的接收机记为“BP-MF”，将已知信道和多用户干扰的条件下的最佳接收算法记为“MFB”，作为参考标准。

为了说明不同算法之间的性能差异，本节对算法误码率性能、收敛速度和复杂度三个指标进行仿真，并得到如下结果。

8.4.1　误码率和收敛速度仿真

图 8.6 中对比了在 4×8 MIMO-OFDM 系统和 16QAM 调制情况下各种算法随信噪比的变化曲线。通过图 8.6 可以看出，“BP-MF”由于存在“方差丢失问题”，

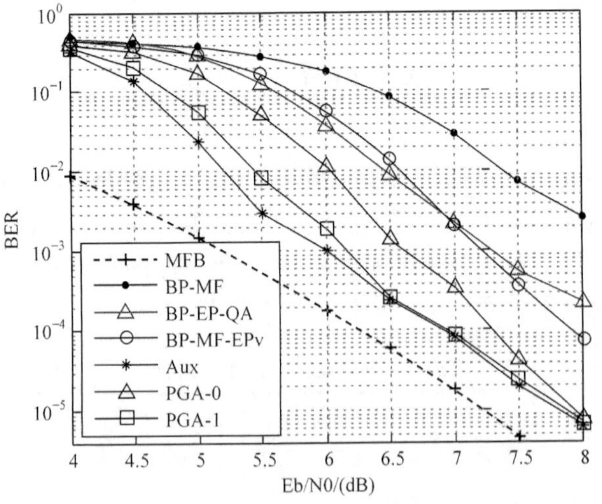

图 8.6　4×8MIMO 系统、16QAM 调制 BER 性能

其性能表现最差；“BP-EP-MF”性能最好；“BP-EP-QA”和“BP-EP-MFv”的 BER 曲线有交叉，但整体上性能接近；混合消息传递方法(“PGA-0”)性能介于“BP-EP-QA”和“BP-EP-MF”之间，而选择其中一个用户用离散方法(“PGA-1”)进行处理，其性能就会接近“BP-EP-MF”。

图 8.7 中展示了在 4×4 MIMO-OFDM 系统和 QPSK 调制条件下的性能对比，从中可以看出混合消息传递方法(“PGA-0”)的 BER 比“BP-EP-MFv”低 0.5dB；“PGA-1”的性能接近“BP-EP-MF”。此时的性能增益可以解释为：属于离散域 $\mathcal{D}$ 的用户，其干扰消除和符号检测采用了近似程度更低、复杂度更高的联合 EP 类[4]方法，而分配到高斯域 $\mathcal{G}$ 的用户采用了混合消息传递方法，所以更大的 D 值预示着更优的性能和更高的复杂度。

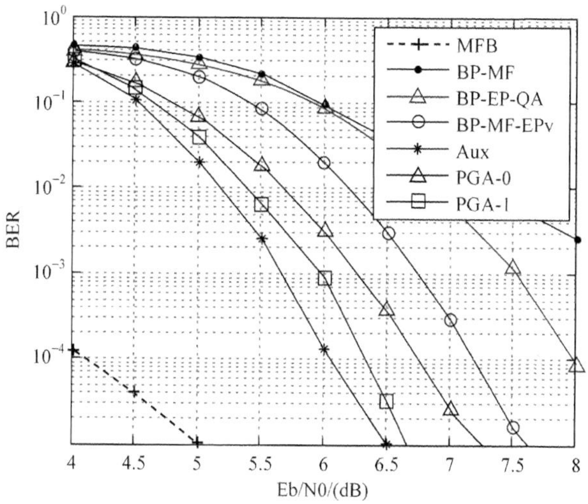

图 8.7　4×4MIMO 系统、QPSK 调制 BER 性能

图 8.8 比较了各种算法的收敛速度，得到与图 8.6、图 8.7 几乎相同的结论，即“BP-MF”收敛速度最慢，“BP-EP-MF”收敛速度最快，“PGA-1”收敛速度接近“BP-EP-MF”方法。

8.4.2　算法复杂度分析

由算法 8.1 和算法 8.2 以及文献[41]、[54]可知，在干扰消除部分每个标量形式的消息计算仅需要几步基础运算，算法复杂度正比于消息个数。检测部分消息的计算复杂度与调制阶数 Q 有关，复杂度正比于消息个数乘以 Q。从而可以认为“BP-EP-QA”、“BP-MF”和“PGA-0”的复杂度均正比于 $\mathcal{O}(M\cdot N\cdot K+N\cdot K\cdot Q)$。

对于“BP-EP-MFv”，由于每次迭代均需要计算 K 个 M 维矩阵求逆和 K 个 $M\times N$ 维矩阵乘法，再考虑到检测部分，可以认为其复杂度正比于 $\mathcal{O}(M\cdot N^2\cdot K+$

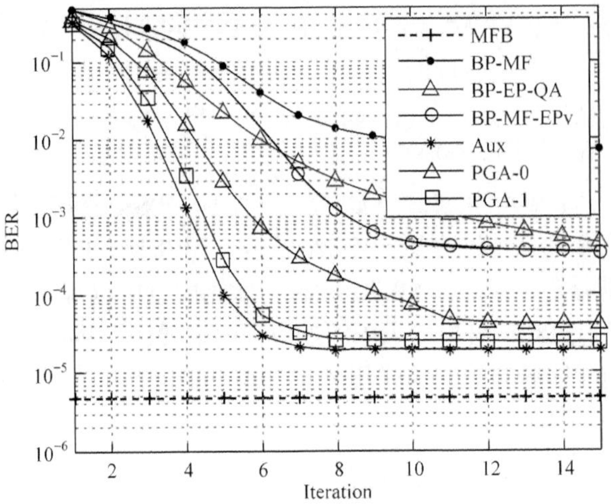

图 8.8　收敛速度对比

$K\cdot N^3+N\cdot K\cdot Q)$。对于“BP-EP-MF”，其复杂度也与调制阶数$Q$有关，正比于$\mathcal{O}(M\cdot N\cdot K\cdot Q)$。对于“PGA-D”，当选择D个用户由离散方法处理时，其复杂度可写为$\mathcal{O}(M\cdot D\cdot K\cdot Q+M(N-D)K+N\cdot K\cdot Q)$。可以看出当$\mathrm{D}=0$时，“PGA-D”复杂度与最低的“BP-MF”和“BP-EP-QA”相当，而随着D的增加，“PGA-D”的复杂度也随之增加，当$\mathrm{D}=N$时，复杂度与“BP-EP-MF”的相等，算法复杂度总结于表8.2中。

表 8.2　算法复杂度对比表

算法名称	算法复杂度
BP-MF	$\mathcal{O}(M\cdot N\cdot K+N\cdot K\cdot Q)$
BP-EP-QA	$\mathcal{O}(M\cdot N\cdot K+N\cdot K\cdot Q)$
PGA-0	$\mathcal{O}(M\cdot N\cdot K+N\cdot K\cdot Q)$
BP-EP-MFv	$\mathcal{O}(M\cdot N^2\cdot K+K\cdot N^3+N\cdot K\cdot Q)$
BP-EP-MF	$\mathcal{O}(M\cdot N\cdot K\cdot Q)$
PGA-D	$\mathcal{O}(M\cdot D\cdot K\cdot Q+M(N-D)K+N\cdot K\cdot Q)$

8.5　本 章 小 结

本章首先给出一种基本的 MIMO-OFDM 系统模型，针对该系统下的联合信道估计与符号检测问题，讨论了几种消息传递算法迭代接收机的设计：在增加辅助节点的因子图上，8.2 节给出了一种基于联合 BP-EP-MF 规则的迭代接收机，其性能最佳，但复杂度较高；8.3 节给出了一种基于混合消息更新规则的迭代接收机，其计算复杂度较低，但性能比 8.2 节的方法稍差；基于 PGA 的迭代接收机结合了以上两种方法的优势，具有更高的灵活性。此外，由于采用了部分近似方法，可以通过设置采用近似方法的个数，实现复杂度和性能的折中。

第 9 章　消息传递算法在无线传感器网络定位技术中的应用

无线传感器网络(Wireless Sensor Network，WSN)是在传感器技术、片上系统(System On Chip，SOC)、微机电系统(Micro-Electro Mechanical System，MEMS)和无线通信技术等基础上发展起来的新一代网络技术[133]。目前已广泛应用于军事国防、犯罪预防、生态监测、灾害预警、生物医疗、工农业生产、城市基础设施状态监测、智能交通和智能家电等诸多领域[134-139]。无线传感器网络定位问题是 WSN 中重要的研究课题。

在 WSN 中定位技术分为两大类型：节点自身定位和目标定位。考虑到成本问题，网络中通常只有少数节点是采用人工部署或通过配备 GPS 接收机等获得自己的位置坐标，这类节点称为锚节点(Anchor)。大多数节点是待定位节点(Agent)(又称为未知节点)，它们需要通过测量与锚节点之间的距离信息，利用网络的连通性，然后根据某种定位算法计算得到自己的绝对位置或相对位置。待定位节点获得自己位置的过程称为节点自身定位，完成自定位后的待定位节点和锚节点进行协同信号处理，对进入监测区的目标进行定位和跟踪的过程称为目标定位。因此，节点自定位是目标定位的前提和基础，本章重点讨论节点自身定位问题，主要包括静态 WSN 和动态 WSN 定位。

Ihler A.T 等学者首先将 BP 规则引入到静态 WSNs 协作定位技术中，由于测距模型是非线性的，消息的计算非常复杂[14]。Wymeersch H 等学者提出一种网络因子图(Network FG，Net-FG)模型，并在此基础上执行基于粒子消息的 SPAWN(Sum-Product Algorithm over a Wireless Network)算法[140]。但这类算法的计算复杂度非常高，并且由于网络中需要传输大量粒子，通信开销过大[141]。Fleury B.H 和 Pedersen C 等提出一种基于因子图和 MF 规则的静态网络协作定位算法[42]，由于测距模型是非线性的，采用了最小化 KL 散度的方法，将非高斯置信近似为高斯函数，近似过程中会出现第一类合流超几何函数的最小化问题，致使近似计算的复杂度较高。针对该问题本章给出了一种适用于静态网络的低复杂度、低通信开销的分布式协作节点定位算法；然后扩展到节点可移动的动态网络中，给出了基于位置预测和协作修正的分布式协作节点定位算法。

9.1　基于 MF 规则的分布式协作节点定位算法

9.1.1　网络模型和因子图

考虑二维平面上一个包含 N_{A} 个锚节点和 N_{M} 个待定位节点的网络，如图 9.1 所示。该网络可以用顶点集 $\mathcal{V}$ 和边集 $\mathcal{E}$ 来表示。其中，每个顶点 $i \in \mathcal{V}$ 代表一个节点，每条边 $(i,j) \in \mathcal{E}$ 代表节点 i 和节点 j 之间的通信链路和邻居关系。定义符号 $\mathcal{A}$ 和 $\mathcal{M}$ 分别表示所有锚节点的集合和所有待定位节点的集合，则有 $\mathcal{V} = \mathcal{A} \cup \mathcal{M}$。其中，锚节点 $i \in \mathcal{A}$ 的位置已知，记作 $\boldsymbol{\mu}_i \triangleq [\mu_{i1}, \mu_{i2}]^{\top}$；待定位节点 $i \in \mathcal{M}$ 的位置用一个变量 $\boldsymbol{x}_i$ 来表示，记作 $\boldsymbol{x}_i \triangleq [x_{i1}, x_{i2}]^{\top}$，位置变量 $\boldsymbol{x}_i$ 的先验 PDF 服从高斯分布，其期望为 $\boldsymbol{\mu}_{i0}$、协方差矩阵为 $\boldsymbol{V}_{i0} = \sigma_{i0}^2 \boldsymbol{I}_{2\times2}$（$\boldsymbol{I}_{2\times2}$ 是二维单位矩阵），记作 $p(\boldsymbol{x}_i) = \mathcal{N}(\boldsymbol{x}_i; \boldsymbol{\mu}_{i0}, \boldsymbol{V}_{i0})$。

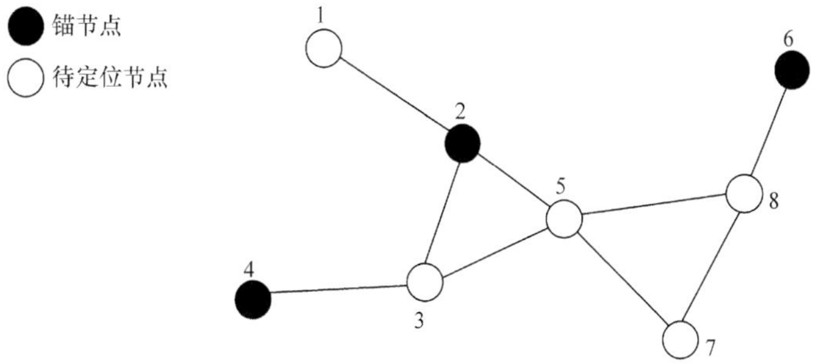

图 9.1　无线网络拓扑示例

为便于讨论，做以下假设：

(1) 节点的通信半径和测距半径相同，记为 R；节点之间的通信是对称的，若 $\|\boldsymbol{x}_i - \boldsymbol{x}_j\| \leqslant R$，则有 $(i,j) \in \mathcal{E}$ 和 $(j,i) \in \mathcal{E}$，并称节点 i 和节点 j 互为邻居。

(2) 若 $(i,j) \in \mathcal{E}$，则节点 i 和节点 j 可获得对方当前的位置，并可分别测得两点之间距离 d_{ij} 和 d_{ji}，测量噪声分别为加性高斯白噪声 $w_{ij} \sim \mathcal{N}(w_{ij}; 0, \sigma_{ij}^2)$ 和 $w_{ji} \sim \mathcal{N}(w_{ji}; 0, \sigma_{ji}^2)$。

(3) 各节点的先验 PDF 相互独立，各节点的距离观测相互独立。

定义符号 $\mathcal{V}_i$ 表示节点 i 所有邻居节点的集合，并定义 $\mathcal{A}_i \triangleq \mathcal{A} \cap \mathcal{V}_i$ 和 $\mathcal{M}_i \triangleq \mathcal{M} \cap \mathcal{V}_i$ 分别表示邻居锚节点和邻居待定位节点的集合。由上述假设，节点 i 与节点 $j \in \mathcal{V}_i$ 之间的测量距离(也称为距离观测) d_{ij} 可以表示为：

$$d_{ij} = \left\| \boldsymbol{x}_i - \boldsymbol{x}_j \right\| + w_{ij} \tag{9-1}$$

进而可以得到节点 i 和节点 j 的位置变量 $\boldsymbol{x}_i$ 和 $\boldsymbol{x}_j$ 的似然函数 $p\left(d_{ij} \mid \boldsymbol{x}_i, \boldsymbol{x}_j\right)$ 为：

$$p\left(d_{ij} \mid \boldsymbol{x}_i, \boldsymbol{x}_j\right) = \frac{1}{\sqrt{2\pi\sigma_{ij}^2}} \cdot \exp\left\{-\frac{\left(d_{ij} - \left\|\boldsymbol{x}_i - \boldsymbol{x}_j\right\|\right)^2}{2\sigma_{ij}^2}\right\} \tag{9-2}$$

为便于表示，将所有节点位置变量的集合记作 $\mathcal{X} \triangleq \left\{\boldsymbol{x}_i : i \in \mathcal{V}\right\}$，所有待定位节点距离观测的集合记作 $\mathcal{D} \triangleq \left\{d_{ij} : i \in \mathcal{M}, j \in \mathcal{V}_i\right\}$。由贝叶斯定理，所有节点位置变量的联合后验 PDF 可表示为：

$$p(\mathcal{X} \mid \mathcal{D}) \propto p(\mathcal{X}) p(\mathcal{D} \mid \mathcal{X}) \tag{9-3}$$

由距离观测的独立性假设可得：

$$p(\mathcal{D} \mid \mathcal{X}) = \prod_{i \in \mathcal{M}} \prod_{j \in \mathcal{V}_i} p\left(d_{ij} \mid \boldsymbol{x}_i, \boldsymbol{x}_j\right) \tag{9-4}$$

由先验 PDF 的独立性假设可得：

$$p(\mathcal{X}) = \prod_{a \in \mathcal{A}} p\left(\boldsymbol{x}_a\right) \prod_{i \in \mathcal{M}} p\left(\boldsymbol{x}_i\right) \tag{9-5}$$

其中，对于 $\forall a \in \mathcal{A}$，$p\left(\boldsymbol{x}_a\right) \triangleq \delta\left(\boldsymbol{x}_a - \boldsymbol{\mu}_a\right)$。

根据式(9-4)和式(9-5)，可将式(9-3)的联合后验 PDF 进一步分解为：

$$p(\mathcal{X} \mid \mathcal{D}) \propto \prod_{a \in \mathcal{A}} p\left(\boldsymbol{x}_a\right) \prod_{i \in \mathcal{M}} p\left(\boldsymbol{x}_i\right) \prod_{j \in \mathcal{V}_i} p\left(d_{ij} \mid \boldsymbol{x}_i, \boldsymbol{x}_j\right) \tag{9-6}$$

待定位节点 $i \in \mathcal{M}$ 的位置变量 $\boldsymbol{x}_i$ 的后验 PDF 可通过边缘化联合后验 PDF 进行求解，即：

$$p\left(\boldsymbol{x}_i \mid \mathcal{D}\right) = \int_{\mathcal{X} \setminus \boldsymbol{x}_i} p(\mathcal{X} \mid \mathcal{D}) \mathrm{d}\mathcal{X} \setminus \boldsymbol{x}_i \tag{9-7}$$

其中，$\mathcal{X} \setminus \boldsymbol{x}_i$ 表示 $\mathcal{X}$ 中除 $\boldsymbol{x}_i$ 之外的所有变量。但是，对于大规模网络，式(9-7)所示的边缘化计算通常很复杂，甚至无法求解。在因子图上利用消息传递算法能够以迭代的方式，并行高效地得到所有节点 $i \in \mathcal{M}$ 位置变量 $\boldsymbol{x}_i$ 的局部后验 PDF 的近似，即 $\boldsymbol{x}_i$ 的置信 $b\left(\boldsymbol{x}_i\right)$。

为便于书写，定义函数符号 $f_i \triangleq p\left(\boldsymbol{x}_i\right)$ 和 $f_{ij} \triangleq p\left(d_{ij} \mid \boldsymbol{x}_i, \boldsymbol{x}_j\right)$。由图 9.1 所示的拓扑结构和式(9-6)的因子分解，可以得到如图 9.2 所示的因子图。图中包含两类节点：一类因子节点，代表因子分解中的因子 f_i 或 f_{ij}；另一类是变量节点，代表

节点的位置变量 $\boldsymbol{x}_i$，其中灰色圆圈代表锚节点的位置变量，白色圆圈代表待定位节点的位置变量。需要注意的是，锚节点 $a\in\mathcal{A}$ 的位置已经知道，为了便于描述，这里可将其视作已知变量，并保留在因子图上。

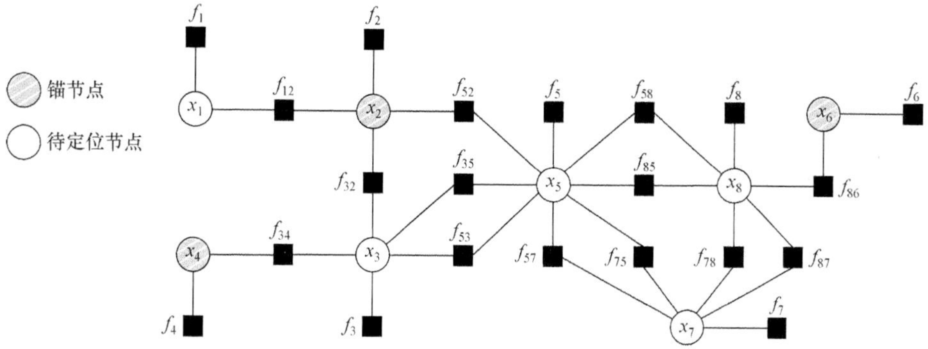

图 9.2　图 9.1 所示的网络拓扑对应的因子图

在因子图上，每个变量节点与其相关的因子节点通过边连在一起。由于锚节点 $a\in\mathcal{A}$ 不需要定位，不测量和邻居节点之间的距离，因此锚节点和锚节点之间无相关的因子节点，与相邻的待定位节点之间的因子节点只有一个。而每个待定位节点 $i\in\mathcal{M}$ 都需要测量与邻居节点之间的关系，因此两个互为邻居的待定位节点 i 和 j 之间有两个相关的因子节点，即 f_{ij} 和 f_{ji}。

9.1.2　节点位置变量的置信

由图 9.2 所示的因子图可知，位置变量 $\boldsymbol{x}_i$ 的置信 $b(\boldsymbol{x}_i)$ 由两类消息构成：一类是来自因子节点 f_i 的消息，即来自先验 PDF 的消息；另一类是来自因子节点 f_{ij} 的消息，即来自似然函数的消息，将该类消息称为协作消息。

1) 与先验有关的消息

根据 MF 规则，因子节点 f_i 到变量节点 $\boldsymbol{x}_i$ 的消息为：

$$m_{f_i\to\boldsymbol{x}_i}(\boldsymbol{x}_i)\triangleq p(\boldsymbol{x}_i) \tag{9-8}$$

2) 协作消息

根据 MF 规则，因子节点 f_{ij} 到变量节点 $\boldsymbol{x}_i$ 的协作消息为：

$$m_{f_{ij}\to\boldsymbol{x}_i}(\boldsymbol{x}_i)\triangleq \exp\left\{\int \ln f_{ij}(\boldsymbol{x}_i,\boldsymbol{x}_j)\cdot n_{\boldsymbol{x}_j\to f_{ij}}(\boldsymbol{x}_j)\mathrm{d}\boldsymbol{x}_j\right\} \tag{9-9}$$

协作消息 $m_{f_{ij}\to\boldsymbol{x}_i}(\boldsymbol{x}_i)$($j\in\mathcal{A}_i\cup\mathcal{M}_i$)分为两类：一类与邻居锚节点 $a\in\mathcal{A}_i$ 有关，另一类与邻居待定位节点 $k\in\mathcal{M}_i$ 有关，下面分别进行计算。

(1) 与锚节点 $a \in \mathcal{A}_i$ 有关的协作消息。

对于邻居锚节点 $a \in \mathcal{A}_i$，已知 $p(\boldsymbol{x}_a)=\delta(\boldsymbol{x}_a-\boldsymbol{\mu}_a)$，变量节点 $\boldsymbol{x}_a$ 到因子节点 f_{ia} 的消息为：

$$n_{\boldsymbol{x}_a \to f_{ia}}(\boldsymbol{x}_a)=p(\boldsymbol{x}_a)=\delta(\boldsymbol{x}_a-\boldsymbol{\mu}_a) \tag{9-10}$$

此外由式(9-2)可知：

$$f_{ia} \triangleq p(d_{ia} \mid \boldsymbol{x}_i,\boldsymbol{x}_a)=\frac{1}{\sqrt{2\pi\sigma_{ia}^2}}\exp\left\{-\frac{\left(d_{ia}-\|\boldsymbol{x}_i-\boldsymbol{x}_a\|\right)^2}{2\sigma_{ia}^2}\right\} \tag{9-11}$$

将式(9-10)和式(9-11)代入式(9-9)可以得到与锚节点 $a \in \mathcal{A}_i$ 有关的协作消息，即因子节点 f_{ia} 到变量节点 $\boldsymbol{x}_i$ 的消息为：

$$\begin{aligned}
m_{f_{ia}\to \boldsymbol{x}_i}(\boldsymbol{x}_i)&=\exp\left\{\int \delta(\boldsymbol{x}_a-\boldsymbol{\mu}_a)\ln\frac{1}{\sqrt{2\pi\sigma_{ia}^2}}\exp\left\{-\frac{\left(d_{ia}-\|\boldsymbol{x}_i-\boldsymbol{x}_a\|\right)^2}{2\sigma_{ia}^2}\right\}\mathrm{d}\boldsymbol{x}_a\right\}\\
&=\frac{1}{\sqrt{2\pi\sigma_{ia}^2}}\exp\left\{-\frac{\left(d_{ia}-\|\boldsymbol{x}_i-\boldsymbol{\mu}_a\|\right)^2}{2\sigma_{ia}^2}\right\}\\
&\propto \mathcal{N}\left(d_{ia};\|\boldsymbol{x}_i-\boldsymbol{\mu}_a\|,\sigma_{ia}^2\right)
\end{aligned} \tag{9-12}$$

(2) 与待定位节点 $k \in \mathcal{M}_i$ 有关的协作消息。

对于邻居待定位节点 $k \in \mathcal{M}_i$，假设上一次迭代得到的位置变量 $\boldsymbol{x}_k$ 的置信为 $b(\boldsymbol{x}_k)$，根据 MF 规则可知 $b(\boldsymbol{x}_k)\propto n_{\boldsymbol{x}_k\to f_{ik}}(\boldsymbol{x}_k)$。另由式(9-2)可知：

$$f_{ik} \triangleq p(d_{ik} \mid \boldsymbol{x}_i,\boldsymbol{x}_k)=\frac{1}{\sqrt{2\pi\sigma_{ik}^2}}\exp\left\{-\frac{\left(d_{ik}-\|\boldsymbol{x}_i-\boldsymbol{x}_k\|\right)^2}{2\sigma_{ik}^2}\right\} \tag{9-13}$$

结合式(9-9)计算与待定位节点 $k \in \mathcal{M}_i$ 有关的协作消息，即因子节点 f_{ik} 到变量节点 $\boldsymbol{x}_i$ 的消息为：

$$\begin{aligned}
m_{f_{ik}\to \boldsymbol{x}_i}(\boldsymbol{x}_i)&=\exp\left\{\int b(\boldsymbol{x}_k)\ln\frac{1}{\sqrt{2\pi\sigma_{ik}^2}}\exp\left\{-\frac{\left(d_{ik}-\|\boldsymbol{x}_i-\boldsymbol{x}_k\|\right)^2}{2\sigma_{ik}^2}\right\}\mathrm{d}\boldsymbol{x}_k\right\}\\
&=\exp\left\{\mathbb{E}\left[\ln\mathcal{N}\left(d_{ik};\|\boldsymbol{x}_i-\boldsymbol{x}_k\|,\sigma_{ik}^2\right)\right]_{b(\boldsymbol{x}_k)}\right\}
\end{aligned} \tag{9-14}$$

其中，$\mathbb{E}\left[g(\cdot)\right]_{f(\cdot)}$ 表示以 $f(\cdot)$ 为概率分布求 $g(\cdot)$ 的期望。

3) 位置变量 $\boldsymbol{x}_i$ 的置信。

由式(9-8)、式(9-12)和式(9-14)计算位置变量 $\boldsymbol{x}_i$ 的置信 $b(\boldsymbol{x}_i)$，即：

$$
\begin{aligned}
b(\boldsymbol{x}_i) &= \frac{1}{\mathrm{Z}} m_{f_i \to \boldsymbol{x}_i}(\boldsymbol{x}_i) \prod_{a \in \mathcal{A}_i} m_{f_{ia} \to \boldsymbol{x}_i}(\boldsymbol{x}_i) \prod_{k \in \mathcal{M}_i} m_{f_{ik} \to \boldsymbol{x}_i}(\boldsymbol{x}_i) \\
&= \frac{1}{\mathrm{Z}} \mathcal{N}(\boldsymbol{x}_i; \boldsymbol{\mu}_{i0}, \boldsymbol{V}_{i0}) \prod_{a \in \mathcal{A}_i} \mathcal{N}\left(d_{ia}; \|\boldsymbol{x}_i - \boldsymbol{\mu}_a\|, \sigma_{ia}^2\right) \\
&\quad \times \prod_{k \in \mathcal{M}_i} \exp\left\{ \mathbb{E}\left[\ln \mathcal{N}\left(d_{ik}; \|\boldsymbol{x}_i - \boldsymbol{x}_k\|, \sigma_{ik}^2\right) \right]_{b(\boldsymbol{x}_k)} \right\}
\end{aligned}
\tag{9-15}
$$

其中，Z 是归一化常数。可以看出，$b(\boldsymbol{x}_i)$不是关于$\boldsymbol{x}_i$的高斯函数，很难在节点之间进行传输。

9.1.3　置信近似方法

节点位置变量的置信需要在节点之间进行传输，但由式(9-15)计算得到的置信$b(\boldsymbol{x}_i)$形式非常复杂，是关于$\boldsymbol{x}_i$的非高斯函数。为了降低通信开销，需要将$b(\boldsymbol{x}_i)$近似为关于$\boldsymbol{x}_i$的高斯函数$b^G(\boldsymbol{x}_i)$。Pederson C.等在文献[42]中使用最小化 KL 散度的方法对$b(\boldsymbol{x}_i)$进行近似，但该方法计算复杂度较高。由 5.4.3 节可得：若一个非高斯函数$m(\boldsymbol{x})$可以表示成指数形式，并且指数项可以展开成关于$\boldsymbol{x}$的二次型结构，则可将$m(\boldsymbol{x})$近似为高斯函数。本节给出一种基于二阶泰勒级数展开、低复杂度的高斯近似方法，将位置变量$\boldsymbol{x}_i$的置信近似为关于$\boldsymbol{x}_i$的高斯函数$b^G(\boldsymbol{x}_i) \sim \mathcal{N}\left(\boldsymbol{x}_i; \hat{\boldsymbol{\mu}}_i, \hat{\boldsymbol{V}}_i\right)$。首先将式(9-15)改写为：

$$
b(\boldsymbol{x}_i) \propto \exp\left\{ f_0(\boldsymbol{x}_i) + \sum_{a \in \mathcal{A}_i} f_a(\boldsymbol{x}_i) + \sum_{k \in \mathcal{M}_i} f_k(\boldsymbol{x}_i) \right\} \tag{9-16}
$$

其中：

$$
f_0(\boldsymbol{x}_i) \triangleq -\frac{1}{2}(\boldsymbol{x}_i - \tilde{\boldsymbol{\mu}}_i)^\top \boldsymbol{V}_{i0}^{-1} (\boldsymbol{x}_i - \tilde{\boldsymbol{\mu}}_i) \tag{9-17}
$$

$$
f_a(\boldsymbol{x}_i) \triangleq -\frac{\left(d_{ia} - \|\boldsymbol{x}_i - \boldsymbol{\mu}_a\|\right)^2}{2\sigma_{ia}^2} \tag{9-18}
$$

$$
f_k(\boldsymbol{x}_i) \triangleq -\int \hat{b}(\boldsymbol{x}_k) \frac{\left(d_{ik} - \|\boldsymbol{x}_i - \boldsymbol{x}_k\|\right)^2}{2\sigma_{ik}^2} \mathrm{d}\boldsymbol{x}_k \tag{9-19}
$$

进一步，将式(9-18)和式(9-19)进行展开，省略与$\boldsymbol{x}_i$无关的项后代入式(9-16)可得到：

$$
b(\boldsymbol{x}_i) \propto \exp\left\{ f_0(\boldsymbol{x}_i) + \sum_{a \in \mathcal{A}_i} \tilde{f}_a(\boldsymbol{x}_i) + \sum_{k \in \mathcal{M}_i} \tilde{f}_k(\boldsymbol{x}_i) \right\} \tag{9-20}
$$

其中：

$$\tilde{f}_a(\boldsymbol{x}_i) \triangleq \frac{d_{ia}}{\sigma_{ia}^2} \cdot \|\boldsymbol{x}_i - \boldsymbol{\mu}_a\| - \frac{1}{2\sigma_{ia}^2} \cdot \|\boldsymbol{x}_i - \boldsymbol{\mu}_a\|^2 \tag{9-21}$$

$$\tilde{f}_k(\boldsymbol{x}_i) \triangleq \int \hat{b}(\boldsymbol{x}_k)\left(\frac{d_{ik}}{\sigma_{ik}^2}\|\boldsymbol{x}_i - \boldsymbol{x}_k\| - \frac{1}{2\sigma_{ik}^2}\|\boldsymbol{x}_i - \boldsymbol{x}_k\|^2\right)\mathrm{d}\boldsymbol{x}_k \tag{9-22}$$

对于非高斯函数 $b(\boldsymbol{x}_i) \propto \exp\left\{f_0(\boldsymbol{x}_i) + \sum_{a \in \mathcal{A}_i} \tilde{f}_a(\boldsymbol{x}_i) + \sum_{k \in \mathcal{M}_i} \tilde{f}_k(\boldsymbol{x}_i)\right\}$，若函数 $f_0(\boldsymbol{x}_i)$、$\tilde{f}_a(\boldsymbol{x}_i)$ 和 $\tilde{f}_k(\boldsymbol{x}_i)$ 均可展开成关于 $\boldsymbol{x}_i$ 的二次型结构，则可将 $b(\boldsymbol{x}_i)$ 近似为高斯函数 $b^G(\boldsymbol{x}_i) = \mathcal{N}(\boldsymbol{x}_i; \hat{\boldsymbol{\mu}}_i, \hat{\boldsymbol{V}}_i^{-1})$。

分析可知，导致 $b(\boldsymbol{x}_i)$ 非高斯的原因是：$\tilde{f}_a(\boldsymbol{x}_i)$ 中的 $\|\boldsymbol{\mu}_a - \boldsymbol{x}_i\|$ 和 $\tilde{f}_k(\boldsymbol{x}_i)$ 中的 $\|\boldsymbol{x}_k - \boldsymbol{x}_i\|$ 为非线性项。为便于讨论，定义 $g_a(\boldsymbol{x}_i) \triangleq \|\boldsymbol{x}_i - \boldsymbol{\mu}_a\|$、$g_k(\boldsymbol{x}_i, \boldsymbol{x}_k) \triangleq \|\boldsymbol{x}_i - \boldsymbol{x}_k\|$，并将上一次迭代得到的节点 k 和节点 i 的位置估计分别记为 $\boldsymbol{x}_k^*$ 和 $\boldsymbol{x}_i^*$，将 $b(\boldsymbol{x}_k)$ 的高斯近似记为 $b^G(\boldsymbol{x}_k)$。为得到关于 $\boldsymbol{x}_i$ 的二次型结构，对上述两类非线性项进行二阶泰勒级数展开，并代入式(9-21)和式(9-22)，可将 $\tilde{f}_a(\boldsymbol{x}_i)$ 和 $\tilde{f}_k(\boldsymbol{x}_i)$ 整理成关于 $\boldsymbol{x}_i$ 的二次型函数，即：

$$\begin{aligned}\tilde{f}_a(\boldsymbol{x}_i) \cong & -\frac{1}{2}\boldsymbol{x}_i^\top \cdot \left[\frac{1}{\sigma_{ia}^2}\left(\boldsymbol{I} - d_{ia} \cdot \nabla^2 g_a(\boldsymbol{x}_i^*)\right)\right] \\ & \cdot \boldsymbol{x}_i + \boldsymbol{x}_i^\top \cdot \left[\frac{\boldsymbol{\mu}_a}{\sigma_{ia}^2} + \frac{d_{ia}}{\sigma_{ia}^2}\left(\nabla g_a(\boldsymbol{x}_i^*) - \nabla^2 g_a(\boldsymbol{x}_i^*) \cdot \boldsymbol{x}_i^*\right)\right]\end{aligned} \tag{9-23}$$

$$\tilde{f}_k(\boldsymbol{x}_i) \cong -\frac{1}{2}\boldsymbol{x}_i^\top \cdot \left[\frac{1}{\sigma_{ik}^2}(\boldsymbol{I} - d_{ik}\boldsymbol{E})\right] \cdot \boldsymbol{x}_i + \boldsymbol{x}_i^\top \cdot \left[\frac{\boldsymbol{x}_k^*}{\sigma_{ik}^2} + \frac{d_{ik}}{\sigma_{ik}^2}\left(\frac{\partial g_k(\boldsymbol{x}_i^*, \boldsymbol{x}_k^*)}{\partial \boldsymbol{x}_i} - \boldsymbol{E}\boldsymbol{x}_i^*\right)\right] \tag{9-24}$$

其中，$\cong$ 表示省略与 $\boldsymbol{x}_i$ 无关的项；$\nabla g_a(\boldsymbol{x}_i^*)$ 和 $\nabla^2 g_a(\boldsymbol{x}_i^*)$ 是 $g_a(\boldsymbol{x}_i)$ 在 $\boldsymbol{x}_i = \boldsymbol{x}_i^*$ 处的一阶梯度和二阶梯度；$\dfrac{\partial g_k(\boldsymbol{x}_i^*, \boldsymbol{x}_k^*)}{\partial \boldsymbol{x}_i}$ 和 $\dfrac{\partial g_k(\boldsymbol{x}_i^*, \boldsymbol{x}_k^*)}{\partial \boldsymbol{x}_k}$ 分别为 $g_k(\boldsymbol{x}_i, \boldsymbol{x}_k)$ 在 $\boldsymbol{x}_i = \boldsymbol{x}_i^*$ 和 $\boldsymbol{x}_k = \boldsymbol{x}_k^*$ 处关于 $\boldsymbol{x}_i$ 和 $\boldsymbol{x}_k$ 的一阶偏导；$\nabla^2 g_k(\boldsymbol{x}_i^*, \boldsymbol{x}_k^*)$ 为 $g_k(\boldsymbol{x}_i, \boldsymbol{x}_k)$ 在 $\boldsymbol{x}_i = \boldsymbol{x}_i^*$ 和 $\boldsymbol{x}_k = \boldsymbol{x}_k^*$ 处的 Hessian 矩阵。上述梯度和偏导计算式分别为：

$$\nabla g_a(\boldsymbol{x}_i^*) = \left[\frac{x_{i1}^* - \mu_{a1}}{\|\boldsymbol{x}_i^* - \boldsymbol{\mu}_a\|}, \frac{x_{i2}^* - \mu_{a2}}{\|\boldsymbol{x}_i^* - \boldsymbol{\mu}_a\|}\right]^\top \tag{9-25}$$

$$\nabla^2 g_a\left(\boldsymbol{x}_i^*\right)=\begin{bmatrix} \dfrac{1}{\left\|\boldsymbol{x}_i^*-\boldsymbol{\mu}_a\right\|}-\dfrac{\left(x_{i1}^*-\mu_{a1}\right)^2}{\left\|\boldsymbol{x}_i^*-\boldsymbol{\mu}_a\right\|^3} & \dfrac{-\left(x_{i1}^*-\mu_{a1}\right)\left(x_{i2}^*-\mu_{a2}\right)}{\left\|\boldsymbol{x}_i^*-\boldsymbol{\mu}_a\right\|^3} \\ \dfrac{-\left(x_{i1}^*-\mu_{a1}\right)\left(x_{i2}^*-\mu_{a2}\right)}{\left\|\boldsymbol{x}_i^*-\boldsymbol{\mu}_a\right\|^3} & \dfrac{1}{\left\|\boldsymbol{x}_i^*-\boldsymbol{\mu}_a\right\|}-\dfrac{\left(x_{i2}^*-\mu_{a2}^*\right)^2}{\left\|\boldsymbol{x}_i^*-\boldsymbol{\mu}_a\right\|^3} \end{bmatrix}^{\top} \tag{9-26}$$

$$\frac{\partial g_k\left(\boldsymbol{x}_i^*,\boldsymbol{x}_k^*\right)}{\partial \boldsymbol{x}_i}=-\frac{\partial g_k\left(\boldsymbol{x}_i^*,\boldsymbol{x}_k^*\right)}{\partial \boldsymbol{x}_k}=\left[\frac{x_{i1}^*-x_{k1}^*}{\left\|\boldsymbol{x}_i^*-\boldsymbol{x}_k^*\right\|},\frac{x_{i2}^*-x_{k2}^*}{\left\|\boldsymbol{x}_i^*-\boldsymbol{x}_k^*\right\|}\right]^{\top} \tag{9-27}$$

$$\nabla^2 g_k\left(\boldsymbol{x}_i^*,\boldsymbol{x}_k^*\right)=\begin{bmatrix} \boldsymbol{E} & -\boldsymbol{E} \\ -\boldsymbol{E} & \boldsymbol{E} \end{bmatrix} \tag{9-28}$$

其中：

$$\boldsymbol{E}\triangleq\begin{bmatrix} \dfrac{1}{\left\|\boldsymbol{x}_i^*-\boldsymbol{x}_k^*\right\|}-\dfrac{\left(x_{i1}^*-x_{k1}^*\right)^2}{\left\|\boldsymbol{x}_i^*-\boldsymbol{x}_k^*\right\|^3} & \dfrac{-\left(x_{i1}^*-x_{k1}^*\right)\left(x_{i2}^*-x_{k2}^*\right)}{\left\|\boldsymbol{x}_i^*-\boldsymbol{x}_k^*\right\|^3} \\ \dfrac{-\left(x_{i1}^*-x_{k1}^*\right)\left(x_{i2}^*-x_{k2}^*\right)}{\left\|\boldsymbol{x}_i^*-\boldsymbol{x}_k^*\right\|^3} & \dfrac{1}{\left\|\boldsymbol{x}_i^*-\boldsymbol{x}_k^*\right\|}-\dfrac{\left(x_{i2}^*-x_{k2}^*\right)^2}{\left\|\boldsymbol{x}_i^*-\boldsymbol{x}_k^*\right\|^3} \end{bmatrix}^{\top} \tag{9-29}$$

进一步，将式(9-23)和式(9-24)代入式(9-20)并进行整理后，得到高斯近似函数 $b^G\left(\boldsymbol{x}_i\right)$ 的协方差矩阵和期望向量，分别为：

$$\hat{\boldsymbol{V}}_i\triangleq\left[\hat{\boldsymbol{V}}_{i0}^{-1}+\sum_{a\in\mathcal{A}_i}\frac{1}{\sigma_{ia}^2}\left(\boldsymbol{I}_{2\times2}-d_{ia}\cdot\nabla^2 g_a\left(\boldsymbol{x}_i^*\right)\right)+\sum_{k\in\mathcal{M}_i}\frac{1}{\sigma_{ik}^2}\left(\boldsymbol{I}_{2\times2}-d_{ik}\cdot\boldsymbol{E}\right)\right]^{-1} \tag{9-30}$$

$$\begin{aligned}\hat{\boldsymbol{\mu}}_i\triangleq\hat{\boldsymbol{V}}_i\cdot\Bigg\{&\hat{\boldsymbol{V}}_{i0}^{-1}\cdot\boldsymbol{\mu}_{i0}+\sum_{a\in\mathcal{A}_i}\frac{1}{\sigma_{ia}^2}\left[\boldsymbol{\mu}_a+d_{ia}\left(\nabla g_a\left(\boldsymbol{x}_i^*\right)-\nabla^2 g_a\left(\boldsymbol{x}_i^*\right)\cdot\boldsymbol{x}_i^*\right)\right]\\&+\sum_{k\in\mathcal{M}_i}\frac{1}{\sigma_{ik}^2}\left[\boldsymbol{x}_k^*+d_{ik}\left(\frac{\partial g_k\left(\boldsymbol{x}_i^*,\boldsymbol{x}_k^*\right)}{\partial\boldsymbol{x}_i}-\boldsymbol{E}\cdot\boldsymbol{x}_i^*\right)\right]\Bigg\}\end{aligned} \tag{9-31}$$

与基于 KLD 最小化的近似方法相比，本节给出的基于二阶泰勒级数展开的高斯近似方法极大地降低了近似计算的复杂度。将 $b\left(\boldsymbol{x}_i\right)$ 近似为高斯函数 $b^G\left(\boldsymbol{x}_i\right)$ 后，每个节点只需向邻居节点发送自己的位置向量和协方差矩阵，通信开销远低于基于粒子消息的算法。

9.1.4 算法调度机制和性能分析

本节基于MF规则的分布式协作定位算法(记作Taylor-MF)的执行流程分为初始化和迭代更新两个阶段。算法调度机制如表9.1所示。

表 9.1 基于 MF 规则的分布式协作节点定位算法调度机制

1. 初始化
    1) 所有节点 $i\in\mathcal{A}\cup\mathcal{M}$ 并行执行：
        a1) 初始化先验：$p(\boldsymbol{x}_a)=\delta(\boldsymbol{x}_a-\boldsymbol{\mu}_a), \forall a\in\mathcal{A}$
        $p(\boldsymbol{x}_i)=\mathcal{N}(\boldsymbol{x}_i;\boldsymbol{\mu}_{i0},\boldsymbol{V}_{i0}), \forall i\in\mathcal{M}$
        a2) 广播自己的位置信息。
    2) 所有待定位节点 $i\in\mathcal{M}$ 并行执行：
        b1) 接收邻居节点的位置信息。
        b2) 测量与邻居节点之间的距离。
2. 迭代更新
    1) 所有待定位节点 $i\in\mathcal{M}$ 并行迭代循环：
        c1) 根据式(9-30)计算近似置信的协方差矩阵 $\hat{\boldsymbol{V}}_i^{-1}$。
        c2) 根据式(9-31)计算近似置信的期望向量 $\hat{\boldsymbol{\mu}}_i$。
        c3) 广播自己的位置变量的期望和协方差矩阵，并接收邻居节点的位置变量的均值和协方差矩阵。
        c4) 判断是否达到最大迭代次数，若未达到，循环执行到(c1)；否则，结束循环。
    2) 所有待定位节点 $i\in\mathcal{M}$ 根据MAP估计准则确定自己的位置。

Taylor-MF算法、SPAWN算法和KLD-MF算法定位性能比较如图9.3所示。仿真参数设置如下：通信半径 $R=20\text{m}$，测距噪声 $\sigma_w=1\text{m}$，锚节点数 $N_{\text{A}}=13$，待定位节点数 $N_{\text{M}}=100$，$\sigma_0^2=2.25\text{m}^2$。SPAWN算法中每个消息使用 $N_p=2500$ 个粒子来表示，KLD-MF算法中试验点数 $N_t=250/2500$。由图9.3可知，SPAWN算法性能最好；当 $N_t=250$ 时，Taylor-MF算法的性能优于KLD-MF；当 $N_t=2500$ 时，Taylor-MF算法的性能与KLD-MF算法的性能接近。

Taylor-MF算法、SPAWN算法和KLD-MF算法的计算复杂度和通信开销对比如表9.2所示。在计算复杂度方面，SPAWN算法的计算复杂度与表示消息采用的粒子数 N_p 的平方和邻居节点个数 N_i 的乘积成正比，KLD-MF算法每次迭代中每个试验点都需要计算一次KL散度，而Taylor-MF算法复杂则仅与邻居节点个数 N_i 有关。由于 $N_i\ll N_p$ 和 $N_i\ll N_t$，因此Taylor-MF算法的复杂度远低于SPAWN

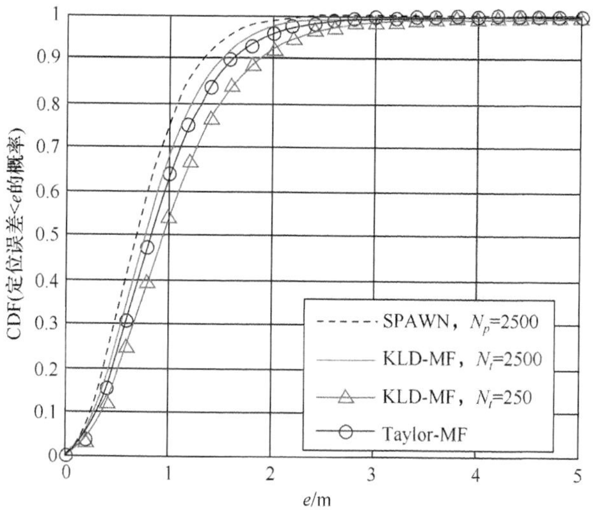

图 9.3　Taylor-MF 算法与 SPAWN 算法和 KLD-MF 算法的定位性能比较

算法和 KLD-MF 算法。在通信开销方面，SPAWN 算法中每个节点需要传输 N_p 个粒子和 N_p 个权重系数来表示当前的位置，而 KLD-MF 算法和 Taylor-MF 算法中每个节点只需传输 1 个二维向量和 1 个二维矩阵来表示当前的位置。

表 9.2　三种算法的计算复杂度和通信开销对比

算法	复杂度	通信开销
SPAWN	$\mathcal{O}\left(N_i \cdot N_p^2\right)$	N_p 个粒子和 N_p 个权重系数
KLD-MF	$\mathcal{O}(N_i \cdot N_t)$	1 个二维向量和 1 个二维矩阵
Taylor-MF	$\mathcal{O}(N_i)$	1 个二维向量和 1 个二维矩阵

9.2　基于联合 BP-MF 规则的分布式协作节点定位算法

上一小节给出了一种静态网络的分布式协作节点定位算法，本节将其扩展到节点可移动的动态网络，讨论一种联合 BP-MF 规则的分布式协作节点定位算法。

9.2.1　网络模型和因子图

考虑二维平面上包含 N_{A} 个锚节点和 N_{M} 个待定位节点的网络，所有节点都是可以移动的。定义符号 $\mathcal{V}$ 表示所有节点的集合，并定义符号 $\mathcal{A}$ 和 $\mathcal{M}$ 分别表示所有锚节点和所有待定位节点的集合，则有 $\mathcal{V} \in \mathcal{A} \cup \mathcal{M}$。为便于讨论，作以下假设：

(1) 时间按固定间隔ΔT进行划分，并且每个节点都已经进行了时间同步。k时刻，节点$i \in \mathcal{V}$的位置用变量$\boldsymbol{x}_i^k \triangleq \left[x_{i1}^k, x_{i2}^k\right]^\top$表示。

(2) 位置变量$\boldsymbol{x}_i^k$的先验 PDF 为二维高斯分布$p\left(\boldsymbol{x}_i^0\right) = \mathcal{N}\left(\boldsymbol{x}_i^0; \boldsymbol{\mu}_i^0, \boldsymbol{V}_i^0\right)$，其中$\boldsymbol{V}_i^0 \triangleq \sigma_{i,0}^2 \boldsymbol{I}_{2\times 2}$。特别地，对于锚节点$a \in \mathcal{A}$，$k$时刻其位置是已知的，记为$\boldsymbol{\mu}_i^k \triangleq \left[\mu_{i1}^k, \mu_{i2}^k\right]^\top$，则有$p\left(\boldsymbol{x}_a^0\right) = \delta\left(\boldsymbol{x}_a^0 - \boldsymbol{\mu}_i^0\right)$。

(3) 所有节点的通信和测距半径均为R，且通信链路是对称的。如果k时刻节点i和节点j之间的真实距离$\left\|\boldsymbol{x}_i^k - \boldsymbol{x}_j^k\right\| \leqslant R$，称节点$i$和节点$j$互为邻居。

(4) k时刻，若节点i和节点j互为邻居，则节点i可以获得节点j当前的位置信息和两点之间的距离观测$d_{i\leftarrow j}^k$，节点j也可获得节点i的位置信息和距离观测$d_{j\leftarrow i}^k$。测距噪声分别为加性高斯白噪声$w_{ij}^k \sim \mathcal{N}\left(w_{ij}^k; 0, \sigma_{ij,k}^2\right)$和$w_{ji}^k \sim \mathcal{N}\left(w_{ji}^k; 0, \sigma_{ji,k}^2\right)$。并且不同时隙所有节点的距离观测是相互独立的。

(5) 所有节点相互独立，节点的运动也相互独立。从$k-1$时刻到k时刻，节点$i \in \mathcal{V}$在x轴和y轴的运动速度可以由内部的速率计测量得到，速度向量记作$\boldsymbol{v}_i^k \triangleq \left[v_{i1}^k, v_{i2}^k\right]^\top$。

由上述假设，k时刻节点的状态转移模型可以表示为：

$$\boldsymbol{x}_i^k = \boldsymbol{x}_i^{k-1} + \boldsymbol{v}_i^k \cdot \Delta T + \boldsymbol{e}_i^k \tag{9-32}$$

其中，$\boldsymbol{e}_i^k$表示状态转移噪声，其期望为$\boldsymbol{0}$，方差为$\boldsymbol{V}_{\boldsymbol{e}_i^k} = \sigma_{\boldsymbol{e}_i^k}^2 \boldsymbol{I}_{2\times 2}$。因此，节点的状态转移函数可以表示为：

$$p\left(\boldsymbol{x}_i^k \mid \boldsymbol{x}_i^{k-1}\right) = \mathcal{N}\left(\boldsymbol{x}_i^k; \boldsymbol{x}_i^{k-1} + \boldsymbol{v}_i^k \cdot \Delta T, \boldsymbol{e}_i^k\right) \tag{9-33}$$

k时刻，节点i的邻居节点的集合记作$\mathcal{V}_i^k$，并进一步分为邻居锚节点和邻居待定位节点，它们的集合分别表示为$\mathcal{A}_i^k = \mathcal{V}_i^k \cap \mathcal{A}$和$\mathcal{M}_i^k = \mathcal{V}_i^k \cap \mathcal{M}$。由通信链路对称性假设可知$j \in \mathcal{V}_i^k \Leftrightarrow i \in \mathcal{V}_j^k$。节点$i$获得的与邻居节点$j \in \mathcal{V}_i^k$之间的距离观测$d_{i\leftarrow j}^k$为：

$$d_{i\leftarrow j}^k = \left\|\boldsymbol{x}_i^k - \boldsymbol{x}_j^k\right\| + w_{ij}^k \tag{9-34}$$

从而可将似然函数$p\left(d_{i\leftarrow j}^k \mid \boldsymbol{x}_i^k, \boldsymbol{x}_j^k\right)$表示为：

$$p\left(d_{i\leftarrow j}^k \mid \boldsymbol{x}_i^k, \boldsymbol{x}_j^k\right) = \frac{1}{\sqrt{2\pi\sigma_{ij,k}^2}} \exp\left\{-\frac{\left(d_{i\leftarrow j}^k - \left\|\boldsymbol{x}_i^k - \boldsymbol{x}_j^k\right\|\right)^2}{2\sigma_{ij,k}^2}\right\} \tag{9-35}$$

为便于描述，将 k 时刻所有节点位置变量记作 $\mathcal{X}^k \triangleq \left\{\boldsymbol{x}_i^k : i \in \mathcal{V}\right\}$，所有待定位节点的距离观测的集合记作 $\mathcal{Z}^k \triangleq \left\{d_{i \leftarrow j}^k : i \in \mathcal{M}, j \in \mathcal{V}_i^k\right\}$；将 0 时刻到 K 时刻所有节点位置变量和距离观测的集合分别记作 $\mathcal{X}^{0:K} \triangleq \left\{\mathcal{X}^0, \mathcal{X}^1, \cdots, \mathcal{X}^K\right\}$ 和 $\mathcal{Z}^{1:K} \triangleq \left\{\mathcal{Z}^1, \mathcal{Z}^2, \cdots, \mathcal{Z}^K\right\}$。

基于节点相互独立的假设，0 时刻所有节点的联合先验 PDF 可分解为：

$$p\left(\mathcal{X}^0\right) = \prod_{i \in \mathcal{V}} p\left(\boldsymbol{x}_i^0\right) \tag{9-36}$$

基于节点运动独立的假设，k 时刻联合状态转移概率函数可分解为：

$$p\left(\mathcal{X}^k \mid \mathcal{X}^{k-1}\right) = \prod_{i \in \mathcal{V}} p\left(\boldsymbol{x}_i^k \mid \boldsymbol{x}_i^{k-1}\right) \tag{9-37}$$

基于不同时隙距离观测的独立性假设，全局似然函数可分解为：

$$p\left(\mathcal{Z}^k \mid \mathcal{X}^k\right) = \prod_{i \in \mathcal{M}} \prod_{i \in \mathcal{V}_i^k} p\left(d_{i \leftarrow j}^k \mid \boldsymbol{x}_i^k, \boldsymbol{x}_j^k\right) \tag{9-38}$$

根据贝叶斯定理，从 0 时刻到 K 时刻节点位置变量的联合后验 PDF 可表示为：

$$\begin{aligned} p\left(\mathcal{X}^{0:K} \mid \mathcal{Z}^{1:K}\right) &\propto p\left(\mathcal{X}^{0:K}\right) p\left(\mathcal{Z}^{1:K} \mid \mathcal{X}^{0:K}\right) \\ &= p\left(\mathcal{X}^0\right) \prod_{k=1}^{K} p\left(\mathcal{X}^k \mid \mathcal{X}^{k-1}\right) p\left(\mathcal{Z}^k \mid \mathcal{X}^k\right) \end{aligned} \tag{9-39}$$

根据式(9-39)的因子分解，联合后验 $p\left(\mathcal{X}^{0:K} \mid \mathcal{Z}^{1:K}\right)$ 可以表示为图 9.4 所示的因子图，其中 $f_i^0 \triangleq p\left(\boldsymbol{x}_i^0\right)$，$f_i^{k|k-1} \triangleq p\left(\boldsymbol{x}_i^k \mid \boldsymbol{x}_i^{k-1}\right)$，$f_{ij}^k \triangleq p\left(d_{i \leftarrow j}^k \mid \boldsymbol{x}_i^k, \boldsymbol{x}_j^k\right)$ 和 $f_{ji}^k \triangleq p\left(d_{j \leftarrow i}^k \mid \boldsymbol{x}_i^k, \boldsymbol{x}_j^k\right)$。

一般来讲，因子图是无向图，即每条边上的消息都是双向的。但是，由于节点的运动，网络的连通性和拓扑结构会随着时间发生改变。鉴于网络的这种时空约束性，只计算向前时刻的消息(如图中箭头所示)，不计算从现在时刻到过去时刻的消息。

k 时刻，节点 $i \in \mathcal{M}$ 的位置变量 $\boldsymbol{x}_i^k$ 的置信 $b\left(\boldsymbol{x}_i^k\right)$ 包含两类消息：节点内部的消息和节点间的消息。前者是在节点内完成计算的，而后者需要在节点和其邻居节点间交换信息。基于此，将 $b\left(\boldsymbol{x}_i^k\right)$ 的计算分为两个过程：一是基于节点运动模型的预测过程，二是基于测距模型的协作修正过程。在预测阶段，根据式(9-32)的线性状态转移模型，使用 BP 规则计算预测消息。在协作修正阶段，根据式(9-34)的非线性测距模型，使用 MF 规则计算协作消息。

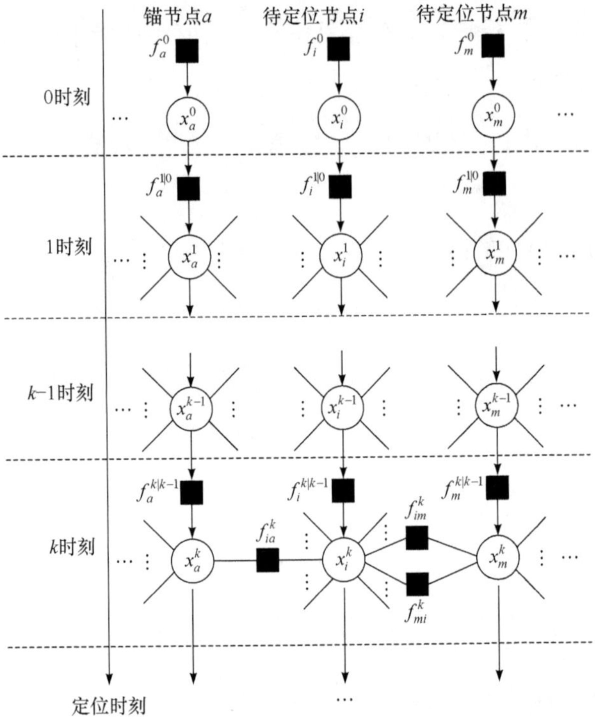

图 9.4　节点位置变量联合后验 PDF 对应的因子图

9.2.2　预测消息的计算

k 时刻，待定位节点 i 在预测阶段的相关因子图如图 9.5 所示。可以看出，预测消息是因子节点 $f_i^{k|k-1}$ 到变量节点 $\boldsymbol{x}_i^k$ 的消息 $m_{f_i^{k|k-1}\to\boldsymbol{x}_i^k}\left(\boldsymbol{x}_i^k\right)$。按照 BP 规则，该预测消息为：

$$m_{f_i^{k|k-1}\to\boldsymbol{x}_i^k}\left(\boldsymbol{x}_i^k\right)=\int p\left(\boldsymbol{x}_i^k \mid \boldsymbol{x}_i^{k-1}\right)\cdot m_{\boldsymbol{x}_i^{k-1}\to f_i^{k|k-1}}\left(\boldsymbol{x}_i^{k-1}\right)\mathrm{d}\boldsymbol{x}_i^{k-1} \tag{9-40}$$

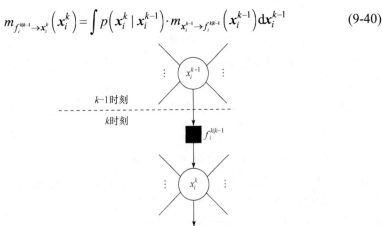

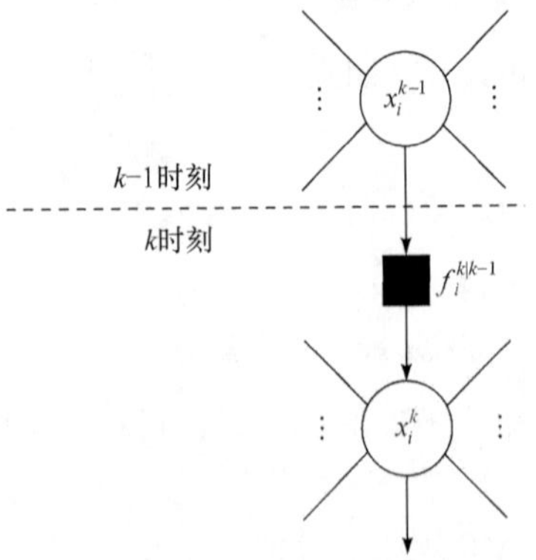

图 9.5　k 时刻节点 i 预测阶段的因子图

鉴于网络的时空约束，消息只向未来时刻传递，因此变量节点 $\boldsymbol{x}_i^{k-1}$ 到因子节点 $f_i^{k|k-1}$ 的消息正比于 $\boldsymbol{x}_i^{k-1}$ 的置信 $b\left(\boldsymbol{x}_i^{k-1}\right)$，即：

$$m_{\boldsymbol{x}_i^{k-1}\to f_i^{k|k-1}}\left(\boldsymbol{x}_i^{k-1}\right)\propto b\left(\boldsymbol{x}_i^{k-1}\right)=\mathcal{N}\left(\boldsymbol{x}_i^{k-1};\boldsymbol{\mu}_{\boldsymbol{x}_i^{k-1}},\boldsymbol{V}_{\boldsymbol{x}_i^{k-1}}\right) \tag{9-41}$$

将式(9-41)的 $m_{\boldsymbol{x}_i^{k-1}\to f_i^{k|k-1}}\left(\boldsymbol{x}_i^{k-1}\right)$ 和式(9-33)的节点状态转移函数 $p\left(\boldsymbol{x}_i^k\mid\boldsymbol{x}_i^{k-1}\right)$ 计算式代入式(9-40)，得到 $f_i^{k|k-1}$ 到 $\boldsymbol{x}_i^k$ 的消息为：

$$\begin{aligned}m_{f_i^{k|k-1}\to\boldsymbol{x}_i^k}\left(\boldsymbol{x}_i^k\right)&\propto\int\mathcal{N}\left(\boldsymbol{x}_i^k;\boldsymbol{x}_i^{k-1}+\boldsymbol{v}_i^k\cdot\Delta T,\boldsymbol{e}_i^k\right)\cdot\mathcal{N}\left(\boldsymbol{x}_i^{k-1};\boldsymbol{\mu}_{\boldsymbol{x}_i^{k-1}},\boldsymbol{V}_{\boldsymbol{x}_i^{k-1}}\right)\mathrm{d}\boldsymbol{x}_i^{k-1}\\&=\mathcal{N}\left(\boldsymbol{x}_i^k;\boldsymbol{\mu}_i^{k|k-1},\boldsymbol{V}_i^{k|k-1}\right)\end{aligned} \tag{9-42}$$

其中：

$$\boldsymbol{\mu}_i^{k|k-1}\triangleq\boldsymbol{\mu}_{\boldsymbol{x}_i^{k-1}}+\boldsymbol{v}_i^k\cdot\Delta T \tag{9-43}$$

$$\boldsymbol{V}_i^{k|k-1}\triangleq\boldsymbol{V}_{\boldsymbol{x}_i^{k-1}}+\boldsymbol{V}_{\boldsymbol{e}_i^k} \tag{9-44}$$

可以看出，由式(9-42)计算得到的预测消息 $m_{f_i^{k|k-1}\to\boldsymbol{x}_i^k}\left(\boldsymbol{x}_i^k\right)$ 是关于 $\boldsymbol{x}_i^k$ 的高斯函数。

9.2.3　协作消息的计算

在协作修正阶段，k 时刻待定位节点 i 的相关因子图如图 9.6 所示。在这个阶段，节点 i 接收来自邻居锚节点 $a\in\mathcal{A}_i^k$ 和邻居待定位节点 $l\in\mathcal{M}_i^k$ 的协作信息，即变量节点 $\boldsymbol{x}_i^k$ 接收来自似然函数的消息。

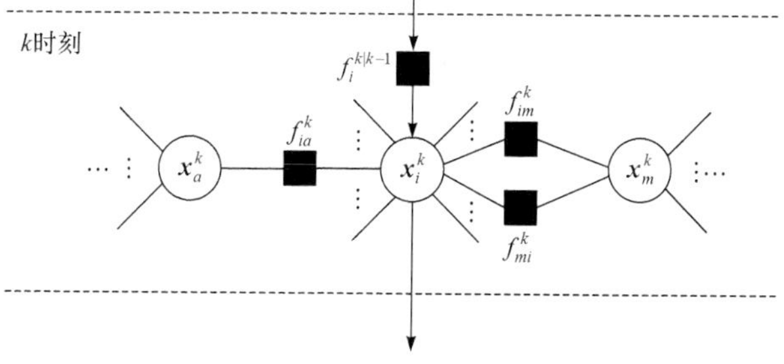

图 9.6　k 时刻节点 i 协作修正阶段的因子图

在本节给出的节点定位算法中，假设两个节点之间的测距链路是单向的，即待定位节点 i 和待定位节点 l 之间的距离测量分别由节 i 和节点 l 执行，两者测量得到的距离观测分别记作 $d_{i\leftarrow l}^k$ 和 $d_{l\leftarrow i}^k$，并且节点 i 和节点 l 不互相传送各自测得的距离信息。因此，变量节点 $\boldsymbol{x}_i^k$ 只接收来自似然函数 f_{il}^k 的消息，而似然函数 f_{li}^k 则

不向 $\boldsymbol{x}_i^k$ 传递消息。对于节点 l，亦是如此。

1. 与锚节点 $a\in\mathcal{A}_i^k$ 有关的协作消息

k 时刻，锚节点 $a\in\mathcal{A}_i^k$ 的位置记为 $\boldsymbol{\mu}_a^k\triangleq\left[\mu_{a1}^k,\mu_{a2}^k\right]^{\mathrm{T}}$。根据 MF 规则，与锚节点 $a\in\mathcal{A}_i^k$ 有关的协作消息，即因子节点 $f_{ia}^k\triangleq p\left(d_{i\leftarrow a}^k\mid\boldsymbol{x}_i^k,\boldsymbol{x}_a^k\right)$ 到变量节点 $\boldsymbol{x}_i^k$ 的消息为：

$$m_{f_{ia}^k\to\boldsymbol{x}_i^k}\left(\boldsymbol{x}_i^k\right)=\exp\left\{\int\ln p\left(d_{i\leftarrow a}^k\mid\boldsymbol{x}_i^k,\boldsymbol{x}_a^k\right)\cdot n_{\boldsymbol{x}_a^k\to f_{ia}^k}\left(\boldsymbol{x}_a^k\right)\mathrm{d}\boldsymbol{x}_a^k\right\}\tag{9-45}$$

由式(9-35)可知似然函数 $p\left(d_{i\leftarrow a}^k\mid\boldsymbol{x}_i^k,\boldsymbol{x}_a^k\right)$ 为：

$$\begin{aligned}p\left(d_{i\leftarrow a}^k\mid\boldsymbol{x}_i^k,\boldsymbol{x}_a^k\right)&=\frac{1}{\sqrt{2\pi\sigma_{ia,k}^2}}\exp\left\{-\frac{\left(d_{i\leftarrow a}^k-\left\|\boldsymbol{x}_i^k-\boldsymbol{x}_a^k\right\|^2\right)}{2\sigma_{ia,k}^2}\right\}\\&=\mathcal{N}\left(d_{i\leftarrow a}^k;\left\|\boldsymbol{x}_i^k-\boldsymbol{x}_a^k\right\|,\sigma_{ia,k}^2\right)\end{aligned}\tag{9-46}$$

按照 MF 规则，变量节点 $\boldsymbol{x}_a^k$ 到因子节点 f_{ia}^k 的消息 $n_{\boldsymbol{x}_a^k\to f_{ia}^k}\left(\boldsymbol{x}_a^k\right)$ 可以表示为：

$$n_{\boldsymbol{x}_a^k\to f_{ia}^k}\left(\boldsymbol{x}_a^k\right)=b\left(\boldsymbol{x}_a^k\right)=\delta\left(\boldsymbol{x}_a^k-\boldsymbol{\mu}_a^k\right)\tag{9-47}$$

将式(9-46)和式(9-47)代入式(9-45)得到：

$$\begin{aligned}m_{f_{ia}^k\to\boldsymbol{x}_i^k}\left(\boldsymbol{x}_i^k\right)&=\exp\left\{\int\ln\mathcal{N}\left(d_{i\leftarrow a}^k;\left\|\boldsymbol{x}_i^k-\boldsymbol{x}_a^k\right\|,\sigma_{ia,k}^2\right)\cdot\delta\left(\boldsymbol{x}_a^k-\boldsymbol{\mu}_a^k\right)\mathrm{d}\boldsymbol{x}_a^k\right\}\\&=\exp\left\{\ln\mathcal{N}\left(d_{i\leftarrow a}^k;\left\|\boldsymbol{x}_i^k-\boldsymbol{\mu}_a^k\right\|,\sigma_{ia,k}^2\right)\right\}=\mathcal{N}\left(d_{i\leftarrow a}^k;\left\|\boldsymbol{x}_i^k-\boldsymbol{\mu}_a^k\right\|,\sigma_{ia,k}^2\right)\end{aligned}\tag{9-48}$$

2. 与待定位节点 $l\in\mathcal{M}_i^k$ 有关的协作消息

按照 MF 规则，与待定位节点 $l\in\mathcal{M}_i^k$ 有关的协作消息，即因子节点 $f_{il}^k\triangleq p\left(d_{i\leftarrow l}^k\mid\boldsymbol{x}_i^k,\boldsymbol{x}_l^k\right)$ 到变量节点 $\boldsymbol{x}_i^k$ 的消息为：

$$m_{f_{il}^k\to\boldsymbol{x}_i^k}\left(\boldsymbol{x}_i^k\right)=\exp\left\{\int\ln p\left(d_{i\leftarrow l}^k\mid\boldsymbol{x}_i^k,\boldsymbol{x}_l^k\right)\cdot n_{\boldsymbol{x}_l^k\to f_{il}^k}\left(\boldsymbol{x}_i^k\right)\mathrm{d}\boldsymbol{x}_l^k\right\}\tag{9-49}$$

其中：

$$p\left(d_{i\leftarrow l}^k\mid\boldsymbol{x}_i^k,\boldsymbol{x}_l^k\right)=\frac{1}{\sqrt{2\pi\sigma_{il,k}^2}}\exp\left\{-\frac{\left(d_{i\leftarrow l}^k-\left\|\boldsymbol{x}_i^k-\boldsymbol{x}_l^k\right\|^2\right)}{2\sigma_{il,k}^2}\right\}=\mathcal{N}\left(d_{i\leftarrow l}^k;\left\|\boldsymbol{x}_i^k-\boldsymbol{x}_l^k\right\|,\sigma_{il,k}^2\right)\tag{9-50}$$

记上次迭代得到的 $\boldsymbol{x}_l^k$ 的置信 $b\left(\boldsymbol{x}_l^k\right)$ 的高斯近似函数为 $b^G\left(\boldsymbol{x}_l^k\right)$，按照 MF 规则，变量节点 $\boldsymbol{x}_l^k$ 到因子节点 f_{il}^k 的消息 $n_{\boldsymbol{x}_l^k \to f_{il}^k}\left(\boldsymbol{x}_l^k\right) \propto b^G\left(\boldsymbol{x}_l^k\right)$。因此，可将式(9-49)进一步表示为：

$$\begin{aligned} m_{f_{il}^k \to \boldsymbol{x}_i^k}\left(\boldsymbol{x}_i^k\right) &= \exp\left\{\int \ln \mathcal{N}\left(d_{i\leftarrow l}^k; \left\|\boldsymbol{x}_i^k - \boldsymbol{x}_l^k\right\|, \sigma_{il,k}^2\right) \cdot \hat{b}\left(\boldsymbol{x}_l^k\right) \mathrm{d}\boldsymbol{x}_l^k\right\} \\ &= \exp\left\{\mathbb{E}\left[\ln \mathcal{N}\left(d_{i\leftarrow l}^k; \left\|\boldsymbol{x}_i^k - \boldsymbol{x}_l^k\right\|, \sigma_{il,k}^2\right)\right]_{b^G\left(\boldsymbol{x}_l^k\right)}\right\} \end{aligned} \tag{9-51}$$

9.2.4 置信的计算和近似

由图 9.4 所示的因子图可知 k 时刻待定位节点 i 的位置变量 $\boldsymbol{x}_i^k$ 的置信 $b\left(\boldsymbol{x}_i^k\right)$ 由两部分消息构成：来自因子节点 $f_i^{k|k-1}$ 的预测消息，来自因子节点 f_{ia}^k（$a \in \mathcal{A}_i^k$）和 f_{il}^k（$l \in \mathcal{M}_i^k$）的协作消息。则 $b\left(\boldsymbol{x}_i^k\right)$ 可表示为：

$$b\left(\boldsymbol{x}_i^k\right) = \frac{1}{Z} m_{f_i^{k|k-1} \to \boldsymbol{x}_i^k}\left(\boldsymbol{x}_i^k\right) \cdot \prod_{a \in \mathcal{A}_i^k} m_{f_{ia}^k \to \boldsymbol{x}_i^k}\left(\boldsymbol{x}_i^k\right) \prod_{l \in \mathcal{M}_i^k} m_{f_{il}^k \to \boldsymbol{x}_i^k}\left(\boldsymbol{x}_i^k\right) \tag{9-52}$$

将式(9-42)、式(9-48)和式(9-51)分别代入式(9-52)可以得到：

$$\begin{aligned} b\left(\boldsymbol{x}_i^k\right) = &\frac{1}{Z} \mathcal{N}\left(\boldsymbol{x}_i^k; \boldsymbol{\mu}_i^{k|k-1}, \boldsymbol{V}_i^{k|k-1}\right) \\ &\times \prod_{a \in \mathcal{A}_i^k} \mathcal{N}\left(d_{i\leftarrow a}^k; \left\|\boldsymbol{x}_i^k - \boldsymbol{\mu}_a^k\right\|, \sigma_{ia,k}^2\right) \\ &\times \prod_{l \in \mathcal{M}_i^k} \exp\left\{\mathbb{E}\left[\ln \mathcal{N}\left(d_{i\leftarrow l}^k; \left\|\boldsymbol{x}_i^k - \boldsymbol{x}_l^k\right\|, \sigma_{il,k}^2\right)\right]_{b^G\left(\boldsymbol{x}_l^k\right)}\right\} \end{aligned} \tag{9-53}$$

由式(9-53)计算得到的 $b\left(\boldsymbol{x}_i^k\right)$ 关于 $\boldsymbol{x}_i^k$ 是非高斯的，将其整理为：

$$b\left(\boldsymbol{x}_i^k\right) \propto \exp\left\{g_{k|k-1}\left(\boldsymbol{x}_i^k\right) + \sum_{a \in \mathcal{A}_i^k} g_{ia}\left(\boldsymbol{x}_i^k\right) + \sum_{l \in \mathcal{M}_i^k} g_{il}\left(\boldsymbol{x}_i^k\right)\right\} \tag{9-54}$$

其中：

$$g_{k|k-1}\left(\boldsymbol{x}_i^k\right) \triangleq -\frac{1}{2}\left(\boldsymbol{x}_i^k - \boldsymbol{\mu}_i^{k|k-1}\right)^{\top} \left(\boldsymbol{V}_i^{k|k-1}\right)^{-1} \left(\boldsymbol{x}_i^k - \boldsymbol{\mu}_i^{k|k-1}\right) \tag{9-55}$$

$$g_{ia}\left(\boldsymbol{x}_i^k\right) \triangleq \frac{d_{i\leftarrow a}^k}{\sigma_{ia,k}^2}\left\|\boldsymbol{x}_i^k - \boldsymbol{\mu}_a^k\right\| - \frac{1}{2\sigma_{ia,k}^2}\left\|\boldsymbol{x}_i^k - \boldsymbol{\mu}_a^k\right\|^2 \tag{9-56}$$

$$g_{il}\left(\boldsymbol{x}_i^k\right) \triangleq \int b^G\left(\boldsymbol{x}_l^k\right)\left(\frac{d_{i\leftarrow l}^k}{\sigma_{il,k}^2}\left\|\boldsymbol{x}_i^k - \boldsymbol{x}_l^k\right\| - \frac{1}{2\sigma_{il,k}^2}\left\|\boldsymbol{x}_i^k - \boldsymbol{x}_l^k\right\|\right) \mathrm{d}\boldsymbol{x}_l^k \tag{9-57}$$

非线性项 $F_{ia}\left(\boldsymbol{x}_i^k\right) \triangleq \left\|\boldsymbol{x}_i^k - \boldsymbol{\mu}_a^k\right\|$ 和 $F_{il}\left(\boldsymbol{x}_i^k, \boldsymbol{x}_i^k\right) \triangleq \left\|\boldsymbol{x}_i^k - \boldsymbol{x}_i^k\right\|$ 会导致 $b\left(\boldsymbol{x}_i^k\right)$ 是非高斯形式,采用 9.2.3 节的近似方法,将非线性项在上一次迭代得到的位置估计 $\boldsymbol{x}_i^k = \tilde{\boldsymbol{\mu}}_i^k$ 和 $\boldsymbol{x}_l^k = \tilde{\boldsymbol{\mu}}_l^k$ 处进行二阶泰勒展开，并经过整理后可得到本次迭代 $b\left(\boldsymbol{x}_i^k\right)$ 的高斯近似函数 $b^G\left(\boldsymbol{x}_i^k\right)$，即：

$$b^G\left(\boldsymbol{x}_i^k\right) \propto \exp\left\{-\frac{1}{2}\left(\boldsymbol{x}_i^k\right)^\top \left(\hat{\boldsymbol{V}}_i^k\right)^{-1} \boldsymbol{x}_i^k + \left(\boldsymbol{x}_i^k\right)^\top \left(\hat{\boldsymbol{V}}_i^k\right)^{-1} \hat{\boldsymbol{\mu}}_i^k\right\} \tag{9-58}$$

其协方差矩阵 $\hat{\boldsymbol{V}}_i^k$ 和期望向量 $\hat{\boldsymbol{\mu}}_i^k$ 为：

$$\hat{\boldsymbol{V}}_i^k \triangleq \left\{\left(\boldsymbol{V}_i^{k|k-1}\right)^{-1} + \sum_{a\in\mathcal{A}_i^k}\left(\frac{\boldsymbol{I}_{2\times2}}{\sigma_{ia,k}^2} - \frac{d_{i\leftarrow a}}{\sigma_{ia,k}^2}\nabla_{F_{ia}}^2\right) + \sum_{l\in\mathcal{M}_i^k}\left(\frac{\boldsymbol{I}_{2\times2}}{\sigma_{il,k}^2} - \frac{d_{i\leftarrow l}}{\sigma_{il,k}^2}\frac{\partial^2 F_{il}}{\partial\left(\boldsymbol{x}_i^k\right)^2}\right)\right\}^{-1} \tag{9-59}$$

$$\begin{aligned}\hat{\boldsymbol{\mu}}_i^k \triangleq \hat{\boldsymbol{V}}_i^k &\left\{\left(\hat{\boldsymbol{V}}_i^{k|k-1}\right)^{-1}\boldsymbol{\mu}_i^{k|k-1} + \sum_{a\in\mathcal{A}_i^k}\left[\frac{\boldsymbol{\mu}_a^k}{\sigma_{ia,k}^2} + \frac{d_{i\leftarrow a}^k}{\sigma_{ia,k}^2}\left(\nabla_{F_{ia}} - \nabla_{F_{ia}}^2\tilde{\boldsymbol{\mu}}_i^k\right)\right]\right.\\ &\left. + \sum_{l\in\mathcal{M}_i^k}\left[\frac{\tilde{\boldsymbol{\mu}}_l^k}{\sigma_{il,k}^2} + \frac{d_{i\leftarrow l}^k}{\sigma_{il,k}^2}\left(\frac{\partial F_{il}}{\partial \boldsymbol{x}_i^k} - \frac{\partial^2 F_{il}}{\partial\left(\boldsymbol{x}_i^k\right)^2}\tilde{\boldsymbol{\mu}}_i^k\right)\right]\right\}\end{aligned} \tag{9-60}$$

其中，$\nabla_{F_{ia}}$ 和 $\nabla_{F_{ia}}^2$ 分别是 $F_{ia}\left(\boldsymbol{x}_i^k\right) \triangleq \left\|\boldsymbol{x}_i^k - \boldsymbol{\mu}_a^k\right\|$ 在 $\boldsymbol{x}_i^k = \tilde{\boldsymbol{\mu}}_i^k$ 处关于 $\boldsymbol{x}_i^k$ 的一阶梯度和二阶梯度；$\dfrac{\partial F_{il}}{\partial \boldsymbol{x}_i^k}$ 和 $\dfrac{\partial^2 F_{il}}{\partial\left(\boldsymbol{x}_i^k\right)^2}$ 分别是 $F_{il}\left(\boldsymbol{x}_i^k, \boldsymbol{x}_l^k\right) \triangleq \left\|\boldsymbol{x}_i^k - \boldsymbol{x}_l^k\right\|$ 在 $\boldsymbol{x}_i^k = \tilde{\boldsymbol{\mu}}_i^k$ 和 $\boldsymbol{x}_l^k = \tilde{\boldsymbol{\mu}}_l^k$ 处关于 $\boldsymbol{x}_i^k$ 的一阶偏导和二阶偏导。

9.2.5 算法调度机制和性能分析

本节给出的基于 BP-MF 规则的分布式协作定位算法(以下简称 BP-MF 算法)将定位过程分为两个阶段：预测阶段和协作修正阶段。在每个定位时刻 k，算法的调度机制如表 9.3 所示。

表 9.3 基于 BP-MF 规则的分布式协作节点定位算法调度机制

1. 预测阶段
所有待定位节点 $i\in\mathcal{M}$ 并行执行：
根据式(9-42)～式(9-44)计算预测消息 $m_{f_i^{k|k-1}\to\boldsymbol{x}_i^k}\left(\boldsymbol{x}_i^k\right)$。
2. 协作修正阶段

续表

1) 锚节点广播自己的位置。
2) 所有待定位节点 $i \in \mathcal{M}$ 并行迭代循环：
(1) 测量与邻居节点之间的距离。
(2) 广播自己当前的位置信息，接收邻居节点当前的位置信息。
(3) 根据式(9-58)～式(9-60)更新位置变量的近似置信。
(4) 广播自己的位置变量的近似置信，并接收邻居节点的位置变量的近似置信。
(5) 判断是否达到最大迭代次数，若未达到，循环至(3)；若达到，迭代终止。
3) 所有待定位节点 $i \in \mathcal{M}$ 根据 MAP 估计准则确定自己的位置。

BP-MF 算法、文献[42]中的 ML 算法和 SPAWN 算法的定位性能比较如图 9.7～图 9.9。仿真参数设置如下：通信和测距半径 $R = 25\text{m}$，测距噪声标准差 $\sigma_w^k = 1\text{m}$，锚节点数 $N_\text{A} = 13$，待定位节点数 $N_\text{M} = 100$。SPAWN 算法中，每个消息的粒子数 $N_p = 3000$。由图 9.7 和图 9.9 可以看出，BP-MF 算法定位精度和收敛速度都优于 ML 算法，这是因为 ML 算法没有使用先验信息，从而造成了一定的性能损失。由图 9.8 和图 9.9 可以看出，当 $\sigma_0^2 = 25\text{m}^2$、$k = 1$ 时 BP-MF 与 SPAWN 算法在定位精度和收敛速度上均有较大差别。但是，随着时刻 k 的增加和 σ_0^2 的减小，BP-MF 算法的定位性能与 SPAWN 算法变得比较接近。

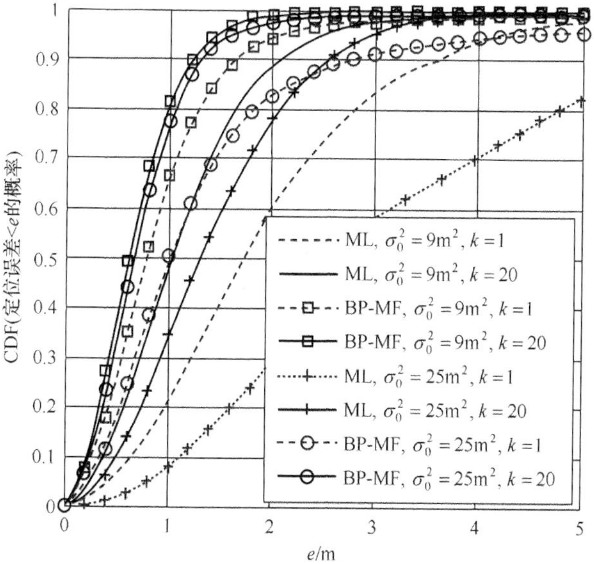

图 9.7　BP-MF 算法和 ML 算法的定位性能比较

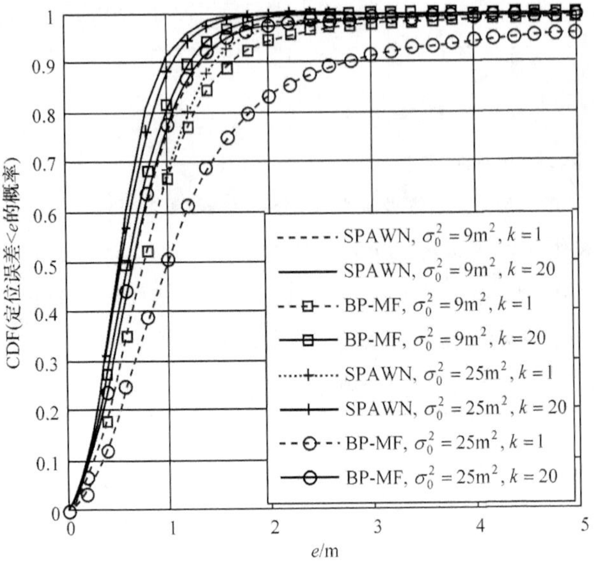

图 9.8　BP-MF 算法和 SPAWN 算法的定位性能比较

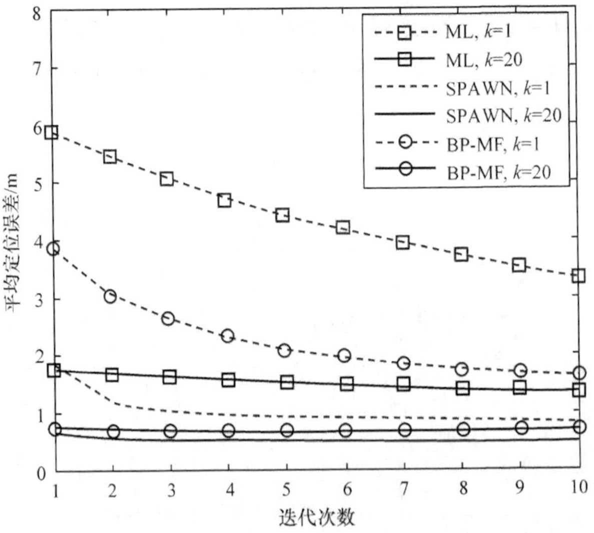

图 9.9　BP-MF 算法与 SPAWN 算法和 ML 算法的收敛性比较

在定位过程中，待定位节点要进行测距并与邻居节点交换当前的位置信息。因此，通信开销和计算复杂度与邻居节点的个数 N_i^k 和消息的表示形式均有关。与 BP-MF 算法相比，基于粒子的 SPAWN 算法虽然能够获得更好的定位性能，但这是以过高的通信开销和计算复杂度为代价的。具体来讲，SPAWN 算法的通信开销与每个消息的粒子数 N_p 成正比，计算复杂度与邻居节点个数 N_i^k 和粒子数平方

N_p^2 的乘积 $N_i^k \cdot N_p^2$ 成正比。而 BP-MF 算法的计算复杂度仅与邻居节点的个数 N_i^k 有关，在节点间也仅需要传输位置变量的期望向量和协方差矩阵。由于 $N_i^k \ll N_p$，因此，BP-MF 算法的通信开销和计算复杂度均远低于 SAPWN 算法。

当待定位节点的速度向量不能通过测量得到时，可将每一时刻的定位问题看作静态网络的定位问题。首先，根据各节点 $i \in \mathcal{M}$ 的历史轨迹，通过运动预测模型预测自己当前时刻的位置，并由此得到节点位置变量 $\boldsymbol{x}_i^k$ 的先验 PDF，即 $p\left(\boldsymbol{x}_i^k\right)$。然后，在当前时刻的因子图上，按照 9.2 节给出的 Taylor-MF 算法求解 $\boldsymbol{x}_i^k$ 的近似局部后验 PDF，即 $b\left(\boldsymbol{x}_i^k\right)$。最后，根据 MAP 估计准则估计节点的位置。

9.3　本 章 小 结

针对 WSN 的协作定位问题，本章主要讨论了两种基于消息传递算法的分布式节点自定位算法。首先针对网络部署后节点不可移动的静态网络，本章讨论了基于 MF 算法的低复杂度、低通信开销的分布式节点定位算法，该算法通过在因子图上执行 MF 规则计算节点位置变量的置信。对于非线性测距模型引起的非高斯置信，给出一种基于二阶泰勒级数展开的近似方法。相较于基于粒子的 SPAWN 算法，该算法大幅降低了计算复杂度和网络的通信开销；相较于通过 KL 散度最小化进行消息近似的高斯 MF 算法，该方法有效降低了近似算法的计算复杂度。同时，该算法的定位精度与 SPAWN 算法和高斯 MF 算法接近。其次，针对节点可移动且速度矢量可通过自身设备测量得到的动态网络，本章给出一种基于联合 BP-MF 规则的分布式节点定位算法。根据线性状态转移模型，使用 BP 算法计算预测消息；对于非线性测距模型，使用 MF 规则计算协作消息，从而有效结合了 BP 规则的高精度和 MF 规则的低复杂性。所提算法的定位精度和收敛性均优于分布式 ML 算法，并能以较低的计算复杂度和通信开销获得与 SPAWN 相近的定位性能。

缩写符号对照表

AMP	Approximate Message Passing	近似消息传递
APP	A-Posteriori Probability	后验概率
BER	Bit Error Rate	误码率
BiG-AMP	Bilinear GAMP	双线性广义近似消息传递
BP	Belief Propagation	置信传播
BPSK	Binary Phase Shift Keying	二进制相移键控
CDF	Cumulative Distribution Function	分布函数
CS	Compressed Sensing	压缩感知
DAG	Directed Acyclic Graph	有向无环图
DMC	Discrete Memoryless Channel	离散无记忆信道
EM	Expectation Maximization	期望最大化
EP	Expectation Propagation	期望传播
FG	Factor Graph	因子图
FFG	Forney-Style Factor Graph	Forney 形式因子图
GABP	Gaussian Approximation Belief Propagation	高斯近似置信传播
GAMP	Generalized Approximate Message Passing	广义近似消息传递
HMM	Hidden Markov Models	隐马尔可夫模型
ISI	Inter-Symbol Interference	符号间干扰
KLD	Kullback-Leibler Divergence	KL 散度
LAPP	Log-A-Posteriori Probability	对数形式后验概率分布
LDPC	Low Density Parity Code	低密度奇偶校验
LLR	Log-Likelihood Ratio	对数似然比
LMMSE	Linear Minimum Mean Square Error	线性最小均方误差
MAP	Maximum A Posterior	最大后验概率
MCMC	Marko Chain Monte Carlo	马尔可夫链蒙特卡洛
MEMS	Micro-Electro Mechanical System	微机电系统
MF	Mean Field	平均场

续表

MIMO	Multiple-Input Multiple-Output	多输入多输出
ML	Maximum Likelihood	最大似然
MMSE	Minimum Mean Square Error	最小均方误差
MRF	Markov Random Field	马尔可夫随机场
Net-FG	Network FG	网络因子图
OFDM	Orthogonal Frequency Division Multiplexing	正交频分复用
P-BiG-AMP	Parametric BiG-AMP	参数化双线性广义近似消息传递
PDF	Probability Density Function	概率密度函数
PGA	Partial Gaussian Approximation	部分高斯近似
PGM	Probabilistic Graphical Model	概率图模型
PMF	Probability Mass Function	概率质量函数
QAM	Quadrature Amplitude Modulation	正交振幅调制
SBL	Sparse Bayesian Learning	稀疏贝叶斯学习
SE	State Evolution	状态演化
SISO	Soft Input Soft Output	软输入软输出
SOC	System on Chip	片上系统
SPA	Sum Product Algorithm	和积算法
SPAWN	Sum-Product Algorithm over a Wireless Network	无线网络和积算法
VMP	Variational Message Passing	变分消息传递
WSN	Wireless Sensor Network	无线传感器网络

常用符号定义表

$(\cdot)^*$	矩阵或者向量或者标量的共轭
$(\cdot)^{\mathrm{T}}$	矩阵或向量的转置
$(\cdot)^{\mathrm{H}}$	矩阵或向量的共轭转置
$\mathbb{E}[\cdot]$	求解数学期望
$\mathrm{Var}(\cdot)$	求解数学方差
$\oplus$	模 2 求和
$*$	卷积
$\propto$	正比
$\boldsymbol{a}$	列向量
$\boldsymbol{A}$	矩阵
$\mathrm{Diag}(\boldsymbol{A})$	矩阵 $\boldsymbol{A}$ 的主对角线元素
$\mathbf{1}_N$	$N\times1$ 维的全 1 向量
$\mathbf{0}_N$	$N\times1$ 维的全 0 向量
$\mathbf{I}_N$	$N\times N$ 维的单位矩阵
$\mathcal{N}(x;\hat{x},v)$	期望为 $\hat{x}$，方差为 v 的实高斯分布
$\mathcal{CN}(x;\hat{x},v)$	期望为 $\hat{x}$，方差为 v 的复高斯分布
$\mathcal{N}(\boldsymbol{x};\hat{\boldsymbol{x}},\boldsymbol{\Sigma})$	期望向量为 $\hat{\boldsymbol{x}}$，协方差矩阵为 $\boldsymbol{\Sigma}$ 的多变量实高斯分布
$\mathcal{CN}(\boldsymbol{x};\hat{\boldsymbol{x}},\boldsymbol{\Sigma})$	期望向量为 $\hat{\boldsymbol{x}}$，协方差矩阵为 $\boldsymbol{\Sigma}$ 的多变量复高斯分布
$\langle f(x)\rangle_{b(x)}$	以 $b(x)$ 为分布求解 $f(x)$ 的期望

附　　录

附录 A：式(2-80)证明过程

$$\mathcal{N}\left(x;\mu_1,v_1\right)\cdot\mathcal{N}\left(x;\mu_2,v_2\right)=\frac{1}{2\pi\sqrt{v_1\cdot v_2}}\exp\left[-\frac{\left(x-\mu_1\right)^2}{2v_1}-\frac{\left(x-\mu_2\right)^2}{2v_2}\right]$$

设 $\beta\triangleq\frac{\left(x-\mu_1\right)^2}{2v_1}+\frac{\left(x-\mu_2\right)^2}{2v_2}$，将 β 展开，分子分母同除以 v_1+v_2 得：

$$\beta=\frac{\left(v_1+v_2\right)x^2-2\left(\mu_1\cdot v_2+\mu_2\cdot v_1\right)x+\mu_1{}^2\cdot v_2+\mu_2{}^2\cdot v_1}{2v_1v_2}$$

$$=\frac{x^2-2\cdot\frac{\mu_1\cdot v_2+\mu_2\cdot v_1}{v_1+v_2}x+\frac{\mu_1{}^2\cdot v_2+\mu_2{}^2\cdot v_1}{v_1+v_2}}{2\cdot\frac{v_1\cdot v_2}{v_1+v_2}}$$

将 β 配成完全平方项：

$$\beta=\frac{\left(x-\frac{\mu_1\cdot v_2+\mu_2\cdot v_1}{v_1+v_2}\right)^2}{2\cdot\frac{v_1\cdot v_2}{v_1+v_2}}+\frac{\left(\mu_1-\mu_2\right)^2}{2\left(v_1+v_2\right)}$$

接着令 $v_{12}=\frac{v_1\cdot v_2}{v_1+v_2},\mu_{12}=\frac{\mu_2\cdot v_1+\mu_1\cdot v_2}{v_1+v_2}$，可得：$\beta=\frac{\left(x-\mu_{12}\right)^2}{2v_{12}}+\frac{\left(\mu_1-\mu_2\right)^2}{2\left(v_1+v_2\right)}$

原式 $\mathcal{N}\left(x;\mu_1,v_1\right)\cdot\mathcal{N}\left(x;\mu_2,v_2\right)$ 可计算得：

$$\begin{aligned}&\mathcal{N}\left(x;\mu_1,v_1\right)\cdot\mathcal{N}\left(x;\mu_2,v_2\right)\\&=\frac{1}{2\pi\sqrt{v_1\cdot v_2}}\cdot\exp\left(-\beta\right)\\&=\frac{1}{\sqrt{2\pi\cdot v_{12}}}\cdot\exp\left[-\frac{\left(x-\mu_{12}\right)^2}{2v_{12}}\right]\cdot\frac{1}{\sqrt{2\pi\left(v_1+v_2\right)}}\cdot\exp\left[-\frac{\left(\mu_1-\mu_2\right)^2}{2\left(v_1+v_2\right)}\right]\end{aligned}$$

$$\propto \frac{1}{\sqrt{2\pi \cdot v_{12}}} \cdot \exp\left[-\frac{(x-\mu_{12})^2}{2v_{12}}\right]$$

式(2-80)得证。

附录 B：式(2-82)证明过程

$$\begin{aligned}
&\int_{-\infty}^{\infty} \mathcal{N}(x;\mu_1,v_1)\cdot\mathcal{N}(y;h\cdot x,v_2)\mathrm{d}x \\
&=\int_{-\infty}^{\infty} \frac{1}{\sqrt{2\pi\cdot v_1}}\exp\left[-\frac{(x-\mu_1)^2}{2v_1}\right]\cdot\frac{1}{\sqrt{2\pi\cdot v_2}}\exp\left[-\frac{(y-h\cdot x)^2}{2v_2}\right]\mathrm{d}x \\
&=\frac{1}{h}\cdot\int_{-\infty}^{\infty}\mathcal{N}(x;\mu_1,v_1)\cdot\mathcal{N}\left(x;\frac{y}{h},\frac{v_2}{h^2}\right)\mathrm{d}x
\end{aligned}$$

将式(2-80)代入：

$$\begin{aligned}
&\int_{-\infty}^{\infty}\mathcal{N}(x;\mu_1,v_1)\cdot\mathcal{N}(y;hx,v_2)\mathrm{d}x \\
&=\frac{1}{h}\int_{-\infty}^{\infty}\mathcal{N}(x;\mu,v)\cdot\mathcal{N}\left(\mu_1;\frac{y}{h},\frac{v_2}{h^2}+v_1\right)\mathrm{d}x \\
&=\frac{1}{h}\cdot\mathcal{N}\left(\mu_1;\frac{y}{h},\frac{v_2}{h^2}+v_1\right)\cdot\int_{-\infty}^{\infty}\mathcal{N}(x;\mu,v)\mathrm{d}x
\end{aligned}$$

由于 $\int_{-\infty}^{\infty}\mathcal{N}(x;\mu,\sigma^2)\mathrm{d}x=1$，故原式：

$$\int_{-\infty}^{\infty}\mathcal{N}(x;\mu_1,v_1)\cdot\mathcal{N}(y;h\cdot x,v_2)\mathrm{d}x=\frac{1}{h}\cdot\mathcal{N}\left(\mu_1;\frac{y}{h},\frac{v_2}{h^2}+v_1\right)=\mathcal{N}(y;h\cdot\mu_1,v_2+h^2\cdot v_1)$$

式(2-82)得证。

附录 C：拉格朗日乘子法

一个包含 N 个变量的函数 $f(x_1,\cdots,x_N)$，各个变量受到一系列等式 $h_j(x_1,\cdots,x_N)=0$ 和不等式 $g_k(x_1,\cdots,x_N)\leqslant 0$ 的约束。假设等式约束条件 h_j 是线性的并且不等式约束 g_k 是凹约束，可以证明此时拉格朗日乘子是存在的[12, 142]。

如果某个不等式约束左右两边数值刚好相等，即为**紧约束**(Active Constraint)，则称该不等式约束起作用；如果左右两端的数值不相等，仍旧保持不等式，即为

松约束(Inactive Constraint)。如果 $\boldsymbol{x}=\{x_1,\cdots,x_N\}$ 使一个或多个不等式约束起作用，称其为**边界点**(Edge Point)，否则称其为**内点**(Interior Point)。

如果内点 $\hat{\boldsymbol{x}}=\{\hat{x}_1,\cdots,\hat{x}_N\}$ 在满足等式约束的情况下不论向哪个方向有微小的变动，函数值都会变大，称之为**局部极小点**(Local Interior Minimum)，类似地可以定义**局部极大点**(Local Interior Maximum)。除非特别说明，极小点和极大点都指局部极小点和局部极大点。如果满足等式约束的内点 $\hat{\boldsymbol{x}}$ 向各个方向的偏导数都为 0，称之为**内部驻点**(Interior Stationary Point)，根据二阶偏导数，驻点可能是极大点、极小点或鞍点(Saddle Point)。

一个边界点满足一个或多个不等式约束为紧约束。满足所有等式约束同时所有不等式约束都是紧约束的移动称为**沿边变化**(Edge-maintaining Variation)。在所有沿边变化方向的偏导数都为 0 的点称为**边界驻点**(Edge Stationary Point)，其在非沿边变化方向的偏导数可以不为 0，同样可能是极大点、极小点或鞍点。

利用拉格朗日乘子法可以恢复出带约束的驻点(可能是内点或者边界点)，具体过程是：

构建拉格朗日方程：

$$L\left(\boldsymbol{x},\{\lambda_j\}\right)\triangleq f(\boldsymbol{x})+\sum_j\lambda_j h_j(\boldsymbol{x})+\sum_k\pi_k g_k(\boldsymbol{x})$$

对于含有不等式约束的优化问题，利用互补松弛条件：$\pi_k g_k(\boldsymbol{x})=0$，然后将 $L\left(\boldsymbol{x},\{\lambda_j\}\right)$ 对每个 x_i 和 λ_j 求导并令导数为 0，从而求解出 $f(\boldsymbol{x})$ 在约束条件下的极值，即驻点。互补松弛条件能够保证不等式约束能够取等号，或相应的拉格朗日乘子为 0，或两者同时满足。

附录 D：BP 更新规则证明方法二

由边缘化约束条件 $b_i(x_i)=\sum_{\boldsymbol{x}_a\backslash x_i}b_a(\boldsymbol{x}_a)$，可知：

$$\begin{aligned}\sum_{a\in\mathcal{A}}\sum_{\boldsymbol{x}_a}b_a(\boldsymbol{x}_a)\ln\left(\prod_{i\in\mathcal{N}(a)}b_i(x)\right)&=\sum_{a\in\mathcal{A}}\sum_{\boldsymbol{x}_a}\sum_{i\in\mathcal{N}(a)}b_a(\boldsymbol{x}_a)\ln b_i(x_i)\\&=\sum_{a\in\mathcal{A}}\sum_{i\in\mathcal{N}(a)}\sum_{x_i}b_i(x_i)\ln b_i(x_i)=\sum_{i\in\mathcal{I}}\sum_{a\in\mathcal{N}(i)}\sum_{x_i}b_i(x_i)\ln b_i(x_i)\\&=\sum_{i\in\mathcal{I}}\left|\mathcal{N}(i)\right|\sum_{x_i}b_i(x_i)\ln b_i(x_i)\end{aligned}\tag{D-1}$$

考虑边缘化约束条件，Bethe 自由能 $F_{\text{Bethe}}(\{b_R\})$ 可以表示为：

$$
\begin{aligned}
F_{\text{Bethe}}(\{b_R\}) = & \sum_{a\in\mathcal{A}}\sum_{\boldsymbol{x}_a} b_a(\boldsymbol{x}_a)\ln b_a(\boldsymbol{x}_a) - \sum_{a\in\mathcal{A}}\sum_{\boldsymbol{x}_a} b_a(\boldsymbol{x}_a)\ln f_a(\boldsymbol{x}_a) \\
& - \sum_{a\in\mathcal{A}}\sum_{\boldsymbol{x}_a} b_a(\boldsymbol{x}_a)\ln \prod_{i\in\mathcal{N}(a)} b_i(x_i) + \sum_{i\in\mathcal{I}}\sum_{x_i} b(x_i)\ln b_i(x_i)
\end{aligned} \tag{D-2}
$$

构建拉格朗日方程：

$$
\begin{aligned}
L_{\text{Bethe}}(\{b_R\}) = & F_{\text{Bethe}}(\{b_R\}) + \sum_{a\in\mathcal{A}}\gamma_a\left[\sum_{\boldsymbol{x}_a} b_a(\boldsymbol{x}_a)-1\right] + \sum_{i\in\mathcal{I}}\gamma_i\left[\sum_{x_i} b_i(x_i)-1\right] \\
& + \sum_{i\in\mathcal{I}}\sum_{a\in\mathcal{N}(i)}\sum_{x_i}\lambda_{a,i}(x_i)\left[b_i(x_i) - \sum_{\boldsymbol{x}_a\backslash x_i} b_a(\boldsymbol{x}_a)\right] \\
= & \sum_{a\in\mathcal{A}}\sum_{\boldsymbol{x}_a} b_a(\boldsymbol{x}_a)\ln b_a(\boldsymbol{x}_a) - \sum_{a\in\mathcal{A}}\sum_{\boldsymbol{x}_a} b_a(\boldsymbol{x}_a)\ln f_a(\boldsymbol{x}_a) \\
& - \sum_{i\in\mathcal{I}}|\mathcal{N}(i)|\sum_{x_i} b_i(x_i)\ln b_i(x_i) + \sum_{i\in\mathcal{I}}\sum_{x_i} b_i(x_i)\ln b_i(x_i) \\
& + \sum_{a\in\mathcal{A}}\gamma_a\left[\sum_{\boldsymbol{x}_a} b_a(\boldsymbol{x}_a)-1\right] \\
& + \sum_{i\in\mathcal{I}}\gamma_i\left[\sum_{x_i} b_i(x_i)-1\right] + \sum_{i\in\mathcal{I}}\sum_{a\in\mathcal{N}(i)}\sum_{x_i}\lambda_{a,i}(x_i)\left[b_i(x_i) - \sum_{\boldsymbol{x}_a\backslash x_i} b_a(\boldsymbol{x}_a)\right]
\end{aligned} \tag{D-3}
$$

其中，参数集合 $\{\gamma_i \mid i\in\mathcal{I}\}$、$\{\gamma_a \mid a\in\mathcal{A}\}$ 和 $\{\lambda_{a,i}(x_i) \mid i\in\mathcal{I}, a\in\mathcal{N}(i)\}$ 表示等式约束条件下的拉格朗日乘子，下面对置信 $b_i(x_i)$ 和 $b_a(\boldsymbol{x}_a)$ 分别求偏导，并分别令偏导等于 0，得到：

$$
\frac{\partial L_{\text{Bethe}}(\{b_R\})}{\partial b_i(x_i)} = -|\mathcal{N}(i)| + 1 + \ln b_i(x_i) + \gamma_i + \sum_{a\in\mathcal{N}(i)}\lambda_{a,i}(x_i) = 0, \quad \forall i\in\mathcal{I}, a\in\mathcal{N}(i) \tag{D-4}
$$

$$
\frac{\partial L_{\text{Bethe}}(\{b_R\})}{\partial b_a(\boldsymbol{x}_a)} = \ln b_a(\boldsymbol{x}_a) - \ln f_a(\boldsymbol{x}_a) + 1 + \gamma_a - \sum_{i\in\mathcal{N}(a)}\lambda_{a,i}(x_i) - \ln\left(\prod_{i\in\mathcal{N}(a)} b_i(x_i)\right) = 0,
$$
$$
\forall a\in\mathcal{A}, i\in\mathcal{N}(a) \tag{D-5}
$$

由式(D-4)和式(D-5)可以得到置信 $b_i(x_i)$ 和 $b_a(\boldsymbol{x}_a)$ 的表达式为：

$$b_i(x_i)=\exp\left\{-\sum_{a\in\mathcal{N}(i)}\lambda_{a,i}(x_i)-\gamma_i+|\mathcal{N}(i)|-1\right\},\quad \forall i\in\mathcal{I},a\in\mathcal{N}(i) \tag{D-6}$$

$$b_a(\boldsymbol{x}_a)=f_a(\boldsymbol{x}_a)\left(\prod_{i\in\mathcal{N}(a)}b_i(x_i)\right)\exp\left\{\sum_{i\in\mathcal{N}(a)}\lambda_{a,i}(x_i)-\gamma_a-1\right\},\quad \forall a\in\mathcal{A},i\in\mathcal{N}(a) \tag{D-7}$$

定义:

$$m_{f_a\to x_i}(x_i)\triangleq\exp\{-\lambda_{a,i}(x_i)\},\quad \forall a\in\mathcal{A},i\in\mathcal{N}(a) \tag{D-8}$$

代入式(D-6)和式(D-7)得到:

$$b_i(x_i)=z_i\prod_{a\in\mathcal{N}(i)}m_{f_a\to x_i}(x_i),\quad \forall i\in\mathcal{I},a\in\mathcal{N}(i) \tag{D-9}$$

$$b_a(\boldsymbol{x}_a)=f_a(\boldsymbol{x}_a)z_a\prod_{i\in\mathcal{N}(a)}\frac{b_i(x_i)}{m_{f_a\to x_i}(x_i)},\quad \forall a\in\mathcal{A},i\in\mathcal{N}(a) \tag{D-10}$$

式中:

$$z_i=\exp\{\gamma_i+|\mathcal{N}(i)|-1\},\quad \forall i\in\mathcal{I} \tag{D-11}$$

$$z_a=\exp\{-\gamma_a-1\},\quad \forall a\in\mathcal{A} \tag{D-12}$$

z_i 和 z_a 称为归一化参数，它们使得式(D-9)和式(D-10)满足置信的归一化条件。定义:

$$n_{x_i\to f_a}(x_i)\triangleq\prod_{b\in\mathcal{N}(i)\backslash a}m_{f_b\to x_i}(x_i),\quad \forall i\in\mathcal{I},a\in\mathcal{N}(i) \tag{D-13}$$

代入式(D-9)和式(D-10)可以得到:

$$b_i(x_i)=z_i m_{f_a\to x_i}(x_i)n_{x_i\to f_a}(x_i),\quad \forall i\in\mathcal{I},a\in\mathcal{N}(i) \tag{D-14}$$

$$b_a(\boldsymbol{x}_a)=f_a(\boldsymbol{x}_a)z_a\prod_{i\in\mathcal{N}(a)}z_i n_{x_i\to f_a}(x_i),\quad \forall a\in\mathcal{A},i\in\mathcal{N}(a) \tag{D-15}$$

再由边缘化约束条件 $b_i(x_i)=\sum_{\boldsymbol{x}_a\backslash x_i}b_a(\boldsymbol{x}_a)$ 可得:

$$z_i m_{f_a\to x_i}(x_i)n_{x_i\to f_a}(x_i)=z_i n_{x_i\to f_a}(x_i)\sum_{\boldsymbol{x}_a\backslash x_i}z_a f_a(\boldsymbol{x}_a)\prod_{j\in\mathcal{N}(a)\backslash i}z_j n_{x_j\to f_a}(x_j),\quad \forall a\in\mathcal{A},i\in\mathcal{N}(a) \tag{D-16}$$

两边同时除以 $n_{x_i\to f_a}(x_i)$ 可以得到:

$$m_{f_a\to x_i}(x_i)=z_a\sum_{\boldsymbol{x}_a\backslash x_i}f_a(\boldsymbol{x}_a)\prod_{j\in\mathcal{N}(a)\backslash i}z_j n_{x_j\to f_a}(x_j),\quad \forall a\in\mathcal{A},i\in\mathcal{N}(a) \tag{D-17}$$

去掉式(D-17)的归一化参数，把对消息的归一化统一到对置信的计算公式(D-14)中，即可以得到 BP 规则消息更新公式：

$$n_{x_i \to f_a}(x_i) = \prod_{b \in \mathcal{N}(i) \setminus a} m_{f_b \to x_i}(x_i), \quad \forall i \in \mathcal{I}, a \in \mathcal{N}(i) \tag{D-18}$$

$$m_{f_a \to x_i}(x_i) = \sum_{\boldsymbol{x}_a \setminus x_i} f_a(\boldsymbol{x}_a) \prod_{j \in \mathcal{N}(a) \setminus i} n_{x_j \to f_a}(x_j), \quad \forall a \in \mathcal{A}, i \in \mathcal{N}(a) \tag{D-19}$$

计算出所有与感兴趣的变量节点相连的因子节点传递到该节点的消息的乘积并归一化得到变量 x_i 的置信：

$$b_i(x_i) \propto \prod_{a \in \mathcal{N}(i)} m_{f_a \to x_i}(x_i) \tag{D-20}$$

附录 E：BP-MF 区域化变分自由能的详细推导

区域化变分自由能定义为：$F_{\mathcal{R}}(\{b_R\}) \triangleq U_{\mathcal{R}}(\{b_R\}) - H_{\mathcal{R}}(\{b_R\})$，其中：

$$U_{\mathcal{R}}(\{b_R\}) \triangleq -\sum_{(R,c_R) \in \mathcal{R}} c_R \sum_{a \in \mathcal{A}_R} \sum_{\boldsymbol{x}_R} b_R(\boldsymbol{x}_R) \ln f_a(\boldsymbol{x}_a) \tag{E-1}$$

$$H_{\mathcal{R}}(\{b_R\}) \triangleq -\sum_{(R,c_R) \in \mathcal{R}} c_R \sum_{\boldsymbol{x}_R} b_R(\boldsymbol{x}_R) \ln b_R(\boldsymbol{x}_R) \tag{E-2}$$

根据区域化变分自由能的定义：

$$\begin{aligned}
F_{\mathcal{R}_{\text{BP,MF}}}\left(\left\{b_{\mathcal{R}_{\text{BP,MF}}}\right\}\right) &= U_{\mathcal{R}_{\text{BP,MF}}}\left(\left\{b_{\mathcal{R}_{\text{BP,MF}}}\right\}\right) - H_{\mathcal{R}_{\text{BP,MF}}}\left(\left\{b_{\mathcal{R}_{\text{BP,MF}}}\right\}\right) \\
&= -\sum_{a \in \mathcal{A}_{\text{MF}}} \sum_{\boldsymbol{x}_{\text{MF}}} b_{\text{MF}}(\boldsymbol{x}_{\text{MF}}) \ln f_a(\boldsymbol{x}_a) - \sum_{a \in \mathcal{A}_{\text{BP}}} \sum_{\boldsymbol{x}_a} b_a(\boldsymbol{x}_a) \ln f_a(\boldsymbol{x}_a) \\
&\quad + \sum_{\boldsymbol{x}_{\text{MF}}} b_{\text{MF}}(\boldsymbol{x}_{\text{MF}}) \ln b_{\text{MF}}(\boldsymbol{x}_{\text{MF}}) + \sum_{a \in \mathcal{A}_{\text{BP}}} \sum_{\boldsymbol{x}_a} b_a(\boldsymbol{x}_a) \ln b_a(\boldsymbol{x}_a) \\
&\quad + \sum_{i \in \mathcal{I}_{\text{BP}}} \left(1 - \left|\mathcal{N}_{\text{BP}}(i)\right| - \mathrm{I}_{\mathcal{I}_{\text{MF}}}(i)\right) \sum_{x_i} b_i(x_i) \ln b_i(x_i)
\end{aligned} \tag{E-3}$$

利用 MF 区域 $b_{\text{MF}}(\boldsymbol{x}_{\text{MF}}) = \prod_{i \in \mathcal{I}_{\text{MF}}} b_i(x_i)$ 条件进一步化简得到：

$$\begin{aligned}
F_{\mathcal{R}_{\text{BP,MF}}}\left(\left\{b_{\mathcal{R}_{\text{BP,MF}}}\right\}\right) &= -\sum_{a \in \mathcal{A}_{\text{MF}}} \sum_{\boldsymbol{x}_a} \prod_{i \in \mathcal{N}(a)} b_i(x_i) \ln f_a(\boldsymbol{x}_a) - \sum_{a \in \mathcal{A}_{\text{BP}}} \sum_{\boldsymbol{x}_a} b_a(\boldsymbol{x}_a) \ln f_a(\boldsymbol{x}_a) \\
&\quad + \sum_{a \in \mathcal{A}_{\text{BP}}} \sum_{\boldsymbol{x}_a} b_a(x_a) \ln b_a(\boldsymbol{x}_a) + \sum_{i \in \mathcal{I}_{\text{MF}}} \sum_{x_i} b_i(x_i) \ln b_i(x_i) \\
&\quad + \sum_{i \in \mathcal{I}_{\text{BP}}} \left(1 - \left|\mathcal{N}_{\text{BP}}(i)\right| - \mathrm{I}_{\mathcal{I}_{\text{MF}}}(i)\right) \sum_{x_i} b_i(x_i) \ln b_i(x_i)
\end{aligned} \tag{E-4}$$

接着分别对以下三项：$\sum_{a\in\mathcal{A}_{\text{MF}}}\sum_{\boldsymbol{x}_{\text{MF}}} b_{\text{MF}}(\boldsymbol{x}_{\text{MF}})\ln f_a(\boldsymbol{x}_a)$，$\sum_{\boldsymbol{x}_{\text{MF}}} b_{\text{MF}}(\boldsymbol{x}_{\text{MF}})\ln b_{\text{MF}}(\boldsymbol{x}_{\text{MF}})$ 以及 $\sum_{\boldsymbol{x}_{\text{MF}}} b_{\text{MF}}(\boldsymbol{x}_{\text{MF}})\ln b_{\text{MF}}(\boldsymbol{x}_{\text{MF}})+\sum_{i\in\mathcal{I}_{\text{BP}}}\left(1-|\mathcal{N}_{\text{BP}}(i)|-\text{I}_{\mathcal{I}_{\text{MF}}}(i)\right)\sum_{x_i} b_i(x_i)\ln b_i(x_i)$ 进行化简：

(1) $\sum_{a\in\mathcal{A}_{\text{MF}}}\sum_{\boldsymbol{x}_{\text{MF}}} b_{\text{MF}}(\boldsymbol{x}_{\text{MF}})\ln f_a(\boldsymbol{x}_a)$ 的化简过程：

$$
\begin{aligned}
&\sum_{a\in\mathcal{A}_{\text{MF}}}\sum_{\boldsymbol{x}_{\text{MF}}} b_{\text{MF}}(\boldsymbol{x}_{\text{MF}})\ln f_a(\boldsymbol{x}_a)\\
&=\sum_{a\in\mathcal{A}_{\text{MF}}}\sum_{\boldsymbol{x}_a}\sum_{\boldsymbol{x}_{\text{MF}}\backslash\boldsymbol{x}_a}\left(\prod_{i\in\mathcal{I}_{\text{MF}}} b_i(x_i)\right)\ln f_a(\boldsymbol{x}_a)\\
&=\sum_{a\in\mathcal{A}_{\text{MF}}}\sum_{\boldsymbol{x}_a}\sum_{\boldsymbol{x}_{\text{MF}}\backslash\boldsymbol{x}_a}\left(\prod_{i\in\mathcal{N}(a)} b_i(x_i)\prod_{j\in\mathcal{I}_{\text{MF}}\backslash\mathcal{N}(a)} b_j(x_j)\right)\ln f_a(\boldsymbol{x}_a)\\
&=\sum_{a\in\mathcal{A}_{\text{MF}}}\sum_{\boldsymbol{x}_a}\left(\prod_{i\in\mathcal{N}(a)} b_i(x_i)\right)\ln f_a(\boldsymbol{x}_a)\sum_{i\in\mathcal{I}_{\text{MF}}\backslash\boldsymbol{x}_a}\left(\prod_{j\in\mathcal{I}_{\text{MF}}\backslash\mathcal{N}(a)} b_j(x_j)\right)\\
&=\sum_{a\in\mathcal{A}_{\text{MF}}}\sum_{\boldsymbol{x}_a}\left(\prod_{i\in\mathcal{N}(a)} b_i(x_i)\right)\ln f_a(\boldsymbol{x}_a)
\end{aligned}
\tag{E-5}
$$

(2) $\sum_{\boldsymbol{x}_{\text{MF}}} b_{\text{MF}}(\boldsymbol{x}_{\text{MF}})\ln b_{\text{MF}}(\boldsymbol{x}_{\text{MF}})$ 的化简过程：

$$
\begin{aligned}
&\sum_{\boldsymbol{x}_{\text{MF}}} b_{\text{MF}}(\boldsymbol{x}_{\text{MF}})\ln b_{\text{MF}}(\boldsymbol{x}_{\text{MF}})=\sum_{\boldsymbol{x}_{\text{MF}}} b_{\text{MF}}(\boldsymbol{x}_{\text{MF}})\sum_{i\in\mathcal{I}_{\text{MF}}}\ln b_i(x_i)\\
&=\sum_{i\in\mathcal{I}_{\text{MF}}}\sum_{\boldsymbol{x}_{\text{MF}}} b_{\text{MF}}(\boldsymbol{x}_{\text{MF}})\ln b_i(x_i)\\
&=\sum_{i\in\mathcal{I}_{MF}}\sum_{x_i}\sum_{\boldsymbol{x}_{\text{MF}}\backslash x_i}\left(b_i(x_i)\cdot\prod_{j\in\mathcal{I}_{\text{MF}}\backslash i} b_j(x_j)\right)\ln b_i(x_i)\\
&=\sum_{i\in\mathcal{I}_{\text{MF}}}\sum_{x_i}\left(b_i(x_i)\ln b_i(x_i)\right)\sum_{\boldsymbol{x}_{\text{MF}}\backslash x_i}\left(\prod_{j\in\mathcal{I}_{\text{MF}}\backslash i} b_j(x_j)\right)\\
&=\sum_{i\in\mathcal{I}_{\text{MF}}}\sum_{x_i} b_i(x_i)\ln b_i(x_i)
\end{aligned}
\tag{E-6}
$$

(3) $\sum_{\boldsymbol{x}_{\text{MF}}} b_{\text{MF}}(\boldsymbol{x}_{\text{MF}})\ln b_{\text{MF}}(\boldsymbol{x}_{\text{MF}})+\sum_{i\in\mathcal{I}_{\text{BP}}}\left(1-|\mathcal{N}_{\text{BP}}(i)|-\text{I}_{\mathcal{I}_{\text{MF}}}(i)\right)\sum_{x_i} b_i(x_i)\ln b_i(x_i)$ 的化简过程：

$$
\begin{aligned}
&\sum_{\boldsymbol{x}_{\mathrm{MF}}} b_{\mathrm{MF}}\left(\boldsymbol{x}_{\mathrm{MF}}\right)\ln b_{\mathrm{MF}}\left(\boldsymbol{x}_{\mathrm{MF}}\right)+\sum_{i\in\mathcal{I}_{\mathrm{BP}}}\left(1-\left|\mathcal{N}_{\mathrm{BP}}(i)\right|-\mathrm{I}_{\mathcal{I}_{\mathrm{MF}}}(i)\right)\sum_{x_i} b_i\left(x_i\right)\ln b_i\left(x_i\right)\\
&=\sum_{i\in\mathcal{I}_{\mathrm{MF}}}\sum_{x_i} b_i\left(x_i\right)\ln b_i\left(x_i\right)+\sum_{i\in\mathcal{I}_{\mathrm{BP}}}\left(1-\left|\mathcal{N}_{\mathrm{BP}}(i)\right|-\mathrm{I}_{\mathcal{I}_{\mathrm{MF}}}(i)\right)\sum_{x_i} b_i\left(x_i\right)\ln b_i\left(x_i\right)\\
&=\sum_{i\in\mathcal{I}_{\mathrm{MF}}\backslash(\mathcal{I}_{\mathrm{MF}}\cap\mathcal{I}_{\mathrm{BP}})}\sum_{x_i} b_i\left(x_i\right)\ln b_i\left(x_i\right)+\sum_{i\in\mathcal{I}_{\mathrm{MF}}\cap\mathcal{I}_{\mathrm{BP}}}\sum_{x_i} b_i\left(x_i\right)\ln b_i\left(x_i\right)\\
&\quad+\sum_{i\in\mathcal{I}_{\mathrm{BP}}\backslash(\mathcal{I}_{\mathrm{MF}}\cap\mathcal{I}_{\mathrm{BP}})}\left(1-\left|\mathcal{N}_{\mathrm{BP}}(i)\right|\right)\sum_{x_i} b_i\left(x_i\right)\ln b_i\left(x_i\right)+\sum_{i\in\mathcal{I}_{\mathrm{MF}}\cap\mathcal{I}_{\mathrm{BP}}}\left(-\left|\mathcal{N}_{\mathrm{BP}}(i)\right|\right)\sum_{x_i} b_i\left(x_i\right)\ln b_i\left(x_i\right)\\
&=\sum_{i\in\mathcal{I}_{\mathrm{MF}}\cap\mathcal{I}_{\mathrm{BP}}}\left(1-\left|\mathcal{N}_{\mathrm{BP}}(i)\right|\right)\sum_{x_i} b_i\left(x_i\right)\ln b_i\left(x_i\right)+\sum_{i\in\mathcal{I}\backslash(\mathcal{I}_{\mathrm{MF}}\cap\mathcal{I}_{\mathrm{BP}})}\left(1-\left|\mathcal{N}_{\mathrm{BP}}(i)\right|\right)\sum_{x_i} b_i\left(x_i\right)\ln b_i\left(x_i\right)\\
&=\sum_{i\in\mathcal{I}}\left(1-\left|\mathcal{N}_{\mathrm{BP}}(i)\right|\right)\sum_{x_i} b_i\left(x_i\right)\ln b_i\left(x_i\right)
\end{aligned}
\tag{E-7}
$$

最终可以得到：

$$
\begin{aligned}
F_{\mathcal{R}_{\mathrm{BP,MF}}}\left(\left\{b_{\mathcal{R}_{\mathrm{BP,MF}}}\right\}\right)=&-\sum_{a\in\mathcal{A}_{\mathrm{MF}}}\sum_{\boldsymbol{x}_a}\prod_{i\in\mathcal{N}(a)} b_i\left(x_i\right)\ln f_a\left(\boldsymbol{x}_a\right)-\sum_{a\in\mathcal{A}_{\mathrm{BP}}}\sum_{\boldsymbol{x}_a} b_a\left(\boldsymbol{x}_a\right)\ln f_a\left(\boldsymbol{x}_a\right)\\
&+\sum_{a\in\mathcal{A}_{\mathrm{BP}}}\sum_{\boldsymbol{x}_a} b_a\left(\boldsymbol{x}_a\right)\ln b_a\left(\boldsymbol{x}_a\right)-\sum_{i\in\mathcal{I}}\left(\left|\mathcal{N}_{\mathrm{BP}}(i)\right|-1\right)\sum_{x_i} b_i\left(x_i\right)\ln b_i\left(x_i\right)
\end{aligned}
\tag{E-8}
$$

附录 F：式(4-115)求偏导部分详细推导

(1) $\sum_{a\in\mathcal{A}_{\mathrm{MF}}}\sum_{\boldsymbol{x}_a}\prod_{i\in\mathcal{N}(a)} b_i\left(x_i\right)\ln f_a\left(\boldsymbol{x}_a\right)$ 对 $b_i\left(x_i\right)$ 进行求偏导运算：

$$
\begin{aligned}
&\frac{\partial}{\partial b_i\left(x_i\right)}\sum_{a\in\mathcal{A}_{\mathrm{MF}}}\sum_{\boldsymbol{x}_a}\prod_{i\in\mathcal{N}(a)} b_i\left(x_i\right)\ln f_a\left(\boldsymbol{x}_a\right)\\
&=\frac{\partial}{\partial b_i\left(x_i\right)}\sum_{a\in\mathcal{A}_{\mathrm{MF}}}\sum_{x_i}\sum_{\boldsymbol{x}_a\backslash x_i}\left(\prod_{j\in\mathcal{N}(a)\backslash i} b_j\left(x_j\right)\right)b_i\left(x_i\right)\ln f_a\left(\boldsymbol{x}_a\right)\\
&=\sum_{a\in\mathcal{N}_{\mathrm{MF}}(i)}\sum_{\boldsymbol{x}_a\backslash x_i}\prod_{j\in\mathcal{N}(a)\backslash i} b_j\left(x_j\right)\ln f_a\left(\boldsymbol{x}_a\right)
\end{aligned}
\tag{F-1}
$$

(2) $\sum_{a\in\mathcal{A}_{\mathrm{BP}}}\sum_{\boldsymbol{x}_a} b_a\left(\boldsymbol{x}_a\right)\ln\prod_{i\in\mathcal{N}(a)} b_i\left(x_i\right)$ 对 $b_i\left(x_i\right)$ 进行求偏导运算：

$$
\frac{\partial}{\partial b_i\left(x_i\right)}\sum_{a\in\mathcal{A}_{\mathrm{BP}}}\sum_{\boldsymbol{x}_a} b_a\left(\boldsymbol{x}_a\right)\ln\prod_{i\in\mathcal{N}(a)} b_i\left(x_i\right)
$$

$$
\begin{aligned}
&=\frac{\partial}{\partial b_i(x_i)}\sum_{a\in\mathcal{A}_{\mathrm{BP}}}\sum_{x_i}\sum_{\boldsymbol{x}_a\backslash x_i}b_a(\boldsymbol{x}_a)\left(\sum_{j\in\mathcal{N}(a)\backslash i}\ln b_j(x_j)+\ln b_i(x_i)\right)\\
&=\frac{\partial}{\partial b_i(x_i)}\sum_{a\in\mathcal{N}_{\mathrm{BP}}(i)}\sum_{x_i}\sum_{\boldsymbol{x}_a\backslash x_i}b_a(\boldsymbol{x}_a)\ln b_i(x_i)\\
&=\sum_{a\in\mathcal{N}_{\mathrm{BP}}(i)}\sum_{\boldsymbol{x}_a\backslash x_i}\frac{b_a(\boldsymbol{x}_a)}{b_i(x_i)}\\
&=\left|\mathcal{N}_{\mathrm{BP}}(i)\right|
\end{aligned}
\tag{F-2}
$$

(3) $\sum_{a\in\mathcal{A}_{\mathrm{BP}}}\sum_{i\in\mathcal{N}(a)}\sum_{x_i}\lambda_{a,i}(x_i)\left(b_i(x_i)-\sum_{\boldsymbol{x}_a\backslash x_i}b_a(\boldsymbol{x}_a)\right)$对$b_a(\boldsymbol{x}_a)$进行求偏导运算：

$$
\begin{aligned}
&\frac{\partial}{\partial b_a(\boldsymbol{x}_a)}\sum_{a\in\mathcal{A}_{\mathrm{BP}}}\sum_{i\in\mathcal{N}(a)}\sum_{x_i}\lambda_{a,i}(x_i)\left(b_i(x_i)-\sum_{\boldsymbol{x}_a\backslash x_i}b_a(\boldsymbol{x}_a)\right)\\
&=-\frac{\partial}{\partial b_a(\boldsymbol{x}_a)}\sum_{a\in\mathcal{A}_{\mathrm{BP}}}\sum_{i\in\mathcal{N}(a)}\sum_{x_i}\lambda_{a,i}(x_i)\sum_{\boldsymbol{x}_a\backslash x_i}b_a(\boldsymbol{x}_a)\\
&=-\frac{\partial}{\partial b_a(\boldsymbol{x}_a)}\sum_{a\in\mathcal{A}_{\mathrm{BP}}}\sum_{i\in\mathcal{N}(a)}\sum_{x_i}\sum_{\boldsymbol{x}_a\backslash x_i}\lambda_{a,i}(x_i)b_a(\boldsymbol{x}_a)\\
&=-\frac{\partial}{\partial b_a(\boldsymbol{x}_a)}\sum_{a\in\mathcal{A}_{\mathrm{BP}}}\sum_{i\in\mathcal{N}(a)}\sum_{\boldsymbol{x}_a}\lambda_{a,i}(x_i)b_a(\boldsymbol{x}_a)\\
&=-\sum_{i\in\mathcal{N}(a)}\lambda_{a,i}(x_i)
\end{aligned}
\tag{F-3}
$$

参 考 文 献

[1] 吴伟陵, 牛凯. 移动通信原理[M]. 北京: 电子工业出版社, 2009.

[2] Wainwright M, Jordan M I. Graphical models, exponential families, and variational inference[J]. Found. Trends Mach. Learn., 2008, 1: 1-305.

[3] Kay S. Fundamentals of statistical signal processing: Estimation theory[J]. Technometrics, 1993, 37: 465.

[4] Wymeersch H. Iterative Receiver Design[M]. Cambridge: Cambridge University Press, 2007.

[5] Bishop C M. Pattern Recognition and Machine Learning(Information Science and Statistics)[M]. Berlin: Springer, 2006.

[6] Mackay D J C. Information Theory, Inference, and Learning Algorithms[J]. IEEE Transactions on Information Theory, 2003, 50: 2544-2545.

[7] 张连文, 郭海鹏. 贝叶斯网引论[M]. 北京: 科学出版社, 2006.

[8] Besag J, Green P. Spatial statistics and Bayesian computation[J]. Journal of the Royal Statistical Society Series B: Methodological, 1993, 55(1): 25-37.

[9] Robert C P, Casella G. Monte Carlo Statistical Methods[M]. Berlin: Springer, 2004.

[10] Gilks W R, Richardson S, Spiegelhalter D J. Markov Chain Monte Carlo in Practice[M]. Boca Raton: CRC, 1995.

[11] Jordan M I, Ghahramani Z, Jaakkola T S, et al. An introduction to variational methods for graphical models[M]//Learning in Graphical Models. Dordrecht: Kluwer Academic, 1998.

[12] Yedidia J S, Freeman W T, Weiss Y. Constructing free-energy approximations and generalized belief propagation algorithms[J]. IEEE Transactions on Information Theory, 2005, 51(7): 2282-2312.

[13] Beal M J. Variational Algorithms for Approximate Bayesian Interference[D]. London: University College London, 2003.

[14] Kschischang F R, Frey B J, Loeliger H A. Factor graphs and the sum-product algorithm[J]. IEEE Trans. Inf. Theory, 2001, 47: 498-519.

[15] Winn J M, Bishop C M. Variational message passing[J]. J. Mach. Learn. Res., 2005, 6: 661-694.

[16] Minka T P. Expectation propagation for approximate Bayesian inference[C]. Proceedings of the Seventeenth Conference on Uncertainty in Artificial Intelligence, 2001: 362-369.

[17] Loeliger H. An introduction to factor graphs[J]. IEEE Signal Processing Magazine, 2004, 21(1): 28-41.

[18] Pearl J. Probabilistic Reasoning in Intelligent Systems: Networks of Plausible Inference[M]. San Mateo, Calif.: Morgan Kaufmann Publishers, 1988: 552.

[19] Forney G D Jr. Codes on graphs: normal realizations[J]. IEEE Transactions on Information Theory, 2001, 47(2): 520-548.

[20] Yuan Z, Zhang C, Wang Z, et al. An auxiliary variable-aided hybrid message passing approach to joint channel estimation and decoding for MIMO-OFDM[J]. IEEE Signal Processing Letters, 2017, 24(1): 12-16.

[21] Koller D, Friedman N. Probabilistic Graphical Models - Principles and Techniques[M]. Cambridge: MIT Press, 2009.

[22] Gallager R G. Low-Density Parity-Check Codes[M]. Cambridge: MIT Press, 1963: 102.

[23] Forney G D. The viterbi algorithm[J]. Proceedings of the IEEE, 1973, 61(3): 268-278.

[24] Tanner R. A recursive approach to low complexity codes[J]. IEEE Transactions on Information Theory, 1981, 27(5): 533-547.

[25] Sankaranarayanan S. Iterative Decoding of Codes on Graphs[D]. Phoenix: University of Arizon, 2006.

[26] Wiberg N. Codes and Decoding on General Graphs[D]. Linköping: Linköping University, 1996.

[27] Frey B. Graphical Models for Machine Learning and Digital Communication[M]. Cambridge: The MIT Press, 1998.

[28] Aji S M, Mceliece R J. The generalized distributive law[J]. IEEE Transactions on Information Theory, 2000, 46(2): 325-343.

[29] Eckford A W. Channel estimation in block fading channels using the factor graph EM algorithm[C]. Proceedings of the 22nd Biennial Symposium on Communications, 2004.

[30] Dauwels J. On variational message passing on factor graphs[J]. 2007 IEEE International Symposium on Information Theory, 2007: 2546-2550.

[31] Guo Q, Ping L. LMMSE turbo equalization based on factor graphs[J]. IEEE Journal on Selected Areas in Communications, 2008: 26.

[32] Guo D, Wang C C. Asymptotic mean-square optimality of belief propagation for sparse linear systems[J]. 2006 IEEE Information Theory Workshop - ITW '06, Chengdu, 2006: 194-198.

[33] Donoho D L, Maleki A, Montanari A. Message passing algorithms for compressed sensing: I. motivation and construction[J]. 2010 IEEE Information Theory Workshop on Information Theory(ITW 2010, Cairo), 2009: 1-5.

[34] Donoho D L, Maleki A, Montanari A. Message passing algorithms for compressed sensing: II. analysis and validation[J]. 2010 IEEE Information Theory Workshop on Information Theory(ITW 2010, Cairo), 2009: 1-5.

[35] Rangan S. Generalized approximate message passing for estimation with random linear mixing[J]. 2011 IEEE International Symposium on Information Theory Proceedings, 2010: 2168-2172.

[36] Parker J T, Schniter P, Cevher V. Bilinear generalized approximate message passing. Part I: Derivation[J]. IEEE Transactions on Signal Processing, 2014, 62: 5839-5853.

[37] Parker J T, Schniter P. Parametric bilinear generalized approximate message passing[J]. IEEE Journal of Selected Topics in Signal Processing, 2016, 10: 795-808.

[38] Meyer F, Kropfreiter T, Williams J L, et al. Message passing algorithms for scalable multitarget tracking[J]. Proceedings of the IEEE, 2018, 106: 221-259.

[39] Chen L, Yuan X J. Massive MIMO-OFDM channel estimation via structured turbo compressed sensing[J]. 2018 IEEE International Conference on Communications(ICC), 2018: 1-6.

[40] Parisi G. Statistical Field Theory[M]. Redwood City: Addison-Wesley, 1988: 352.
[41] Kirkelund G E, Manchón C N, Christensen L P B, et al. Variational message-passing for joint channel estimation and decoding in MIMO-OFDM[C]. 2010 IEEE Global Telecommunications Conference, 2010: 1-6.
[42] Pedersen C, Pedersen T, Fleury B H. A variational message passing algorithm for sensor self-localization in wireless networks[C]. 2011 IEEE International Symposium on Information Theory Proceedings, 2011: 2158-2162.
[43] Zhang C, Yuan Z, Wang Z, et al. Low complexity sparse Bayesian learning using combined belief propagation and mean field with a stretched factor graph[J]. Signal Process., 2017, 131: 344-349.
[44] Zhang Z, Cai X, Li C, et al. One-bit quantized massive MIMO detection based on variational approximate message passing[J]. IEEE Transactions on Signal Processing, 2018, 66(9): 2358-2373.
[45] Jakubisin D J, Buehrer R M, Silva C R C M D. BP, MF, and EP for joint channel estimation and detection of MIMO-OFDM signals[J]. 2016 IEEE Global Communications Conference (GLOBECOM), 2016: 1-6.
[46] Minka T P. The EP energy function and minimization schemes[R]. 2001.
[47] Qi Y, Minka T. Window-based expectation propagation for adaptive signal detection in flat-fading channels[J]. IEEE Transactions on Wireless Communications, 2007: 6.
[48] Céspedes J, Olmos P M, Sánchez-Fernández M, et al. Expectation propagation detection for high-order high-dimensional MIMO systems[J]. IEEE Transactions on Communications, 2014, 62(8): 2840-2849.
[49] Wang W, Wang Z, Zhang C, et al. A BP MF EP based iterative receiver for joint phase noise estimation, equalization, and decoding[J]. IEEE Signal Processing Letters, 2016, 23: 1349-1353.
[50] Sun P, Zhang C, Wang Z, et al. Iterative receiver design for ISI channels using combined belief- and expectation-propagation[J]. IEEE Signal Processing Letters, 2015, 22(10): 1733-1737.
[51] Riegler E, Kirkelund G E, Manchon C N, et al. Merging belief propagation and the mean field approximation: A free energy approach[J]. IEEE Transactions on Information Theory, 2013, 59(1): 588-602.
[52] Badiu M A, Kirkelund G E, Manchon C N I, et al. Message-passing algorithms for channel estimation and decoding using approximate inference[J]. 2012 IEEE International Symposium on Information Theory Proceedings, 2012: 2376-2380.
[53] Badiu M A, Manchon C N I, Fleury B H. Message-passing receiver architecture with reduced-complexity channel estimation[J]. IEEE Communications Letters, 2013, 17: 1404-1407.
[54] Wu S, Kuang L, Ni Z, et al. Expectation propagation approach to joint channel estimation and decoding for OFDM systems[J]. 2014 IEEE International Conference on Acoustics, Speech and Signal Processing(ICASSP), 2014: 1941-1945.
[55] Zhang C Z, Wang Z, Manchon C N I, et al. Turbo equalization using partial Gaussian approximation[J]. IEEE Signal Processing Letters, 2016, 23: 1216-1220.
[56] Çakmak B, Urup D N, Meyer F, et al. Cooperative localization for mobile networks: A distributed belief propagation-mean field message passing algorithm[J]. IEEE Signal Processing Letters,

2016, 23: 828-832.

[57] Parker J T, Schniter P, Cevher V. Bilinear generalized approximate message passing. Part II: Applications[J]. IEEE Transactions on Signal Processing, 2014, 62: 5854-5867.

[58] Boyd S P, Vandenberghe L. Convex optimization[J]. IEEE Transactions on Automatic Control, 2006, 51: 1859-1859.

[59] Cui J, Wang Z, Zhang C, et al. Message passing localisation algorithm combining BP with VMP for mobile wireless sensor networks[J]. IET Communications, 2017, 11: 1106-1113.

[60] Berrou C, Glavieux A, Thitimajshima P. Near Shannon limit error-correcting coding and decoding: Turbo-codes. 1[J]. Proceedings of ICC '93 - IEEE International Conference on Communications, 1993, 2: 1064-1070.

[61] Proakis J G. Digital Communications[M]. 4th Edition. New York: McGraw-Hill, 2002.

[62] Wang X, Poor H V. Iterative(turbo) soft interference cancellation and decoding for coded CDMA[J]. IEEE Transactions on Communications, 1999, 47: 1046-1061.

[63] Wehinger J, Mecklenbraeuker C F. Iterative CDMA multiuser receiver with soft decision-directed channel estimation[J]. IEEE Transactions on Signal Processing, 2006, 54: 3922-3934.

[64] Rossi P S, Müller R R. Joint twofold-iterative channel estimation and multiuser detection for MIMO-OFDM systems[J]. IEEE Transactions on Wireless Communications, 2008: 7.

[65] Temiño L Á M R D, Manchon C N I, Rom C, et al. Iterative channel estimation with robust Wiener Filtering in LTE downlink[J]. 2008 IEEE 68th Vehicular Technology Conference, 2008: 1-5.

[66] Berardinelli G, Manchon C N I, Deneire L, et al. Turbo receivers for single user MIMO LTE-A Uplink[J]. IEEE 69th Vehicular Technology Conference, 2009: 1-5.

[67] Manchón C N. Advanced Signal Processing for MIMO-OFDM Receivers[M]. Aalborg: Aalborg University, 2011.

[68] 樊昌信, 曹丽娜. 通信原理[M]. 第 6 版. 北京: 国防工业出版社, 2007.

[69] 张贤达. 现代信号处理[M]. 北京: 清华大学出版社, 1995.

[70] Kay S. Intuitive Probability and Random Processes Using MATLAB[M]. Berlin: Springer, 2005.

[71] 罗鹏飞, 张文明. 随机信号分析与处理[M]. 第 2 版. 北京: 清华大学出版社, 2006.

[72] 盛骤, 谢式千, 潘承毅. 概率论与数理统计[M]. 第 4 版. 北京: 高等教育出版社, 2008.

[73] 潘建寿, 王琳, 严鹏. 随机信号分析与应用[M]. 北京: 清华大学出版社, 2006.

[74] 马戈. 概率论与数理统计[M]. 北京: 科学出版社, 2007.

[75] Hankin R K S. The complex multivariate Gaussian distribution[J]. The R Journal, 2015, 7(1): 73-80.

[76] Andersen H H, Højbjerre M, Sørensen D, et al. The multivariate complex normal distribution[C]. IEEE Transactions on Information Theory, 1995, 41(2): 537-539.

[77] Bos A V D. The multivariate complex normal distribution-A generalization[J]. IEEE Trans. Inf. Theory, 1995, 41: 537-539.

[78] Geary D N. Mixture models: Inference and applications to clustering[J]. Journal of the American Statistical Association, 1989, 84(405): 126-127.

[79] Tse D, Viswanath P. Fundamentals of wireless communication[J]. IEEE Transactions on Information Theory, 2009, 55(2): 919-920.

[80] 曹雪虹，张宗橙. 信息论与编码[M]. 第 2 版. 北京：清华大学出版社, 2009.
[81] Cover T M, Thomas J A. Elements of information theory [M]. Second Edition. New York: Wiley, 2006.
[82] Commenges D. Information Theory and Statistics: An overview[J]. arXiv: Statistics Theory, 2015.
[83] 赵悦. 概率图模型学习理论及其应用[M]. 北京：清华大学出版社, 2012.
[84] 古天龙，常亮. 离散数学[M]. 北京：清华大学出版社, 2012.
[85] Jensen F V. An Introduction To Bayesian Networks[M]. New York: Springer, 1996.
[86] Kindermann R, Snell J L. Markov Random Fields and Their Applications[M]. Providence, R.I.: American Mathematical Society, 1980.
[87] Isham V S. An introduction to spatial point processes and Markov random fields[J]. International Statistical Review, 1981, 49(1): 21-43.
[88] Preston C J. Gibbs States on Countable Sets[M]. Cambridge: Cambridge University Press, 2008.
[89] 李航. 统计学习方法[M]. 北京：清华大学出版社, 2012.
[90] Rosen K H. Discrete Mathematics and its Applications[M]. Third Edition. New York: McGraw-Hill, 2006.
[91] Cowell R. Advanced inference in Bayesian networks[M]//Learning in Graphical Models. Berlin: Springer, 1998.
[92] Heskes T, Opper M, Wiegerinck W, et al. Approximate inference techniques with expectation constraints[J]. Journal of Statistical Mechanics Theory & Experiment, 2005, 11(11): 11015.
[93] Zhang C. Combined Message Passing Algorithms for Iterative Receiver Design in Wireless Communication Systems[D]. Aalborg: Aalborg University, 2016.
[94] 袁正道. 基于图变换和消息传递的 MIMO-OFDM 迭代接收机算法研究[D]. 郑州：战略支援部队信息工程大学, 2018.
[95] Schniter P, Rangan S. Compressive phase retrieval via generalized approximate message passing[J]. IEEE Transactions on Signal Processing, 2012, 63: 1043-1055.
[96] Rangan S. Estimation with random linear mixing, belief propagation and compressed sensing[C]. 2010 44th Annual Conference on Information Sciences and Systems(CISS), 2010: 1-6.
[97] Mo J, Schniter P, Heath R. Channel estimation in broadband millimeter wave MIMO systems with few-bit ADCs[J]. IEEE Transactions on Signal Processing, 2018, 66: 1141-1154.
[98] Steiner F, Mezghani A, Swindlehurst A, et al. Turbo-like joint data-and-channel estimation in quantized massive MIMO systems[C]. 20th International ITG Workshop on Smart Antennas, 2016.
[99] Rabiner L, Juang B. An introduction to hidden Markov models[J]. IEEE ASSP Magazine, 1986, 3(1): 4-16.
[100] Rabiner L. A tutorial on hidden Markov models and selected applications[J]. Proceedings of the IEEE Readings in Speech Recognition, 1990, 53(3): 267-296.
[101] Bahl L, Cocke J, Jelinek F, et al. Optimal decoding of linear codes for minimizing symbol error rate[J]. IEEE Transactions on Information Theory, 1974, 20(2): 284-287.
[102] Drake A W. Fundamentals of Applied Probability Theory[M]. New York: McGraw-Hill, 1967.
[103] Forney Jr G D. The viterbi algorithm: A personal history[J]. arXiv preprint cs/0504020, 2005.
[104] Moon, T. K. The expectation-maximization algorithm[J]. Signal Processing Magazine, 1996,

13(6): 47-60.

[105] Strauss R E, Oliveira A J O A D. Evaluation of the principal-component and expectation-maximization methods for estimating missing data in morphometric studies[J]. Journal of Vertebrate Paleontology, 2003, 23(2): 284-296.

[106] Lundgren M, Svensson L, Hammarstrand L. Variational Bayesian expectation maximization for radar map estimation[J]. IEEE Transactions on Signal Processing, 2016, 64(6): 1391-1404.

[107] Dempster A P. Maximum likelihood from incomplete data via the EM algorithm[J]. Journal of the Royal Statal Society: Series B(Methodological), 1977, 39(1): 1-22.

[108] Dauwels J, Korl S, Loeliger H A. Expectation maximization as message passing[J]. Proceedings of International Symposium on Information Theory, 2005: 583-586.

[109] Zarchan P, Musoff H. Fundamentals of Kalman Filtering: A Practical Approach[M]. Reston: The American Institute of Aeronautics and Astronautics, Inc., 2001.

[110] Ghysels E, Marcellino M. Applied Economic Forecasting Using Time Series Methods[M]. New York: Oxford University Press, 2018.

[111] Diniz P S. Adaptive Filtering[M]. Berlin: Springer, 1997.

[112] Kalman R E. A new approach to linear filtering and prediction problems[J]. Journal of Fluids Engineering, 1960, 82(1): 35-45.

[113] Kailath T. The innovations approach to detection and estimation theory[J]. Proceedings of the IEEE, 1970, 58(5): 680-695.

[114] Kailath T. An innovations approach to least-squares estimation-Part I: Linear filtering in additive white noise[J]. IEEE Transactions on Automatic Control, 1968, 13(6): 646-655.

[115] Mceliece R J, Mackay D J C, Cheng J F. Turbo decoding as an instance of Pearl's "belief propagation" algorithm[J]. IEEE Journal on Selected Areas in Communications, 1998, 16(2): 140-152.

[116] Sun P, Zhang C, Wang Z, et al. Iterative receiver design for ISI channels using combined belief- and expectation-propagation[J]. IEEE Signal Processing Letters, 2015, 22(10): 1733-1737.

[117] Guo Q, Huang D D, Nordholm S, et al. Soft-in soft-out detection using partial Gaussian approximation[J]. Access IEEE, 2014, 2(1): 427-436.

[118] Wang W, Wang Z, Guo Q, et al. Doped expectation propagation for low-complexity message passing based detection[J]. Electronics Letters, 2017, 53(6): 403-405.

[119] Tüchler M, Singer A C. Turbo equalization: An overview[J]. IEEE Transactions on Information Theory, 2011, 57(2): 920-952.

[120] Hu J, Loeliger H A, Dauwels J, et al. A general computation rule for lossy summaries/messages with examples from equalization[J]. arXiv.org(e-prints), 2006.

[121] Guo Q, Ping L. LMMSE turbo equalization based on factor graphs[J]. IEEE Journal on Selected Areas in Communications, 2008, 26(2): 311-319.

[122] Longo G. Secure Digital Communications[M]. 北京：电子工业出版社, 2006: 190.

[123] CéSpedes J, Olmos P M, SáNchez-FernáNdez M, et al. Expectation propagation detection for high-order high-dimensional MIMO systems[J]. Communications IEEE Transactions on Communications, 2014, 62(8): 2840-2849.

[124] Haselmayr W, Etzlinger B, Springer A. Equalization of MIMO-ISI channels based on Gaussian message passing in factor graphs[C]. 2012 7th International Symposium on Turbo Codes and Iterative Information Processing (ISTC), 2012: 76-80.

[125] Guo Q, Fang L, Huang D, et al. A soft-in soft-out detection approach using partial Gaussian approximation[C]. 2012 International Conference on Wireless Communications and Signal Processing (WCSP), 2012: 1-6.

[126] 袁正道，王忠勇，张传宗，et al. 基于混合消息传递和部分高斯近似的联合信道估计MIMO-OFDM 接收机[J]. 信号处理, 2017, 033(010): 1352-1359.

[127] Manchon C N I, Kirkelund G E, Riegler E, et al. Receiver Architectures for MIMO-OFDM Based on a Combined VMP-SP Algorithm[M]. arXiv.org(e-prints), 2011.

[128] Jakubisin D J, Buehrer R M, Silva C R C M D. Probabilistic Receiver Architecture Combining BP, MF, and EP for Multi-Signal Detection[M]. arXiv.org(e-prints), 2016.

[129] Wu S, Kuang L, Ni Z, et al. Message-passing receiver for joint channel estimation and decoding in 3D massive MIMO-OFDM systems[J]. IEEE Transactions on Wireless Communications, 2016, 15(12): 8122-8138.

[130] Wu S, Ni Z, Meng X, et al. Block expectation propagation for downlink channel estimation in massive MIMO systems[J]. IEEE Communications Letters, 2016, 20(11): 2225-2228.

[131] Yuan Z, Zhang C, Wang Z, et al. A low complexity OFDM receiver with combined GAMP and MF message passing[J]. Telecommunication Systems, 2019, 71(3): 425-432.

[132] Zhang C, Yuan Z, Wang Z, et al. A New Combination of Message Passing Techniques for Receiver Design in MIMO-OFDM Systems[M]. arXiv preprint arXiv:1701.06304, 2017.

[133] Rawat P, Singh K D, Chaouchi H, et al. Wireless sensor networks: A survey on recent developments and potential synergies[J]. The Journal of Supercomputing, 2014, 68: 1-48.

[134] Antolín D, Medrano N, Calvo B. Reliable lifespan evaluation of a remote environment monitoring system based on wireless sensor networks and global system for mobile communications[J]. Journal of Sensors, 2016: 1-12.

[135] Mainanwal V, Gupta M, Upadhayay S. A survey on wireless body area network: Security technology and its design methodology issue[C]. 2015 International Conference on Innovations in Information, Embedded and Communication Systems(ICIIECS), Coimbatore, 2015: 1-5.

[136] Yan X, Meng X, Yan Y. A wireless sensor network in precision agriculture[J]. Indonesian Journal of Electrical Engineering and Computer Science, 2012, 10(4): 788-797.

[137] Suryadevara N K, Mukhopadhyay S C, Kelly S D T, et al. WSN-based smart sensors and actuator for power management in intelligent buildings[J]. IEEE/ASME Transactions on Mechatronics, 2014, 20(2): 564-571.

[138] Suryadevara N K. Wireless sensor network based home monitoring system for wellness determination of elderly[J]. IEEE Sensors Journal, 2012, 12(6): 1965-1972.

[139] Petrolo R, Mitton N, Soldatos J, et al. Integrating wireless sensor networks within a city cloud[C]. 2014 Eleventh Annual IEEE International Conference on Sensing, Communication, and Networking Workshops (SECON Workshops), Singapore, 2014: 24-27.

[140] Wymeersch H, Lien J, Win M Z. Cooperative localization in wireless networks[J]. Proceedings of the IEEE, 2009, 97(2): 427-450.

[141] Lien J, Ferner U, Srichavengsup W, et al. A comparison of parametric and sample-based message representation in cooperative localization[J]. International Journal of Navigation and Observation, 2012: 1-10.

[142] Bertsekas D P. Nonlinear programming[J]. Journal of the Operational Research Society, 1995, 48: 334.

索　引